# 科技自立自强的
# 中国道路

## 新型举国体制下强化国家战略科技力量

# China's Road to
# Self-Reliance and Strength in
# Science and Technology

Boosting the National Strategic Scientific and
Technological Strength under the New System for
Mobilizing Resources Nationwide

李源　郭跃文　等/著

社会科学文献出版社
SOCIAL SCIENCES ACADEMIC PRESS (CHINA)

# 目　录

# 绪论
# 科技强国的中国道路

　　建设世界科技强国是中国式现代化的重要内容。世界科技强国不仅有能力实现关键核心技术自主、可控，保障发展安全，还能够塑造全球科技创新生态，引领科技发展前沿方向①。实现高水平科技自立自强是建设世界科技强国的关键。1949 年以来，中国不但发出"向现代科学进军"的号召，还做出"科学技术是第一生产力""创新是引领发展的第一动力"等重大判断，实施了"科教兴国战略""创新驱动发展战略""科技强国战略"等战略，提出了"建设创新型国家"的目标。中共中央、国务院发布的《国家创新驱动发展战略纲要》提出，"到 2030 年跻身创新型国家前列"，"到 2050 年建成世界科技创新强国"。"建设创新型国家和世界科技强国"② 被写入《中国共产党章程》。在中国共产党的领导下，经过 70 多年的探索，中国逐渐走出一条科技强国的中国道路。

## 一　科技自立自强：后发国家实现技术赶超的必由之路

　　科技自立自强是国家强盛之基。新发展格局最本质的特征是实现高水平的科技自立自强。高水平科技自立自强是加快建设世界科技强国的必然要求和使命担当，是实现技术赶超的必然选择。

　　（一）经济赶超的实质是技术赶超

　　后发国家（地区）实现对领先国家（地区）的赶超，通常用经济发展水平来表征。世界银行按照人均国民总收入把世界经济体经济发展水平分为四组：低收入、中等偏下收入、中等偏上收入、高收入。中国 2010 年人均国民收入达到 4260 美元，进入中等偏上收入经济体行列；2020 年人均

---

① 李瑞、梁正、薛澜：《建设世界科技强国：基本内涵、动力源泉及实现路径》，《科学学与科学技术管理》2020 年第 1 期。

② 《中国共产党章程》，人民出版社，2017，第 6 页。

GDP 达到 10430 美元，已逼近高收入经济体门槛①。然而，行百里者半九十。根据世界银行 2012 年的数据，在 20 世纪 60 年代达到中等收入下限的 101 个国家中，除 13 个国家外，其他国家都未能超过中等收入上限。大多数国家进入中等收入国家行列后经济增长放缓，未能进入高收入国家行列，而有些国家由中等收入国家成长为高收入国家后，又退回到中等收入乃至低收入国家行列，这种现象就是所谓的"中等收入陷阱"②。

后发经济体进行经济追赶，利用后发优势是较为通常的做法。一是将被锁定在生产力较低的产业部门（如农业）的未充分利用的低成本劳动力转向生产力较高的产业部门（如制造业），即将资源从附加值较低的产业部门配置到附加值较高的产业部门，这就是产业升级。二是在现有的产业中进行技术创新，通常通过引进国外技术、设备来提高产品在出口市场上的竞争力。从成功成为高收入国家追赶者的经验来看，从劳动和资源密集型产业转型升级为资本和技术密集型产业，是迈入高收入国家的基础，而从引进成熟技术转向自主创新是成功成长为高收入国家的基本动力③。这些国家文化、制度、资源条件各异，但共同特点是在经历高速增长之后，都将创新作为引领发展的第一动力，通过不断提高全要素生产率，实现经济增长模式转型，从而跨越中等收入陷阱。

无论是技术前沿国家还是后发成功追赶型经济体，其全要素生产率对经济增长的贡献份额都高于发展中国家。一些学者认为，全要素生产率的提高是经济增长的终极源泉④。经济合作与发展组织（OECD）在《生产率测算手册》中，将全要素生产率定义为所有投入要素对产出增长贡献的一种能力。越是处于较高的经济发展阶段，越是要靠提高全要素生产率实现经济增长。2014 年，中国制造业全要素生产率仅为美国同期的约 40%，高技术产业的全要素生产率是美国同期的 37.6%⑤，中国全要素生产率水

---

① 2021 年 7 月，世界银行依据上年（2020 年）美元现值人均国民总收入（GNI）对各收入国家分类做了调整，4096～12695 美元为中等偏上收入国家水平，超过 12695 美元为高收入国家水平。

② I. Gill, H. Kharas, An East Asian Renaissance: Ideas for Economic Growth, Washington, D. C.: World Bank, 2007.

③ 张来明：《中等收入国家成长为高收入国家的基本做法与思考》，《管理世界》2021 年第 2 期。

④ 蔡昉：《从日本经济表现看"长期停滞"的典型特征》，《日本学刊》2021 年第 4 期。

⑤ 赵玉林、谷军健：《中美制造业发展质量的测度与比较研究》，《数量经济技术经济研究》2018 年第 12 期。

平仅处于全球第 86 位①，尚有很大的追赶空间。2015 年，中国《政府工作报告》首次提出"提高全要素生产率"，党的十九大又首次在全国代表大会报告中提出"提高全要素生产率"②，党的二十大报告再次提出"着力提高全要素生产率"③。提高全要素生产率一方面可以通过技术进步，另一方面可以通过改善资源配置效率来实现。无论是哪种路径，最终都要通过提升研发投入强度，在前沿科技领域开展颠覆性创新，加快科技成果向现实生产力转化来实现。

经济赶超由技术赶超做支撑。新熊彼特增长理论认为，内生的技术进步是经济持续增长与发展的源泉。后发国家对前沿国家的收敛和超越，来自后发国家与前沿国家技术进步差距的缩小，甚至是赶超。因此，很多后发国家在追赶过程中提出科技创新战略。例如，日本 1977 年提出科技立国战略，韩国在 20 世纪 80 年代后期以"科技立国"战略取代之前的"贸易立国"和"重化工业"战略。早在新中国成立初期党中央就发出"向科学进军"的号召；1978 年，邓小平同志在全国科学大会上提出"科学技术是第一生产力"，指出"四个现代化，关键是科学技术的现代化"④；1995年，首次提出科教兴国战略；2006 年，胡锦涛同志在全国科学技术大会上明确指出，要坚持走中国特色自主创新道路，把我国建设成为创新型国家⑤；进入新时代，党的十八大报告明确提出"科技创新是提高社会生产力和综合国力的战略支撑，必须摆在国家发展全局的核心位置"⑥。

（二）中国技术赶超面临严峻挑战

中国经济起飞伴随着经济全球化，技术赶超也融入全球化浪潮。20 世纪 80 年代，中国在沿海地区设立经济特区，以出口为主，主动参与国际市

---

① 程惠芳、陈超：《开放经济下知识资本与全要素生产率——国际经验与中国启示》，《经济研究》2017 年第 10 期。

② 习近平：《决胜全面建成小康社会 夺取新时代中国特色社会主义伟大胜利——在中国共产党第十九次全国代表大会上的报告》，人民出版社，2017，第 30 页。

③ 习近平：《高举中国特色社会主义伟大旗帜 为全面建设社会主义现代化国家而团结奋斗——在中国共产党第二十次全国代表大会上的报告》，人民出版社，2022，第 28 页。

④ 《邓小平文选》（第 2 卷），人民出版社，1994，第 86 页。

⑤ 胡锦涛：《坚持走中国特色自主创新道路 为建设创新型国家而努力奋斗——在全国科学技术大会上的讲话》，中华人民共和国科学技术部，2006 年 1 月 9 日，https://www.most.gov.cn/ztzl/qgkjdh/qgkjdhzywj/200601/t20060110_27805.html。

⑥ 郑蔚、陈越、杨永辉：《新中国 70 年科技创新的政策演进与经验借鉴》，《经济研究参考》2019 年第 17 期。

场竞争，2001 年加入 WTO。利用后发优势，通过对外开放、吸引外国直接投资、引进技术等方式来获得国外技术转移，将引进、消化吸收、再创新作为技术追赶的重要战略，中国快速积累了技术能力。从 1992 年邓小平同志南方谈话到 2011 年，中国实际利用外商投资额呈现快速增长态势，从 110.08 亿美元增长到 1160.11 亿美元，年均增长率为 13.2%，此后，仍然保持了平稳增长，2019 年中国实际利用外资额达到 1381.35 亿美元。1992~2012 年，中国签订的国外技术引进合同数量和合同金额呈逐年上升趋势，合同数从 504 项上升到 12988 项，合同金额从 65.9 亿美元上升到 442.74 亿美元。但是，从 2013 年开始，中国签订的国外技术引进合同数量和合同金额开始下降，技术合同数从 2012 年的 12988 项减为 2019 年的 7360 项，合同金额也从 442.74 亿美元减至 352.01 亿美元①。这表明中国创新能力有所提升，但同时也意味着中国获取国外更前沿技术变得困难起来。

经过多年追赶，中国的技术能力得到有效提升。1992~2020 年，中国发明专利申请量从 14409 件增加到 1497159 件，不到 30 年的时间增长了近 103 倍。2020 年，有效发明专利量为 3057844 件。PCT 专利申请量从 2000 年居世界第 16 位跃升至 2019 年的第 1 位，2020 年仍然保持世界第 1 位；占世界 PCT 专利申请总量的比重从 0.84% 上升至 24.91%。2018 年，中国在化学、临床医学、生物学、物理学、材料科学、电子通信与自动控制、基础医学、地学、计算技术、环境等学科领域发表 SCI 论文数量已跻身世界前 10 位。有学者分析了 2002~2019 年美国对中国科技创新的总体研判，认为可分为四个阶段：2002~2005 年，美国认为中国的科技创新政策是吸引外国直接投资，中国成为世界制造中心，导致全球制造业产业链重组，并对美国制造业安全造成威胁，美国以"预防性技术遏制"战略应对；2006~2011 年，美国认为中国实行的是国家主导的重商式创新政策，成为全球最大制造强国，融入全球经济体，不仅威胁到美国制造业安全，而且威胁到美国经济安全，美国以"对冲"战略来应对；2012~2016 年，美国认为中国实施创新文化导向的产业政策，中国的高科技制造业和国防领域技术能力明显提高，不仅威胁到美国经济安全，而且威胁到美国军事安全，美国以"防范中国崛起"战略来应对；2017~2019 年，美国认为中国实行国家主导的科技创新政策，中国高科技领域创新能力可以匹敌美国，

---

① 资料来源：相应年度《中国科技统计年鉴》。

不仅威胁到美国的军事安全，而且给技术安全造成威胁，美国以"贸易较量"（以"科技较量"为目的）应对①。由此可以看出，随着中国科技创新能力的不断提升，美国对中国的遏制战略也在不断升级。

从实证研究来看，杨飞等人通过对 2000～2014 年中美两国全要素生产率的比较研究发现，中美两国技术水平差距在不断缩小，并且中国对美国的技术赶超超过一定的临界点后，美国对中国的反倾销概率会显著增加，据此认为美国为遏制中国高技术产业发展而引发中美经贸摩擦的观点是可信的。② 从近现代世界贸易中心变迁来看，无论是英国取代荷兰，还是美国取代英国，守成大国对新兴大国的崛起都存在压制现象③。20 世纪 80 年代，因美国的贸易中心地位面临来自德国和日本的挑战，美与德、日多次爆发贸易摩擦。未来，欧洲各国、日本、韩国甚至新加坡和以色列等美国盟友也可能会对中国进行技术上的管制④。

有学者研究显示，依靠自主研发积累技术创新能力的效率低于与国外联合研发的方式⑤。在全球化过程中，研发合作网络已成为成功创新的基本要素⑥。例如在信息与通信技术产业（ICT）⑦，尽管美国仍占据该产业全球研发网络的中心位置，但是印度、以色列，特别是中国已经越来越接

---

① 刘彦君、张鑫、陆桂军、吴晨生：《美国对中国科技创新研判的历史变迁与未来走向——基于〈美国中国经济安全审查委员会（USCC）年报〉的分析》，《情报杂志》2020 年第 7 期。

② 杨飞、孙文远、程瑶：《技术赶超是否引发中美贸易摩擦》，《中国工业经济》2018 年第 10 期。

③ 哈佛教授格雷厄姆·艾利森在《注定一战：中美能避免修昔底德陷阱吗?》（2017）一书中指出，在人类历史上，新兴大国对守成大国形成威胁的事情发生过 16 次，其中有 12 次导致了战争。这种现象被称为"修昔底德陷阱"。

④ 有研究报告指出，2019 年中国在欧洲的直接投资额比上年下降 45%，为 2009～2019 年的低点。据《环球时报》记者报道（2021 年 10 月 29 日），日本政府将出台"许可制"政策，限制外国留学生学习"涉及安保的'敏感技术'"，中国留学生被特别提及。所谓"敏感技术"，主要涉及半导体、机器人等。

⑤ Y. Qiu, L. Ortolano, Y. D. Wang, "Factors Influencing the Technology Upgrading and Catch-up of Chinese Wind Turbine Manufacturers: Technology Acquisition Mechanisms and Government Policies," *Energy Policy* 55 (2013): 305–316; U. E. Hansen, D. Ockwell, "Learning and Technological Capability Building in Emerging Economies: The Case of the Biomass Power Equipment Industry in Malaysia," *Technovation* 34 (2014): 617–630; E. Giuliani, A. Martinelli, R. Rabellotti, "Is Co-invention Expediting Technological Catch up? A Study of Collaboration Between Emerging Country Firms and EU Inventors," *World Development* 77 (2016): 192–205.

⑥ T. Scherngell, C. Rohde, M. Neuländtner, "The Dynamics of Global R&D Collaboration Networks in ICT: Does China Catch up with the US?" *PloS One* 1 (2020).

⑦ 这是一个快速创新的知识密集型产业。

近网络中心，2015 年，中国的 ICT 专利申请总量已经超过美国。美国等前沿国家从多途径切断与中国的科技联系，不仅可能会阻碍中国科技发展进程，而且可能会使中国落入中等收入陷阱。

（三）自立自强是实现技术超越的必然路径

2011 年以后，中国经济放缓至个位数增长，"中等收入陷阱"概念重新引发学术界与政策界的关注。不少研究显示，中国全要素生产率增长率在不断下降，而美国基本保持稳定，这意味着中国对美国的技术赶超速度在放缓①。这与技术追赶周期有关。前沿国家与后发国家技术进步的源泉存在差异②。美国、欧洲、日本等前沿国家的技术进步主要来自在技术前沿领域的不断扩张，试错创新的高成本、高风险特征导致这些国家从长期看不太可能有太快的增长，但可保持持续的增长；而后发国家借助后发优势，通过较低成本的技术引进和模仿创新可以实现快速追赶。当后发国家进入追赶周期的后期，其与世界前沿国家的技术差距缩小，后发优势得到充分释放，如果追赶国家未能在技术能力上实现突破，技术追赶步伐便会放缓。法格博格认为，后发国家的追赶不仅取决于它的模仿能力，而且取决于它的创新能力和领先国家的创新能力。一个后发国家即使通过模仿活动成功缩小生产率的差距，如果不在创新活动上超过领先国家，也不可能在生产率上超过它们③。可以说，创新能力是跨越中等收入陷阱的必要条件，因此，也有学者将中等收入陷阱称为"中等创新陷阱"④。

技术赶超包括技术追赶和技术超越⑤。后发国家的技术赶超是一个技术不断趋近世界前沿的过程，是一个既连续又存在突变的过程。技术追赶者在早期和中期通常利用"第一种机会窗口"，在技术领先国家成熟的技

---

① 郭庆旺、贾俊雪：《中国全要素生产率的估算：1979—2004》，《经济研究》2005 年第 6 期；梁泳梅、董敏杰：《中国经济增长来源：基于非参数核算方法的分析》，《世界经济》2015 年第 11 期。

② 刘培林、贾珅、张勋：《后发经济体的"追赶周期"》，《管理世界》2015 年第 5 期。

③ J. 法格博格：《为什么增长率不同》，载 G. 多西等合编《技术进步与经济理论》，钟学义等译，经济科学出版社，1992，第 541 页。

④ J. D. Lee et al., "Middle Innovation Trap," *Foresight and STI Governance* 13 (2019): 6 – 18. 作者将技术能力分为实施能力和设计能力，认为只有国家积累足够的设计能力才能成为高收入国家。

⑤ 也有学者将其称为技术蛙跳（例如贾根良《演化发展经济学与新结构经济学——哪一种产业政策的理论范式更适合中国国情》，《南方经济》2018 年第 1 期）或技术跨越（例如张晶《不同角度的"技术跨越"》，《科技进步与对策》2005 年第 12 期）。

术体系内，借助廉价劳动力等比较优势跟随技术领先者已经建立起来的技术轨道快跑，甚至可能跨过技术领先者的某些发展阶段，呈现跨越的特征，但主流仍然是渐进式创新。当技术能力积累到一定程度后，追赶者有可能利用"第二种机会窗口"，借助新技术革命提供的机会，进入对于领先者和追赶者都算是新兴技术的领域，通过颠覆式创新脱离原有的技术轨道，寻找到一条不同于技术领先者的新的技术发展道路实现技术超越，从技术追赶转向技术前沿扩张。中国利用"第一种机会窗口"大幅缩短了与前沿国家的技术差距，但是，在既有的技术体系内，由于前沿国家已经占据了技术的制高点，后发国家无论怎样追赶，也难以真正实现对前沿国家的超越，即所谓"在成熟的技术上不可能存在追赶机会"[1]。以数字技术、生物技术为代表的新一轮科技革命与产业变革的兴起，为中国实现技术超越进入前沿打开了技术轨道跃升的闸门，提供了"弯道超车"的机会。

　　然而，技术追赶可以依赖技术引进和模仿创新，而技术超越必须建立在强大的技术能力之上，依靠自主创新实现。中国当前在技术赶超中面临两大难题：关键核心技术突破以及在技术"无人区"扩张。技术追赶的前半程重在促进特定产业"从无到有"的规模扩张，而后半程的重点在于关键技术的突破[2]。中国在很多领域的关键核心技术尚受制于人。在 2016 年全国科技创新大会上，任正非先生首次谈到"华为正在本行业逐步攻入无人区，处在无人领航、无既定规则、无人跟随的困境"[3]。实际上，经过几十年的快速追赶后，中国在不少领域已经从有国外经验可循的技术追赶阶段逐渐进入前沿科技的"无人区"[4]。无论是在领先国家"围追堵截"的环境中实现关键核心技术突破，还是在"无人区"中实现技术前沿扩张，后发国家的后发劣势远大于后发优势，难以以跟踪方式开展研究，也难以借助他人力量取得突破，唯有依靠自主创新实现高水平科技自立自强。在新中国成立之初，国家便在《1956—1967 年科学技术发展远景规划纲要》

---

① C. Perez, L. Soete, "Catching Up in Technology: Entry Barriers and Windows of Opportunity," in G. Dosi et al. (eds.), *Technical Change and Economic Theory* (Pinter, London, 1988).

② 张海丰、李国兴：《后发国家的技术追赶战略：产业政策、机会窗口与国家创新系统》，《当代经济研究》2020 年第 1 期。

③ 转引自邓斌《任正非：以跟随与对标的生存策略，成为无人区领导者》，搜狐网，2021年 5 月 25 日，https://www.sohu.com/a/468515597_511907。

④ 柳卸林、高雨辰、丁雪辰：《寻找创新驱动发展的新理论思维——基于新熊彼特增长理论的思考》，《管理世界》2017 年第 12 期。

中提出，"使我国建设中许多复杂的科学和技术问题能够逐步地依靠自己的力量加以解决"。2020 年 10 月，党的十九届五中全会提出，"坚持创新在我国现代化建设全局中的核心地位，把科技自立自强作为国家发展的战略支撑"①。2021 年 1 月，习近平总书记在省部级主要领导干部学习贯彻党的十九届五中全会精神专题研讨班开班式上指出，"构建新发展格局最本质的特征是实现高水平的自立自强。我们必须更强调自主创新"②。习近平总书记在 2021 年 5 月召开的中国科学院第二十次院士大会、中国工程院第十五次院士大会和中国科协第十次全国代表大会上强调，"完善国家创新体系，加快建设科技强国，实现高水平科技自立自强"③。党的二十大提出，"加快实施一批具有战略性全局性前瞻性的国家重大科技项目，增强自主创新能力"④。在技术前沿领域，从"两弹一星"到"上天入海"无不体现了科技自立自强。

## 二　国家战略科技力量：科技自立自强的关键支撑

世界科技强国竞争，比拼的是国家战略科技力量。在中国科学院第二十次院士大会、中国工程院第十五次院士大会和中国科协第十次全国代表大会上，习近平总书记深刻把握世界科技发展大势，从党和国家事业发展的全局高度，强调要强化国家战略科技力量、提升国家创新体系整体效能⑤，为加快建设科技强国、实现高水平科技自立自强指明了方向。

（一）科技发展趋势与国家战略科技力量

纵观世界科技发展史，科技发展呈现从小科学到大科学再到新大科学的发展趋势。14 世纪到 16 世纪，文艺复兴运动确立了人的主体性和自然的客体性，为近代科学发展奠定了认识论和方法论的基础，也使欧洲进入小科学时代，即一个分散式、自由探索型的科技发展时期。从 16

---

① 《十九大以来重要文献选编》（中），中央文献出版社，2021，第 793 页。
② 习近平：《论把握新发展阶段、贯彻新发展理念、构建新发展格局》，中央文献出版社，2021，第 485 页。
③ 习近平：《在中国科学院第二十次院士大会、中国工程院第十五次院士大会、中国科协第十次全国代表大会上的讲话》，人民出版社，2021，第 9 页。
④ 习近平：《高举中国特色社会主义伟大旗帜　为全面建设社会主义现代化国家而团结奋斗——在中国共产党第二十次全国代表大会上的报告》，人民出版社，2022，第 35 页。
⑤ 习近平：《在中国科学院第二十次院士大会、中国工程院第十五次院士大会、中国科协第十次全国代表大会上的讲话》，人民出版社，2021，第 11 页。

世纪伽利略个体研究到 19 世纪爱迪生实验工厂大集体研究是一个从以科学家个人劳动为主向集体合作演进的过程，在这个时期的后期出现越来越多的实验室，但无论是科学家个体研究还是实验室研究都未上升到国家战略高度，科技投入主要来自个体或集体小规模自主投入，因此这一时期可看成小科学发展时期①。可以说，小科学时代国家科技发展的主要力量来自科学家个体。

大科学②研究模式起源于第二次世界大战，为了满足现代战争的要求而形成。1936 年，德国出资 5 亿马克，建立了佩纳明德陆军、空军联合试验场，技术带头人为"火箭之父"冯·布劳恩，鼎盛时期有 18000 人在此工作。这里发射了世界上第一枚大型"V-2"火箭，也因此被称为航天飞船发射摇篮。1942 年，美国陆军部组织实施了曼哈顿计划，即研制原子弹计划。该计划集中了当时除德国外世界上最优秀的核科学家，动员了 10 万多人参加这一工程，历时 3 年，耗资 20 亿美元。为了该计划，美国建设了阿贡国家实验室、洛斯阿拉莫斯国家实验室、橡树岭国家实验室等一批美国国家战略科技力量。原子弹的爆炸在向世人展示科技对政治影响力的同时，也使世界大国认识到政府大规模投入、有组织开展科技研究的威力。因此，第二次世界大战后，世界上主要国家逐渐确立对科学研究的资助体制，按照国家战略目标，集中资源建设关系到国家安全、发展和国际竞争胜负的决定性科技力量，如美国航空航天局、中国科学院、德国亥姆霍兹联合会（HGF）等，完成了一些对国家发展产生重大影响的大科学项目，如美国的阿波罗计划、中国的"两弹一星"计划等，大政治、大组织、大设施成为大科学时代的特征③。从 20 世纪中期发展起来的大科学研究，以政府为主导，以国立科研机构等国家战略科技力量为主体，以国家为大规模投入方和组织者，充分发挥集中力量办大事的优势。

进入 21 世纪，生命科学逐渐代替物理科学成为主导学科，大科学研究

---

① 沈律：《小科学，大科学，超大科学——对科技发展三大模式及其增长规律的比较分析》，《中国科技论坛》2021 年第 6 期。

② "大科学"一词来自橡树岭国家实验室时任主任艾尔文·温伯格在 1961 年为《科学》撰写的一篇文章，他用"大科学"描绘粒子加速器和反应堆带来科学设施、仪器数量和预算规模的不断攀升。

③ 吴博、周利民：《"大科学"的相关概念及发展演变研究》，《科技管理研究》2020 年第 9 期。

也逐渐从军事用途转向民用，大科学研究模式开始向"新大科学"研究模式转变。随着科学技术的深入发展，科学问题的范围、交叉性、复杂性不断扩大、增强，科技创新面临更高难度、更大资源投入、更大失败风险。由于科技资源竞争日趋激烈，大科学研究开始呈现多元合作、分布式研究特征。与旧的大科学研究模式通常开展的是大规模研究不同，新大科学研究规模未必越来越大，并且在大型设施上实行以产业应用为目的的小规模研究成为新大科学的一个标志①。但是，新大科学的研究生态系统越来越复杂，表现为跨学科、跨领域越来越普遍，各类仪器设备分布更为广泛，不同研究项目之间的联系也越来越多等，因此"新大科学"也被称为"生态大科学"②。新大科学研究一方面使科技领域的政府与市场关系发生变化，科学研究的资金来源众多，资助模式也变得复杂化，另一方面使国家战略科技力量的构成变得多元化，产业部门发挥日益重要的作用，世界上各主要国家在人工智能（AI）、大数据和量子科技等新兴技术领域加紧布局战略科技力量，国家战略科技力量之间在竞争的同时也趋向合作，例如，人类基因组计划的实施。一些领先的国家实验室，例如橡树岭国家实验室，开始加大对"研究生态"的支持，包括相对小型的仪器、实验和合作③，大科学装置可以通过网络与其他设施用户保持连线，组成更大型研究设施群，过去相对笨拙的集中式研究模式正在被灵活的集群作战所取代。

（二）国家战略科技力量的内涵与外延

尽管国家战略科技力量产生于第二次世界大战，但是"国家战略科技力量"这一术语是胡锦涛同志在 2004 年考察中国科学院时首次提出的。党的十八大以来，以习近平同志为核心的党中央将强化国家战略科技力量放在了更为突出的位置。2016 年，国务院发布《"十三五"国家科技创新规划》，在政府文件中首次提出"要打造体现国家意志、具有世界一流水平、引领发展的战略科技力量"。党的十九大强调"加强国家创新体系建

---

① 〔美〕罗伯特·克里斯：《"新大科学"的兴起》，张琪悦编译，《知识分子》2019 年 6 月14 日。

② 〔美〕罗伯特·克里斯、凯瑟琳·威斯特法：《新的大科学》，方陵生编译，《世界科学》2016 年第 7 期。

③ 〔美〕罗伯特·克里斯：《"新大科学"的兴起》，张琪悦编译，《知识分子》2019 年 6 月14 日。

设，强化战略科技力量"①，这标志着强化战略科技力量上升为党和国家的意志。党的十九届五中全会提出，坚持创新在我国现代化建设全局中的核心地位，把科技自立自强作为国家发展的战略支撑，要完善国家创新体系，强化国家战略科技力量，加快建设科技强国②。2021 年 12 月，习近平总书记在中央经济工作会议上再次强调，"要强化国家战略科技力量，发挥好国家实验室作用，重组全国重点实验室，推进科研院所改革"③。2022 年 1 月，全国科技工作会议提出，推动国家实验室体系有效运行，发挥战略科技力量引领作用④。党的二十大提出，完善党中央对科技工作统一领导的体制，健全新型举国体制，强化国家战略科技力量⑤。

在较长时间里，无论是理论界还是政策制定部门，都没有对国家战略科技力量给出一个明确的定义。早期学者所理解的国家战略科技力量是由大学、研究机构和企业等构成的"科学共同体"，即知识创新的体制化结构⑥。目前各界对国家战略科技力量的内涵特征已达成一定的共识。有学者认为，国家战略科技力量是对国家安全与发展和国际竞争起决定性作用的科技力量⑦。有学者则阐述了更具体的特征，认为国家战略科技力量是以满足国家战略需求为定位，由国家支持、主要从事一般科研主体无意或无法开展的高投入、高风险、大团队、长周期的科技创新活动的科研力量⑧。党的十九届五次全会提出，"面向世界科技前沿、面向经济主战场、面向国家重大需求、面向人民生命健康"⑨，加快建设科技强国成为国家战略科技力量的重要使命。科技部部长王志刚认为，国家战略科技力量就是能够体现国家意志、服务国家需求、代表国家水平的科研队伍，即判断一

① 《习近平谈治国理政》（第 3 卷），外文出版社，2020，第 25 页。
② 《十九大以来重要文献选编》（中），中央文献出版社，2021，第 793 页。
③ 《中央经济工作会议在北京举行　习近平李克强作重要讲话》，新华网，2021 年 12 月 10 日，http://www.news.cn/politics/lenders/2021 – 12/10/C_1128152219.htm。
④ 《实现"十四五"良好开局 我国国家创新能力综合排名上升至世界第 12 位》，中国政府网，2022 年 1 月 7 日，http://www.gov.cn/xinwen/2022 – 01/07/content_5666812.htm。
⑤ 习近平：《高举中国特色社会主义伟大旗帜　为全面建设社会主义现代化国家而团结奋斗——在中国共产党第二十次全国代表大会上的报告》，人民出版社，2022，第 35 页。
⑥ 安维复：《从国家创新体系看现代科学技术革命》，《中国社会科学》2000 年第 5 期。
⑦ 樊春良：《国家战略科技力量的演进：世界与中国》，《中国科学院刊》2021 年第 5 期。
⑧ 肖小溪、李晓轩：《关于国家战略科技力量概念及特征的研究》，《中国科技论坛》2021 年第 3 期。
⑨ 《十九大以来重要文献选编》（中），中央文献出版社，2021，第 793 页。

个组织是否为国家战略科技力量，关键看是否从事国家战略层面的事情，是否解决战略性的科学技术问题，是否有招之能战、战之能胜的能力[①]。此定义高度概括了国家战略科技力量的基本特征。关于国家战略科技力量的外延，2021年5月28日，习近平总书记在中国科学院第二十次院士大会、中国工程院第十五次院士大会、中国科协第十次全国代表大会上，明确了国家实验室、国家科研机构、高水平研究型大学、科技领军企业是国家战略科技力量的重要组成部分，这几支力量互为补充又各有侧重[②]。党的二十大提出，优化国家科研机构、高水平研究型大学、科技领军企业定位和布局，形成国家实验室体系[③]。

（三）国家战略科技力量与国家创新体系

国家创新体系概念源于1856年李斯特（List）提出的"国家体系"和1934年熊彼特（Schumpeter）提出的"创新理论"。1987年，这一概念由英国经济学家克里斯托夫·弗里曼正式提出。弗里曼认为，国家创新体系是一种由公共和私人部门共同构建的网络，是制度、组织、技术创新综合作用的结果，是国家竞争力的源泉[④]。此后，伦德瓦尔等学者在弗里曼的基础上又从不同视角对国家创新体系的概念进行了进一步研究。经济合作与发展组织（OECD）融合弗里曼和伦德瓦尔的定义，认为国家创新体系由国家的公共研究机构、大学、参与科技研发的私营企业以及其中的参与者组成，决定了国家科技进步与创新发展绩效[⑤]。根据此定义，结合国家战略科技力量的内涵和外延，显然国家战略科技力量在国家创新体系中处于非常重要的位置。但是，从新中国科技发展的历程看，不同时期国家战略科技力量在国家创新体系中的构成和使命有所差异，国家战略科技力量与国家的发展战略、发展阶段及国际竞争形势密切相关，具有一定的稳定

① 陈芳、胡喆：《大国创新的关键之举——科技部部长王志刚为科技政策扎实落地"划重点"》，《新华每日电讯》2021年12月23日，第8版。

② 习近平：《在中国科学院第二十次院士大会、中国工程院第十五次院士大会、中国科协第十次全国代表大会上的讲话》，人民出版社，2021，第11页。

③ 习近平：《高举中国特色社会主义伟大旗帜　为全面建设社会主义现代化国家而团结奋斗——在中国共产党第二十次全国代表大会上的报告》，人民出版社，2022，第35页。

④ 〔英〕克里斯托夫·弗里曼：《技术政策与经济绩效：日本国家创新系统的经验》，张宇轩译，东南大学出版社，2008。

⑤ OECD, Science Technology and Indsutry Scoreboard, Paris, 1997.

性，同时又动态地演进、调整和扩充①，国家战略科技力量既是技术追赶的领跑者，也是技术前沿扩张的核心力量。

在从新中国成立之初一直到改革开放前建立的大科学时期国家科研体系②中，国家科技工作的导向是优先发展与重工业和国防事业有关的尖端科学技术，科研机构承担大部分的研究任务，形成了中国特色的大科学发展体制。为集中资源解决关键问题，国家将 1949 年成立的中国科学院作为全国科学中心，整合全国科研机构。1956 年，周恩来总理在《关于知识分子问题的报告》中提出，"用极大的力量来加强中国科学院，使它成为领导全国提高科学水平、培养新生力量的火车头"③。在这个时期，中国科学院既是中国科技工作的管理单位之一，也是最重要的国家战略科技力量④，通过中国科学院强化国家战略科技力量的整合，迅速补足了当时科技领域最短缺、国家建设最急需的门类，也涌现出"两弹一星"等一批重大科技成果。

邓小平同志在 1978 年全国科学大会上提出"科学技术是第一生产力"，强调"四个现代化，关键是科学技术的现代化"⑤。这次大会还审议通过了《1978—1985 年全国科学技术发展规划纲要（草案）》（后称"八年规划纲要"），提出要建成门类齐全、相互配套、布局合理、协调发展、专群结合、平战结合、军民结合的全国科学技术研究体系，而且明确了中国科学院作为全国自然科学研究的综合中心，主要任务是研究和发展自然科学的新理论新技术，配合有关部门解决国民经济建设中综合性的重大的科学技术问题；明确高校既是教育中心，又是科学研究中心，要求兼顾基础研究和应用研究；要求各部门和地方的研究机构以应用科学研究为主，适当开展基础科学研究，同时要求从中央、高校到地方、企业都要根据各自的功能定位恢复、加强、新建一批研究机构（所）。

---

① 樊春良：《国家战略科技力量的演进：世界与中国》，《中国科学院院刊》2021 年第 5 期。
② 这个时期形成的国家科研体系尚不能称为国家创新体系。
③ 《周恩来选集》（下），人民出版社，1984，第 185 页。
④ 1956 年 12 月国家实施的《1956—1967 年科学技术发展远景规划》（下称"十二年科技发展规划"）提出 57 项重点任务，中国科学院主要负责的有 8 项，作为联合负责单位的有 15 项，作为主要协作单位参加的有 27 项，三者相加接近总数的 90%，而在"两弹一星"研制中，中国科学院主要承担了原子弹和导弹研制中的一系列关键性的科学和技术任务，而人造卫星从构思到建议都是由中国科学院提出的（樊春良：《新中国 70 年来中国科学院的创新、改革与发展之路》，《中国科学院院刊》2019 年第 9 期）。
⑤ 《邓小平文选》（第 2 卷），人民出版社，1994，第 86 页。

党的十一届三中全会以后，科技工作的方针政策开始向经济建设方向调整。1982 年 10 月，全国科学技术奖励大会明确提出"经济建设要依靠科学技术""科学技术要面向经济建设"的战略指导方针。1985 年 3 月 13 日，中共中央发布了《关于科学技术体制改革的决定》，科技政策从国防导向转向经济导向。作为国家战略科技力量的中国科学院响应中央号召，实施"一院两制"，在保持一支精干力量从事基础研究和高技术创新的同时，将主要科技力量投入国民经济建设的主战场，联想集团就是这一时期的产物，而今已经成长为中国著名的科技领军企业，是企业界的国家战略科技力量。

从 1978 年到 1994 年，国家科技工作主要服务于经济追赶，在恢复和重构科学技术的社会建制的基础上，重点解决科技与经济"两张皮"的问题，初步形成了产学研联合的科技创新体系基本构架，"八年规划纲要"的实施也为新时代强化国家战略科技力量打下了良好基础。

中共中央、国务院在 1995 年 5 月 6 日颁布了《关于加速科学技术进步的决定》，首次提出实施科教兴国战略。经过改革开放以来的经济追赶，我国经济基础得到加强，科技、经济"两张皮"的问题有所缓解，但是国家科研机构以及高校由于过度强调了面向经济主战场，基础研究功能有所削弱，企业创新仍以引进消化吸收为主。江泽民同志在全国科技大会上指出："我们必须在学习、引进国外先进技术的同时，坚持不懈地着力提高国家的自主研究开发能力。"[1] 国家深化科技体制改革的指导方针为"稳住一头，放开一片"，即一方面稳住科技工作中属于政府管理职能的部分，稳住关系到国家整体和长远利益的研究与发展工作，包括稳定支持少部分的基础性研究和基础性技术工作等；另一方面放开主要由市场来配置资源的部分，如大量放开、放活技术开发机构、社会公益机构、科技服务机构等[2]。在科教兴国战略下，高校亦成为重点建设对象。1995 年 11 月，国家启动建设"211 工程"，即面向 21 世纪，重点建设 100 所左右的高等学校和一批重点学科。1998 年 5 月，江泽民同志提出，"为了实现现代化，我国要有若干所具有世界先进水平的一流大学"[3]。首批"985 工程"建设高

---

① 《江泽民文选》（第一卷），人民出版社，2006，第 432 页。
② 朱光亚：《准确理解"稳住一头，放开一片"方针》，《科协论坛》1995 年第 1 期。
③ 《江泽民文选》（第 2 卷），人民出版社，2006，第 123 页。

校有 9 所，分别是北京大学、清华大学、中国科学技术大学、复旦大学、上海交通大学、西安交通大学、南京大学、浙江大学、哈尔滨工业大学。

同期，国际开发研究中心（IDRC）专家组提出，中国应关注国家创新体系，国家创新体系开始进入中国政策界的视野。1996 年，《关于"九五"期间深化科学技术体制改革的决定》《"九五"全国技术创新纲要》出台，明确科技工作的首要任务仍是推动科技机构面向经济建设主战场，明确企业要成为技术开发的主体，通过产学研合作进行联合攻关发展高新技术，并促进高新技术产业化，中央所属科研机构和重点高等学校为基础研究的主力军，这为形成国家创新体系基本框架提供了具体思路和指引。1997 年，中国科学院向中央提交了《迎接知识经济时代 建设国家创新体系》的战略研究报告。江泽民同志对此做出重要批示，要求中国科学院"先走一步，真正搞出我们自己的创新体系"[1]。1998 年，中国科学院启动了以基础性研究为核心，以提高新知识和新科学的原创能力为目标的知识创新工程试点[2]，探索与国际接轨、有中国特色的国立科研机构体制改革。

进入 21 世纪，胡锦涛同志在 2006 年 1 月召开的全国科学技术大会上明确指出，要坚持走中国特色自主创新道路，用 15 年左右的时间把我国建设成为创新型国家[3]。2006 年 2 月，国务院发布《国家中长期科学和技术发展规划纲要（2006—2020 年）》，提出 15 年的科技工作指导方针是自主创新、重点跨越、支撑发展、引领未来，并且要把提升自主创新能力摆在全部科技工作的突出位置；将国家创新体系分为技术创新体系、知识创新体系、国防科技创新体系、区域创新体系以及科技中介服务体系五个子体系，并且以建立企业为主体、产学研结合的技术创新体系为全面推进中国特色国家创新体系建设的突破口，把建成若干世界一流的科研院所和大学以及具有国际竞争力的企业研究开发机构作为形成比较完善的中国特色国家创新体系的重要支撑。

从 1995 年到 2012 年，是国家创新体系形成和发展期。国家科技工作

---

① 转引自王扬宗《中国共产党与中国科学院》，中国科学院物理所，2021 年 7 月 2 日，https://baijiahao.baidu.com/s？id=1704114812217469777&wfr=spider&for=pc。

② 白春礼：《中国科学院 70 年：国家战略科技力量建设与发展的思考》，《中国科学院院刊》2019 年第 10 期。

③ 《改革开放三十年重要文献选编》（下），中央文献出版社，2008，第 1555 页。

逐渐强调提升自主创新能力，国家科研机构、重点高校等国家战略科技力量开始对标国际领先水平，加强基础研究，提高原始创新能力，在此期间取得不少重大科技成果，如载人航天工程、月球探测工程等。从改革开放一直到党的十八大召开前，可以说中国国家创新体系建设一直是追赶型的，其建设重点是以提升企业创新能力，特别是企业消化、吸收、再创新能力为目标的技术创新体系，大量科研机构的主要任务仍然是面向经济主战场。但是，由于知识创新体系建设相对较弱，技术创新体系中对关键核心技术的研发与攻关力度不足，在此阶段，我国与前沿创新国家相比，仍然存在国家创新体系整体效能不高、基础研发不够、科技创新资源分散等问题。

进入新时代，党的十八大提出实施创新驱动发展战略。2016 年 5 月，中共中央、国务院发布《国家创新驱动发展战略纲要》，提出要培育世界一流创新型企业，建设世界一流大学和一流学科，建设世界一流科研院所，发展面向市场的新型研发机构，构建专业化技术转移服务体系，明确各类创新主体在创新链不同环节的功能定位，构建开放高效的创新网络；提出创新能力要从"跟踪、并行、领跑"并存、"跟踪"为主向"并行""领跑"为主转变。习近平总书记在这一年的全国科技创新大会、两院院士大会、中国科协第九次全国代表大会上，首次提出科技事业发展要坚持面向世界科技前沿、面向经济主战场、面向国家重大需求的"三个面向"[1]。2020 年 9 月 11 日，习近平总书记在主持召开科学家座谈会时提出，我国科技事业发展要坚持"四个面向"，即面向世界科技前沿、面向经济主战场、面向国家重大需求、面向人民生命健康[2]。无论是"三个面向"还是"四个面向"，相比较追赶时期提出的"面向经济主战场"有了重大突破，也标志着国家创新体系建设从追赶型向赶超型转变，对国家战略科技力量的使命有了更高更广的要求。强化国家战略科技力量成为新发展阶段完善国家创新体系的重要抓手，实现科技自立自强的引领核心，建设科技强国的"牛鼻子"[3]。

---

① 习近平：《为建设世界科技强国而奋斗：在全国科技创新大会、两院院士大会、中国科协第九次全国代表大会上的讲话》，人民出版社，2016，第 5 页。

② 习近平：《在科学家座谈会上的讲话》，人民出版社，2020，第 11 页。

③ 李晓红：《着力提升科技创新能力 实现科技高水平自立自强》，《求是》2021 年第 6 期。

### 三　新型举国体制：强化国家战略科技力量的制度保障

科技领域的举国体制不是中国独有的。如美国的曼哈顿计划，日本的第五代计算机研制；多国政府共同参与的国际大科学计划和大科学工程，如人类基因组计划、伽利略计划、国际空间站计划等。但是，科技举国体制与中国国情尤为契合。中国是一个单一制国家，同时也是一个技术赶超型国家，利用举国体制可以有效集聚全国资源，使国家在较短的时间内、在部分领域实现技术突破。党的十九届四中全会提出，要"构建社会主义市场经济条件下关键核心技术攻关新型举国体制"[①]；党的十九届五中全会进一步指出，"健全社会主义市场经济条件下新型举国体制，打好关键核心技术攻坚战，提高创新链整体效能"[②]。在国家创新体系中，社会主义市场经济条件下的新型举国体制是使国家战略科技力量协同攻关，创新要素顺畅流动、高效配置的重要制度保障。

#### （一）国家之于技术赶超

美国和德国作为19世纪的两个后发国家，在1900年成功超过英国成为世界第一和第二工业化大国。学术界普遍认为德国历史学派领军人物李斯特的经济学起到关键作用[③]。李斯特经济学是一种关于后发国家追赶的国家经济学，其基本思想是，当国家有一定工业基础后，通过国家干预避免发达国家通过自由贸易侵占对于欠发达国家崛起至关重要但尚处于幼稚期的战略性新兴产业成长空间，其核心是构建独立自主的工业体系，发展生产力[④]，因为"一个人当他已攀上了高峰以后，就会把他逐步攀高时所使用的那个梯子一脚踢开，免得别人跟着他上来"[⑤]。格申克龙在研究俄国、德国等欧洲国家的情况后，认为追赶国家需要"采取现有的工业化国家未曾采取过的新制度手段"[⑥]，强调追赶目标应该定位于增长迅速的新兴产业，认为市场力量本身对能够成功追赶难以起到根本作用，而一些组织创新或政府作用则对追赶成功非常必要。

---

① 《十九大以来重要文献选编》（中），中央文献出版社，2021，第282页。
② 《十九大以来重要文献选编》（中），中央文献出版社，2021，第793页。
③ 贾根良：《李斯特经济学的历史地位、性质与重大现实意义》，《学习与探索》2015年第1期。
④ 孙德常、彭金荣：《李斯特的经济学理论与近代德国的崛起》，《历史教学》1988年第9期。
⑤ 〔德〕李斯特：《政治经济学的国民体系》，陈万煦译，商务印书馆，1961，第307页。
⑥ 〔美〕亚历山大·格申克龙：《经济落后的历史透视》，张凤林译，商务印书馆，2012。

在亚洲的追赶研究中，国家干涉亦成为讨论的焦点。以半导体产业发展为例。半导体是一系列产品和服务的基础，数字化的趋势让各种产品中的硅含量在不断增加，在人工智能（AI）、高性能计算（HPC）、5G、物联网等当今的新兴技术中发挥着关键作用，半导体甚至有"产业之米""制造业心脏"之称。然而，半导体行业的创新是非常艰难的，需要大量的投资。目前半导体行业的全球领先企业的总部大都位于美国、欧洲、日本、韩国等。日本和韩国作为半导体行业的后起之秀，其崛起轨迹引起各界关注。

存储芯片行业经历了两次领导者变革。1982年，日本赶超美国，然后在1993年被韩国超越，目前韩国保持存储芯片行业的领先地位已超过20年①。日本的赶超得益于"官产学研"的研发体系和"举国体制"的产业链配合。日本政府牵头启动"DRAM制法革新"项目，成立"VLSI技术研究所"。日本政府和企业共同出资，给予该研究所超过16亿美元的资金支持，该研究所与企业联合研发新技术、新产品，日本政府同时进行税赋减免、低息贷款扶持。为避免被"卡脖子"，日本还打造了包括原材料、设计、制造、封测的全产业链模式，最终实现了DRAM的国产化，芯片市场占有率曾达到80%。而韩国的赶超得益于军事化的财阀制度和韩式"官产学研"体系。1986年，韩国政府牵头，联合企业、高校，3年投入1.1亿美元，突破"4M DRAM"技术；此后，韩国政府持续投入资金支持企业完善DRAM研发体系，不断缩小与日本的差距。1992年，韩国率先投放"64M DRAM"，成为行业领导者。从日本和韩国半导体产业的发展历程来看，一个共同特点就是政府具有强大的行政推动、政策引导力量，对于引进技术强调消化吸收再创新，注重官产学研合作，注重在产业发展早期对国内市场的保护，政府在新兴产业的发展中发挥了主导作用。

无论是从美国、德国的崛起还是日本、韩国的崛起中，都可以看到李斯特经济学和重商主义的影子②，即重视国家（政府）的作用。政府的作用不仅仅是修正市场失灵，演化经济学家赖纳特强调，国家主导的产业政策和竞争战略在一国现代化中扮演了关键角色③。当一个国家转入创新型

---

① 陈柳、张年华：《后发国家赶超理论与实践研究综述》，《现代经济探讨》2022年第1期。

② 德国历史学派的很多思想与重商主义的思想有异曲同工之处，如倡导国家干预政策。

③ 转引自周文、包炜杰《国家主体性、国家建构与建设现代化经济体系——基于西欧、美国与中国的现代化发展经验》，《经济社会体制比较》2018年第5期。

经济后，政府不仅要为国家和产业的互动提供网络化机制，还要参与甚至是驱动创新转型所需要的资源配置的结构性调整①。

（二）计划经济下的传统举国体制

在 1956 年基本完成对生产资料私有制的社会主义改造后，中国开始全面展开大规模的社会主义建设。党的第八次全国代表大会是新中国成立后中国共产党召开的第一次全国代表大会，对国内主要矛盾的变化做出科学判断："我们国内的主要矛盾已经是人民对于建立先进工业国的要求同落后的农业国的现实之间的矛盾，已经是人民对于经济文化迅速发展的需要同当前经济文化不能满足人民需要的状况之间的矛盾。"② 因此，尽快从落后的农业国转变为先进的工业国，快速缩小与工业化国家的差距成为当时的主要任务。周恩来同志在 1964 年三届全国人大一次会议上作的《政府工作报告》中，首次完整提出"四个现代化"奋斗目标："要在不太长的历史时期内，把我国建设成为一个具有现代农业、现代工业、现代国防和现代科学技术的社会主义强国，赶上和超过世界先进水平。"③

在经济基础薄弱、科技水平落后、人口素质不高的情况下，把有限的发展资源用到"刀刃"上，发挥社会主义制度集中力量办大事的优势，成为迅速建立国家经济、技术、人才基础的极为重要的手段。当时，对社会主义的普遍认识，一是生产资料的公有制，二是社会生产的计划性。由于科学技术研究生产资料的公有化程度高，较易实施国家统一计划，科技体系成为新中国成立后计划体制特征最明显的领域之一④。聂荣臻同志 1958年在《我国科学技术工作发展的道路——在中华人民共和国科学技术协会第一次全国代表大会上的讲话》中强调，"在社会主义社会中，科学技术的研究必须有计划地发展，而且能够有计划地发展"⑤。这种计划经济体制下的科技体系可以发挥"集中力量办大事"的制度优势，当要进行重大项

---

① 封凯栋、姜子莹：《国家在创新转型中的双重角色：创新理论视角下发展型国家兴衰对中国政策选择的启示》，《经济社会体制比较》2020 年第 6 期。
② 中共中央党史研究室：《中国共产党历史》（第二卷）（上册），中共党史出版社，2011，第 396 页。
③ 《周恩来选集》（下），人民出版社，1984，第 439 页。
④ 李正风、武晨箫：《中国科技创新体系制度基础的变革——历程、特征与挑战》，《科学学研究》2019 年第 10 期。
⑤ 聂荣臻：《我国科学技术工作发展的道路——在中华人民共和国科学技术协会第一次全国代表大会上的讲话》，《科学通报》1958 年第 19 期。

目攻关时，科技举国体制成为当然选择①。通过科技举国体制，我国对全国大专院校进行院系调整，实施了一些著名高校西迁计划，集中全国各类型科技力量进行科技攻关，在一些领域取得举世瞩目的成就，如成功研制"两弹一星"，建造了中国第一艘核潜艇，在国际上首次人工合成结晶牛胰岛素，在世界上首次成功培育强优势的籼型杂交水稻等。

受国际环境的影响，计划经济时期的举国体制强调自力更生。1961年7月16日，党中央做出《关于加强原子能工业建设若干问题的决定》，指出"为了自力更生，突破原子能技术，加速我国原子能工业建设，中央认为有必要进一步缩短战线，集中力量，加强各有关方面对原子能工业建设的支援"②。周恩来同志提出，实行技术革命，要打破常规，依靠自力更生建设一个独立、完整、现代化的国民经济体系③。

计划经济体制一方面让中国快速建立起独立的比较完整的工业体系，也建立起相对完整的科研体系，另一方面却导致经济发展效率低下。改革开放初期（1979～1984年），中央形成以计划经济为主、市场调节为辅的认识；随后，中央又提出实行"在公有制基础上的有计划的商品经济"；1992年，中央明确了"我国经济体制改革的目标是建立社会主义市场经济体制"；1993年，党的十四届三中全会通过了《中共中央关于建立社会主义市场经济体制若干问题的决定》；2002年，发布《中共中央关于完善社会主义市场经济体制若干问题的决定》。随着经济体制的转轨，科技体制也在改革，国家科研体系向国家创新体系转变，要求企业成为创新主体，科技面向经济主战场，解决科技、经济"两张皮"问题成为从计划经济向社会主义市场经济转型时期科技工作的重点。这个时期的举国体制开始带有市场经济色彩，我国在科技领域也取得重大突破，如载人航天工程、探月工程等。

（三）社会主义市场经济下的新型举国体制

进入新时代，社会主义市场经济体制改革不断深化。习近平总书记在党

---

① 不同于源于"大科学"概念的美国"科技举国体制"，中国的科技举国体制源于苏联的"规划科学"思想。

② 中共中央党史研究室：《中国共产党历史》（第二卷）（下册），中共党史出版社，2011，第683页。

③ 当代中国研究所：《中华人民共和国史稿》（第二卷），人民出版社、当代中国出版社，2012，第200页。

的十九大报告中指出，"中国特色社会主义进入新时代，我国社会主要矛盾
已经转化为人民日益增长的美好生活需要和不平衡不充分的发展之间的矛
盾"①。技术追赶向技术赶超跃进，科技工作从着重面向经济主战场转向"四
个面向"。健全社会主义市场经济条件下新型举国体制，强化国家战略科技力
量，提升国家创新体系整体效能，成为新时代建设世界科技强国的重要路径。

《国家中长期科学和技术发展规划纲要（2006—2020年）》将"坚持
社会主义制度，能够把集中力量办大事的政治优势和发挥市场机制有效配
置资源的基础性作用结合起来，为科技事业的繁荣发展提供重要的制度保
证"作为我国发展科技事业的有利条件，这也是我国首次提出新型举国体
制的基本思路，初步阐明了新型举国体制的基本特征②。

新型举国体制是面向国家重大需求，通过政府力量和市场力量协同发
力，凝聚和集成国家战略科技力量、社会资源共同攻克重大科技难题的组
织模式和运行机制③。同计划经济体制下的传统举国体制相比，社会主义
市场经济条件下的新型举国体制有着不同的资源配置机制，不同的要素动
员机制，其核心差异在于如何看待政府和市场的关系。新型举国体制更加
强调发挥市场在资源配置中的决定性作用和更好发挥政府作用。实际上，
经济体制改革的核心问题就是处理好政府和市场的关系。中国共产党在对
政府和市场关系的认识上经历了一个不断深化的过程。党的十四大提出建
立社会主义市场经济体制，提出"要使市场在社会主义国家宏观调控下对
资源配置起基础性作用"④。党的十八大提出"更大程度更广范围发挥市场
在资源配置中的基础性作用"⑤。党的十八届三中全会把市场在资源配置中
的"基础性"作用修改为"决定性"作用，这个定位标志着社会主义市场
经济发展进入一个新阶段。习近平总书记指出，"要健全社会主义市场经
济条件下新型举国体制，充分发挥国家作为重大科技创新组织者的作用，
支持周期长、风险大、难度高、前景好的战略性科学计划和科学工程，抓
系统布局、系统组织、跨界集成，把政府、市场、社会等各方面力量拧成

① 《十九大以来重要文献选编》（上），中央文献出版社，2019，第8页。
② 曹睿卓、董贵成：《新型举国体制：概念、内涵与实现机制》，《科学社会主义》2021年
第4期。
③ 中共中央宣传部：《习近平新时代中国特色社会主义思想学习问答》，学习出版社、人民
出版社，2021，第253页。
④ 《十四大以来重要文献选编》（上），人民出版社，1996，第19页。
⑤ 《十八大以来重要文献选编》（上），中央文献出版社，2014，第438页。

一股绳，形成未来的整体优势。要推动有效市场和有为政府更好结合，充分发挥市场在资源配置中的决定性作用，通过市场需求引导创新资源有效配置，形成推进科技创新的强大合力"①。这段话较为详细地阐释了新型举国体制下政府与市场的关系。

新型举国体制更加强调处理好中央和地方的关系。构建和完善新型举国体制是一项复杂的系统工程，需要处理好中央与地方的关系，发挥中央与地方"两个积极性"。无论是国家战略科技力量建设，还是重大科技项目攻关，政府都发挥了主导或引导作用，但是单靠中央政府无法完成这些艰巨任务。在计划经济时期，党中央已经注意到这个问题，毛泽东同志在《论十大关系》中指出，"中央和地方的关系也是一个矛盾。解决这个矛盾，应当在巩固中央统一领导的前提下，扩大一点地方的权力，给地方更多的独立性，让地方办更多的事情。这对我们建设强大的社会主义国家比较有利"②。但是，在科技领域，那时尚没有成熟的国家创新体系，央地关系一直没有得到很好的解决。在国家创新体系逐渐形成和完善的过程中，地方政府主导的区域创新体系作为中央主导的国家创新体系的重要子系统，也需要承担国家创新体系赋予的功能与使命。新型举国体制下需要构建中央与地方有序的央地关系，有效汇聚与整合优化创新资源和要素，提升国家创新体系整体效能。

新型举国体制更加强调处理好自主创新与对外开放的关系。周恩来同志在三届全国人大一次会议作的《政府工作报告》中提出，要正确处理自力更生和国际合作的关系，自力更生是革命和建设事业的基本立足点，国际合作必须建立在自力更生的基础上。国外一切好的经验、好的技术，都要吸收过来，为我所用，为我所学。学习国外经验技术必须与独创精神相结合③。这个方针在今天仍然是适用的。但是，受制于当时国际环境，学习外国技术十分困难，后发优势难以发挥。而当今科学技术发展复杂度越来越高，技术升级换代越来越快，科技创新已经是"你中有我，我中有你"，依靠单打独斗难以在短时间内实现技术突破，科技发展已进入需要超大规模的资本投入和团队协作阶段。习近平总书记在考察中国科学技术大学时指出，

---

① 《习近平谈治国理政》（第四卷），外文出版社，2022，第 200 页。
② 《毛泽东文集》（第七卷），人民出版社，1999，第 31 页。
③ 当代中国研究所：《中华人民共和国史稿》（第二卷），人民出版社、当代中国出版社，2012，第 200 页。

我国的经济体量到了现在这个块头，科技创新完全依赖国外是不可持续的。我们毫不动摇坚持开放战略，但必须在开放中推进自主创新①。

从北斗卫星导航系统到载人航天技术，从"嫦娥工程"到"中国天眼"，新型举国体制展现了其对科技创新领域的促进作用。必须不断探索构建社会主义市场经济条件下的新型举国体制，发挥新型举国体制在科技创新领域的重大优势，把科技自立自强作为国家发展的战略支撑。

世界格局变迁和工业革命发展（所谓"第二种机会窗口"）是后发国家实现科技赶超，建成世界科技强国的重要历史机遇②。德国在19世纪爆发了资产阶级革命，科技飞速发展，并于19世纪70年代引领了第二次工业革命，进入世界科技强国行列；20世纪80~90年代，东德和西德实现统一，德国抓住全球化机遇，再次跻身世界科技强国行列。美国在独立战争后开启工业化进程，抓住第二次工业革命机遇追赶欧洲，利用两次世界大战大量引入欧洲科学家，并在20世纪90年代引领第三次科技革命浪潮，毫无争议成为世界头号科技强国。日本自明治维新开启现代化进程，抓住第二、第三次工业革命交汇的机遇，实施"科学技术创造立国"战略，提出"50年30个诺奖"计划，迅速崛起成为新的科技强国。当前，世界正面临百年未有之大变局，新一轮科技革命和产业变革深入发展，国际形势的不稳定性、不确定性明显增加，国际力量对比深刻调整。中国已经进入全面建设社会主义现代化国家、向第二个百年奋斗目标进军的新发展阶段，党中央审时度势，提出要加快构建以国内大循环为主体、国内国际双循环相互促进的新发展格局。中国要在新中国成立百年时，实现建成世界科技强国的目标，必须牢牢把握时代赋予的机遇，强化国家战略科技力量，通过高水平科技自立自强形成内生的科技能力，以中国式现代化全面推进中华民族伟大复兴。

---

① 《习近平考察中科大：要在开放中推进自主创新》，新华网，2016年4月27日，http://www.xinhuanet.com/politics/2016-04/27/c_1118744858.htm。

② 秦铮、孙福全、袁立科：《德美日建设世界科技强国的经验及启示》，《科技管理研究》2022年第12期。

# 第一章
# 理论逻辑：举国体制与国家战略科技力量

国家战略科技力量承担科技自立自强、创新型国家与科技强国建设的重大使命和战略任务，在国家创新体系中起着引领和主力军作用。相较于传统举国体制，新型举国体制在重大创新活动中探索建立新型的"政府与市场关系"，是国家创新体系中的一种更有活力的特殊制度形式。基于系统理论，将国家创新体系解构为战略体系、能力体系及过程体系三个子系统，将新型举国体制强化国家战略科技力量视作国家创新体系的优化及效能提升过程，进而从战略、能力、过程三个维度阐释具体内涵。新型举国体制的作用效应包括形成国家战略力量主体创新能力、强化突破性创新、适应并推动"技术—经济范式"变革等，实践路径体现为推动国家整体创新能力结构、创新发展动力和创新竞争力演化升级①。

## 第一节　国家战略科技力量概念的系统认识

本节基于国家战略科技力量的国内外研究以及现实实践，梳理国家战略科技力量概念的发展历程，探讨国家战略科技力量的内涵、构成以及制度需求，并从国家创新体系、原始创新能力、体制机制创新等方面分析强化国家战略科技力量的理论基础。

---

① 本章目的在于展示理论逻辑，重点探讨三个问题：什么是国家战略科技力量；什么是举国体制，以及新型举国体制与传统举国体制的制度分野；新型举国体制强化国家战略科技力量的内在机理。第一节侧重于从广义与狭义两个角度提出国家战略科技力量基本内涵、主要构成以及理论基础；第二节重点在于界定新型举国体制的内涵、特征及其与传统举国体制的主要区别，以及新型举国体制的价值性与合理性；第三节侧重于从系统理论出发提出新型举国体制强化国家战略科技力量的内在机理，包括概念框架、作用效应及实践路径等。

## 一　国家战略科技力量的基本内涵

"战略"一词源于国家安全与军事领域，是指军事将领指挥军队作战的谋略[1]。"战略科技"是指伴随现代科技革命和产业革命深入发展而产生的前沿科技领域，在不同历史时期具有差异性，当前强化国家战略科技力量瞄准人工智能、量子信息、集成电路、生命健康、脑科学、生物育种、空天科技、深地深海等前沿领域[2]。"科技力量"是一个国家和地区新知识、新技术的创造和应用的系统能力及水平，体现为科技资源的总量及其开发使用的成效[3]。国家战略科技力量融合"国家""国家战略""战略科技""科技力量"等多层次概念，具有鲜明的政策性、历史性、系统性特征。

（一）国家战略科技力量的政策意蕴

国家战略科技力量是中国政府基于对历史上工业大国发展规律、国家创新体系建设特征、国际竞争格局与发展环境变化等深刻认识，结合国家科技创新能力建设长期实践而提出的概念。

改革开放后，为适应产业培育和发展需要，中国不断推进科技体制机制改革，实施科教兴国战略。通过科研机构企业化改制、中国科学院知识创新工程实施、教育部高水平研究型大学建设等一系列改革，初步形成了以研究型大学和中国科学院为基础研究主体、企业为技术开发主体、产学研相结合的国家创新体系[4]。

进入21世纪，随着中国产业发展模式逐渐从以数量扩张为主转为以质量提高、效率提升为主的新阶段，自主创新上升至国家战略高度[5]。2004年，胡锦涛同志明确要求中国科学院"作为国家战略科技力量，不仅要创造一流的成果、一流的效益、一流的管理，更要造就一流的人才"[6]。这是中国国家领导人首次提出"国家战略科技力量"。通过推进科研机构改革，进一步强化了研究型大学自由探索的基础研究功能，提升了中国科学院等科研机构在

[1] "strategy"一词源于希腊语"strategos"，原义为部队领导者的艺术（art of troop leader）。
[2] 《中共中央关于制定国民经济和社会发展第十四个五年规划和二〇三五年远景目标的建议》，人民出版社，2020，第10页。
[3] 杨慧民：《我国八大区域科技力量的综合评价》，《科技进步与对策》2008年第9期。
[4] 张景安：《中国科技体制改革40年》，《中国软科学》2018年第10期。
[5] 2006年1月召开的全国科技大会，提出自主创新以及建设创新型国家的发展战略。
[6] 随后，中国科学院进行了全面的科技布局调整，全面实施了"百人计划"，深化科技体制改革，在建设国家创新体系中起到示范作用。

承担重大应用基础研究、战略高技术方面的能力，以及企业技术开发能力。

党的十八大以来，面对错综复杂的国际形势和前所未有的外部风险挑战，以习近平同志为核心的党中央深刻把握世界科技发展大势，坚持把创新作为引领发展的第一动力，提出实施创新驱动发展战略，把创新作为五大发展理念之首，多次强调要强化国家战略科技力量，赋予国家战略科技力量支撑实现科技自立自强以及建设创新型国家和科技强国的重大使命和战略任务，国家战略科技力量在中国经济社会发展中的战略性、引领性、支撑性作用日益凸显。

2013 年 7 月，习近平总书记评价中国科学院"是一支党、国家、人民可以依靠、可以信赖的国家战略科技力量"，并对中国科学院提出"四个率先"的要求，即率先实现科学技术跨越发展、率先建成国家创新人才高地、率先建成国家高水平科技智库、率先建设国际一流科研机构[1]。为进一步支撑经济转型和产业升级，2016 年 7 月，国务院印发的《"十三五"国家科技创新规划》提出"在重大创新领域布局建设国家实验室"，"打造体现国家意志、具有世界一流水平、引领发展的重要战略科技力量"[2]。这是政府官方文件中首次出现"战略科技力量"。2017 年 10 月，党的十九大强调"加强国家创新体系建设，强化战略科技力量"[3]，这标志着国家战略科技力量建设上升为党和国家的意志。

2020 年以来，百年变局和新冠疫情交织叠加，世界进入动荡变革期。2020 年 10 月，党的十九届五中全会重申"要强化国家战略科技力量"。2020 年 12 月，中央经济工作会议将"强化国家战略科技力量"作为 2021 年八项重点工作任务之首。2021 年 3 月，第十三届全国人大第四次会议通过的《中华人民共和国国民经济和社会发展第十四个五年规划和 2035 年远景目标纲要》将创新发展摆在首要地位，提出要强化国家战略科技力量，整合优化科技资源配置，加强原创性引领性科技攻关，持之以恒加强基础研究，建设重大科技创新平台，从顶层设计到具体举措提出强化国家战略科技力量的路径。2021 年 5 月，习近平总书记在中国科学院第二十次

① 转引自白春礼《中国科学院 70 年：国家战略科技力量建设与发展的思考》，《中国科学院院刊》2019 年第 10 期。
② 《国务院关于印发"十三五"国家科技创新规划的通知》，中国政府网，2016 年 8 月 8 日，http://www.gov.cn/zhengce/content/2016-08/08/content_5098072.htm。
③ 《十九大以来重要文献选编》（上），中央文献出版社，2019，第 22 页。

院士大会、中国工程院第十五次院士大会和中国科学技术协会第十次全国代表大会上强调，要"强化国家战略科技力量，提升国家创新体系整体效能"①。2021 年 9 月，习近平总书记在中央人才工作会议上强调，"到 2035 年，形成我国在诸多领域人才竞争比较优势，国家战略科技力量和高水平人才队伍位居世界前列"②。2021 年 11 月，党的十九届六中全会审议通过《中共中央关于党的百年奋斗重大成就和历史经验的决议》，强调"党坚持实施创新驱动发展战略，把科技自立自强作为国家发展的战略支撑，健全新型举国体制，强化国家战略科技力量，加强基础研究，推进关键核心技术攻关和自主创新"③。2022 年 3 月，国务院《政府工作报告》再次对加强科技创新做出部署，明确提出依靠创新提高发展质量，提升科技创新能力，强化国家战略科技力量。

当前，中国已经进入全面建设社会主义现代化国家、向第二个百年奋斗目标进军的新征程。作为体现国家意志、服务国家需求、代表国家水平的科技中坚力量，实现高水平科技自立自强的主要载体，国家战略科技力量将在中国应对世界新一轮科技革命和产业变革、占领新兴科技发展制高点、建设世界科技强国中发挥主体、引领以及示范作用。

（二）国家战略科技力量的实践演进

虽然国家战略科技力量是中国政府提出的概念，但以聚集国家科技创新活动为功能形态进行考察，其在现实实践中已经伴随着历次工业革命的发展，有着五百多年的发展演变史。从大航海时代到第三次工业革命，葡萄牙、西班牙、荷兰、英国、法国、美国、德国、日本、韩国、中国等竞相走近世界经济和科技舞台中心，科技自立自强背后实质上是国家战略科技力量的较量④。发达国家从国家战略高度认识及强化其科技力量，发挥战略科技力量引领科技跨越赶超、提升国家创新效能、增强国家综合实力等主体功能，实现科技强国建设目标⑤。国家战略科技力量适应科研范式

---

① 《习近平谈治国理政》（第 4 卷），外文出版社，2022，第 199 页。

② 《深入实施新时代人才强国战略 加快建设世界重要人才中心和创新高地》，《人民日报》2021 年 9 月 29 日。

③ 《中共中央关于党的百年奋斗重大成就和历史经验的决议》，人民出版社，2021，第 35 页。

④ 白光祖、曹晓阳：《关于强化国家战略科技力量体系化布局的思考》，《中国科学院院刊》2021 年第 5 期。

⑤ 白光祖、曹晓阳：《关于强化国家战略科技力量体系化布局的思考》，《中国科学院院刊》2021 年第 5 期。

变革，引领推动战略科技实现蒸汽机技术体系、电工技术体系向微电子技术的突破演进（见表 1-1）。

表 1-1　历次工业革命中国家战略科技力量的变化

| 项目 | 第一次工业革命 | 第二次工业革命 | 第三次工业革命 |
|---|---|---|---|
| 代表性战略科技 | 蒸汽机技术等 | 电工技术等 | 互联网、单芯片微处理器、计算机等 |
| 科研范式 | 科学、技术、产业相对独立发展；自发、分散化、自由探索为主，形成各种研究"孤岛"；"小科学"时代到来 | 科学同技术开始紧密结合；"小科学"深入发展，"大科学"开始兴起 | 科学、技术、产业之间从相对独立发展到互促互进直至融合并进；"大科学"与"小科学"共同发展 |
| 国家战略科技力量 | 科学家及企业 | 研究型大学、工业企业及其实验室等建制化科技力量 | 国家实验室、高水平研究型大学、国家研究机构、科技领军企业等各种建制化国家战略科技力量，以及以此为基础形成的国家创新体系 |

资料来源：课题组整理。

第一次工业革命时期（18 世纪 60 年代至 19 世纪 40 年代），科学、技术、产业间相对独立，科研范式以科学家自发、分散化、自由探索为主，"小科学""个人英雄主义"时代到来。英国崛起得益于天才科学家以及各种能工巧匠。比如，牛顿力学理论体系的形成使英国成为世界科学中心。然而，工业革命开始的几件发明却都是由普通的技术工人创造的，如钟表匠约翰·凯伊发明了飞梭纺纱机、理发师阿克莱特发明水力纺纱机、机械工人瓦特改良蒸汽机等。

第二次工业革命时期（19 世纪 60 年代后期至 20 世纪 30 年代），科学同技术开始紧密结合，建制化①科技创新力量开始兴起，并推动机械化生产方式向电气化转变。德国、美国开始重视研究型大学、工业企业及其实

---

① 科学建制化的主要特征包括科学家成为一种职业、科研机构的产生、科学研究具有不受其他外界因素影响的自立性。（参见李红、李强《科学建制化的研究综述》，《湖北第二师范学院学报》2010 年第 6 期。）比较典型的是英国皇家学会（The Royal Society）。成立于 1660 年的皇家学会一开始是一个由约 12 名科学家自主管理的小团体，当时被称作无形学院。英国政府在 1850 年发给学会 1000 英镑的资助，以帮助科学家进行研究和添置器材。政府资助制度从此形成，学会与政府的关系也从此开始，建制化科技力量开始形成。

验室等战略科技力量建设，为其在第二次工业革命中成为科技强国奠定基础。企业内部研发实验室最早出现在 19 世纪 70 年代，拜耳、赫斯特和巴斯夫几大染料公司率先建立了专用的化学研究实验室。美国通用电气（GE）在 1900 年建立了实验室，并招聘了 250 多名专业的工程师和科学家。据统计，1919～1936 年，美国企业在石油、制药、汽车、钢铁等各领域建立了 1100 多个实验室，占据了工业领域的全球主导地位[①]。世界上最早的研究型大学德国柏林洪堡大学（Humboldt – Universitat zu Berlin）在这一时期快速发展[②]，并在第二次世界大战前成为世界学术中心和科研高地。本·大卫对 1800～1926 年英国、法国、德国和美国医学科学成果的研究表明，德国以及后来美国能够占据医学科学领先地位的关键是大学系统的大发展、分立化和竞争[③]。

第三次工业革命时期（20 世纪 30 年代后期至今），科学、技术、产业之间从相对独立发展到互促互进直至融合并进。第二次世界大战前的科学研究都是分散的、个体的、随机组合的研究，属于"小科学"范畴，从第二次世界大战时期开始，世界逐渐进入大科学时代[④]。"个体英雄"式的研究越来越难以满足科技发展的需要，重大理论发现和科学突破高度依赖重大科技创新力量及其协同发展，国家战略科技力量的组成更为丰富多样，体现为国家实验室及其重大科技基础设施、研究型大学、高水平科研机构、科技领军企业等，以及不同力量协同发展形成的国家创新体系。NASA 及其下属国家实验室、能源部下属国家实验室、国防部下属国家实验室及国家科研机构，美国国家科学院等国家科研机构，哈佛大学、斯坦福大学等高水平研究型大学，微软、谷歌等世界级科技领军企业，成为美国继续引领第三次工业革命浪潮的战略支撑。

---

① http://www.360doc.com/content/19/1124/23/43529692_875254899.shtml.

② Da M. Eduardo, Christopher Freeman, "The 'National System of Innovation' in Historical Perspective," *Revista Brasiliera De Inovao* 3（2004）：9–34. 注：德国大学前身是柏林大学，是当时的普鲁士教育大臣、德国著名学者、教育改革家威廉·冯·洪堡创办。

③ J. Ben-David, "Scientific Productivity and Academic Oranization in Nineteenthe-Century Medicine," *American Sociological Review* 25（1960）：828–843.

④ 美国科学家德拉克·普赖斯将"大科学时代"定义为"以统一的方式把相关的科学事业组织起来加以科学管理（如大科学体制）的科学，是社会化的集体活动，其研究活动规模越来越大，发展至国家规模，甚至国际规模，包括大科学工程、分布式研究等"。参见 Derek J. De Solla Price, *Little Science, Big Science*（New York: Columbia University Press, 1986）。

当前，以人工智能、量子信息、集成电路、生命健康、脑科学、生物育种、空天科技、深地深海等前沿领域技术为代表的新一轮科技革命和产业变革正在快速孕育和发展。"大科学"逐渐成为主导科研范式①，无论是宏观视野还是微观视野的前沿科学问题，都具有目标宏大、投资强度高、实施难度大，以及涉及多学科、多目标、多主体、多要素的特点，跨学科交叉融合、跨机构组织协调以及高强度支持在尖端技术攻关和复杂技术系统突破过程中的作用日益凸显②，仅凭单个科研院所或企业很难承担，必须依靠国家主导，通过资源整合、全局谋划，形成包括国家实验室、高水平研究型大学、国家科研机构、科技领军企业等多层次、网络化、系统化的国家战略科技力量，推动大科学工程、大科学计划、战略性科技计划实施，才能更好地实现国家战略目标③。

（三）国家战略科技力量的概念界定

近年来，中国学术界针对国家战略科技力量的内涵与外延、主体及运营、政策需求等展开了热烈的讨论（见表1-2）。从内涵和外延来看，已有研究揭示了国家战略科技力量发展目标的战略性、主体功能的使命性以及创新能力的代表性。首先，国家战略科技力量以解决国家安全、国家发展、国计民生等重大科技问题和根本性问题为创新目标。国家战略科技力量致力于解决事关国家全局和长远发展的基础性、战略性、前瞻性、先导性和系统性的重大科技问题④以及事关国家安全、国家发展、国计民生等根本性问题⑤。其次，国家战略科技力量以国家赋予的创新职责和使命为主体功能。国家战略科技力量面向国家发展战略需求，从事一般科研主体无意或无法开展的高投入、高风险、大团队、长周期的科技创新活动。国家战略科技力量在创新能力、保障能力、发展能力、研究成果等方面代表国家最高创新水平，是国家科研机构、高校、企业（包括高科技民企）等优势力量的集合与协同，包括军工与准军工类、基础研究类、经济社会发展类⑥。

---

① 王福涛：《我国科技自立自强的历史经验与现状分析》，《国家治理》2021年第Z5期。
② 穆荣平：《健全新型举国体制 强化国家战略科技力量》，《光明日报》2020年11月9日。
③ 高文：《努力强化国家战略科技力量》，《学习时报》2020年6月24日。
④ 白春礼：《在纪念全国科学大会30周年座谈会上的讲话》，2008年3月27日。
⑤ 高文：《努力强化国家战略科技力量》，《学习时报》2020年6月24日。
⑥ 肖小溪、李晓轩：《关于国家战略科技力量概念及特征的研究》，《中国科技论坛》2021年第3期。

表 1 - 2　国家战略科技力量概念研究与代表性观点

| 作者 | 内涵 | 外延 |
|---|---|---|
| 李正风 | 从广义的角度理解国家战略科技力量，要充分认识到国家战略科技力量构成的多样性，并注意其复杂的结构性特征 | 从"使命"和"能力"两个维度，把科技力量划分为四类：有明确战略使命且有战略能力的；有明确战略使命但缺乏战略能力的；无明确战略使命但有战略能力的；无明确战略使命也缺乏战略能力的 |
| 肖小溪和李晓轩 | 以满足国家战略需求定位，由国家支持、主要从事一般科研主体无意或无法开展的高投入、高风险、大团队、长周期的科技创新活动的科研力量，是国家科研机构、高校、企业等优势力量的集合与协同 | 新建的国家实验室、重组后的国家重点实验室、其他形式新增的国家战略科技力量（如华为） |
| 张杰 | 狭义的国家战略科技力量是指一国以基础研究、原始创新、颠覆性技术创新为主的自主创新能力体系；广义的国家战略科技力量强调的是一国的创新链和产业链的融合发展体系 | 狭义的国家战略科技力量是指受国家财政投入支持的多层次、多元化的科研机构和研发团队体系；广义的国家战略科技力量包括整合优化科技资源配置、原创性引领性科技攻关、建设重大科技创新平台以及强化基础研究可持续投入等"四位一体"的发展目标和工作任务体系 |
| 尹西明、陈劲和贾宝余 | 使命定位高、战略责任重、组织模式新、能力组合强、技术领域准、创新成效实的创新主体和载体 | 支柱型国家战略科技力量：国家实验室、国家科研机构、高水平研究型大学和科技领军企业。载体型国家战略科技力量：综合性国家科学中心、区域技术创新中心 |
| 樊春良 | 体现国家意志和国家利益，以国家战略为指导，以实现国家目标和国家任务为目的而部署和组织的科技力量，由在国家安全、经济和社会发展、国际竞争等关键领域起决定性作用的科技队伍、组织及相关科技设施构成 | 国立科研机构为国家战略科技力量的主体；大学和企业的科研力量的某些部分可作为或可参与组建国家战略科技力量 |
| 高文 | 国家战略科技力量致力于从国家战略全局的高度解决事关国家安全、国家发展、国计民生等根本性问题，而不仅仅局限于某个区域；承担国家赋予的职责，履行国家赋予的使命；在创新能力、保障能力、发展能力、研究成果、等方面代表国家水平，具有不可替代的作用 | 国家实验室体系、国家重点实验室体系，以及国家工程研究中心、国家技术创新中心、国家科学数据中心等承载国家使命的科研机构 |

续表

| 作者 | 内涵 | 外延 |
|------|------|------|
| 中国科学院 | | 国家战略科技力量的载体是国家实验室和世界一流科研机构，包括依托国家实验室和世界一流科研机构建设的重大科技基础设施条件平台、综合科学中心和集中国家科研优势力量协同攻关的综合集成科研平台 |

资料来源：李正风《如何准确理解国家战略科技力量》，《中国科技论坛》2022 年第 4 期；肖小溪、李晓轩《关于国家战略科技力量概念及特征的研究》，《中国科技论坛》2021 年第 3 期；张杰《构建中国国家战略科技力量的途径与对策》，《河北学刊》2021 年第 5 期；尹西明、陈劲、贾宝余《高水平科技自立自强视角下国家战略科技力量的突出特征与强化路径》，《中国科技论坛》2021 年第 9 期；樊春良《国家战略科技力量的演进：世界与中国》，《中国科学院院刊》2021 年第 5 期；高文《努力强化国家战略科技力量》，《学习时报》2020 年 6 月 24 日；中国科学院编《科技强国建设之路：中国与世界》，科学出版社，2018。

在现有文献和实践基础上，本书认为：国家战略科技力量是指以"国家意志"为导向，以"引领发展"为目标，以世界科技前沿领域、经济主战场、国家重大战略需求、人民生命健康为重点领域，强化使命引领、使命担当，从国家发展战略高度解决事关国家安全、经济发展、国计民生等根本性科技问题，从整体上提升国家和地区的综合创新能力、国际竞争实力与可持续发展能力的系统化、建制化科技力量。

使命引领、使命担当是中国国家战略科技力量的重要特征。以前瞻性和颠覆性科技领域的原发性突破为使命，促成跨越式发展；以某些特殊领域所需为使命，通过较为稳定的科研活动，解决大规模、长周期、高投入、跨学科的技术问题，并进行资源、人才和知识的持续积累，从而保障国家在经济发展、社会福祉、国防安全等方面的战略需要；以加强科技与产业联系，促进科研成果转化和应用为使命，重点立足于重大科研成果的有效筛选、整合、培育并促使产业化应用，尽可能地缩小科技界和产业界之间的距离。

国家战略科技力量以"四个面向"为重点领域。面向世界科技前沿领域，如量子科学、脑科学、人工智能、合成生物学、新材料、空天深海等；面向经济主战场，如能源、制造、通信、交通等经济产业领域关键核心技术问题、"卡脖子"问题，促进成果转化与市场应用等；面向国家重大战略需求领域，如国家安全领域相关科工装备及技术（核、航天、航空、船舶、兵器、军工电子和配套等技术等）；面向人民生命健康，如基因科技、高端医疗器械、新药创制、现代农业科技、先进环保技术、生物安全技术、公共卫生等。

国家实验室、国家科研机构、高水平研究型大学、科技领军企业是中国国家战略科技力量的核心，在加快实现科技自立自强中承担相应的使命和任务，既相互联系，又各有侧重（见图1-1）。国家实验室，紧盯"四个面向"的要求，紧跟世界科技发展大势，承担重大理论创新和适应中国发展对科技发展提出的使命任务，多出战略性、关键性重大科技成果，并同国家重点实验室结合，形成中国特色国家实验室体系；国家科研机构，以国家战略需求为导向，着力解决影响制约国家发展全局和长远利益的重大科技问题，加快建设原始创新策源地，加快突破关键核心技术；高水平研究型大学，把发展科技第一生产力、培养人才第一资源、增强创新第一动力更好结合起来，发挥基础研究深厚、学科交叉融合的优势，成为基础研究的主力军和重大科技突破的生力军；科技领军企业，发挥市场需求、集成创新、组织平台的优势，打通从科技强到企业强、产业强、经济强的通道。

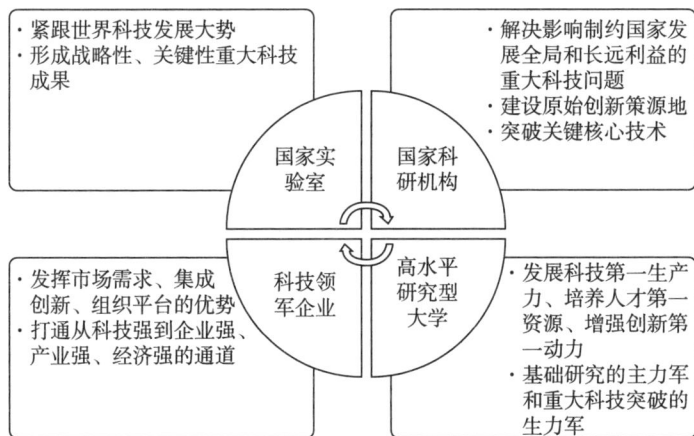

图1-1　国家战略科技力量的外延

## 二　国家战略科技力量的构成及需求

（一）国家战略科技力量的基本构成

从已有研究和实践来看，当前国家战略科技力量的主体可从狭义（基础研究）和广义（创新链）两个角度理解（见图1-2）。

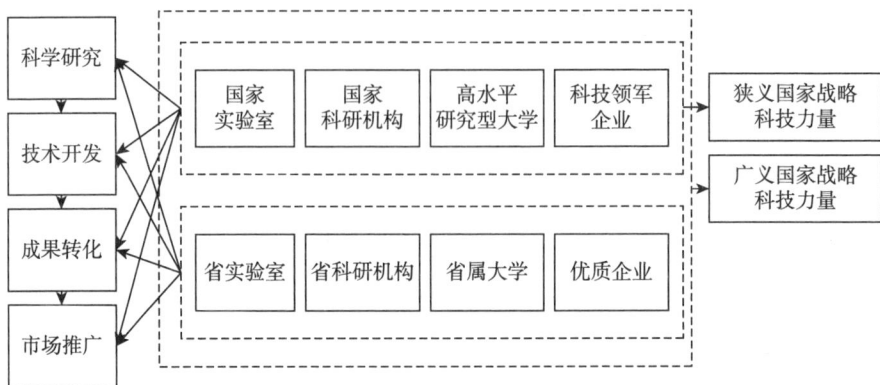

**图 1-2 广义与狭义视野下国家战略科技力量构成**

从狭义角度，国家战略科技力量主要承担高投入、高风险、大团队、长周期科技创新活动，以知识创新、提供技术公共品、促进科技进步等基础研究、应用基础研究为主要职能，是原始创新能力的重要载体，代表国家科技创新的最高水平。狭义上的国家战略科技力量包括国家实验室、国家科研机构、高水平研究型大学、科技领军企业[①]。国家实验室、国家科研机构、高水平研究型大学属于传统意义上的基础及应用基础研究机构，而科技领军企业也可在基础研究上发挥较大作用，如华为技术有限公司针对 5G 技术开展了基础研究、应用基础研究等，在相关领域步入全球科技前沿。

从广义角度，国家战略科技力量涉及创新链的重要环节，包括科学研究（基础研究、应用基础研究、应用研究[②]）、技术开发（产业技术创新、工程技术创新等）、成果转化（中试、产品原型等）及市场推广（商业模式创新等）等环环相扣、缺一不可的环节[③]。

一方面，完成"四个面向"的战略目标和任务，不仅涉及前沿科技突破，同时也包括经济主战场、人民生活、国防科技等领域关键核心技术攻

---

① 本书认为，大科学装置等重大科技基础设施及相关条件是上述主体的重要支撑。

② 普林斯顿大学 Donald Stokes 教授提出著名的"巴斯德象限"，包括纯基础研究、应用基础研究、应用研究、技能与经验整理。本书将纯基础研究、应用基础研究、应用研究统归为科学研究的三个层次。

③ P. Timmers, Building Effective Public R&D Programmers, Proceeding of the Portland International Conference on Management of Engineering and Technology on Technology and Innovation Management, 1999.

关、科技成果产业化、商业价值形成等。另一方面，战略科技突破，不仅需要国家层面的顶尖科研机构，同时也需要地方力量的协同，才能更好完成技术开发、成果转化与市场推广等工作。因此，从创新链角度出发，广义国家战略科技力量范畴不仅强调基础研究，同时也注重国家战略科技力量在应用研究、科技经济融合等方面的主体功能，同时地方主导建设的战略科技力量也可作为国家战略科技力量的组成部分。总的来说，广义的国家战略科技力量，主体是国家实验室、国家科研机构、高水平研究型大学、科技领军企业等"国家队"战略科技力量，支撑力量是地方政府主导建设的地方战略科技力量。在实践中，省实验室、省科研机构、省属大学、优质企业等地方战略科技力量，发挥了"地方军""预备队"作用，同样是国家创新体系的中流砥柱。比如，广东省政府正在积极打造地方战略科技力量，包括省实验室体系、省科学院等，其中首批建设的鹏城实验室和广州实验室已成功跻身国家实验室行列。

将地方政府主导建设的地方战略科技力量纳入国家战略科技力量范畴，从而构建一个包括科学研究、技术开发、成果转化和市场推广完整环节的国家战略科技力量体系，突出国家战略科技力量的全面性、系统性特征，充分体现了国家创新体系中创新链和产业链融合发展、国家创新体系与区域创新体系协调发展等基本原则。

（二）国家战略科技力量的制度需求

制度是影响创新效能的最为重要的因素。根据已有研究及实践，战略科技力量建设及运营机制、战略科技人才发展机制、科技成果转化与保护机制等是国家战略科技力量最为核心的制度需求，也是当前中国国家战略科技力量建设亟须突破的痛点。

1. 战略科技力量建设与运营机制

高效的建设与运营机制是国家战略科技力量可持续发展的前提。以国家实验室为例，国家实验室具有明确的使命导向，一般围绕特定国家战略研究任务，集中统筹资源，提升创新效率。这就需要国家在制度层面给予国家实验室更大的自主权，提升国家实验室对全球顶尖科学家的吸引力，以及在全球范围内集聚优势创新资源的能力。Link、Siegel 和 Van Fleet 研究了政府法案制定对桑迪亚国家实验室与国家标准与技术研究所的专利产出的影响，并以《联邦技术转让法》为例认为财政激励制度以及支持技术转让能够刺激国家实验室专利数量增加①。Westwick 梳理了美国国家实验室的建设发展历程，认为国家实验室之间存在相互竞争又相互合作的关系，以及政府对国家实验室监管的同时又给予充分的自由与保障其灵活性，有利于实验室的发展②。Hauser 综合分析了英国国家技术与创新中心的运营状况，并提出未来发展的政策建议③。邓永权基于国家实验室的机构定位与基本职能对国家实验室的举国体制和协同体制进行了探讨，认为国家实验室的发展途径是建立小核心、大协作、举国体制的发展机制体制④。

此外，国家实验室一般需要进行协同攻关，也需要在建设与运营机制方面创新。从相关研究来看，重大科研任务一般以国家实验室为牵头单位，发挥重大科技基础设施作用，协同各层级的重点科研组织基地，通过跨地域、跨学科、跨机构的合作，共同实现提高国家公共研究实验平台的运转效率。比如，Hallonsten 和 Heinze 研究梳理了隶属于美国能源部、国防部、国家科学基金会、国家航空航天局等部门的大科学基础设施的组织模式与建设历程⑤。刘娅根据英国的国家实验室、国家研究中心等国家战略科技力量近十年来的建设经验，从建设目标、战略使命、动态发展性、财政支持力度和绩效监督等维度，提出对中国国家战略科技力量建设的建议⑥。王喆和陈伟伟深入剖析了北京、合肥、上海以及青岛的国家实验室的建设模式、资源配置与激励机制、成果转化等发展现状与问题，并提出"十四五"期间中国国家实验室建设和科技资源优化整合的建议⑦。Green-

①  A. N. Link, D. S. Siegel, D. D. Van Fleet, "Public Science and Public Innovation: Assessing the Relationship Between Patenting at US National Laboratories and the Bayh-Dole Act", *Research Policy* 40 (2011): 1094 – 1099.

②  Peter J. Westwick, *The National Labs: Science in an American System* (1947 – 1974) (Cambridge: Harvard University Press, 2003).

③  H. Hauser, The Current and Future Role of Technology and Innovation Centres in the UK: A Report by Hermann Hauser for Lord Mandelson, Secretary of State, Department for Business Innovation & Skills, 2010.

④  邓永权:《国家实验室基本理念的发展性思考》,《中国高校科技》2017 年第 2 期。

⑤  O. Hallonsten, T. Heinze, "Institutional Persistence Through Gradual Organizational Adaptation: Analysis of National Laboratories in the USA and Germany," *Science and Public Policy* 39 (2012): 450 – 463.

⑥  刘娅:《英国国家战略科技力量建设研究》,《中国科技资源导刊》2019 年第 4 期。

⑦  王喆、陈伟伟:《破除体制机制陈规旧章提速国家实验室建设进程——基于北京、合肥、上海、青岛四地的调研》,《科技管理研究》2020 年第 13 期。

berg 认为，欧美发达国家通过重大科技基础设施和大科学工程建设推动国家发展，并称之为"科学与国家的联姻"[1]。Papon 梳理了欧盟国家联合建造的各类国际领先的重大科技基础设施的发展历程，如欧洲空间局协调的各种空间科学项目、欧洲核子研究中心（CERN）的大型加速器（LEP，LHC）、欧洲 X 射线自由电子激光装置（EXFEL）、欧洲同步辐射装置（ESRF）、欧洲散裂中子源（ESS）等[2]。张玲玲等研究了跨学科与团队合作对大科学装置科学效益的影响，认为学科布局的均衡性与多样性以及科学家及其组织背景的异质性越强，对科研产出的积极影响越大[3]。王贻芳和白云翔对中国重大科技基础设施的定义、分类、特点以及国内外重大科技基础设施发展状况进行了详细的描述[4]。

2. 战略科技人才发展机制

人才是国家战略科技力量的"灵魂"[5]。人才问题是中国国家战略科技力量建设面临的突出问题，相应的制度需求包括战略科学家的培养与发展机制、高层次人才引进和聘用制度、人才分类评价与考核机制等。

战略科学家的培养与发展机制。战略科学家是指长期奋战在科研第一线，在某一领域能够站在科学技术的最前沿，洞察时代和社会发展基本规律及总体趋势，对国家重大理论和现实问题提供方向性、全局性、先驱性的思考并形成具有科学内涵的战略思想，具有跨学科理解能力、大兵团作战组织领导力，带领同行一起为国家科技事业创新发展做出贡献的科学家。与发达国家相比，中国的世界级科学家与战略科学家数量严重缺乏，亟须从战略高度加强完善符合人才成长规律的科技创新人才梯队培养机

---

① D. S. Greenberg, *The Politics of Pure Science*（2nd ed.）（Chicago: The University of Chicago Press, 1999）.

② Pierre Papon, "European Scientific Cooperation and Research in Frastructures: Past Tendencies and Future Prospects," *Minerva* 42（2004）: 61 – 76.

③ 张玲玲、王蝶、张利斌：《跨学科性与团队合作对大科学装置科学效益的影响研究》，《管理世界》2019 年第 12 期。

④ 王贻芳、白云翔：《发展国家重大科技基础设施 引领国际科技创新》，《管理世界》2020 年第 5 期。

⑤ 2021 年 9 月，习近平总书记在中央人才工作会议上提出，要深入实施新时代人才强国战略，全方位培养、引进、用好人才，加快建设世界重要人才中心和创新高地，为 2035 年基本实现社会主义现代化提供人才支撑，为 2050 年全面建成社会主义现代化强国打好人才基础。（《深入实施新时代人才强国战略 加快建设世界重要人才中心和创新高地》，《人民日报》2021 年 9 月 29 日。）

制，为战略科学家脱颖而出创造良好条件。

高层次人才引进和聘用制度。海外人才引进仍存在较多问题与障碍，如缺乏统筹牵头主管部门，人事、教育、外事和侨务等多部门政策碎片化管理等。尤其是欠发达地区，薪酬待遇、教育医疗、交通、生活环境等成为影响海外人才引进的关键因素。亟须探索建立与全球范围内的研究人员合作模式、新型聘用模式，探索"柔性引才"机制。

人才分类评价与考核机制。目前，中国人才考核评价机制上仍然存在重研究成果数量轻研究成果质量、重研究经费数量轻研究成果水平、重研究产出轻成果转化与应用等一系列问题，不利于形成重大原创性成果[1]。从项目评价来看，应建立健全符合科研活动规律的评价制度与非共识科技项目[2]的评价机制，自由探索型和任务导向型科技项目分类评价制度，建立以质量、绩效、贡献为核心的评价导向，准确反映成果水平、转化应用绩效和对经济社会发展的实际贡献。在人才评价上，要"破四唯"和"立新标"并举，科技人才评价体系应以创新价值、能力、贡献为导向，要健全人才考核标准。比如，中国科学院广州生物医药与健康研究院采取权威国际同行分类评估的方式，以避免内部既得利益群体对人才的排挤，保证了评估结果的客观、公正和权威。

3. 战略科技成果转化与保护机制

科技成果转化机制不仅关系到科技是否能够真正融入经济主战场，也关系到国家战略科技力量相关主体创新积极性以及能力的提高[3]。知识产权保护制度、支持创新的财税政策等都会影响市场的竞争结构，约束企业行为，对国家战略科技力量的科研成果转化起着重要的促进作用。近年来，中国对科技成果转化制度持续进行优化与创新。2016 年，国务院制定了《实施〈中华人民共和国促进科技成果转化法〉若干规定》，形成了一批切实有效的配套政策措施，如改革职务科技成果产权管理制度、加大科技人员成果转化奖励力度、完善科技成果市场化定价机制、建立成果转化领导决策双免责机制、实施股权激励和技术成果入股递延纳税等一系列促

---

① 王喆、陈伟伟：《破除体制机制陈规旧章提速国家实验室建设进程——基于北京、合肥、上海、青岛四地的调研》，《科技管理研究》2020 年第 13 期。
② 非共识科技项目是指在同行评议中分歧较大，难以取得共识而无法通过评审的项目。
③ 贺德方：《对科技成果及科技成果转化若干基本概念的辨析与思考》，《中国软科学》2011年第 11 期。

进科技成果转化的基础性法规政策保障。然而，中国科技成果转化与知识产权保护痛点仍然存在，相关法律法规、政策机制需要不断完善，不断推动科技成果从实验室走向市场，转化为现实生产力。

### 三　强化国家战略科技力量的理论根基

#### （一）国家战略科技力量是国家创新体系的重要组成部分

国家创新体系一词最早可以追溯到 1856 年 List 等人提出的"国家体系"概念①以及 1934 年 Schumpeter 提出的"创新理论"②。关于国家创新体系的研究可以分为两大类：一类是以 Freeman③ 和 Nelson 为代表的制度学的研究，该学派认为国家创新体系是一种制度，制度的架构决定创新系统的效率，包含政府政策、企业研发、教育培训和产业结构等要素，国家的强盛不仅依靠技术创新，还会受到制度、组织创新的影响；另一类是以 Lundvall④ 为代表的技术创新学派的研究，该学派认为，国家创新体系是指促进经济发展的知识生产者和使用者之间的相互作用和影响的技术创新体系，其核心活动是学习。我国国务院印发的《国家中长期科学和技术发展规划纲要（2006—2020 年）》将国家创新体系定义为以政府为主导、充分发挥市场配置资源的基础性作用、各类科技创新主体紧密联系和有效互动的社会系统。经济合作与发展组织（OECD）则认为，在国家创新体系下，一个国家的公共研究机构、大学、参与科技研发的私营企业以及其他的参与者通过相互的联系、作用与影响，决定了国家科技进步与创新发展绩效⑤。

国家战略科技力量是国家创新体系的重要组成部分。为此，应将强化国家战略科技力量纳入国家创新体系框架中进行理解，其过程表现为培育创新体制化、建制化的优势，形成科学研究、技术研究、成果转化和市场推广的互动机制，建立国家实验室、国家科研机构、高水平研究

---

① F. List, S. Colwell, *National System of Political Economy*（JB Lippincott & Company，1856）.

② J. A. Schumpeter, *The Theory of Economic Development: An Inquiry into Profits, Capital, Credit, Interest, and the Business Cycle*（Transaction Publishers. 1934）.

③ C. Freeman, *Technology, Policy, and Economic Performance: Lessons from Japan*（Pinter Pub Ltd，1987）.

④ B. A. Lundvall（ed.），*National Innovation Systems: Towards a Theory of Innovation and interactive Learning*（Pinter, London, 1992）.

⑤ 经济合作与发展组织（OECD）编《以知识为基础的经济》，机械工业出版社，1997。

型大学、科技领军企业等"国家队"战略科技力量以及省实验室、省科研机构、省属大学、优质企业等地方战略科技力量为创新而合作的"科技创新共同体"①。

（二）国家战略科技力量是原始创新能力的重要支撑

原始创新是指具有较高影响力的根本性、彻底性的创新，能提高、改进人类生存质量，促进社会发展进步，形成前人未有的知识、技术或能力。原始创新是指通常发生在基础研究领域的重大突破和高技术领域内的根本性创新、重大工程项目的自主设计与完成、管理领域内的重大变革和社会科学领域内的新成就等②，需要依托跨学科、大纵深、开创性的研究，实现科学技术前沿的重大突破，拓展人类知识边界③。当前，中国科技创新仍面临关键技术受制于人的局面，科技基础仍然薄弱，原始创新能力不强④。2020 年 9 月 11 日，习近平总书记在科学家座谈会上明确提出，要把原始创新能力提升摆在更加突出的位置，努力实现更多"从 0 到 1"的突破。⑤

国家战略科技力量作为国家和区域创新体系的中坚力量，是创新链中基础研究及应用研究环节的重要支撑。创新引领和策源功能是其最为重要的功能，强化原始创新能力是其最为重要的战略目标。虽然提升经济绩效亦是国家战略科技力量的目标之一，但从国家战略全局的高度解决事关国家安全、国家发展、国计民生等根本性问题，打造原始创新策源地，加快关键核心技术的突破，努力抢占科技制高点是强化国家战略科技力量的关键使命、出发点和首要任务⑥。

（三）强化国家战略科技力量关键在于体制机制创新

体制机制是政府与市场关系最为集中的体现，国家创新体系研究与实践的一个基本共识是，政府支持与市场机制的有机结合对于创新至关

---

① 安维复：《从国家创新体系看现代科学技术革命》，《中国社会科学》2000 年第 5 期。
② 舒成利、高山行：《基于知识生产模式的原始性创新发生机制的研究》，《科学学研究》2008 年第 3 期。
③ 余江等：《以跨学科大纵深研究策源重大原始创新：新一代集成电路光刻系统突破的启示》，《中国科学院院刊》2020 年第 1 期。
④ 束义明、苏宝利：《我国基础研究原始性创新能力的现状及提高对策》，《科学管理研究》2002 年第 5 期。
⑤ 习近平：《在科学家座谈会上的讲话》，《人民日报》2020 年 9 月 12 日。
⑥ 张杰：《奏响科技强国的时代强音》，《人民论坛》2017 年第 2 期。

重要。提升原始创新能力，需要在国家创新体系中建立一套与之相适应的国家战略科技力量建设与运行体制机制，以推动跨学科、跨界融合研究，形成解决重大经济社会问题的科研新范式①。国内许多学者均强调体制机制创新在强化中国国家战略科技力量方面的关键地位，比如，白春礼回顾了中国科学院作为国家战略科技力量70年来的建设与发展历程，指出未来中国科学院发展重点之一是在治理体系和治理能力方面加快构建良好的创新生态系统②。龙云安等比较分析了中国与欧美国家战略科技力量的建制化条件、形式与效应，并提出中国只有发挥科技后发优势、市场规模优势以及社会主义的体制优势，才能最大限度地发挥中国国家战略科技力量的作用③。侯建国指出，国家战略科技力量在科技体制改革中起着龙头带动和引领示范作用④。陈劲提出整合式创新理论⑤，从开放机制角度强调在构建新型国家创新生态系统中，既要避免因为过度开放而导致核心能力缺失和"卡脖子"问题，又要防止因为过度强调自主而丧失对全球创新网络与全球科技治理的积极谋划、融入和构建新型开放生态的机遇⑥。

## 第二节　传统与新型举国体制的制度"分野"

本节系统梳理传统举国体制的起源与内涵特征，以及新型举国体制的形成与内涵特征。立足政府与市场关系，从资源配置、创新组织、创新环节、央地关系、自主与开放等维度指出传统与新型举国体制的联系与区别。结合国家创新体系、制度经济学、新古典经济学与发展经济学等理论及相关研究观点，指明科技领域新型举国体制的价值性与合理性，进而为

① 肖小溪、李晓轩：《关于国家战略科技力量概念及特征的研究》，《中国科技论坛》2021年第3期。
② 白春礼：《中国科学院70年：国家战略科技力量建设与发展的思考》，《中国科学院院刊》2019年第10期。
③ 龙云安等：《培育我国国家战略科技力量建制化新优势研究》，《科学管理研究》2017年第2期。
④ 侯建国：《把科技自立自强作为国家发展的战略支撑》，《求是》2021年第6期。
⑤ 陈劲：《整合式创新：新时代创新范式探索》，科学出版社，2021。
⑥ 尹西明、陈劲、贾宝余：《高水平科技自立自强视角下国家战略科技力量的突出特征与强化路径》，《中国科技论坛》2021年第9期。

提出新型举国体制强化国家战略科技力量的内在机理奠定基础。

## 一 从传统举国体制到新型举国体制

### （一）举国体制的提出及发展

1. "动员式"传统举国体制

新中国成立以来，举国体制便在不少领域得到实践和应用。在竞技体育领域[1]，举国体制重点解决体育发展的体制创新、竞技体育的资源配置等问题，通过统一动员和调配全国资源与力量来获取比赛优异成绩[2]。举国体制在推动国防科工发展、重大工程建设，如"两弹一星"研究、抗疟药物研制、载人航天工程发展、三峡工程建设、高速铁路建设等方面都发挥着重要作用。

新中国成立以后的传统举国体制是指在党的领导下，为实现国家的某项战略目标，以行政力量来动员和调配全国有关力量，对影响国家发展和安全的重要领域进行治理的制度安排与发展模式，具有政府直接性管理、计划性机制、全部政府投入、项目任务较为固定等特点[3]。在科技领域，传统举国体制主要运用于技术任务目标明确的领域，任务分工清晰，国家统筹力量强，这充分体现了国家运动型治理机制的特点[4]。因此，一些研究者将传统举国体制称为"动员式"举国体制[5]。

"科技举国体制"一词最早可以追溯到 2006 年 2 月国务院印发的《国家中长期科学和技术发展规划纲要（2006—2020 年）》。该文件指出，"坚

---

[1] 鲍明晓：《关于建立和完善新型举国体制的理论思考》，《天津体育学院学报》2001 年第 4 期。

[2] 郝勤：《社会主义市场经济与新型"举国体制"的形成》，《体育文化导刊》2005 年第 3 期。

[3] 李哲、苏楠：《社会主义市场经济条件下科技创新的新型举国体制研究》，《中国科技论坛》2014 年第 2 期。

[4] 传统举国体制充分体现了中国传统国家治理逻辑与特点。在中国历史上，国家治理主要建立在官僚制常规机制上，在国家治理过程中，常常演变出运动型治理机制（又称动员式治理机制）。运动型治理是指占有政治权力的主体自上而下地调动社会各阶层成员的积极性，对突发性事件或社会疑难问题进行治理。例如，治理进行前要对贮藏在各个政府层级与社会领域内的分散资源进行集中，以实现原本难以达成的目标。这种举国体制是国家治理能力发挥强力作用的手段，政府处于绝对主导地位，与集权主义国家状况有着不可分的联系。

[5] 雷丽芳、潘伟、吕科伟：《科技举国体制的内涵与模式》，《科学学研究》2020 年第 11 期。

持社会主义制度，能够把集中力量办大事的政治优势和发挥市场机制有效配置资源的基础性作用结合起来，为科技事业的繁荣发展提供重要的制度保证"。2010 年，国务院发布《关于 2010 年深化经济体制改革重点工作的意见》，强调要"探索完善社会主义市场经济条件下科技举国体制，全面推进国家创新体系建设"，这是中国在政府文件中首次使用"科技举国体制"的表述。

2. 新型举国体制的提出

新型举国体制是在中国传统举国体制实践取得重大成就的基础上，结合新阶段发展特征而提出的国家治理制度和治理形式[1]。党的十八大以来，完善社会主义市场经济体制已经成为中国进一步深化经济体制改革的重要内容，市场在资源配置方面的决定性作用不断突出。科技活动也已形成了产学研各自分工不同、多种不同机制共同运行的体系，形成了科技领域新型举国体制及其生动实践[2]。

2011 年 7 月，科技部印发的《国家"十二五"科学和技术发展规划》提出，要加快建设和完善社会主义市场经济条件下政产学研用相结合的新型举国体制。

2019 年 2 月，习近平总书记在会见探月工程嫦娥四号任务参研参试人员代表时，肯定嫦娥四号任务是"探索建立新型举国体制的又一生动实践"[3]。2019 年 10 月，党的十九届四中全会审议通过的《中共中央关于坚持和完善中国特色社会主义制度、推进国家治理体系和治理能力现代化若干重大问题的决定》明确提出，"强化国家战略科技力量，健全国家实验室体系，构建社会主义市场经济条件下关键核心技术攻关新型举国体制"[4]，特别指出新型举国体制与强化国家战略科技力量的重要联系。

2020 年 3 月，习近平总书记在北京考察新冠疫情防控科研攻关工作时强调，要完善关键核心技术攻关的新型举国体制。[5] 2020 年 10 月，党的

---

① 曹睿卓、董贵成：《新型举国体制：概念、内涵与实现机制》，《科学社会主义》2021 年第 4 期。

② 樊春良：《科技举国体制的历史演变与未来发展趋势》，《国家治理》2020 年第 42 期。

③ 《为实现我国探月工程目标乘胜前进 为推动世界航天事业发展继续努力》，《人民日报》2019 年 2 月 21 日。

④ 《十九大以来重要文献选编》（中），中央文献出版社，2021，第 282 页。

⑤ 《协同推进新冠肺炎防控科研攻关 为打赢疫情防控阻击战提供科技支撑》，《人民日报》2020 年 3 月 3 日。

十九届五中全会通过了《中共中央关于制定国民经济和社会发展第十四个五年规划和二〇三五年远景目标的建议》，明确提出"制定科技强国行动纲要，健全社会主义市场经济条件下新型举国体制，打好关键核心技术攻坚战"[①]。

2021年5月28日，习近平总书记在中国科学院第二十次院士大会、中国工程院第十五次院士大会、中国科协第十次全国代表大会上指出，要推进科技体制改革，形成支持全面创新的基础制度，健全社会主义市场经济条件下新型举国体制[②]。2021年11月，党的十九届六中全会审议通过《中共中央关于党的百年奋斗重大成就和历史经验的决议》，强调"党坚持实施创新驱动发展战略，把科技自立自强作为国家发展的战略支撑，健全新型举国体制，强化国家战略科技力量，加强基础研究，推进关键核心技术攻关和自主创新"[③]。

（二）新型举国体制的基本内涵

关于科技创新领域的举国体制研究仍处于探索阶段，现有文献围绕新型举国体制内涵特征、边界向度、实践模式等方面进行了研究，对于新型举国体制的确切概念尚未取得统一认识。钟书华分析了科技举国体制与"大科学项目""小科学项目"的关系，认为科技举国体制是实施大科学项目的必然选择，但应保留小科学项目的生存空间[④]。李哲和苏楠认为，新型举国体制包括项目决策机制、项目责任机制、研发组织机制、利益分配机制、预算与成本控制机制、绩效评价机制、进入与退出机制[⑤]。樊春良认为，新型举国体制是在社会主义市场经济制度下的体制机制安排，强调既要使市场在资源配置中起决定性作用，也要更好发挥政府作用，不仅要

---

① 《中共中央关于制定国民经济和社会发展第十四个五年规划和二〇三五年远景目标的建议》，人民出版社，2020，第10页。
② 习近平：《在中国科学院第二十次院士大会、中国工程院第十五次院士大会、中国科协第十次全国代表大会上的讲话》，人民出版社，2021，第12～13页。
③ 《中共中央关于党的百年奋斗重大成就和历史经验的决议》，人民出版社，2021，第35页。
④ 钟书华：《论科技举国体制》，《科学学研究》2009年第12期。1961年，Weinberg首次提出"大科学项目"的概念，"大科学项目"是指为了进行基础性和前沿性科学研究，大规模集中人、财、物等各种资源建造大型研究设施，或者多学科、多机构协作的科学研究项目。
⑤ 李哲、苏楠：《社会主义市场经济条件下科技创新的新型举国体制研究》，《中国科技论坛》2014年第2期。

实现国家特定目标，还要注重调动市场主体有效参与[①]。白永秀等认为，社会主义市场经济条件下促进创新的举国体制是社会主义制度集中力量办大事的优越性与市场经济创新精神的有机结合，能够充分发挥国家宏观调控作用与市场主体的自主创新性，更有力地激发市场的创新精神[②]。雷丽芳等认为，新型举国体制是指统一配置一国范围内的各类资源的组织制度和运行机制的总称，以国家利益为最高目标或根本目标，以国家强制力为基本保障，以公共财政支持为主要手段[③]。路风和何鹏宇指出，举国体制是一种任务体制，其特征是由特殊机构执行和完成重大任务，"新型举国体制"由新的实践所定义，应该是由国家牵头采取某种合作行动的"体制"，它使政府、企业以及其他社会主体能够为实现某种具有总体价值的目标而采取有协调的合作行动，其根本特点是把一国之内社会分工不同、性质不同的行动主体动员起来，以完成任何行动主体都不可能单独完成的任务[④]。叶青和李清均以新冠疫情防治、脱贫攻坚为案例，对新型举国体制进行了机理分析和路径优化分析，并认为新型举国体制是在严格适用条件下形成的国家政治经济社会资源配置机制，需要从慎用资源配置条件、放大体制优势、提升可持续性等方面进一步完善制度的顶层设计[⑤]。

　　总体而言，相较于传统举国体制，新型举国体制突出"政府与市场关系"。目前关于新型举国体制比较权威的定义是：新型举国体制是面向国家重大战略需求，充分发挥集中力量办大事的制度优势，综合运用行政的和市场的诸种手段，尊重科学规律、经济规律和市场规律，通过政府力量和市场力量协同发力，凝聚和集成国家战略科技力量、社会资源共同攻克重大科技难题的组织模式和运行机制[⑥]。

　　（三）新型举国体制的基本特征

　　新型举国体制的特征主要有以下三点。

---

① 樊春良：《科技举国体制的历史演变与未来发展趋势》，《国家治理》2020 年第 42 期。

② 白永秀、刘盼、宁启：《对十九届四中全会关于社会主义市场经济体制定位的理解》，《政治经济学评论》2020 年第 1 期。

③ 雷丽芳、潜伟、吕科伟：《科技举国体制的内涵与模式》，《科学学研究》2020 年第 11 期。

④ 路风、何鹏宇：《举国体制与重大突破——以特殊机构执行和完成重大任务的历史经验及启示》，《管理世界》2021 年第 7 期。

⑤ 叶青、李清均：《新型举国体制进路：经验证据、机理分析、路径优化》，《理论探讨》2021 年第 3 期。

⑥ 参考中共中央宣传部《习近平新时代中国特色社会主义思想学习问答》，人民出版社，2021。

第一，党中央集中统一领导。坚持党的全面领导是新型举国体制的最本质特征和最显著优势，为中国经济社会发展提供了根本保证。在党的领导下，一方面要坚持和完善党领导经济社会发展的体制机制，建立权威的决策指挥体系，不断提高准确把握新发展阶段、深入贯彻新发展理念、加快构建新发展格局的能力和水平。另一方面要树立"一体化"意识和"一盘棋"思想，在发挥市场资源配置决定性作用的同时，聚焦国家重大需求建立战略性任务决策机制，形成最大限度整合社会资源、集中力量办大事的体制机制[1]。从北斗卫星导航系统的布局到载人航天技术的突破，从"嫦娥工程"的稳步前进到"中国天眼"的落成启用，社会主义市场经济条件下的新型举国体制体现了党的全面领导与驾驭能力。

第二，协同高效的组织运行机制。举国体制是一种为保证国家目标实现，由国家行力量集中配置资源的组织制度安排，其特殊性在于资源组织的政府性。新型举国体制在资源配置上，强调"科学统筹"和"优化机制"。一方面，"科学统筹"是以国家强制力为基本保障，以公共财政支持为主要手段，强调国家在科技举国体制中的角色和地位，将有限的资源快速向战略目标领域动员和集中，能够实现"集中力量办大事"的优势，同时资源配置方式由政府主导向市场主导转变，以提升资源配置效率[2]。另一方面，"优化机制"强调通过建立统一配置各类资源的组织制度和运行机制，高效配置科技力量和创新资源，强化跨领域跨学科协同攻关，形成前沿技术突破、关键核心技术攻关的强大合力，实现资源配置最优以及资源利用效率最大化[3]。

第三，有效市场和有为政府的更好结合。新型举国体制以国家发展和国家利益为根本宗旨，以"四个面向"为导向，它不是万灵药，不应用于全部领域[4]。具体而言，其应用场景包括三类：关系国计民生和国家战略安全的特殊领域和方向；面向"卡脖子"技术攻关突破的应用领域；面向

---

① 何虎生：《发挥新型举国体制优势》，《学习时报》2021年4月26日。

② 雷丽芳、潜伟、吕科伟：《科技举国体制的内涵与模式》，《科学学研究》2020年第11期。

③ 何虎生：《内涵、优势、意义：论新型举国体制的三个维度》，《人民论坛》2019年第32期。

④ 与选择性产业政策行为相类似，传统举国体制强调顶层设计、规划能力以及针对特定领域的资源供给与主体孵化，可能会影响产业内的公平竞争环境和竞争效率，也可能带来破坏市场公平竞争的行为，引发产权歧视和规模歧视，最后导致政府政策失灵以及资源的错配与误配。

突发性重大公共社会危机治理，如抗洪救灾、新冠疫情防治等①。在这些领域中，新型举国体制注重有效市场和有为政府的更好结合，强化企业技术创新主体地位，注重加快转变政府科技管理职能，营造良好创新生态，激发创新主体活力。这一特征体现国家治理逻辑从运动型（动员式）② 向可持续型（平衡型）③ 的变迁，以及政府在科技治理中的职能定位向简政放权、放管结合、优化服务等方向转变。新型举国体制注重创新环境建设，不仅要强化政府战略规划、制度供给和组织实施重大科研项目等职能，还要建设高水平科技创新智库体系，完善科技咨询支撑行政决策的科技决策机制，强化新技术赋能作用，构建系统完备、科学规划、运行有效的科技制度体系，及时围绕国家战略和经济社会发展重大需求调整科研主攻方向、制定实施计划④。

## 二 传统与新型举国体制的联系与区别

现有研究从不同角度探讨了传统与新型举国体制的区别。比如路风和何鹏宇指出，举国体制是一种专门为了完成对国家具有重大战略意义的任务而存在的任务体制，既可以与计划体制兼容，也可以与市场体制兼容⑤。新型举国体制依托中国特色社会主义制度，兼顾市场决定资源配置和更好地发挥政府作用，提倡政产学研用相结合，凝神聚力于加强科技创新，具有重要的战略优势⑥。陈劲等认为，在新型举国体制有效实现的边界条件中需要有效处理政府与市场、效率和公平、中央和地方、对外开放和自主内生能力建设等方面的关系⑦。张大璐认为，要发挥新型举国体制的优势，

---

① 陈劲、阳镇、朱子钦：《新型举国体制的理论逻辑、落地模式与应用场景》，《改革》2021年第 5 期。

② 周雪光：《运动型治理机制：中国国家治理的制度逻辑再思考》，《开放时代》2012 年第 9 期。

③ 高奇琦：《智能革命与国家治理现代化初探》，《中国社会科学》2020 年第 7 期。

④ 侯波：《发挥新型举国体制对推进科技治理现代化的作用》，《中国党政干部论坛》2020年第 4 期。

⑤ 路风、何鹏宇：《举国体制与重大突破——以特殊机构执行和完成重大任务的历史经验及启示》，《管理世界》2021 年第 7 期。

⑥ 何虎生：《内涵、优势、意义：论新型举国体制的三个维度》，《人民论坛》2019 年第 32 期。

⑦ 陈劲、阳镇、朱子钦：《新型举国体制的理论逻辑、落地模式与应用场景》，《改革》2021年第 5 期。

需实现市场效率和政府理性的合理分界，科学而准确地规定政府干预的范围和程序，只有保证在经济微观领域"使市场在资源配置中起决定性作用"，才能保证社会主义市场经济持续健康发展①。

总的来说，与传统举国体制相比，新型举国体制在资源配置、创新组织、创新环节、央地关系、创新路径等方面都发生了变化（见表1-3）。

表1-3　传统举国体制与新型举国体制的比较

| 类别 | 传统举国体制 | 新型举国体制 |
|------|------------|------------|
| 资源配置 | 强调政府在资源配置中的决定性作用 | 政府支持与市场机制协同高效 |
| 创新组织 | 侧重自上而下的创新组织方式 | 自上而下、自下而上相结合的创新组织方式 |
| 创新环节 | 以创新链前端和国家安全领域为主 | 全过程创新链与产业链的深度融合 |
| 央地关系 | 中央集权、地方配合 | 中央与地方协同发力，充分调动地方积极性 |
| 创新路径 | 相对封闭的创新环境 | 高水平开放创新体系 |

资料来源：课题组整理。

（一）资源配置：从政府决定到政府支持与市场机制有机结合

举国体制在不同国家具有不同的表现形式与资源配置方式。如美国的"大科学工程"项目模式、苏联的"动员式"科研管理运行模式和日本的"产学官联合"模式②以及多国政府共同参与的"国际大科学计划和大科学工程"。美国"大科学工程"项目模式包括曼哈顿计划与阿波罗计划等，以政府主导、举国组织实施为特征。苏联科技资源社会化动员模式，是一种依托于苏联科学院的中央集权的"动员式"科研管理模式，被作为科技举国体制的思想基础之一③。日本产学官联合模式，是一种由政府主导、市场驱动、以大学科研活动为核心的模式④。"国际大科学计划和大科学工程"科学项目，是指出于研究难度和经费等原因，需要多国政府共同参与的工程和计划，如人类基因组计划、平方公里阵列、伽利略计划、国际空间站计划和国际热核聚变实验堆（ITER）计划等⑤。

---

① 张大璐：《发挥新型举国体制优势 大力提升科技创新能力》，《宏观经济管理》2020年第8期。

② 雷丽芳、潜伟、吕科伟：《科技举国体制的内涵与模式》，《科学学研究》2020年第11期。

③ L. R. Graham, "Bukharin and the Planning of Science," *The Russian Review* 23 (1964): 135 – 148.

④ C. Freeman, *Technology and Economic Performance: lessons from Japan* (Printer, London, 1987).

⑤ 李哲、苏楠：《社会主义市场经济条件下科技创新的新型举国体制研究》，《中国科技论坛》2014年第2期。

　　路风和何鹏宇指出，重大任务、特殊机构和举国体制代表了一种以创造新的手段为目标来动员现有资源/能力的方式①。传统举国体制强化政府作为供方甚至需方的主动性乃至主导性，不计成本取得重大科技创新突破。新型举国体制是在社会主义市场经济制度下的体制机制安排，强调既要使市场在资源配置中起决定性作用，也要更好发挥政府作用，特别是在基础研究领域的前期投入、创新产业化阶段的后期采购等领域积极干预。从主体来看，不仅要实现国家特定目标，还要注重调动市场主体有效参与，适应市场经济的发展要求，考虑开发关键技术本身的同时，也要考虑关键技术科技成果的产业化转化，形成企业创新收益，帮助企业建立可持续发展的创新系统②。

　　然而，市场在资源配置中起决定性作用，并不是在全部领域都发挥决定性作用，在市场供给有效的领域尊重市场配置资源的决定性作用，在市场失灵的部分领域要发挥好政府调控作用乃至主导作用。比如，在关系国计民生和国家战略安全的特殊领域和方向，以及涉及产业链安全、国家战略、全球科技竞争的关键共性技术以及关系整个国家经济运转和国家竞争的"卡脖子"技术等核心关键技术领域，政府要发挥主导作用。对于能够依靠市场力量实现自动出清的产业、企业以及产品技术等领域，应划定清晰的政府边界，充分发挥市场机制在推动竞争优胜劣汰、引导短期资源配置以及鼓励自发的创造等方面的作用③，让市场无形之手和政府有形之手在新型举国体制的运作过程中相互协同与耦合，以实现重大发展④。

　　（二）创新组织：从以自上而下为主到自下而上、自上而下相结合

　　对后发转型国家和技术追赶国家来说，不仅要技术创新，更要组织模式创新。创新组织模式主要有两种方式，自上而下的创新组织方式和自下

---

① 路风、何鹏宇：《举国体制与重大突破——以特殊机构执行和完成重大任务的历史经验及启示》，《管理世界》2021 年第 7 期。

② 樊春良：《科技举国体制的历史演变与未来发展趋势》，《国家治理》2020 年第 42 期。

③ 路风、何鹏宇：《举国体制与重大突破——以特殊机构执行和完成重大任务的历史经验及启示》，《管理世界》2021 年第 7 期。

④ 完全依靠政府来推动国家战略科技力量体系建设，会存在政府财政资金投入的市场化配置效率低以及资金无法持续等问题；而若是完全依靠企业自身的创新研发投入，基础研究、应用基础研究等环节的巨额研发投入资金需求可能无法得到满足，因为科学技术本身具有公共产品性质和半公共产品性质，企业并不具备内在的激励机制来促使自身大量投入资金用以研发，这导致企业在创新链的前端环节缺乏自主创新能力。

而上的创新组织方式①。自上而下的创新组织方式更多地应用了行政或政府的力量，由政府充当出题人、答卷者和阅卷人，在中国技术追赶时期发挥了重要作用。当前，中国市场化改革朝着纵深领域推进，比如实行市场决定资源配置的体制机制改革，以企业为主体、市场为导向和产学研相结合的创新体系改革等。新型举国体制适应市场化改革方向，把自上而下的创新组织方式与自下而上的创新组织方式结合起来，探索形成市场机制与政府支持有机结合的体制机制，在充分发挥市场的资源配置决定性作用的同时更好地发挥政府作用②，在创新组织方式上充分发挥企业等市场主体和社会力量的创新精神、创新动能。比如，在重大科技项目立项和组织管理方式上，增强科研项目组织竞争性以及加强科技项目攻关的市场机制建设，进一步发挥企业作为出题人、答题人和阅卷人的作用，推动更多任务由企业完成，由企业担任研发主体。同时通过"揭榜挂帅"等方式，让更多的民营企业加入基础研究、技术创新、成果转化、产业化等科技创新活动中。

（三）创新环节：从创新链前端与重大战略需求导向到全过程创新链与产业链深度融合

从创新环节来看，传统举国体制侧重于原始创新、基础研究等创新链前端领域，或者以国家安全领域为主，新型举国体制的应用领域则进一步拓宽，在以原始创新为核心的基础上，注重建立形成从基础研究、基础应用研究到工程化产业化的创新链，以及通过政府与市场的结合促进全过程创新链与产业链的深度融合③。

从创新链和产业链之间的关系来看，在基础研究阶段，作为具有正外部性的公共物品，其市场供给必然出现短缺，政府应当扮演干预市场失灵的角色；在商业化产业化阶段，公共物品的私人性质越来越明显，公共物品的供给就应当逐步交给市场；在研发到试验孵化的中间阶段，即产业链与创新链结合的关键阶段，公共物品具有半公共物品的性质，此时政府与

---

① 〔美〕埃德蒙·费尔普斯：《大繁荣》，余江译，中信出版社，2013。

② 罗小芳、卢现祥：《高质量发展中的创新组织方式转型研究》，《经济纵横》2018 年第12 期。

③ 产业链是从原材料到成品一系列经济活动的相互衔接、相互交织形成的产供销全过程网络，创新链是从创意的产生到基础研究、应用研究，最后实现商业化产业化的过程。基础研究具有高风险、长周期、收益短期不明显等特点，而应用研究往往呈现低风险、短期回报率高等特征。

市场必须相互配合，才能打通融合的双向通道①。这就要求国家战略科技力量主体之间相互配合，至于高投入、高风险、大团队、周期长的基础研究则由国家实验室、国家科研机构、高水平研究型大学、科技领军企业等起带头作用，而在应用技术研究、试验孵化与产业化等产业链与创新链融合发展环节，则更需要地方政府主导建设的省实验室体系、省属科研机构、省属大学以及部分国家级研究机构等发挥其枢纽与平台作用，促进创新链、产业链、资金链、政策链的有效衔接与深度融合。

（四）央地关系：从中央集权、地方配合到中央与地方协同发力

在新中国成立初期的资源匮乏、资金短缺、工业基础薄弱、优秀人才短缺的形势下，传统举国体制发挥了国家资源动员优势和集中力量办大事的制度优势，强调中央集权、地方配合，通过对贮藏在各个政府层级与社会领域内的分散资源进行集中，以实现原本难以达成的目标。比如"两弹一星"工程，除了中国科学院以外，有冶金部、化工部、机械部、航空部、电子部和铁道部、石油部、地质部、建设部等26个部（院）、20个省区市（包括900多家工厂、科研机构、大专院校）参加了攻关会战②。

新型举国体制不仅强调中央作用，同时通过规划布局、权限下放等制度创新提高地方主动性、积极性③，与地方共同建设国家与区域创新体系，提升原始创新能力。比如，2019年，国务院办公厅印发了《科技领域中央与地方财政事权和支出责任划分改革方案》，明确了中央与地方支持科技创新的权责划分，中央侧重支持全局性、基础性、长远性工作，以及面向世界科技前沿、面向国家重大需求、面向国民经济主战场组织实施的重大科技任务，地方侧重支持技术开发和转化应用，构建各具特色的区域创新发展格局。2021年5月28日，习近平总书记在中国科学院第二十次院士大会、中国工程院第十五次院士大会和中国科协第十次全国代表大会上的重要讲话中指出："各地区要立足自身优势，结合产业发展需求，科学合理布局科技创新。要支持有条件的地方建设综合性国家科学中心或区域科技创新中心，使之成为世界科学前沿领域和新兴产业技术创新、全球科技

① 胡乐明：《产业链与创新链融合发展的意义与路径》，《人民论坛》2020年第31期。
② 《当代中国》丛书编辑部编辑《当代中国的核工业》，中国社会科学出版社，1987。
③ 央地关系也体现在中国宪法中。宪法第三条规定了央地关系的总原则："中央和地方的国家机构职权的划分，遵循在中央的统一领导下，充分发挥地方的主动性、积极性的原则。"

创新要素的汇聚地。"①

（五）创新路径：从相对封闭创新环境到高水平开放创新体系

在计划经济时期，西方发达国家对中国实施科技封锁。为打破这种封锁，中国在一些重大关键领域选择了由政府主导投入为主的自主创新道路，充分发挥传统举国体制的优势，通过自力更生、自主创新取得一系列重大成就，如"两弹一星"等。

在改革开放初期，中国科技发展相对滞后于西方发达国家，为了在这种历史条件下实现经济赶超，中国选择了以技术引进为主的开放创新，以低劳动力成本、低环保成本与低自然资源成本为代价，引进相对先进的技术设备，积累和提升生产力水平与技术能力，并取得一定的经济效益。然而，外资企业对中国市场的定位往往在价值链的低端，使中国企业缺乏对核心技术的自主创新动力，难以培育自主创新能力。随着中国经济实力的不断增强，中国企业逐渐有能力利用全球科技资源进行科技创新活动，并通过并购、建立海外研发中心，海外学习，跨国研发合作等方式积极提高自主创新能力。在部分领域中国已具备技术输出能力并成为全球的领跑者，例如在5G技术标准上，中国全球声明的5G标准必要专利族（一项专利族包括在不同国家申请并享有共同优先权的多件专利）达到1.8万项，全球占比近40%，排名第一②。

近年来，随着国际关系不确定性日益加剧、国际科技竞争日益激烈，中国外循环发展战略受阻，部分关键技术被"卡脖子"，成为中国建设世界科技强国的主要障碍。在基于新型举国体制解决重大战略性创新工程与重大经济社会问题的过程中，并不是要完全依靠自身力量"闭门造车"，而是要"聚四海之气，集八方之力"，以全球视野谋划和推动创新，实现国内外创新资源的有效整合，充分发挥外部力量对中国各类创新主体、微观企业资源与能力的补充与协同作用。鼓励创新型企业参与关键核心技术攻关，在效率、效益比较有利的条件下，让企业面向市场自主选择创新，既不依赖购买技术成果，也不依赖用市场交换技术，进行自主拥有知识产权的创新活动③。通

---

① 习近平：《在中国科学院第二十次院士大会、中国工程院第十五次院士大会、中国科协第十次全国代表大会上的讲话》，人民出版社，2021，第12页。

② 谷业凯：《我国声明的5G标准必要专利达1.8万项》，《人民日报》2022年6月10日。

③ 联办财经研究院课题组：《改革开放四十年，我国科技自主创新的经验教训》，《中国对外贸易》2019年第12期。

过建立以企业为主体、市场为导向、产学研深度融合的创新体系，推动自主创新与开放创新相辅相成、相互促进，以开放创新推进更高质量的自主创新，实现更高水平的对外开放。

## 三　新型举国体制的价值性与合理性

### （一）新型举国体制是实现技术赶超的有效路径

由于历史原因，中国与第一、第二次科技革命失之交臂，导致中国近代史上的积贫积弱。中华人民共和国成立以来，从毛泽东同志号召"向科学进军"，到邓小平同志提出"科学技术是第一生产力"，到江泽民同志提出"科教兴国战略"，胡锦涛同志提出"走中国特色自主创新道路"，再到习近平总书记提出"科技自立自强"，都一以贯之体现了对完成技术赶超的国家意志与民族意愿[①]。在新中国成立初期，中国能够在短期内迅速完成国民经济恢复以及工业化体系的建设，就是依靠举国体制的力量，动员整个社会资源实现工业大生产，迅速为工业生产积累各类资本，完成产业追赶任务。然而，从各国实践来看，过度注重全面赶超战略而忽视市场的力量，也可能导致赶超失败。新型举国体制，强调重新定位政府与市场的关系，承认市场在资源配置中的决定性作用，充分发挥有为政府在资源配置中的重要作用，推动资源供给与资源协同，强化关键核心技术攻关，一方面能够发挥"集中力量办大事"的制度优势，组织政府、科研院所以及市场力量突破重大关键共性技术与重大工程；另一方面，强化企业作为创新主体地位，产学研深度融合，在科技成果转化、科技资源和人才配置等领域实施一系列市场化、普惠性的改革措施，最终实现后发国家的技术赶超重大使命目标[②]。

### （二）新型举国体制是国家创新体系中一种充满活力的特殊制度形态

格申克龙在对19世纪欧洲国家的工业化进行研究时，得出这种结论：一国经济越落后，特殊制度因素在工业化中起的作用就越大；一国经济越落后，这种因素的强制性和内容的广泛性就越显著。[③] Freeman 以日本为研

---

① 向晓梅、万陆、曹佳斌：《科技革命的治理逻辑与社会主义市场经济体制完善路径》，《南方经济》2021 年第 9 期。

② 陈劲、阳镇、朱子钦：《新型举国体制的理论逻辑、落地模式与应用场景》，《改革》2021年第 5 期。

③ 〔美〕亚历山大·格申克龙：《经济落后的历史透视》，张凤林译，商务印书馆，2012。

究对象提出"国家创新体系"的概念，其核心是强调国家在重大科技创新活动中的领导地位①。19 世纪的"美国制造体系"和明治时期的日本，再到第二次世界大战后东亚经济发展的基本经验表明，通过系统性、干预性的政策推动、保护新知识和创新，带有举国体制特征的国家创新体系能够更好地推动"大科学时代"向前发展②。无论是传统举国体制还是新型举国体制，其本质是国家创新体系中的一种特殊制度形态，突出了国家在创新领域的干预特征。比如，Eduardo 和 Freeman 比较了日本与苏联 20 世纪 70 年代国家创新体系的差异性，揭示了举国体制作为一种特殊制度形态，在推动知识积累和创造、形成国家竞争优势等方面的差异化作用③。从表 1-4 可以看出，苏联国家创新体系具有明显的传统举国体制特点，表现为重工业化、民用工业传统化、科技研发军事化等，而日本国家创新体系具有新型举国体制特点，即建立起有效开发科学研究商业潜力的组织机构和组织联系、更加发挥企业创新主体作用、积极参与全球竞争与合作等。值得一提的是，苏联在高度集权的国家创新体系下，取得建造了世界上第一颗人造卫星、第一艘原子破冰船、第一个原子能发电站，实现了第一个航天员登上太空等辉煌成就，但在以信息技术为标志的新科技革命浪潮中逐渐丧失发展优势。

表 1-4　20 世纪 70 年代苏联和日本国家创新体系比较

| 日本 | 苏联 |
| --- | --- |
| 全社会研究开发经费占国民生产总值的比重（GERD/GNP）很高，大概为 2.5%<br>军事/航空领域 R&D 占比很低（<2% R&D 总经费） | 全社会研究开发经费占国民生产总值的比重（GERD/GNP）非常高，大概为 4%<br>军事/航空领域 R&D 占比极高（>70% R&D 总经费） |
| 企业研发投入占比很高（接近 67%） | 企业研发投入占比很低（<10%） |
| 企业层面 R&D、生产和技术引进的整合能力很强 | R&D、生产和技术引进相分离，彼此之间的制度联结较弱 |

---

① C. Freeman, *Technology, Policy, and Economic Performance: Lessons from Japan* (Pinter Pub Ltd, 1987).

② 贾根良、于占东：《自主创新与国家体系：对拉美教训的理论分析》，《天津社会科学》2006 年第 6 期。

③ D. M. Eduardo, C. Freeman, "The 'National System of Innovation' in Historical Perspective," *Revista Brasiliera De Inovao* 3 (2004)：9-34.

| 日本 | 苏联 |
|------|------|
| 用户、生产者和分包商网络比较发达 | 市场、生产和采购之间的联系很弱甚至不存在 |
| 企业层面创新激励力度较大，包括管理层和普通员工 | 在20世纪60~70年代，一些针对管理者和员工的创新激励政策逐渐推出，但被其他负面因素抵消了效果 |
| 在国际市场上掌握了丰富的竞争经验 | 除了军事竞赛外，参与国际竞争的能力很弱 |

资料来源：D. M. Eduardo, C. Freeman, "The 'National System of Innovation' in Historical Perspective," *Revista Brasileira De Inovao* 3（2004）：9–34。

（三）新型举国体制有利于降低制度性交易成本

新制度经济学派认为，交易成本是影响经济行为主体之间交易契约制定、交易模式选择的核心因素，只有对交易过程中的机会主义以及不确定性从制度上进行限制，才能形成不同的治理结构与契约制度安排，实现交易成本的最小化[1]。而新型举国体制的构建，有利于降低由各种制度性藩篱造成的高昂的制度性交易成本，以及有利于减弱地方政府为维护自身利益而过度干预企业活动所造成的各种扭曲效应，从而增强企业对于关键核心技术的自主研发动力，进而推动政府与市场聚合形成"合力"，共同实现科技自立自强的战略目标[2]。另外，在涉及国家重大需求（如航天科工）、人民生命健康（重大灾害疫情），以及从国家战略全局的高度上看事关国家安全、国家发展、国计民生等领域中，由于产品的公共社会属性、巨大的资产专用性、巨大的市场交易成本以及不确定性，就需要新型举国体制通过特定的国家主导的治理结构以及国家契约的方式，以既定的经济组织（如国有企业等）为依托，最大程度降低某一市场主体在提供某一产品时因不同的交易属性而带来的不确定性风险，实现产品交易属性、治理结构与治理机制的有效匹配[3]。

（四）新型举国体制有利于纠正系统失灵

新古典经济学认为，在纯粹市场条件下，科技活动所需的资源不可能

---

[1]　朱玉霞等：《基于制度经济学理论下坚持"举国体制"的思考》，《山西师大体育学院学报》2011年第1期。

[2]　吴宁、汤艳红、黄朝峰：《新型举国体制助推中国科技实现"去依附"》，《创新科技》2022年第3期。

[3]　陈劲、阳镇、朱子钦：《新型举国体制的理论逻辑、落地模式与应用场景》，《改革》2021年第5期。

得到最优配置，其中发明的不可分割性、收益非独占性和不确定性等是市场失灵的主要根源①。现实经济是在不完全信息、企业机会主义、市场外部性以及存在市场失灵等多种状态下运行的。因此，基于效率导向的市场自动出清难以完全达到社会资源配置的最优状态②。随着科学和技术的不断进步，创新的技术复杂性与系统复杂性进一步提高，产品的子系统与部件数量日益增长，涉及的专业知识领域日益拓宽，创新系统中的各类因素越丰富，组合形式越多，越能推进更高级更复杂的创新。而国家创新系统是由政府、研发机构、企业、高校等创新主体以及它们之间的相互作用所构成，在市场经济条件下，这些创新主体创新能力的高低以及它们的有机联系决定了国家创新系统的强弱，若是系统内创新主体的能力不足、相互间交互不利，创新制度、文化等滞后，则会导致创新效率低下，而系统失灵也源于此。此时，政府干预的目的也不是纠正市场失灵，而是纠正系统失灵③。新型举国体制强调政府与市场的有机结合，在市场供给有效的领域尊重市场配置资源的决定性作用，在系统失灵的部分领域要发挥好政府调控作用乃至主导作用，实施相应的强干预，把扭曲的资源配置纠正到帕累托最优。通过制定相关风险分摊机制或创新激励政策、搭建创新主体间的沟通桥梁、加大创新系统之间各主体的联系强度、建设具有共性技术的研发平台以及底层基础设施、持续优化供给公共产品与公共服务等，解决创新主体能力不足、创新组织沟通不畅和创新环境发展滞后等问题，尤其是提高中小企业作为创新主体的创新能力，优化政府与市场作用的互补机制与互动机制，最终提高国家创新体系整体效能。

## 第三节　新型举国体制强化国家战略科技力量的内在机理

本节在国家战略科技力量、新型举国体制概念的内涵与外延基础上，基于系统论、国家创新体系、国家竞争优势等理论观点，并结合对国际、国内战略科技力量建设实践及举国体制作用的认识与反思，从系统论思想

---

① 孙斐：《公共科技管理制度：从新古典范式走向演化范式》，《中国科技论坛》2013年第9期。

② 金碚：《试论经济学的域观范式——兼议经济学中国学派研究》，《管理世界》2019年第2期。

③ 王德华、刘戒骄：《国家创新系统中政府作用分析》，《经济与管理研究》2015年第4期。

出发尝试构建新型举国体制强化国家战略科技力量的概念框架，从主体能力形成、突破性创新形成以及技术—经济范式等角度探讨两者之间的作用关系，从能力、动力、竞争力演变视角提出新型举国体制强化国家战略科技力量的基本路径。

## 一　新型举国体制强化国家战略科技力量的概念框架

制度创新与技术创新是国家创新体系两大基本研究视角。制度创新视角强调政府对创新过程的系统干预，在重大科技创新活动中发挥组织者乃至领导者作用，同时也强调将政府支持与市场机制有效结合；技术创新视角主要是强调公共、私有研发机构的创新能力，以及在网络中引进、吸收和传播新技术的能力。制度创新与技术创新之间的协调是日本等后发国家经济增长以及在集成电路等领域技术追赶成功的源泉[1]。新型举国体制以及国家战略科技力量作为一种特殊的制度以及创新能力载体，它们之间的关系可以从国家创新体系角度进行理解。

本研究认为，新型举国体制强化国家战略科技力量，是一个涉及教育、科技、产业、经济、政策乃至社会、文化等多种要素及其相互作用的过程。探讨新型举国体制强化国家战略科技力量，需要采取系统性原则，将相关要素安排在一个完整系统中进行考察，才能更好形成科学性、指导性的价值。为此，本研究以系统论思想及其研究方法论为指导[2]，通过系统思想与现实实践的反复对话，构建包括战略体系、能力体系、过程体系在内的概念框架。

### （一）系统观下国家创新体系的内在结构

切克兰德系统观从整体论思想来理解复杂现实世界，认为宇宙是进化过程的结果，我们可以考察、描述、理解自然系统，创造和运用人工系统，以及追求"操纵"人类活动系统。因此，宇宙所包含的人工、自然和超越层面可以通过自然系统、人工物理系统、人类活动系统、人工抽象系统和超越系统以及它们之间的组合加以描述（见图1-3）。人工物理、人类活动和人工抽象系统是人类行为有意设计的结果，体现了人的目的和自

---

[1]　C. Freeman, *Technology and Economic Performance: Lessons from Japan* (Printer, London, 1987).

[2]　〔英〕切克兰德（P. B. Checkland）：《系统论的思想与实践》，左晓斯、史然译，华夏出版社，1990。

我意识，可以不断进行创造、调整并加以运用。人工物理系统、人工抽象系统是体现人类某种目的而设计的系统，二者的区别在于：人工抽象系统主要是人类创造出思想的构造集合，如宗教思想、诗歌、文学等；而人工物理系统具有一定的客观性，包括各类实体及相关条件等，如铁路、电网、铁锤等；人类活动系统是各种有逻辑性的人类活动形成的集合和整体①。基于切克兰德系统观基本思想，国家创新体系可以理解为人类行为有意设计、创造的复杂化、系统化的过程及结果，可以从战略体系（人工抽象系统）、能力体系（人工物理系统）与过程体系（人类活动系统）等三个子系统进行建构。三个子系统的有机组合，具有系统整体性、稳定性、自组织等特征。

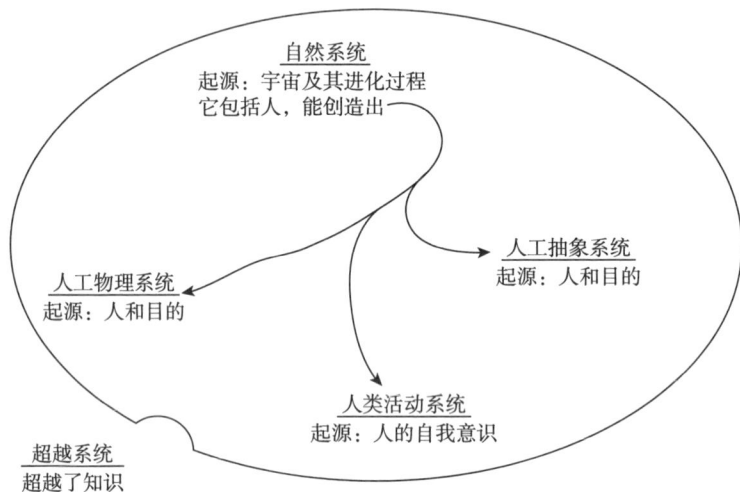

图 1-3　构成宇宙的系统论鸟瞰的五类系统

资料来源：〔英〕切克兰德（P. B. Checkland）《系统论的思想与实践》，左晓斯、史然译，华夏出版社，1990。

战略体系是由国家意志、国家利益、国家使命、价值追求等各类抽象概念构成的集合，体现系统目的性特征。国家创新体系包括国家系统（national system）、创新（innovation）两个层次，国家创新体系建设是国家利用其规划、组织、配置、协调等能力，系统推进创新、形成国家优势的过程，体现了国家在科技创新方面的国家意志、国家利益、国家使命、价值

---

① 〔英〕切克兰德（P. B. Checkland）：《系统论的思想与实践》，左晓斯、史然译，华夏出版社，1990。

追求等战略层面安排，是国家创新体系设计、发展及其演变的出发点和基本方向。比如，中国一直重视创新领域的战略谋划，新中国成立以来，先后提出国防建设战略、面向经济建设的追赶战略、科教兴国战略、建设创新型国家战略、创新驱动发展战略等①，明确提出不同时期的创新使命、战略目标以及战略方向。

能力体系是由不同层次资源、主体以及实现主体功能的制度支撑等要素构成的系统，体现系统结构性特征。国家创新体系是国家为促进科技创新而设定的一系列制度或机构，比如 Freeman 认为国家创新体系的构成要素是公共、私有机构及相关制度②；Patel 和 Pavitt 认为国家创新体系是决定一个国家技术学习的方向和速度的国家制度、激励结构和竞争力③；安维复认为国家创新体系是一种关于科技进步与经济社会发展的制度或体制④。本研究认为，国家创新体系的能力体系主要包括两个层次：一是实体系统，即国家创新体系的主体能力，不同主体的定位具有差异性；二是支撑系统，即推进创新体系有效运作所必要的相关制度创新能力。这两个层次的能力要素是密不可分的。

过程体系是不同层次创新主体有目的活动的集合，体现系统稳定性、突变性、自组织性、网络性等特征。这一有目的的活动主要体现为主体之间以及与外部环境之间的互动性，以完成战略体系中相关使命、目标、任务。从知识角度来看，知识的获取途径是学习，但学习不是知识的单方面传递过程，而是一种相互作用的社会过程⑤。在国家创新体系中，主体之间互动形成了网络⑥，使知识创新、知识应用、知识扩散、知识传播过程能够建立有机联系。OECD 认为，国家创新体系是由存在于企业、政府和学术界的关于科技发展方面的相互关系与交流所构成的，这种相互之间的

① 徐炜、杨忠泰、王宁宁：《中国科技创新的发展脉络与战略进路——基于国家创新体系理论的视角》，《中国高校科技》2020 年第 9 期。

② C. Freeman, *Technology and Economic Performance: Lessons from Japan* (Printer, London, 1987).

③ P. Patel, K. Pavitt, "Uneven (and Divergent) Technological Accumulation among Advanced Countries: Evidence and a Framework of Explanation," *Industrial and Corporate Change* 3 (1994): 759 – 787.

④ 安维复：《从国家创新体系看现代科学技术革命》，《中国社会科学》2000 年第 5 期。

⑤ Bengt-Ake Lundvall, *National Systems of Innovation: Towards a Theory of Innovation and Interactive Learning* (Pinter, London, 1992).

⑥ M. Mckelvery, *Using Evolutionary Theory to Define Systems of Innovation. Systems of Innovation Technologies, Institutions* (London and Washington Pinter, 1997).

互动作用直接影响着企业的创新成效和整个经济体系①。《国家中长期科学和技术发展规划纲要（2006—2020年)》中明确指出，国家创新体系是以政府为主导、充分发挥市场配置资源的基础性作用、各类科技创新主体紧密联系和有效互动的社会系统。与外界环境的互动则表现为国家创新体系的开放性。Saviotti从进化角度认为国家创新体系是一个开放系统，通过与外界的物质与能量的交换形成了系统的结构组成、量变、不确定性、路径依赖等特性②。本研究认为，国家创新体系的作用关系体现为制度创新与技术创新相关活动及其互动关系，这种关系会对主体创新动能发挥以及国家创新体系的发展演变产生深刻影响。

（二）新型举国体制强化国家战略科技力量的内涵

新型举国体制、国家战略科技力量及二者之间的关系可在国家创新体系层面上进行理解，即新型举国体制、国家战略科技力量属于国家创新体系的重要组成部分，新型举国体制强化国家战略科技力量在本质上属于国家创新体系优化及其效能提升过程。樊春良指出，国家创新体系是国家整个创新活动的基础，国家战略科技力量是重要领域的骨干，新型举国体制则是解决全局性问题、促进国家创新系统有效运行的制度安排③。前文亦指出，新型举国体制是国家创新体系中的特殊制度形态，国家战略科技力量是国家创新体系的主力军。基于此，本研究从战略体系、能力体系、过程体系三个维度提出新型举国体制强化国家战略科技力量的主体框架，主要思路包括：在战略体系中，"四个面向"是国家战略科技力量的主攻方向，推进科技自立自强、形成国家竞争优势是理论和实践逻辑的出发点；在能力体系中，国家战略科技力量是国家创新体系的中坚力量，新型举国体制是国家创新体系的制度设计，也是国家战略科技力量功能发挥的关键保障，实现"四个面向"的战略目标需要在创新链不同环节发挥不同层次国家战略科技力量的作用，以及建立有效处理政府与市场关系的新型举国体制；在过程体系中，新型举国体制通过力量主体培育、创新基础设施建设、创新资源创造和配置、创新环境塑造等路径强化国家战略科技力量建设（见图1-4）。

① 经济合作与发展组织（OECD）编《以知识为基础的经济》，机械工业出版社，1997。
② P. Saviotti, *Innovation Systems and Evolutionary Systems of Innovation Technologies, Institutions. edited by Charles* (London and Washinton Pinter, 1997).
③ 樊春良：《科技举国体制的历史演变与未来发展趋势》，《国家治理》2020年第42期。

| 系统 | 内容 |
|---|---|
| 战略体系<br>（抽象系统） | 面向世界科技前沿　面向经济主战场　面向国家重大需求　面向人民生命健康<br><br>前沿或颠覆性技术、关键核心技术、国家重大战略领域技术（国防）突破　→　推进科技自立自强　→　形成国家竞争优势 |
| 能力体系<br>（物理系统） |  |
| 过程体系<br>（活动系统） |  |

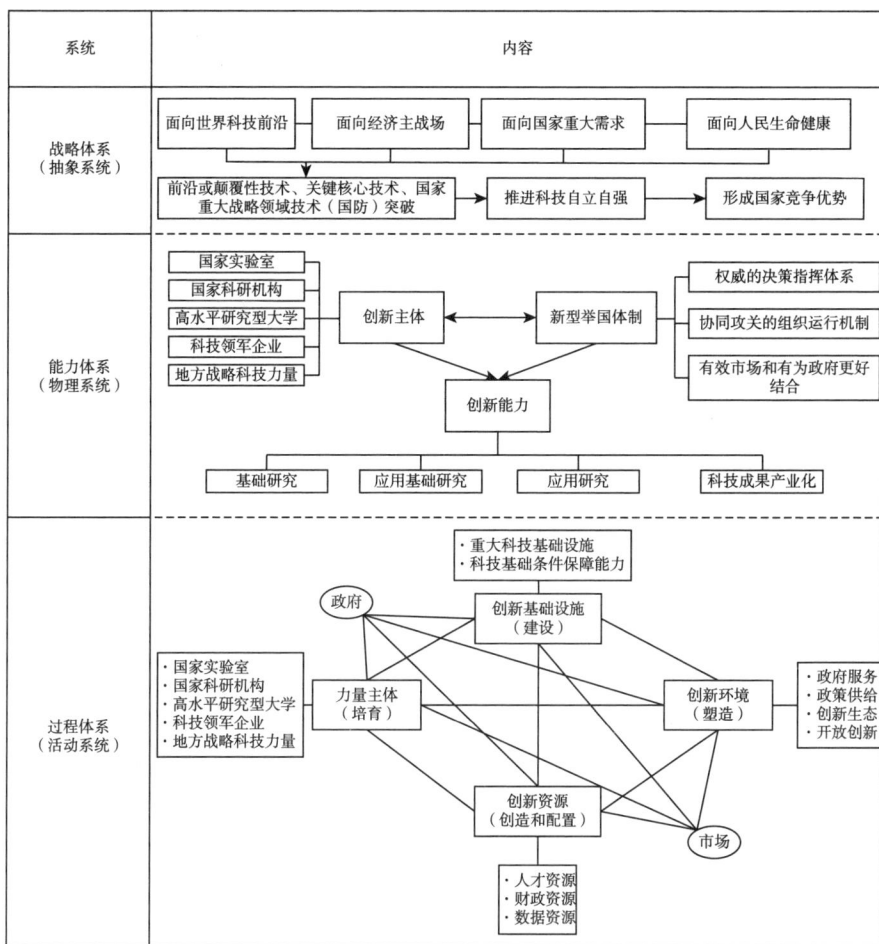

**图1-4 新型举国体制强化国家战略科技力量的概念框架**

### 1. 战略体系：建立创新引领和支撑的国家竞争优势

强化国家战略科技力量具有明显战略性特征，是新时代国家创新驱动发展战略的新要求，其理论和实践逻辑起点是形成以创新引领和支撑的国家竞争优势。面对当前国际国内发展新环境新条件，深入实施创新驱动发展战略、形成国家竞争新优势的着力点和战略支撑在于推进科技自立自强。而科技自立自强的重点不仅在于把握新科技与产业革命机遇实现前沿或颠覆性技术突破，同时也突出体现为关键核心技术以及重大战略领域技术突破，即主攻方向是习近平总书记提出的"四个面向"。换言之，从战略体系来看，新型举国体制强化国家战略科技力量可按"四个面向→三类科学技术创新及突破→推进科技自立自强→形成国家竞争优势"逐层展开。2022 年 9 月 6 日，习近平总书记在中央全面深化改革委员会第二十七次会议上强调，"要发挥我国社会主义制度能够集中力量办大事的显著优势，强化党和国家对重大科技创新的领导，充分发挥市场机制作用，围绕国家战略需求，优化配置创新资源，强化国家战略科技力量，大幅提升科技攻关体系化能力，在若干重要领域形成竞争优势、赢得战略主动"[①]。

从理论来看，纵观世界科技革命史以及发达国家技术发展史，历次科技与产业革命（工业革命）是形成科技强国以及安格斯·麦迪森提出的"主导—跟随国"世界格局[②]的原因。主导国的技术有效使用权必定不会是免费的午餐，跟随国只有通过科技自立自强才能掌握发展命运主动权，只有拥有技术追赶或技术蛙跳的能力[③]才能真正建立国家竞争优势。演化经济学家佩蕾丝为此进一步提出发展中国家实现经济追赶的"机会窗口"理论：中等收入国家利用先发/快发优势，把握新科技革命重大机遇，尽早进入新技术革命的前沿技术领域，推动实现技术蛙跳[④]，如历史上美国对英国、法国的技术赶超。贾根良归纳提出新技术革命带来的两种技术追赶的机会窗口（见图 1-5），即利用后发优势，在主导国设定的技术轨道以及产业链价值链中进行引进与集成创新，通过技术追赶突破"卡脖子"问题，如日本、韩国的追赶[⑤]。因此，新型举国体制强化国家战略科技力量

---

① 《健全关键核心技术攻关新型举国体制 全面加强资源节约工作》，《人民日报》2022 年 9 月 7 日。

② 〔英〕安格斯·麦迪森：《世界经济二百年回顾》，李德伟、盖建玲译，改革出版社，1997。

③ 技术追赶或技术蛙跳两个词引自贾根良《演化发展经济学与新结构经济学——哪一种产业政策的理论范式更适合中国国情》，《南方经济》2018 年第 1 期。对于技术能力与国家发展的关系，迈克尔·波特将一个国家经济发展过程划分为要素驱动（factor-driven）、投资驱动（investment-driven）、创新驱动（innovation-driven）和财富驱动（wealth-driven）四个阶段。其中，要素驱动发展阶段的主要动力是丰富的劳动力和自然资源，投资驱动发展阶段的主要动力是大规模的投资，创新驱动发展阶段的主要动力是创新能力与水平，财富驱动发展阶段的主要动力是大规模的财富资本投入。迈克尔·波特认为一个国家不能停留在要素、投资驱动阶段，而是要积极向创新驱动方向发展，而财富驱动也是一个国家走向衰落的标志。

④ 〔英〕卡萝塔·佩蕾丝：《技术革命与金融资本——泡沫与黄金时代的动力学》，田方萌等译，中国人民大学出版社，2007。

⑤ 贾根良：《演化发展经济学与新结构经济学——哪一种产业政策的理论范式更适合中国国情》，《南方经济》2018 年第 1 期。

的战略意义在于，把握科技与工业革命机遇，通过国家制度安排和组织创新，利用先发或后发优势推进科技自立自强①，实现技术追赶或技术蛙跳，建立国家竞争优势。

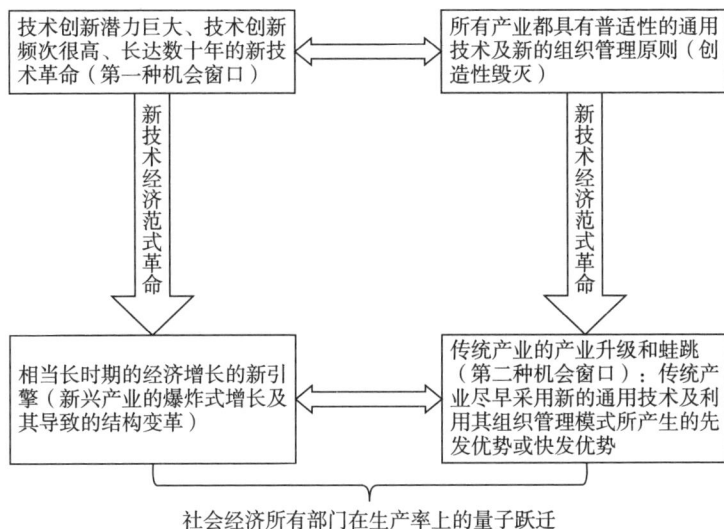

**图1-5　新技术革命带来的两种技术（经济）追赶的机会窗口**

资料来源：贾根良《演化发展经济学与新结构经济学——哪一种产业政策的理论范式更适合中国国情》，《南方经济》2018年第1期。

从实践来看，科技创新已经成为大国竞争博弈的新赛场，是决定世界变局和大国兴衰的主要因素，但中国科技创新能力相对不足。一方面，根据世界知识产权组织、康奈尔大学、欧洲工商管理学院联合发布的《2020年全球创新指数》：中国在2020年保持了第14名的位置，连续两年位居世界前15行列；在中等收入经济体中，中国创新质量连续第八年位居第一；中国的创新产出（按人均GDP计算）位居世界第6。中国在创新体系能力、原始创新能力、创新型经济格局、创新型社会格局、国际影响力等方面已达到创新型国家的基本水平，基本建成中国特色国家创新体系，有力支撑全面建成小康社会目标的实现。然而，与跻身创新型国家前列和成为世界科技强国的要求相比，中国原始创新能力依然薄弱。比如，在诺贝尔奖得主数量方面（见表1-5），中国与西方发达国家相比差距相当大，在

---

① C. Freeman, *Technology and Economic Performance: Lessons from Japan* (Printer, London, 1987).

"四个面向"许多领域存在短板①。从投入—产出过程来看，科技创新资源整合、科技创新力量布局、科技投入产出效益、科技人才队伍结构、科技评价体系、科技生态等方面仍存在亟待解决的突出问题和难题，中国创新体系整体效能不高②。另一方面，世界百年未有之大变局加速演进，国际环境错综复杂，世界经济陷入低迷期，全球产业链供应链面临重塑，不稳定性不确定性明显增加。新冠病毒感染疫情影响广泛深远，逆全球化、单边主义、保护主义思潮暗流涌动。科技创新成为国际战略博弈的主要战场，围绕科技制高点的竞争空前激烈。近年来，大国间经贸摩擦已经在事实上上升为科技较量，剑指中国经济崛起和产业升级，美国及其联盟对中国高科技领域的战略遏制和"围猎"不断升级。唐新华指出，美国与其伙伴国家正在基于"技术多边主义"战略，围绕高科技领域组建更注重基于规则的"技术联盟"，并通过"技术联盟"构建"技术政治时代"的科技霸权③。在此背景下，科技自立自强已经成为中国从科技大国向科技强国迈进、从规模优势中建立以创新为引领和支撑的国家竞争优势的不二选择。

表 1-5　截至 2022 年诺贝尔奖得主数量前十的国家

| 国家 | 诺贝尔奖得主数量（人次） |
| --- | --- |
| 美国 | 388 |
| 英国 | 133 |
| 德国 | 111 |
| 法国 | 70 |
| 瑞典 | 32 |
| 俄罗斯/苏联 | 31 |
| 日本 | 29 |
| 瑞士 | 27 |
| 加拿大 | 27 |
| 奥地利 | 22 |

资料来源：根据历届诺贝尔委员会发布的诺贝尔获奖者名单整理。

---

① 中国获得诺贝尔奖的数量仅有 1 个，在自然科学领域数量为 0，与美国、英国、德国、法国、日本等国家相比差距较大。

② 《习近平：坚决打赢关键核心技术攻坚战》，2021 年 5 月 28 日，https://mp.weixin. qq.com/s/5SPmXvA98US_ QlGO8pKSlw。

③ 唐新华：《西方"技术联盟"：构建新科技霸权的战略路径》，《现代国际关系》2021 年第1 期。

2. 能力体系：从基础创新能力向高级创新能力迈进

根据波特的国家创新体系理论，国家创新体系包括两类生产要素：自然资源、气候、地理位置、非技术与半技术劳动力等天然形成或只需要少量投资就能获得的初级生产要素；随着生产力水平的提高与分工的细化，需要大量资本与人力资源投入才能获得的高级生产要素，如高素质人力资本、大学与科研机构、现代化基础设施、完善的产业配套体系、高水平的管理、丰富的数据等①。知识、技能等高级生产要素蕴含在制度、组织和高素质人才之中，难以形成也难以替代，对于国家的产业和经济发展更为重要。与生产要素可区分为初级生产要素和高级生产要素类似，创新能力也可以分为基础创新能力与高级创新能力。基础创新能力是主要基于初级生产要素而形成的引进创新、模仿创新能力，如工艺设计、加工制造、贴牌生产（OEM）等；高级创新能力是主要基于高级生产要素形成的集成创新、原始创新能力，如自主品牌、原创产品等。高级创新能力是建立以创新为特征的国家竞争优势的支撑，突出体现为国家战略科技力量的形成，以及通过新型举国体制提升国家战略科技力量的能力并使之在满足"四个面向"的需求中发挥主力军作用。

国家战略科技力量具有独特的功能和地位，在国家创新体系中起重大牵引作用，是科技强国、创新大国的中坚力量。国家战略科技力量致力于以"国家意志"为导向，以"引领发展"为目标，面向世界科技前沿领域、面向经济主战场、面向国家重大需求、面向人民生命健康，从国家战略全局的高度解决事关国家安全、国家发展、国计民生等根本性问题，并从整体上提升国家创新能力、竞争实力与发展潜力。因此，国家战略科技力量是承担高投入、高风险、大团队、长周期科技创新活动的科研及科技成果产业化力量。当前，新一轮科技革命正在快速孕育和发展，科研范式发生了较大改变，国家战略科技力量更多体现为由国家实验室、国家科研机构、高水平研究型大学、科技领军企业等不同主体、平台及其协同所构成的力量体系，不同力量主体在创新链中的地位和作用具有层次性，比如国家实验室更多在基础研究领域发挥作用，国家科研机构、高水平研究型大学更多在应用基础研究或应用研究领域发挥主体作用，科技领军企业、地方战略科技力量更多在科技成果转化方面发挥引领和带动作用。

---

① 〔美〕迈克尔·波特：《国家竞争优势》，李明轩、邱如美译，华夏出版社，2002。

新型举国体制在国家战略科技力量建设方面发挥关键作用。中国通过组织实施重大科技项目、重大基础研究任务建设了天眼（FAST）、散裂中子源等一批重大科技基础设施，带动培育形成若干国家实验室及国家重点实验室体系，极大增强了以中国科学院等为代表的国家科研机构、以清华大学等为代表的研究型大学的创新能力。新型举国体制的有效性，不仅在于加强党中央集中统一领导，建立权威的决策指挥体系，也在于发挥社会主义制度集中力量办大事的传统优势，增强国家在组织重大科技力量进行科技攻关的能力，同时也在于发挥市场在资源配置中的决定性作用，构建协同攻关的组织运行机制，也在于有效市场和有为政府更好结合。发挥新型举国体制优势的核心在于处理好政府与市场的关系。在涉及国防安全、国家重大民生公共工程科技创新、突发性重大公共社会危机治理等场景，或者在纯科学领域，政府应发挥主导作用，推动长周期研究；而随着创新环节向市场端移动，在关键核心技术攻关等应用场景中，市场机制应该发挥更大的作用，特别是在芯片等"卡脖子"领域的关键核心技术突破，就要更加突出和发挥科技领军企业的重要作用。从政府与市场关系来看，政府将侧重于创新资源的协调、集中与统筹，市场将侧重于资源分配过程。

3. 过程体系：持续提升国家创新体系效率和效益

以新型举国体制强化国家战略科技力量的过程，是国家创新体系优化和效能提升的过程，也是以创新为引领和支撑的国家创新竞争优势形成的过程。习近平总书记指出，"要坚持科技创新和制度创新'双轮驱动'，以问题为导向，以需求为牵引，在实践载体、制度安排、政策保障、环境营造上下功夫，在创新主体、创新基础、创新资源、创新环境等方面持续用力，强化国家战略科技力量，提升国家创新体系整体效能"[1]。本研究认为，以新型举国体制强化国家战略科技力量，是在推进科技自立自强的进程中，改变传统"运动型"或"动员式"科技创新组织方式，在国家创新体系中充分发挥社会主义制度集中力量办大事的政治优势和制度优势，发挥好制度的规范性和秩序性、合理性和合法性分配、协调和整合、导向和激励等功能，积极探索举国体制中政府与市场协同发展的新模式以及有效结合的新机制，持续提升创新体系的效率以及效益。从结构来看，以新型举国体制强化国家战略科技力量的过程体系，可展开为力量主体培育、创

---

① 《习近平谈治国理政》（第3卷），外文出版社，2020，第250页。

新基础设施建设、创新资源创造和配置、创新环境塑造等相互联系、相互作用的四个维度。

力量主体培育，即通过体制机制创新等举措提高国家创新体系中现有创新主体的发展水平，或通过优化资源配置，打造符合国家和地方发展需要的新型力量主体，创造出新的资源和能力，从而提高创新能力体系的多样性及层次性，优化创新能力结构。比如，中国正在建设的国家实验室，就是通过体制机制创新及资源优化配置解决中国前沿技术、基础科学研究方面的主体缺位问题。又比如，广东省政府正在打造省实验室体系，其目的在于通过培育国家实验室后备军，提升广东原始创新能力。

创新基础设施建设，即为满足创新主体在基础研究、应用研究、产业化等方面的需求，建设和提供的相关创新基础设施、条件，以利于力量主体的功能发挥。在大科学科研范式下，重大科技基础设施变得日益重要，已经成为国家实验室、国家级科研机构、高水平研究型大学等科技创新活动的基础和支撑。中国创新基础设施，包括各类重大科技创新基础设施（大科学装置、新型基础设施等）以及各层次科技基础服务条件及平台（如国家科技资源共享服务平台、科技成果转化平台等）。

创新资源创造和配置，即促进高级创新要素生成以及优化配置，促进资源在各主体间、中央与地方之间的合理分布，如中国实施战略性科学计划，建设大科学工程、区域重大创新平台（综合性国家科学中心、国际科技创新中心等），就是通过多种形式将人才、财政和数据等创新资源集中于关键领域、关键环节，体现了中国集中力量办大事的制度优势。

创新环境塑造，即更加重视市场配置资源的决定性作用，增进市场功能，以及在科技突破基础上，更加突出科技创新成果经济效益、社会效益和生态效益的整体统一，形成科学、技术、产业互促互进，科技、经济、社会互融互通的良好生态环境。环境塑造主要通过政府服务、政策供给、创新生态、开放创新等完成[①]。

## 二　新型举国体制强化国家战略科技力量的作用效应

新型举国体制强化国家战略科技力量，在战略层面是以重大技术突破推进科技自立自强，形成国家竞争优势，在能力层面是构建国家创新体系

---

① 朱学彦、张宓之：《集中力量办大事体制的演变及内涵研究》，《体制改革》2021 年第 5 期。

的中坚力量及支撑体制机制，在过程层面是通过力量主体培育、创新基础设施建设、创新资源创造和配置、创新环境塑造等维度持续提升国家创新体系效能。这一系统框架具有制度供需相适、政府支持与市场机制相融合、科技与经济相协调等特点，有利于产生力量主体高级创新能力、促进突破性创新，以及适应、建立新"技术—经济范式"等效应。

（一）制度供需相适建立主体高级创新能力

制度是大国之间科技创新体系差异的决定性因素，大国之间的科技创新竞争，本质上依然是制度体系的竞争[1]。由于不同国家历史、文化、地理、资源、政策等存在差异，在历次科技与工业革命中，不同国家推动战略科技突破的制度框架也有较大差异，形成了战略科技突破的不同模式[2]，比如苏联和中国的"动员式"科研管理运行模式、美国的"大科学工程"项目模式和日本的"产学官"合作研发模式[3]等。这些模式的共同特点是，制度供给及其与力量主体需求之间的相适性，形成基于高素质人力资本、大学与科研机构、现代化基础设施、完善的产业配套体系、高水平的管理、丰富的数据等为基础的高级创新能力。

制度供需相适性对国家战略科技力量的价值导向、行为选择产生较大影响，是主体创新能力形成与发展的重要原因。战略科技是在科学技术革命中具有引领性、主导性、高端化的科学知识与产业技术，战略科技创新在本质上属于"颠覆性创新""原始创新""破坏性创新"的范畴，属于高风险、高收益类型的创新活动，具有投资周期长、市场风险大、技术难度高的特点。因此，承担战略科技突破使命的国家战略科技力量主体，具有提供技术公共品的属性，通常具有高投入、高风险、巨大不确定性、大团队、长周期等方面的特殊性，分散、常规、短周期评价的体制机制通常无法适用于这类主体。从投入来看，私人资本（如风险投资等）基本不可能介入，只有政府等公共部门才是这类创新活动资金投入主体。新型举国体制是一种特殊的制度供给形式，通过正式制度与非正式制度安排发挥国家能力作用，对于基础研究类国家战略科技力量建设来说，国家作为组织者的深度参与、不计成本投入、长周期评价等特殊组织制度与运行机制，

① 陈劲、阳镇、尹西明：《双循环新发展格局下的中国科技创新战略》，《当代经济科学》2021 年第 1 期。

② R. R. Nelson, *National Systems of Innovation: Comparative Study* (Oxford University Press, 1993).

③ 雷丽芳、潜伟、吕科伟：《科技举国体制的内涵与模式》，《科学学研究》2020 年第 11 期。

发挥了降低不确定性、降低交易成本、消除负外部性、提升经济效率、界定权利边界等综合作用①。此外，不同类别国家战略科技力量在制度需求上具有差异性，新型举国体制强调在创新链不同环节建立制度供给与主体需求之间的有效匹配与连接机制。比如，对于贴近市场的国家战略科技力量，其制度需求更多倾向于良好的市场环境，新型举国体制在制度供给方面则更多表现为强化协调、引导功能及环境型政策，促进力量主体建立市场化治理机制、运作模式和考核评价制度②。

## （二）政府支持与市场机制有效融合强化突破创新

在国家创新体系中，政府是制度供给主体，是各项制度创新的最终决定因素，其作用犹如一枚硬币的两面，其既是经济发展的关键，同时又是经济衰退的根源（"诺斯悖论"）③。制度一旦形成，就会通过政府与市场两种机制对经济增长和技术创新产生影响④。在政府支持与市场机制促进科技创新方面，学者们存在较大争论，比如英国"无形学院"的关键人物J. D. 贝尔纳、D. 普赖斯、J. 齐曼等强调政府或计划对现代科学技术的推动作用，而功能主义学派的 R. 默顿、T. 帕森斯、B. 巴伯等学者则更重视市场机制对现代科学技术革命的推动作用⑤。国家创新体系研究融合两个学派的观点，强调政府引导、推动与市场机制的有机结合对经济社会领域创新的重要性。从实践来看，1976 年，日本政府超大规模集成电路技术研究计划成功的内在原因在于政府支持与市场机制的完美结合。日本通过设立国家层面的专门协会（超大规模集成电路技术研究协会），建立公有部门和私有部门共同投资、利益分享的机制，成为全球半导体生产第一大国⑥。

与其他经济社会活动相比，创新存在更为广泛的系统失灵框架，包括

---

① 姚洋：《制度与效率：与诺斯对话》，四川人民出版社，2002。

② 习近平总书记对创新领域政府与市场的关系做了充分论述，"政府和市场分工，能由市场做的，要充分发挥市场在资源配置中的决定性作用，政府从分钱分物的具体事项中解脱出来，提高战略规划水平，做好创造环境、引导方向、提供服务等工作"。（《习近平关于科技创新论述摘编》，中央文献出版社，2016，第 66～67 页。）

③ 白积洋：《"有为政府＋有效市场"：深圳高新技术产业发展 40 年》，《深圳社会科学》2019 年第 5 期。

④ 白积洋：《"有为政府＋有效市场"：深圳高新技术产业发展 40 年》，《深圳社会科学》2019 年第 5 期。

⑤ 安维复：《从国家创新体系看现代科学技术革命》，《中国社会科学》2000 年第 5 期。

⑥ 雷丽芳、潜伟、吕科伟：《科技举国体制的内涵与模式》，《科学学研究》2020 年第 11 期。

基础设施失灵、转变失灵、制度失灵等。演化经济学家关于创新的一个重要的共识是"市场机制不会自发地产生突破性创新"①，政府应该在创新过程中发挥积极引领作用，纠正制度失灵。马祖卡托（M. Mazzucato）指出，公共和私人部门是共生共赢关系，政府关注"制度失灵"虽然比只盯着"市场失灵"更能接近问题的实质，但也会产生误导，政府引领既不是纠正创新体系的某种失灵，也不是针对市场失灵，而是设法创造、塑造市场和制度，形成对系统失灵障碍的超越②。传统举国体制的局限性在于，不利于激励民间创新，且创新成本极高，由于制度路径依赖、能力刚性约束容易带来深层次的系统失灵问题，国家在新一轮科技革命中难以及时有效地进行制度变迁③。中国特色社会主义的制度优势之一是整合、动员和执行层面的国家能力强，能够及时进行制度建设或制度改革，打破路径依赖及能力刚性约束，对创新环节实施相应的强干预。另外，市场机制的引入，则能使国家更有效把控举国体制可能产生的风险，如技术方向选择失误、"自上而下"运行机制遴选机制、国际规则制约带来的风险④。国家能力强的制度优势与市场机制的有效结合，能够更好适应新科技革命发展需要，形成超越系统失灵障碍的能力，以制度变迁推动前沿技术和关键核心技术突破性创新。

（三）科技与经济相协调适应"技术—经济范式"

意大利经济学家杜西（G. Dosi）等用"技术范式"概念揭示技术与经济相互关系及其运行机制，强调为解决特定经济问题而设的技术创新系统或技术创新模式⑤。在这里，技术进步就不是某个单项技术的进步，而是能够引起经济增长的技术范式的更替。弗里曼（C. Freeman）和裴雷兹（C. Perez）进一步发展了技术范式的思想，提出"技术—经济范式"的概念，其基本

---

① 路风、何鹏宇：《举国体制与重大突破——以特殊机构执行和完成重大任务的历史经验及启示》，《管理世界》2021 年第 7 期。

② 〔英〕马祖卡托（M. Mazzucato）：《创新型政府——构建公共与私人部门共生共赢关系》，李磊、束东新、程单剑译，中信出版集团，2019。

③ 比如苏联建立了高度集权的创新计划管理体制，70% 的研发投入用于军事，在第二次科技和产业革命期间，苏联在国防领域取得显著成效，但由于市场机制的缺失，在以信息技术为标志的新科技革命浪潮中难以及时进行制度变迁，致使既有创新主体陷入能力刚性约束，使苏联逐渐丧失发展优势，经济发展停滞不前，科技创新乏力。新型举国体制体现创新领域的政府引领作用。

④ 朱学彦、张宓之：《集中力量办大事体制的演变及内涵研究》，《体制改革》2021 年第 5 期。

⑤ G. Dosi et al. , *Technical Change and Economic Theory*（Pinter Publishers，1989）.

含义是技术进步不会自动渗透到所有的国家、所有的部门和所有的生产要素中，且技术革命的扩散往往伴随着一场重大的结构调整危机，必须通过体制改革来使新技术与整个社会更好地"匹配"，形成技术创新体系、经济结构（其中包括工业组织和市场结构）以及经济政策环境等互动体系[1]。历次科技与产业革命都会形成新"技术—经济范式"，适应乃至创造新"技术—经济范式"，才能将科技创新真正转变为经济发展动能。

　　国家创新体系的基本特点是主体之间以及主体与外部环境之间的互动性、网络性，即基础科学、大规模研发、应用和传播创新过程中形成的因果关系不是线性的，相反，创新网络充满了市场与技术、应用和科学之间的反馈循环（feedback loops）[2]。在 Freeman "国家创新体系"概念中，经济目标是公共和私有部门之间网络化和相互作用的关键目标[3]。科技活动与经济社会发展统一是建设国家创新体系的内在价值追求，与"技术—经济范式"相匹配是国家创新体系绩效形成的关键。传统举国体制不注重技术、产品的经济性，难以适应"技术—经济范式"及其变革需要。新型举国体制强化国家战略科技力量的概念框架，不仅突出国家实验室、国家科研机构、高水平研究型大学在基础研究、应用基础研究中的重要性，同时也突出科技领军企业等市场化、社会化力量在科技创新、科研成果产业化中的地位，推动建立了包括技术推动、市场拉动、社会驱动的合力系统，因而能够更好适应现代科学技术革命发展需要[4]，创造和形成国家竞争优势。新型举国体制通过在创新主体、创新基础、创新资源、创新环境等方面结构化制度设计，推动不同功能主体之间的互动，建立知识创新、知识应用、知识扩散、知识传播之间的有机联系，不仅能够在新一轮科技与产业革命中适应"技术—经济范式"变革，也能更好地创造新的"技术—经济范式"。

---

①　C. Freeman, C. Perez, "Structural Crises of Adjustment, Business Cycles and Investment Behaviour,"in Giovanni Dosi et al. ( eds. ), *Technical Change and Economic Theory* ( London: Francis Pinter, 1988).
②　〔英〕马祖卡托（M. Mazzucato）：《创新型政府——构建公共与私人部门共生共赢关系》，李磊、束东新、程单剑译，中信出版集团，2019。
③　C. Freeman, *Technology and Economic Performance: Lessons from Japan* ( Printer, London, 1987).
④　安维复：《从国家创新体系看现代科学技术革命》，《中国社会科学》2000 年第 5 期。

### 三　新型举国体制强化国家战略科技力量的实践路径

新型举国体制强化国家战略科技力量是追赶型国家利用国家能力系统干预重大科技创新活动，实现技术赶超以及技术跨越，积极掌握技术主导权与发展主动权的一种创新路径。新型举国体制强化国家战略科技力量，要从历史规律、科学规律和发展规律出发，发挥中国社会主义制度集中力量办大事、产业体系完整、超大规模经济等优势，处理好政府与市场、中央与地方等关系，在培育创新主体、建设创新基础、创造和配置创新资源、塑造创新环境等方面持续发力，着力推动国家创新体系能力结构、动力系统、竞争力格局的有序演进。

（一）能力结构演进：从基础能力到高级创新能力

能力是系统发展与演变的基础，也是国家竞争优势的内核。技术能力建设而非要素禀赋是历史上所有国家或经济体赶超成功的基础和核心[①]。习近平总书记指出，"我们在国际上腰杆能不能更硬起来，能不能跨越'中等收入陷阱'，很大程度上取决于科技创新能力的提升"[②]。改革开放以来，中国通过 OEM 代工生产方式融入全球生产体系，参与跨国企业全球产业分工，采取引进消化吸收再创新发展形成模仿创新能力以及集成创新能力。这一能力的形成基础是劳动力成本低等低级创新要素以及相应的追赶型创新制度框架。

新型举国体制强化国家战略科技力量，就是要以制度创新实现国家创新体系整体能力结构变化，实现从模仿创新、集成创新向以自主创新、原始创新等为核心的高级创新能力结构演变。

要结合现代科技革命的发展规律推动制度变迁，形成有利于国家战略科技力量能力演进以及突破性创新的新型制度框架。比如，强化国家战略科技力量使命型特征，使其在承担国家战略目标、重大任务、重大专项中发挥主体作用；推进国家战略科技力量在治理结构、运作模式、评价考核等方面改革，在决策层面确保政府主导权，在管理层面、执行层面推进市场化改革；努力打破基础研究、应用基础研究、应用研究分离的科研体

---

[①] 比如拉丁美洲和东南亚的一些国家陷入"中等收入陷阱"，根本原因在于它们没有成功地发展出高科技产业及其相应的自主创新能力，导致产业结构转型升级长期停滞无力，一些西亚国家高度依赖资源创造财富，难以持续发展。

[②] 《习近平关于科技创新论述摘编》，中共中央文献出版社，2016，第 26 页。

制，促进基础研究、应用研究、开发研究一体化，建立以国家实验室、国家科研机构、高水平研究型大学等为核心的"科技共同体"；以科技领军企业为纽带建立产业创新生态系统，促进重大科技成果产业化。

要合理平衡好技术公共性与私人性，处理好国有企业与民营企业在创新领域的关系，推动建立国有企业与民营企业创新联合体。弗里曼（C. Freeman）指出，在国家创新体系中，"技术及其某些方面，部分地具有公共品的品格，部分地具有私人品格，技术的公共方面和私人方面互相补充，彼此配合。……建构国家创新体系就是为了保持技术的私人性和公共性的合理平衡"[1]。纳尔逊（R. R. Nelson）认为，制度设计的任务是在技术的公有和私有之间建立一种平衡，既保持私人性以激励创新，又要保持公有性以促进技术的推广和应用[2]。因此，建立依托国家战略科技力量的高级创新能力结构，既要有促进技术公共品生成的载体和平台，也要有激励私人创新和收益的产权、信用、利益协调等层面的良好制度保障[3]。

（二）动力系统演进：从线性创新到协同创新

协同是系统发展的动力。在科学研究范式逐步转向以"大科学"为主导的趋势中，学科交叉融合不断发展，科学技术和经济社会发展加速渗透融合，科技创新广度显著加大、科技创新速度显著加快、科技创新精度显著加强[4]，这些为中国实现技术追赶或技术赶超、推动世界科技中心转移提供了"机会窗口"。

以新型举国体制强化国家战略科技力量，要改变传统线性创新的动力模型[5]，积极发展相互耦合、相互作用、网络化的系统动力模式，形成技术与市场、中央与地方、国内与国际相结合的协同创新动力系统。

要建立技术推动与市场拉动"双结合"动力体系。根据内生技术变迁理论，新技术主要是在市场利益的驱动下产生的，其生产量是由新技术的市场需求所决定的，市场需求规模制约着技术创新的发生及其规模，这是需求引致技术创新的普遍机制[6]。中国庞大的市场需求是发展国家战略科

---

① C. Freeman, *Technology and Economic Performance: Lessons from Japan* ( Printer, London, 1987).

② 张迈曾、李明德编著《创新知识经济的灵魂》，陕西科学技术出版社，1998。

③ R. R. Nelson, *National Systems of Innovation: Comparative Study* ( Oxford University Press, 1993).

④ 《习近平：坚决打赢关键核心技术攻坚战》，2021 年 5 月 28 日，https://mp. weixin. qq. com/s/5SPmXvA98US_QlGO8pKSlw。

⑤ 体现为"基础物理—大规模开发（大型实验室）—应用和创新（军事或者民事）"。

⑥ 欧阳峣、汤凌霄：《大国创新道路的经济学解析》，《经济研究》2017 年第 9 期。

技力量的优势，可以成为引致创新的强大驱动力，庞大的技术市场可以降低技术研发成本，也有利于减少技术创新的风险①。此外，在新一轮科技革命中，数据成为一种新型生产要素，数字经济领域的创新水平提升也跟市场规模息息相关。而从技术推动视角来看，"基础研究是整个科学体系的源头"，是所有技术的"总开关"②，无论是前沿技术突破，还是"卡脖子"技术突破，抑或是满足市场主体、人民美好生活的多层次需要，背后均需要基础层面知识的突破。增强突破性创新的推动力，也要从源头抓起，要推动教育改革、推动科教融合、增强基础研究投入等；要充分发挥企业支持基础研究的作用，形成"自下而上"与"自上而下"相结合的重大科技创新发展动力体系。

要推动国家创新体系与区域创新体系耦合发展。处理好中央与地方的关系是新型举国体制的特征之一。当前科技革命在主导技术攻关和科学突破方面具有目标宏大、投资强度高、实施难度大等特点，需要在国家实验室建设、重大科技基础设施建设及运行、重大科技专项攻关中发挥中央与地方合力作用。比如，在资源配置方式上，以更大力度建设综合性国家科学中心或区域科技创新中心，提高原始创新能力、产业化创新能力以及开放合作水平；加大财税制度改革与支持力度，提高地方参与原始创新、突破性创新、颠覆性创新活动的能力与积极性等。

要推动国家创新体系与全球创新网络的深度对接。与全球创新网络进行更高层次、更广领域的对接，持续进行物质与能量的交换，是创新系统持续演化的动力来源。要发挥国家战略科技力量在开发、整合、应用全球创新资源中的主体作用，与全球最前沿研发网络、产业网络以及人才网络保持紧密联系，占据全球创新网络的"结构洞"位置。提高制度型开放水平，在科研组织与管理、知识产权、人才评价、创新环境等方面进行深层次的制度探索及突破，积极促进由商品和要素流动型开放向创新领域制度型开放转变。

（三）竞争力格局演进：从比较优势到竞争优势

竞争力是系统呈现的一种状态，也是能力、动力等作用呈现的最终结

---

① 欧阳峣、汤凌霄：《大国创新道路的经济学解析》，《经济研究》2017 年第 9 期。

② 《中科院院士蔡荣根：基础研究是所有技术的"总开关"》，新浪网，2021 年 9 月 10 日，http://k.sina.com.cn/article_5044281310_12ca99fde02001npli.html。

果。比较优势是动态的，中国工业化深化过程需要推动比较优势向竞争优势转化[1]。贾根良指出，对于积累了一定技术能力的国家来说，其"比较优势"恰恰就在于这种新技术革命的前沿技术，而不是在于廉价劳动力和自然资源等要素禀赋[2]。王福涛指出，比较竞争优势取决于生产要素供给数量、结构和价格，绝对竞争优势源自及时调整生产要素组合方式和条件，以适应生产要素供给变化，保持生产要素高效配置，绝对竞争优势决定比较竞争优势[3]。建立竞争优势是中国在新一轮科技革命中跨越"中等收入陷阱"、形成经济增长新动能的关键，也是以创新引领和支撑国家竞争优势的基本内涵。

在新型举国体制下强化国家战略科技力量，目的是推动比较优势向竞争优势转变，特别是在全球化条件下，形成基于科技创新、产业创新、规则制定的竞争优势。要大力开展引领世界的基础研究、应用研究和关键技术开发，建立科技创新竞争优势。跨学科交叉融合、跨机构组织协调以及高强度支持在尖端技术攻关和复杂技术系统突破过程中的作用日益凸显，要推动使命型国家战略科技力量与"任务导向型"组织化的科研力量相衔接、相协同，实现在世界级基础研究、应用研究和关键技术开发上由"追赶"向"引领"的跃升。要推动产业向全球价值链高端迈进，形成产业创新竞争优势。建设产学研用高效转化通道，打破体制机制藩篱，营造创新生态环境，大力发展能够解决"卡脖子"问题、有望对产业发展产生颠覆性影响的高水平产学研用合作。要积极掌握全球价值链治理主导权，形成规则制定等软实力竞争优势。发挥国家战略科技力量的主导作用，在知识产权、标准、规则等领域强化全球布局，提升中国在国际技术标准制定和技术轨道选择上的话语权[4]。

① 郭跃文、向晓梅等：《中国经济特区四十年工业化道路——从比较优势到竞争优势》，社会科学文献出版社，2020。
② 贾根良：《演化发展经济学与新结构经济学——哪一种产业政策的理论范式更适合中国国情》，《南方经济》2018 年第 1 期。
③ 王福涛：《我国科技自立自强的历史经验与现状分析》，《国家治理》2021 年第 Z5 期。
④ 王福涛：《我国科技自立自强的历史经验与现状分析》，《国家治理》2021 年第 Z5 期。

# 第二章
# 历史经验：传统举国体制与国家重大需求

2021 年 5 月 28 日，习近平总书记在两院院士大会、中国科协第十次全国代表大会上指出，"国家实验室、国家科研机构、高水平研究型大学、科技领军企业都是国家战略科技力量的重要组成部分，要自觉履行高水平科技自立自强的使命担当"①。这充分说明，一方面国家战略科技力量是中国实现高水平科技自立自强的重要保障，另一方面国家战略科技力量必须以国家战略需求为导向。自新中国成立至中共十八大召开之前，中国国家战略科技力量建设先后经历了两个历史阶段。虽然两个阶段国家战略科技力量建设的侧重点不尽一致，但均体现了传统举国体制和国家重大需求的共性特征。

## 第一节　中国国家战略科技力量建设阶段划分

在中国共产党的正确领导下，中国国家战略科技力量建设历经两个发展阶段，逐步实现"从无到有""从有到优"的演化过程。国家战略科技力量建设对中国社会稳定和经济实现可持续发展起到了至关重要的作用。研究国家战略科技力量，首先，要根据经济社会发展过程中表现出的主要特征进行阶段划分；其次，要根据特殊时期或特殊阶段的"驱动事件"进行阶段划分；最后，要研究重大项目在推动战略科技力量建设及在解决国家和人民面临的重大问题中所发挥的作用。

习近平总书记认为，"我们党领导人民进行社会主义建设，有改革开放前和改革开放后两个历史时期，这是两个相互联系又有重大区别的时期，但本质上都是我们党领导人民进行社会主义建设的实践探索"②。另

---

① 习近平：《在中国科学院第二十次院士大会、中国工程院第十五次院士大会、中国科协第十次全国代表大会上的讲话》，人民出版社，2021，第 11 页。
② 习近平：《论中国共产党历史》，中央文献出版社，2021，第 3 页。

外，"中共十八大以来，中国特色社会主义进入新时代，以习近平同志为核心的党中央团结带领全党全国各族人民，提出实现中华民族伟大复兴的中国梦，……党和国家事业取得了全方位、开放性成就，实现了深层次、根本性变革"[①]。因此，中国国家战略科技力量建设根据相关历史时间节点可以划分为 1949~1978 年、1978~2012 年和 2012 年至今三个阶段（见表2-1）。根据这三个发展阶段，结合每个阶段的国内外环境或具体驱动事件，可以总体归纳出相应阶段的战略导向，在此基础上进一步梳理出相应阶段的战略科技力量主体、体制特征和典型项目。

表 2-1　国家战略科技力量建设阶段划分及比较

| 比较项目 | 1949~1978 年 | 1978~2012 年 | 2012 年至今 |
| --- | --- | --- | --- |
| 驱动事件 | 核讹诈、核威胁等 | 开放、改革 | 中美贸易摩擦、技术低端锁定、单边主义、保护主义兴起等 |
| 战略科技力量主体 | 国家科研机构、研究型大学 | 国家实验室、研究型大学、国家科研机构 | 国家实验室、国家科研机构、高水平研究型大学、科技领军企业 |
| 体制特征 | 举国体制（计划） | 举国体制（转型） | 新型举国体制 |
| 典型项目 | "两弹一星"、核潜艇、杂交水稻等 | 北斗导航、核电站建设、载人航天工程等 | 芯片、半导体等核心技术和"卡脖子"技术 |

资料来源：根据文献和网络资料整理。

## 一　计划经济背景下的国家战略科技力量建设

新中国成立初期，面临很多国内外不稳定因素，摆在刚刚执政的中国共产党面前的困难是如何在稳定的政局下开展社会主义建设，即"如何在稳定局势下求发展"。1956 年 1 月 14 日至 20 日，中共中央在北京召开关于知识分子问题的会议，此次会议向全党全国人民发出"向科学进军"的号召，并且提出关于制定科学发展规划的问题[②]。以毛泽东同志为核心的党中央做出决策，利用"举国体制"大力进行国防建设、发展重工业，

①　《中华人民共和国简史》，人民出版社，2021，第 335 页。
②　乔发进：《中共中央"向科学进军"号召的提出与九三学社的响应》，九三学社中央委员会，2021 年 7 月 12 日，http://www.93.gov.cn/xwjc-snyw/759066.html。

"两弹一星"、核潜艇等的成功研制就是在举国体制下取得的巨大成就①。在这个时期，中国学习苏联模式实施计划经济体制，政府在战略科技力量建设上发挥了绝对主体作用。

## 二 市场经济转型背景下的国家战略科技力量建设

20 世纪 70 年代后期到 80 年代中期，邓小平同志审时度势，战略性地阐述了和平与发展是当今世界的两大主题，提出"发展才是硬道理"②。1978 年，中国开启了改革开放的时代大幕，"开放"成为中国国家战略科技力量建设的新特征。开放，一方面让中国慢慢了解了全球科技发展的趋势，也了解了中国科技力量的短板；另一方面也使中国通过国际贸易、引进外商直接投资等方式，通过在"干中学"（learning by doing）大大地提高了学习能力③。中国的技术水平、管理水平、标准意识、品牌意识在这个阶段得到大幅提升。

1992 年，邓小平同志在南方谈话中重申"计划和市场都是经济手段""科学技术是第一生产力"④ 等著名论断。在南方谈话中，同时提出"建立起充满生机和活力的社会主义经济体制"⑤ 的设想。1992 年 10 月，党的十四大明确提出"建立社会主义市场经济体制"⑥ 的目标模式。1993 年，在党的十四届三中全会上通过了《中共中央关于建立社会主义市场经济体制若干问题的决定》，在这一份重要文件中确定了社会主义市场经济体制的基本框架，并同步明晰了社会主义市场经济体制需要进行改革的各项具体任务。经过 20 多年改革开放的物质基础和发展经验的积累，进入 21 世纪，中国深入实施知识创新工程、科教兴国战略、人才强国战略，不断完善国家创新体系、建设创新型国家⑦。不管是改革开放，还是建立社会主义市场经济体制，都意味着市场在资源配置中发挥越来越重要的作用。

---

① 李哲：《中国的科技创新之路：经验与反思》，科学出版社，2020，第 13～16 页。
② 《邓小平文选》（第 3 卷），人民出版社，1993，第 377 页。
③ G. M. Grossman, E. Helpman, *Innovation and Growth in the Global Economy*〔Cambridge(Mass)：MIT Press, 1991〕.
④ 《邓小平文选》（第 3 卷），人民出版社，1993，第 382、373、377 页。
⑤ 《邓小平文选》（第 3 卷），人民出版社，1993，第 370 页。
⑥ 《十四大以来重要文献选编》（上），人民出版社，1996，第 20 页。
⑦ 习近平：《在中国科学院第二十次院士大会、中国工程院第十五次院士大会、中国科协第十次全国代表大会上的讲话》，人民出版社，2021，第 2 页。

在这个阶段，"发展"是中国的优先主题。然而在开放的早期阶段，尽管也进行了较大力度的改革，但推动战略科技力量建设的体制机制仍然不够完善，举国体制尚没有发挥出最大效益。

## 三　新时代国家战略科技力量建设

在改革开放、工业化和全球化浪潮下，中国的学习能力、财政能力、法治能力均得到很大提升，国家能力有了极大增强[①]，但是在系统软件、工业软件、芯片技术、基因工程、生命科学、集成电路、网络安全等领域仍然落后于很多欧美发达国家，这些技术正在成为"卡脖子"技术，制约着中国的科技发展。长期以来，中国的"市场换技术"战略在促进技术进步的同时，也带来"低端技术锁定"问题。近年来，"修昔底德陷阱"在西方国家盛行，特别是2018年以来的中美贸易摩擦，以及2020年新冠疫情的突袭而至，使中国高技术短板更为明显。传统的"稳定和发展"问题升级为新时代的新安全和新发展问题。因此，中国共产党第十九届中央委员会第五次全体会议公报中提出要"强化国家战略科技力量"建设，在新型举国体制下去逐步解决高技术、关键核心技术瓶颈。

党的十八大以来，中国特色社会主义进入新时代，中国的科技创新也相应进入新时代。2012年，党的十八大报告中提出"实施创新驱动发展战略"，并明确"科技创新是提高社会生产力和综合国力的战略支撑，必须摆在国家发展全局的核心位置。要坚持走中国特色自主创新道路，以全球视野谋划和推动创新，提高原始创新、集成创新和引进消化吸收再创新能力，更加注重协同创新"[②]。2017年，习近平同志在党的十九大报告中确立了中国将于2035年跻身"创新型国家前列"[③]的战略目标，把中国的科技创新推入一个新阶段，即"高水平科技自立自强"阶段。相对于"发展优先"背景，该阶段科技创新主要有以下特点。其一，不仅要提升科技创新的综合水平，而且要突破关键技术"卡脖子"难题。其二，

---

① 郭跃文、王珺主编《国家能力支撑下的市场孵化——中国道路与广东实践》，人民出版社，2019。

② 胡锦涛：《坚定不移沿着中国特色社会主义道路前进 为全面建成小康社会而奋斗——在中国共产党第十八次全国代表大会上的报告》，人民出版社，2012，第21页。

③ 《决胜全面建成小康社会 夺取新时代中国特色社会主义伟大胜利——在中国共产党第十九次全国代表大会上的报告》，人民出版社，2017，第28页。

国家战略科技力量成为重要科技创新执行主体，包括国家实验室、国家科研机构、高水平研究型大学、科技领军企业，其使命是不仅要破除中国在全球价值链的"低端技术锁定"，而且要构建高水平自主可控的国内价值链。其三，统筹兼顾新安全观和新发展观。"新安全观"尊重世界各国的多样文明和制度，谋求共同发展、构建和谐世界与周边环境，摒弃传统的冷战思维和零和博弈思维，拥抱共同安全、综合安全、合作安全、可持续安全①。"新发展观"就是以"创新、协调、绿色、开放、共享"为核心的新发展理念，这是一个系统的理论体系，指明了中国未来发展的动力、方式、路径等。例如在一些"面向经济主战场"的科技项目中，在资源配置上以"市场为主、政府为辅"；而在一些"面向世界科技前沿"和"面向国家重大需求"的科技项目中，在配置资源上以"政府为主、市场为辅"。

## 第二节　计划经济背景下的国家战略科技力量建设

新中国的成立，翻开了中国科技事业的新篇章。然而，新中国成立初期，百废待兴，国家的经济基础和工业基础较弱，全国科技人员不超过5万人，且高精尖科技人才匮乏。在党和政府的号召下，以华罗庚、钱学森等为代表的一大批海外学子克服重重困难回到祖国，成为新中国科技发展的领军人物。在完成社会主义"三大改造"的基础上，为了满足国家建设和科技发展的需要，1956年1月，中共中央召开了关于知识分子问题的会议，周恩来总理作了《关于知识分子问题的报告》，并代表党中央吹响了"向科学进军"的号角，这一国家意志集中体现在《1956—1967年科学技术发展远景规划纲要（修正草案）》这一文件中，在老一辈革命家和科学家不懈努力和拼搏下，取得以"两弹一星"、核潜艇成功研制为代表的重大科研成果。

### 一　计划经济时期背景分析

中华人民共和国成立之初，百废待兴。当时的主要社会矛盾是"建立

---

① 习近平：《积极树立亚洲安全观 共创安全合作新局面——在亚洲相互协作与信任措施会议第四次峰会上的讲话》，《光明日报》2014年5月22日。

先进的工业国的要求同落后的农业国的现实之间的矛盾"①。因此，为了应对严峻的国际和国内形势，这个阶段中国一方面要开展工业化，另一方面要搞国防建设。不论是源自国际局势的压力，还是源自内部的主要社会矛盾，摆在中央政府和中国人民面前的焦点问题就是如何保持"稳定"。因此，不管是"两弹一星"和核潜艇的研制，还是杂交水稻的研发，都是围绕这一焦点，这个阶段的国家战略科技力量建设，自然要与"稳定优先"战略相匹配、相协调。

中国最早的"国家实验室"有建设于 20 世纪 80 年代初的正负电子对撞机国家实验室和国家同步辐射实验室，而"科技领军企业"则是改革开放之后特别是进入 21 世纪之后才逐步出现的，因此，1949～1978 年中国的国家战略科技力量以研究型大学和国家科研机构为主。据中国科学院的调查和不完全统计，全国共有 274 个独立研究所，其中所属中国科学院的有 37 个、所属国务院各部门的有 52 个、所属各省区市的有 185 个②。其中，1949 年伴随着中华人民共和国的诞生而成立的中国科学院，成为这个阶段国家战略科技力量的核心。

## 二　目标导向下国家战略科技力量建设模式

1949 年至改革开放，中国取得很多重大战略性科技成果。例如，中国第一座原子反应堆回旋加速器开发运转、"两弹一星"研制成功、首次人工合成胰岛素、杂交水稻培育成功、中国第一艘核潜艇建成使用等。本节主要选择"两弹一星"、杂交水稻等的研制为例，突出并再现该阶段（1949～1978 年）传统举国体制下国家战略科技力量建设模式。

### （一）"自上而下"的建设模式

在目标导向下，"自上而下"的建设模式是指在现有战略科技力量基础上进行国家重大项目攻关，从项目中不断总结经验、完善体制机制，进而使战略科技力量水平和能力在项目攻关实践中得到提升。实际上，项目攻关与战略科技力量建设两者互为因果，项目攻关依托于战略科技力量，战略科技力量建设因为项目攻关而得到发展壮大。换言之，只有在重大项

---

① 《建国以来重要文献选编》（第 9 册），人民出版社，1994，第 341 页。

② 周成奎、孙玉麟、连燕华：《科技体制改革给研究所带来的变化及下一步改革的思路》，《管理世界》1987 年第 5 期。

目攻关实践中，才能发现国家战略科技力量建设中的问题，从而不断地优化科研体制机制、制定和完善制度，并逐步形成具有中国特色的国家战略科技力量建设模式。在计划经济时期，中国的战略科技力量建设模式大多属于"自上而下"建设模式，本部分以"两弹一星"的研制为例对该模式予以阐释。

"两弹一星"最初指原子弹、氢弹和人造卫星。原子弹和氢弹后来合称为核弹，另一弹指导弹。因此，"两弹一星"是指导弹、核弹和人造卫星。

1964 年 10 月 16 日，中国自行研制的第一颗原子弹成功爆炸；1967 年 6 月 17 日，中国自行研制的第一颗氢弹成功爆炸；1970 年 4 月 24 日，中国自行研制的第一颗人造卫星"东方红一号"被成功送入太空。中国在 1949 年后短短 20 年时间内，实现了"两弹一星"计划和梦想，在国际上引起巨大反响，极大地提高了国际地位。

在计划经济体制下，"两弹一星"的研制是一种"自上而下"的建设模式，具体包括中央科学决策、集中统一领导、制定战略规划和落实执行主体四个核心环节。

首先，中央科学决策。研制"两弹一星"是毛泽东、周恩来等中央领导同志根据当时的国际环境和中国国情，以伟大的战略眼光和战略气魄做出的影响深远的战略决策。早在 1952 年 5 月，周恩来、朱德、聂荣臻等中央军委领导同志在探讨国防建设五年计划时，就提出中国要研制特种武器。1955 年 1 月 15 日，毛泽东主持召开中共中央书记处扩大会议，邀请了著名地质学家李四光、著名核物理学家钱三强等人一起就中国发展原子能事业进行了探讨。这次会议最终研究一致决定中国要发展原子能事业。这次会议在中国发展"两弹一星"历史上具有里程碑意义。

其次，集中统一领导。中共中央在做出"两弹一星"的战略决策之后，为了顺利推动研制工作，先后成立了多个领导机构以便对其进行集中统一领导。1955 年 7 月 4 日成立了"三人（陈云、聂荣臻、薄一波）领导小组"具体指导原子能研制工作，1956 年 11 月 16 日成立的第三机械工业部（1958 年 2 月 11 日更名为第二机械工业部）替代了"三人领导小组"，专门负责核工业和核武器的研制工作；1958 年 10 月成立的国防部国防科学技术委员会（国防科委，由航空工业委员会改组而成），成为新中国第一个领导国防科技的职能机构，该机构不仅是国务院、中央军委领导国防科技的参谋和办事机构，而且统一领导核武器和常规武器的科研工作，国防科委与国家科委和中国科学院形成了当时最为典型的科研领导体制，国防科委的第一任主任是聂荣臻，该机构直接对党中央、国务院和中央军委负责。1961年11月29日成立了国防工业办公室（国防工办），强化了对国防工业的统一领导，进一步明确国防生产和建设职能，以便协调国防工业部门、尖端武器与常规武器、科研和生产之间的关系。

以上部门对"两弹一星"的研制工作发挥了重要领导作用，然而"两弹一星"是一项复杂的系统工程，不仅涉及指挥权，还涉及财政权和人事权，经过前期的领导机构和管理职能的探索，实践证明这些机构可以有效地协调相关具体任务计划，但在财政权和人事权方面缺乏一定的效率。为了更高效、更集中地推动"两弹一星"研制工作，1962年底，党中央设立"中央专门委员会"领导原子能相关工作，该机构人员包括中央政治局、国务院、中央军委的重要领导人，集人事权、指挥权、财政权等于一体，是一个高度权威的机构，相较于之前的职能机构，极大地提升了人力、物力、财力等方面的协调和调配能力。为此，中共中央专门发通知并要求相关部门坚决贯彻执行其决定，包括国务院相关部委和各省、自治区、直辖市相关部门。这标志着"两弹一星"的研制工作确立了优先地位，可以调动全国的一切力量，对相关资源的调配可以大开绿灯，畅通无阻。

再次，制定战略规划。中央做出"两弹一星"的战略决策以后，如何实施这一伟大工程计划是党中央面临的首要问题。1955年10月，在中国政府的帮助下，钱学森冲破美国政府的重重阻挠，最终回到祖国的怀抱。回国之后，钱学森建议中国发展导弹技术，并就相关情况向国务院报送了《建立我国国防航天工业的意见书》。1956年1月25日，毛泽东在最高国务会议上提出，"我国人民应该有一个远大的规划，要在几十年内，努力改变我国在经济上和科学文化上的落后状况，迅速达到世界上的先进水平"[①]。以这一最高指示为依据，周恩来要求当时中国科学院相关部门和国家计划委员会制定一个科技发展远景规划，由聂荣臻领导并制定了"十二年科技发展规划"。该规划提出57项重要科研任务，并特别强调将原子能的研制作为12个重点之一。为了加快先进科技和原子能的研制进度并实现赶超，中共中央委派聂荣臻主持拟定《关于十二年内我国科学对国防需要

---

① 《毛泽东文集》（第7卷），人民出版社，1999，第2页。

的研究项目的初步意见》，该意见涉及包括军需装备、航空、雷达、导弹、军事科学等重要项目，其中喷气与火箭技术、自动控制技术、原子能技术、半导体技术和计算机技术 5 个项目被确定为保障优先发展的项目，原因是这 5 项技术全部是"两弹一星"中的关键技术。

最后，落实执行主体。在"两弹一星"试验的攻关会战中，先后有 26 个部、委，20 个省、自治区、直辖市，包括 900 多家工厂、科研机构、大专院校参与其中①。这其中包括中国科学院力学研究所、中国科学院近代物理研究所、中国科学院高能物理研究所、中华人民共和国核工业部（原第二机械工业部，第三机械工业部，现在的核工业总公司）等核心执行主体，这些执行主体都是当时的国家战略科技力量。而中国科学院在"两弹一星"工程研制中是强有力的科技臂膀，根据《中国科学院编年史（1949～1999）》，1955～1970 年，中国科学院大事共 209 项，与"两弹一星"工程相关的大事为 84 项，占比 40.19%，特别是 1958～1967 年，每年中国科学院大事项中，有过半与"两弹一星"工程相关②。可以看出国家战略科技力量对于"两弹一星"的研制成功发挥了巨大作用，也体现了集中力量办大事的举国体制优势。

需要特别强调的是，虽然"两弹一星"在落实执行主体上有所分工，原子弹和氢弹由第二机械工业部负责③，导弹和人造地球卫星由国防部第五研究院负责④，但在具体执行过程中更多地体现为两种战略科技力量的攻关思路。一种是已有机构之间的协调与合作。在已有科研机构中，中国科学院发挥了关键支撑作用，在 23 位"两弹一星"元勋中，就有 14 位出自中国科学院，占比超过 60%；另外 9 位来自上海交通大学、吉林大学、北京大学、北京航空航天大学、南京大学和国防科研系统。在具体的研制

① 中华人民共和国国史学会两弹一星历史研究分会：《"两弹一星"工程的成功经验与启示》，《当代中国史研究》2013 年第 5 期。
② 刘艳琼：《中国科学院与"两弹一星"工程》，《中国科学院院刊》2019 年第 9 期。
③ 第二机械工业部，1952 年成立，主管核工业。1958 年 2 月，第一机械工业部、第二机械工业部和电机制造工业部合并为新的第一机械工业部。第三机械工业部改名为中华人民共和国第二机械工业部（1958～1982 年），主管核工业和核武器。1982 年，第二机械工业部改名为中华人民共和国核工业部。1988 年 4 月，撤销核工业部，其原有职能划入新建的能源部，同时组建了中国核工业总公司。
④ 国防部第五研究院，曾历经第七机械工业部、航天工业部、航空航天工业部和中国航天工业总公司的历史沿革，1999 年 7 月 1 日，更名为中国航天科技集团公司。

过程中，也需要多个科研机构之间的协调与合作。例如在原子弹的研制过程中，分离高浓度铀必须用到一种气体分离膜，科研攻关工程中遇到很多困难，在原第二机械部和国防工业系统内又无法得到有效解决，这时候中央专门委员会调集了中国科学院上海冶金研究所、沈阳金属研究所、原子能研究所和冶金部的有关单位进行集中攻关，在众多研究机构的参与下最终研制出符合技术要求的元件。另一种是新组建科研机构。1956 年 10 月 8 日，中国第一个导弹研究机构（国防部第五研究院）正式成立，由钱学森担任院长。中国科学院作为最核心的科研机构，为了大力落实和协同第二机械部和国防部第五研究院"两弹一星"的研制任务，把管理机构分为两个口：一个是计划局，管理不承担国防任务的单位；另一个是新技术局，管理承担国防任务的单位[①]。1958 年，中国科学院已有和正在筹建的研究机构共 77 个，到 1965 年，由新技术局归口管理的研究机构有 47 个（当时中国科学院总机构数为 107 个），占到院总机构数的 43.9%，新建仪器工厂 4 个[②]。例如，为了配合"两弹一星"的研制，中国科学院新成立了核武器研究所（后来的九院）；为了研制引爆原子弹的高能炸药，中国科学院大连化学物理研究所在甘肃建立了一个分所；为了满足"两弹一星"研制对大型电子管数字计算机的需要，1962 年 11 月组建中国科学院西北计算技术研究所[③]；等等。考虑西安在"两弹一星"研制中的重要战略地位，除中国科学院外，中央在西安布局了很多其他科研力量，例如第四机械部1035 所、第四研究院（中国航天动力技术研究院）、第五研究院第 504 研究所、第六研究院第 11 研究所（西安航天动力研究所）等。此外，西安交通大学、西北大学等高校在"两弹一星"的研制过程中，也发挥了重要作用，例如西北大学的吴自良院士研制出作为原子弹核心技术之一的甲种分离膜。

（二）"自下而上"的建设模式

在目标导向下，"自下而上"建设模式是指目前还不是国家战略科技力量，一些机构依托一些科研人员或者兴趣小组，有明确的研究目标并在漫长的研究过程中慢慢研究出一些有社会影响力和国际影响力的科研成

---

① 张劲夫：《请历史记住他们——关于中国科学院与"两弹一星"的回忆》，《人民日报》1999 年 5 月 6 日。

② 刘艳琼：《中国科学院与"两弹一星"工程》，《中国科学院院刊》2019 年第 9 期。

③ 现在的中国航空工业第一集团公司第 631 研究所，中国航空计算技术研究所。

果，基于这种先行的影响力，政府赋予这些科研人员或兴趣小组所在机构省级、部级、国家级等科研机构称号，并将之纳入相应级别序列的科研机构进行统一管理，在高水平平台的加持下，科研人员和兴趣小组的社会影响力和国际影响力进一步扩散。这种建设模式也可称为"自驱式"建设模式，在平台加持下，科研人员（或兴趣小组）与国家战略科技力量之间能够形成一种"正反馈"的良性循环。当然，相比"自上而下"建设模式，"自下而上"建设模式面临的要素和资源方面的困难更多，例如"湖南杂交水稻研究中心"就是在袁隆平及其团队的漫长钻研中逐步诞生和强大起来的，本部分以"杂交水稻"的研制为例对该模式予以阐释。

民以食为天，仓廪实而知礼节。粮食安全的重要性及其特殊的战略地位是不容忽视的，关乎一个国家内部稳定和国际关系。如果说"两弹一星"和"核潜艇"的研制稳定了中国的政局并提升了中国在全世界的国际地位，那么"杂交水稻"就稳定了中国内部人心。

面对全国范围内出现的饥荒，1964 年袁隆平提出"水稻杂交优势利用"的科学选题，真正意义上开始了"杂交水稻"项目的科学研究[①]。以袁隆平为领军人物的中国科学家自力更生、艰苦奋斗、团结协作、勇于创新，1974 年育成第一个杂交水稻强优组合南优 2 号；1975 年研制成功杂交水稻制种技术，从而为大面积推广杂交水稻奠定了基础；1985 年提出杂交水稻育种的战略设想，为杂交水稻的进一步培育优化指明了方向[②]。1994 年夏天，美国世界观察研究所的莱斯特·布朗提出"谁来养活中国人"的问题，在国际上引起巨大反响。布朗认为，到 21 世纪 30 年代，中国粮食进口净额将达到 2 亿吨，这与当时整个国际的谷物贸易量相当[③]。面对这个质疑，袁隆平坚信中国人一定能够依靠自己解决吃饭问题，1995 年在"三系杂交水稻""两系杂交水稻"研究基本成功的前提下，继续向选育"超级杂交水稻"发起进攻。袁隆平院士领衔的杂交水稻创新团队对"超级杂交稻"投入 10 多年时间进行攻关研究并取得重大突破，水稻产量逐步提升，分别于 2000 年、2004 年、2012 年、2014 年实现了亩产 700 公斤、800 公斤、900 公斤、1000 公斤的中国超级稻育种第一期、第二期、

---

① 刘宇航：《纪念袁隆平先生杂交水稻研究五十周年——主题雕塑〈禾下乘凉梦〉创作札记》，《大众文艺》2017 年第 23 期。

② 本刊综合：《"杂交水稻之父"袁隆平》，《粮食科技与经济》2020 年第 11 期。

③ 刘宏：《21 世纪：谁来养活中国人》，《珠江经济》1995 年第 7 期。

第三期、第四期目标。目前已启动超级杂交水稻第五期研究，目标是每公顷产量达到 16 吨。在袁隆平及其团队的努力下，中国人不仅打消了"布朗猜疑"，而且通过科技手段，用实际行动"把中国人的饭碗牢牢端在自己手里"。袁隆平及其团队培育出的"超级杂交水稻"，是现代生物育种技术的重大成就，是水稻育种史上继矮化育种之后的再次重大突破，为解决中国和世界粮食问题做出重大贡献，被世界誉为"东方魔稻"和"中国第五大发明"[①]。因此，不管是面临国际上的质疑声，还是国内的阶段性困难，中国的战略科学家和科研机构都能以战略的眼光直面问题和解决问题，肩负起战略科技力量的责任，满足国家重大需求。

"两弹一星"和"核潜艇"的研制是在外因推动下进行的，并且以一种"自上而下"的模式建立了相应的战略科技力量。相比之下，杂交水稻的培育是在内因推动下进行的，从兴趣起步，在平台加持和团队协作之下取得成功，由此是以一种"自下而上"的模式形成国家战略科技力量。

首先，个性化兴趣起步。1953 年 8 月，袁隆平毕业于西南农学院（现西南大学）农学系。由政府统一分配至安江农业学校（安江农校）任教，安江农校地处湖南省怀化地区。1953 年 8 月至 1971 年 1 月，袁隆平任湖南省安江农业学校教员。在安江农校一待就是 18 年，袁隆平对水稻的研究完全是出于兴趣爱好，其间，袁隆平提出"三系法"杂交水稻研究设想，并于 1964 年 7 月找到水稻雄性不育株，这标志着中国进入杂交水稻研究元年。1966 年，袁隆平将实验结果进行整理，撰写成科学论文《水稻的雄性不孕性》，并在《科学通报》上公开发表，这篇文章奠定了水稻杂交优势的理论基础。为了实现"三系法"的研究设想，第一步要寻找天然的"雄性不育植株（不育系）"，第二步是筛选和培育"保持系"，第三步是筛选和培育"恢复系"[②]。1970 年，袁隆平的学生李必湖在三亚发现了神秘的"野稗"，这是一株野生雄性不育系水稻。可见，袁隆平和他的学生在第一步就花费了好几年时间[③]。

其次，对口化平台加持。1971 年春，袁隆平被调入湖南省农业科学院新成立的杂交稻研究协作组工作，并继续"三系法"水稻培育工作。"野

① 袁隆平：《中国杂交水稻能解困全球粮荒》，《中国经济周刊》2008 年第 17 期。
② 谢长江：《杂交水稻之父——袁隆平传》，广西科学技术出版社，1990，第 53 页。
③ 此时安江农校正受"文化大革命"洗礼，袁隆平及其团队的研究进展受到一定影响。

种"的发现为"三系法"培育杂交水稻打开了突破口,到 1973 年,袁隆平团队在世界上首次育成三系杂交水稻,将水稻产量从每亩 300 公斤提高到每亩 500 公斤以上①。同年 10 月,袁隆平在苏州召开的水稻科研会议上发表了论文《利用"野稗"选育三系的进展》。1976 年,袁隆平团队以"三系法"培育的杂交水稻率先在湖南省大面积推广,之后在全国推广。随之"三系法"培育杂交水稻成功的消息在全球蔓延开来,1979 年,袁隆平受邀参加国际水稻研究所的水稻科研会议,与会专家一致认为中国杂交水稻研究和推广处于世界领先地位;1982 年,袁隆平再次受邀出席国际水稻研究所的学术研讨会,斯瓦米纳森所长尊称袁隆平为"杂交水稻之父"②。这不仅是世界对袁隆平的赞美,更是对中国科技力量的美誉。为了进一步打造更为对口化、专业化的杂交水稻科研平台,1984 年 6 月 15 日,湖南杂交水稻研究中心成立,袁隆平任中心主任。1987 年,袁隆平提出杂交水稻的三个战略发展阶段,即超越"三系法"品种间杂种优势利用,过渡到"两系法"亚种间杂种优势利用,最后实现"一系法"远缘杂种优势利用③。在这一思路的指引下,1995 年,"两系法"杂交水稻的研究基本成功,并在全国进行大面积推广应用,其产量在"三系法"的基础上增长5% ~10%。同年,研究成果获得中央的高度认可,袁隆平当选为中国工程院院士,在原有"湖南杂交水稻研究中心"的基础上,中央再次加持了国家杂交水稻工程技术研究中心的"金字招牌"。两个中心实行"两块牌子、一套人马"的统一运行体制。"中心"拥有杂交水稻国家重点实验室、杂交水稻国际科技合作基地、水稻国家工程实验室(长沙)、联合国粮农组织(FAO)杂交水稻研究培训参考中心和长沙与三亚两大研究试验基地等科技创新平台。"中心"自成立以来,主持承担了科技支撑计划、国家攻关计划、"973"计划、"863"计划、总理基金、国家自然科学基金以及农业部超级稻专项、转基因专项等多项国家和省部级科研项目。科研成果的数量、质量和国际影响均实现了新突破,其中育成杂交水稻组合及骨干

①  郭田珍:《他用一粒种子改变了世界——记我国著名杂交水稻专家袁隆平》,《中国农村科技》2007 年第 8 期。

②  郭田珍:《他用一粒种子改变了世界——记我国著名杂交水稻专家袁隆平》,《中国农村科技》2007 年第 8 期。

③  郭田珍:《他用一粒种子改变了世界——记我国著名杂交水稻专家袁隆平》,《中国农村科技》2007 年第 8 期。

亲本 112 个；获技术专利和植物新品种权超 60 项；在国内外各种刊物发表论文 1000 余篇，出版有关杂交水稻的中文、英文著作 20 多部。获国家科技进步奖和发明奖 10 余项（包括特等奖 2 项、一等奖 2 项、二等奖 3 项）、省部级科技进步奖和发明奖超 60 项。中心先后被授予"全国五一劳动奖状"以及"全国农业科普先进集体"等荣誉称号。

最后，网络化团队协作。很多科研项目最终获得成功，都离不开协作，特别是杂交水稻这种战略性课题。在"三系法"杂交水稻培育攻坚过程中，袁隆平及其团队也得到全国大协作的推动。1972 年 3 月，杂交水稻研发被列为全国重点科研项目，这个项目虽然涉及地区和部门不如"两弹一星"那么多，但靠一个科研团队很难顺利完成，需要组织全国大协作攻关。因此，由中国农科院与湖南省农科院牵头，成立了全国性的科研协作组。同年 9 月，在湖南长沙召开了第一次全国杂交水稻科研协作会，并形成了全国性攻关协作网。许多农业科研机关、大专院校的专业力量，分担了杂交水稻的基础理论研究，科研工作者与育种工作者密切配合，对水稻"三系"和杂交组合，进行细胞学、遗传学、生理生态学等方面的研究，紧密配合、协作攻关①。

1973 年，在突破"保持系"和"不育系"的基础上，在科研协作组的领导和推动下，全国广大科技人员密切协作，广泛选用华南、长江流域、欧洲、美洲、非洲、东南亚等地 1000 多个品种进行测交筛选，科技人员最终找到 100 多个具有恢复能力的品种。袁隆平、张先程等率先在东南亚品种中找到符合条件的"恢复系"。正是这种全国性的科研大协作，加速了籼型杂交水稻"三系"培育的成功。

## 三　计划经济下的举国体制

举国体制是一种国家行政力量集中配置资源以保证国家目标实现的组织制度安排，其特殊性在于能够将有限的资源快速向战略目标领域动员和集中②。"两弹一星"和杂交水稻的研制或培育，均需要巨大的人力、物力、财力等资源的支撑，况且这些项目又都是从新中国成立初期起步的。新中国成立初期国库空虚，因此需要强有力的组织协调机构，全面整合和

① 谢长江：《杂交水稻之父——袁隆平传》，广西科学技术出版社，1990，第 80 页。
② 李哲：《中国的科技创新之路：经验与反思》，科学出版社，2020，第 13～16 页。

集中使用科技资源，全力配合这些重大科技攻关项目的实施。

首先，在"两弹一星"的研制过程中，成立了中央专门委员会，周恩来任总指挥。1962年12月14日，中共中央作出《关于成立十五人专门委员会的决定》，明确了中央专门委员会的职责和权力，这可谓是以"最高层"领导"最尖端"。中共中央随后又发通知，要求国务院各相关部委和各省、自治区、直辖市"都要坚决贯彻执行中央专门委员会的决定"。换句话说，中央专门委员会可以调动全国的一切力量①。

其次，管理体制上遵从"政治—行政—技术"三位一体模式。实际上，"两弹一星""核潜艇"的研制都是遵从"政治—行政—技术"三位一体的管理体制，即"党委集体领导下的首长负责制"或"党委领导下的行政与技术分工负责制"②。政治挂帅、行政支撑、技术负责，这三者既有分工也有合作。

最后，科研技术攻关上遵从行政手段调配下的多部门大协作。例如，"两弹一星"不仅是核工业、航天工业和中国科学院之间在科研技术上的协调配合与通力合作的结果，也是全国范围内科研机构协同合作的结果。除了中国科学院、核工业和航天工业之外，冶金部、化工部、机械部、航空部、电子部和铁道部、石油部、地质部、建设部等26个部（院），以及20个省、自治区、直辖市（包括900多家工厂、科研机构、大专院校）也参与了攻坚会战③。众多单位协同合作，让中国的战略科技研究少走了不少弯路。与其说这是一种举国体制下的科研活动，不如说是中国共产党群众路线在科技领域的实践和应用。

在1949～1978年，对于建设国家战略科技力量，举国体制确实发挥了很大的作用。无论是"自上而下"建设模式，还是"自下而上"建设模式，有一点是相通的，即社会主义集中力量办大事的制度优势在重大科研攻关项目中发挥了关键作用，政府在资源配置中的行政手段和政策设计使全国的科技资源得到优化配置，实现了特殊时期的要素优化配置和资源效

---

① 中华人民共和国国史学会两弹一星历史研究分会：《"两弹一星"工程的成功经验与启示》，《当代中国史研究》2013年第5期。

② 刘昱东、曾华锋：《"两弹一星"工程中"三位一体"管理体制研究》，《自然辩证法研究》2013年第10期。

③ 中华人民共和国国史学会两弹一星历史研究分会：《"两弹一星"工程的成功经验与启示》，《当代中国史研究》2013年第5期。

用最大化①。

## 四　主要启示

通过对 1949 年至改革开放这个时期国家战略科技力量的两种建设模式、主要特征、经验、解决核心矛盾及突出问题的策略梳理，可以得出以下启示。

第一，国家战略科技力量是对挫折过度反应所释放的能量②。这是"两弹一星""杂交水稻"等科研攻关项目所留下的宝贵经验，特别是以"十二年科技发展规划"为中国科技事业的发展纲领，一步一步推动中国初步形成了具有中国特色的科技体制，并积极影响着中国国防科技工业的发展模式。换句话说，在中国国防科技明显落后于世界主要国防发达国家的时期，必须充分发挥传统举国体制（当时的计划经济体制）的优势，集中力量办大事，全面整合和集中配置国防科技资源，才有可能使"一穷二白"的国防科技工业尽快实现赶超和腾飞③。

第二，国家战略科技力量具有反脆弱性④，即不仅能够在不确定性下实现创新，而且这种力量能够正向强化国家能力。20 世纪 50 年代，我国在当时新中国经济、教育、科技等条件极端落后的背景下，毅然决然地做出发展"两弹一星"的战略决策，并在后来苏联撤走专家、撕毁协议的情况下协同联合全国高校、科研机构继续研制"两弹一星"工作，针对一些需要特殊研发的攻关项目，新成立了中国科学院核武器研究所、第五研究院第 504 研究所、第六研究院第 11 研究所等，最终实现了"两弹一星"的自主研发和国防科技自立自强，打破了美苏等核大国的核垄断，迅速地提高了新中国的国家能力和国际地位。

第三，国家战略科技力量是特定时期的一种"硬核"力量，为中国改革开放和发展赢得了稳定的国际国内环境。在党中央的战略部署和正确领

---

① 李哲：《中国的科技创新之路：经验与反思》，科学出版社，2020，第 13~16 页。

② 〔美〕纳西姆·尼古拉斯·塔勒布：《反脆弱：从不确定性中获益》，中信出版社，2020，第 15~28 页。

③ 中华人民共和国国史学会两弹一星历史研究分会：《"两弹一星"工程的成功经验与启示》，《当代中国史研究》2013 年第 5 期。

④ 反脆弱性是一个超越复原力和坚韧性的概念，复原力只是事物抵御冲击并在重创后复原的能力，而反脆弱性则进一步超越了复原力，体现为事物在压力下逆势生长、蒸蒸日上。

导下，充分发挥举国体制优势，成功实现了"两弹一星"的自主研发，这不仅为中国的改革开放创造了必要的外交条件和相对和平的国际环境，而且在研制过程中使一大批高校、科研机构、军工企业脱颖而出，例如中国科学院、上海交通大学、北京大学、南京大学等，这些机构在制度建设和治理能力上得到极大的巩固和提升，成为满足国家重大需求的中流砥柱和中国社会主义现代化建设的战略科技力量。

第四，在传统举国体制下成立"专业领导小组"以发挥协调作用。"两弹一星"与"核潜艇"的研制是一项系统化工程，研制期间涉及国家的多部门、多学科、多地区、多组织和多领域之间的组织协调，这就必须改革给研制过程造成障碍的管理机制。特别是"两弹一星"研制过程中成立的中央专门委员会，为中国后续的大科学装置和重大工程的发展提供了"集中力量办大事"的宝贵领导经验。例如，港珠澳大桥的建设涉及"一国两制"相关事务，因此在项目推进过程中就成立了"港珠澳大桥管理局"专门负责解决建设过程中碰到的相关困难。再后来，这种经验进一步在全国复制推广，为了顺利推进粤港澳大湾区的建设和发展，中央也成立了"粤港澳大湾区建设领导小组"，负责相关事务特别是体制机制方面的协调工作。实际上，这些都可以归结为"两弹一星"研制过程中留下的宝贵经验和财富。

第五，以项目为载体，在实现国家重大战略项目研制目标的同时，为国家凝聚和培养了大批优秀和尖端人才。1961 年在党的八届九中全会之后，聂荣臻组织国家科委党组和中国科学院起草了《关于自然科学研究机构当前工作的十四条意见（草案）》，规定凡是拥护党的领导，拥护社会主义，为社会主义服务的科学家，都是红色科学家；并明确科研机构的根本任务是出成果，出人才[1]。例如，通过"两弹一星"研制实践，中国涌现出 23 位"两弹一星"功勋奖章获得者、近百名两院院士，为中国核科技和航天事业培养了众多专业技术带头人和科技专家。在核潜艇研制的过程中，从 1958 年预研核潜艇开始，就汇聚了一大批全国优秀人才，有核反应堆工程专家、物理学家、火箭专家、造船专家等，可谓精英荟萃、群策群力。

---

[1] 中华人民共和国国史学会两弹一星历史研究分会：《"两弹一星"工程的成功经验与启示》，《当代中国史研究》2013 年第 5 期。

## 第三节 市场经济转型背景下的国家战略科技力量建设

改革开放初期，邓小平同志审时度势，战略性地提出"和平"与"发展"是当今世界的两大主题，并提出"发展才是硬道理""效率优先，兼顾公平""两手都要抓，两手都要硬"的发展思想。以江泽民同志为主要代表的中国共产党人与时俱进，进一步提出"必须把发展作为党执政兴国的第一要务"[①]，还先后提出科教兴国、可持续发展等重大战略。以胡锦涛同志为主要代表的中国共产党人，从科学的角度把握发展规律、开拓发展思路、破解发展难题，提出科学发展观，其第一要义就是发展。这个阶段的国家战略科技力量建设就是在这样一个发展优先背景下不断巩固和推进的。

### 一 市场转型时期背景分析

1978 年是中国历史上具有里程碑意义的一年。一方面，中国迎来"科学的春天"[②]，另一方面，中国实行改革开放，党的工作中心逐渐从阶级斗争转移到经济建设上来。1978 年 3 月，邓小平在全国科学大会上提纲挈领地提出"科学技术是生产力""四个现代化，关键是科学技术的现代化"等重要论断[③]，旨在拨乱反正，在全社会形成尊重知识、尊重人才的良好氛围，使受到"文革"破坏的科技事业回到正轨。同年 12 月，党的十一届三中全会召开，确立了解放思想、实事求是的思想路线，确定了改革开放的方针，党的工作重心转向经济建设。

1981 年，在党的十一届六中全会上，党科学分析中国社会主义初级阶段主要矛盾变化，"人民日益增长的物质文化需要同落后的社会生产之间的矛盾"[④]成为改革开放后中国社会的主要矛盾。这意味着，中国当时生产力发展水平比较低，尚不足以满足人民和国家的需要。再加上当时国际上蓬勃兴起的科技革命进一步推动世界经济快速发展，中国经济和科技实

---

[①] 《江泽民文选》（第 3 卷），人民出版社，2006，第 538 页。

[②] 郭沫若：《科学的春天——在全国科学大会闭幕式上的讲话》，《人民日报》1978 年 4 月 1 日，第 3 版。

[③] 《邓小平文选》（第 2 卷），人民出版社，1994，第 86 页。

[④] 《改革开放三十年重要文献选编》（上），中央文献出版社，2008，第 212 页。

力与国际先进水平的差距被明显拉大，中国面临巨大的国际竞争压力。因此，如何有效地将科技与经济相结合以释放生产力成为当时的主要难题。

促进"科技与经济相结合"成为中国科技发展的主要任务。1985年，中共中央发布《关于科学技术体制改革的决定》，提出"经济建设必须依靠科学技术，科学技术工作必须面向经济建设"的战略方针（"依靠、面向"方针），这也是此后中国20余年"经济与科技相结合"发展的基本方针。随后，科技进步法、科技成果转化法相继出台，都强调"科技与经济相结合"，加强科技成果的转移和转化；1995年全国科学技术大会、1999年全国技术创新大会、2006年全国科学技术大会以及2012年全国科技创新大会都强调"加强科技与经济的结合"。

该时期以解决科技和经济"两张皮"问题为中国科技政策的主要导向，为中国国家战略科技力量建设和发展提供丰厚的沃土。一是通过体制改革，加强战略科技力量主体之间的互动联系。一方面，政府大幅削减对科研院所的财政支出，迫使其寻找外部资金，并且积极关注企业技术需求。另一方面，企业成为新技术应用生产经营所得者，这极大地激励其引入新技术和提高生产效率。二是通过简政放权，释放科研院所和企业市场潜力。比如放活科研机构、鼓励科研人员创业、鼓励大中型企业兼并科研机构或新建自己的研发部门等。一些创业型科研人员摆脱体制束缚进入市场，联想等一批高新技术企业由此诞生。三是推动高校、科研机构等市场化改革，促进创新要素流动。积极推进科研院校与企业结合、创办科技产业与孵化器、建立工程研究中心等①；批准中国科学院开展知识创新工程试点，探索现代科研院所制度；2000年前后，国家推动原属国家部委局的300多个应用开发类科研机构向企业化转制，使其成为科技型企业、科技中介服务企业或者并入企业等。四是通过对内建立和完善产业化环境以及对外扩大开放，逐步提升企业特别是科技领军企业技术创新主体地位。比如1985年推行了"星火计划"，旨在促进科技向农村和乡镇企业扩散；1986年制定并实施了《高技术研究发展计划纲要》（"863"计划）；1988年组织实施"火炬计划"，以期改善高新技术产业发展的产业环境等。五是通过加强国家战略科技力量，强化科技任务攻关。以国家重点实验室为例，1984～1995年，中国建设了两批（第一批81个，第二批75个）共

①　张西水：《新时期高等学校科技工作的地位与作用》，《研究与发展管理》2004年第4期。

156 个国家重点实验室，重点布局在应用基础研究和工程领域，初步形成了国家重点实验室体系框架①。

## 二　需求导向下国家战略科技力量建设模式

改革开放前，中国分别采取"自上而下"和"自下而上"重大科技任务攻关模式，充分发挥集中力量办大事的社会主义制度优势，统筹各类国家战略科技力量主体，聚焦重大战略目标，实现从"0"到"1"的跨越，取得"两弹一星"、杂交水稻等有利于国家和社会安全稳定的科技成就。然而，在计划体制下，各类国家战略科技力量主体只能服从上级部门的计划指令，缺乏自主决策权以及主体之间的联系互动较弱。比如科研机构和高校专门从事研发活动，是技术供给者，科研机构牵头技术攻关；企业则遵守上级命令负责生产和销售，并非技术需求者；各级政府主管部门负责统筹协调。科研院校和企业各自关注的目标不同，创新要素在各类主体之间缺乏横向流动，导致相对较差的创新绩效，集中表现为科技与经济"两张皮"。

改革开放后，国家战略科技力量建设所面临的国内社会主要矛盾和外部环境发生变化。国家战略科技力量主体不只是聚焦实现从"0"到"1"的目标，同时还要满足从"1"到"100"的市场需求。由此，国家战略科技力量建设模式，尤其是那些参与重大科技任务攻关的国家战略科技力量主体建设呈现新特征：一是科研机构、高校和企业不再像计划经济时期那样缺乏主动的联结互动，而是根据市场需求协同攻关技术；二是企业特别是科技领军企业的创新主体地位逐渐凸显，并作为技术需求者开始牵头重大科技任务攻关，而高校和科研机构仍然是主要的技术供给者；三是以企业牵头的重大科技任务攻关不仅注重目标实现，还注重目标相关技术产品的生产和市场价值，也就是说，国家战略科技力量建设和发展要面向"双需求"，即面向国家重大战略的任务需求和面向国民经济的市场需求。另外，各级政府不再如计划经济时期那样全方位统筹协调，而是更加强调在市场逻辑中统筹协调。

得益于改革开放和社会主义市场经济建设，1978～2012 年这一时期

---

① 刘建丽：《百年来中国共产党领导科技攻关的组织模式演化及其制度逻辑》，《经济与管理研究》2021 年第 10 期。

中国的科技事业得到飞速发展，中国国家战略科技力量始终聚焦前沿科技领域和经济社会领域重大需求，在航空航天、信息技术、能源利用等前沿科技领域和经济社会领域取得一系列重大科技成就，向世界展示中国科技实力。例如，载人航天、"嫦娥"探月取得圆满成功，北斗卫星导航全面覆盖亚太地区，量子通信技术取得突破，超级计算机研制成功，超级杂交水稻成功培育，秦山核电站、三峡水电站、青藏铁路等成功建成并投入使用，等等。本部分选择秦山核电站和载人航天工程两个典型案例进行分析，以展现该时期参与重大科技任务或项目攻关的国家战略科技力量建设模式。

（一）"双需求"下的单嵌入模式

早在20世纪70年代，中国就已掌握一定程度的核技术，当时世界原子能发展大趋势是"和平利用原子能"和"建造核电站"。为了解决经济社会发展的能源问题，发展核电事业得到党中央领导高度重视。1970年2月，周恩来总理在听取上海市缺电情况汇报时指出，"从长远来看，解决上海和华东地区用电问题，要靠核电"①，并组建了上海核工程研究设计院（简称上海核工院），主要负责核能研发、设计、工程建设管理、核电站服务等。1974年，周恩来总理正式批准建设中国第一座核电站工程——30万千瓦压水堆核电站工程（"728"工程）。然而，受"文革"影响，该工程一直未能实施。改革开放后，上海核工院就核电站选址、发展规划、技术路线等问题提出许多宝贵意见，党中央先后听取了核工业部、水电部、机械部负责人关于核电站建设问题的汇报，经过反复调查研究和论证，再次批准"728"工程②。1985年，中国第一座核电站——秦山核电站主体工程正式开工，于1991年底成功并网发电。

秦山核电站是中国第一座自行设计、建造和管理的核电站，其建成发电，实现了中国大陆核电站从"0"到"1"的跨越，是继核潜艇之后中国核工业的第二次创业，标志着中国成为世界上为数不多的能够自行设计、建造核电站的国家之一。在秦山核电站之后，大亚湾、田湾、岭澳、红沿河、三门、福清等核电站如雨后春笋般兴起，中国大陆核电站实现从"1"

---

① 转引自《中国自主三代核电突围记》，光明网，2021年3月2日，https://m.gmw.cn/baijia/2021-03/02/34654228.html。

② 夏劲：《秦山核电站——中国高科技工程的成功典范》，《科技进步与对策》1996年第3期。

到"100"的腾飞，中国核电技术及其配套服务也成功实现"走出去"。1991年，中国与巴基斯坦签署了合作建设巴基斯坦恰希玛核电站的协议。恰希玛核电站是中国自行设计、建造的第一座出口商用核电站，该核电站正是以秦山核电站为参考。

秦山核电站的建设过程继承和丰富了计划经济时期"自上而下"的重大科技任务攻关模式。一是中央科学决策。最初，出于国家对核能事业发展的重大需求，周恩来总理批准了《关于七二八核电工程建设方案报告》和《七二八核电工程设计任务书》，国家计委将该项目列入国家重点工程基本建设计划。随后，以邓小平同志为核心的党中央把握住和平与发展的时代主题，做出发展核电事业的重大战略决策，经过多方调研和论证，再次批准核电站建设工程。二是集中统一领导。秦山核电站的建设由原核工业部（后来是中国核工业集团）统一领导，其设计工作是由上海核工院作为总包院以及其他5个分包单位共同承担，参加施工和安装的有11个工程公司，承担设备制造的厂商有679家，此外还有100多家科研院校参与科研攻关，包括核物理、机械、化学、土建等几十个专业领域的上万名人才齐心协作①。在党中央的统一领导下，各个建设主体协同攻关，使秦山核电站设计和建造达到世界先进水平。三是制定战略规划。秦山核电站建设共有三期②，从秦山核电站一期的自主设计、自主建造、自主调试、自主运营管理等方面起步，到秦山核电站二期实现国产化新的跨越，再到秦山核电站三期核电工程管理与国际接轨，中国核电事业正是在合理规划的过程中走向市场化。

国家战略科技力量嵌入建设秦山核电站任务全过程，通过科研先行先试，持续积累创新，实现自身发展。这是一种单嵌入模式。首先，秦山核电站的建设离不开举国体制下国家战略科技力量团队协作。据统计，共有超过百家科研单位、7个设计机构、11个施工单位和数百家企业参与秦山核电站的建设，甚至有时为了攻克关键核心技术，一些企业专门出资建立实验室，并协同高校专家团队一起进行攻克技术难关③。这些被攻克的技

---

① 彭喆：《秦山核电站　中国核电从这里起步》，《中国核工业》2011年第6期。
② 秦山核电站一期、二期和三期的建设时间分别为1985～1991年、1996～2004年和1998～2003年。
③ 《创新奉献　勇攀高峰——从秦山核电站安全运行30年看我国核电技术发展》，《人民日报》2021年12月19日。

术又反哺国家战略科技力量。其次，国家战略科技力量在承担科研先行先试的过程中得到发展。秦山核电站自批准建设以来，共提出264项科研试验和技术攻关课题，随着建设工作逐步展开，又增加了200多项科研试验。国家战略科技力量在此过程中先行先试，为工程设计、设备制造、燃料研制、建安施工、生产调试、安全分析、并网发电等提供了充分可靠的依据，最终将科技转化为设备、仪器、工程，最终推动秦山核电站的建设发展[1]。同时，相关国家战略科技力量的日益强大也离不开秦山核电站建设。比如中国核工业集团、秦山核电公司、上海核工院有限公司等企业伴随着秦山核电站建设运营，不断成长为能够参与全球核电领域竞争的科技领军企业。

（二）"双需求"下的双嵌入模式

载人航天是国家综合国力强大、科技水平先进的标志。发展载人航天也是维护国家安全、巩固提升大国地位、推动社会经济发展的需要。要成功实现载人航天，必须克服三大技术难关：一是研制出高可靠性、大推力的运载火箭；二是掌握天地往返运输技术；三是具备良好的航天员生命安全保障系统。载人航天工程在批准实施之前，党中央多次召开会议，最终于1992年中央专门委员会召开第五次会议做出"从政治、经济、科技、军事等诸多方面考虑，立即发展载人航天是必要的，发展载人航天要从载人飞船起步"的重要决断。

自工程实施以来，中国载人航天事业不断取得历史性的突破。1999～2012年，中国顺利完成5次（神舟一号至四号和神舟八号）无人飞行试验，成功实施了4次（神舟五号至七号和神舟九号）载人航天飞行，天宫一号与神舟八号2次无人自动交会对接，与神舟九号进行1次载人自动交会对接。其中，神舟五号首次载人飞行的圆满成功，实现从"0"到"1"的跨越，标志着中国继俄罗斯和美国之后，成为世界上第三个独立自主并完整掌握载人航天技术的国家。随后，多次载人飞行顺利完成，中国载人航天事业正在努力朝着从"1"到"100"的蜕变。

与秦山核电站一样，载人航天工程建设也继承和运用了"自上而下"的重大科技任务攻关模式。一是中央科学决策。20世纪80年代，以邓小

---

[1] 国家科委工业司核电发展研究课题组：《秦山核电站建设成功的启示》，《中国软科学》1996年第7期。

平为核心的第二代党中央领导集体审时度势，把发展载人航天工程纳入发展高技术的"863"计划。20世纪90年代初，以江泽民为核心的第三代党中央领导集体，面对世界科技新形势，郑重做出实施载人航天工程的重大战略决策。党的十六大之后，以胡锦涛为总书记的党中央从世界科技大势和中国特色社会主义事业全局出发，对中国载人航天工程做出全面规划①。正是党中央的英明决策，中国载人航天工程才能在改革开放伟大历史进程中不断推进。二是集中统一领导。载人航天技术是多门学科、多个领域尖端技术的集大成者。载人航天工程涉及全国上百个主要研制单位、上千个协作配套单位、几十万名工作人员以及众多学科领域专业人才。政府不再"包办"全部科技资源的配置，而是采用"政府主导＋多方力量参与"的新模式。在国务院、中央军委共同领导下，成立由部委、科研院所和科技领军企业组成的工程指挥机构，并设立了中国载人航天工程办公室专门负责统一协调实施。工程设立了总指挥、总设计师（"两总"）机构，分别实施行政、技术两条指挥线管理，并建立"两总"联席会议制度。办公室在"两总"直接领导下，对工程进行全方位、全过程的组织管理②。三是制定战略规划。工程实施以来，国家制定了载人航天"三步走"的发展战略：第一步，发射载人飞船，建成初步配套的试验性载人飞船工程，开展空间应用实验；第二步，突破航天员出舱活动技术、空间飞行器交会对接技术，发射空间实验室，解决有一定规模的、短期有人照料的空间应用问题；第三步，建造空间站，解决有较大规模的、长期有人照料的空间应用问题。同时，为确保"三步走"发展战略顺利实施，国家在制定五年发展规划和科技中长期发展规划时，统筹规划了载人航天工程专项建设，使工程建设规划与国家发展战略规划始终融为一体。

参与载人航天工程的国家战略科技力量主要通过两方面实现自身建设，即双嵌入模式。一方面，国家战略科技力量嵌入载人航天工程，通过协同创新实现发展。载人航天工程有14个分系统（见表2-2），各个分系统的总体单位主要是中国空间技术研究院、中国运载火箭技术研究院等科研机构。研究机构和协作单位一起，先后攻克了包括舱段分离技术、液体

---

① 《共和国的足迹——2005年：神舟飞天》，中国政府网，2009年10月13日，http://www.gov.cn/test/2009-10/13/content_1437359.htm。

② 舒本耀、张春霞、姚荣：《我国载人航天工程建设实践对军民融合式发展的借鉴启示》，《装备学院学报》2013年第2期。

回路热控技术、环境控制与生命保障技术、返回舱升力控制与过载控制技术等具有自主知识产权的核心技术①。另外，还有部分高水平研究型大学、科技领军企业和实验室也参与工程建设。比如西北工业大学完成了"天宫一号"目标飞行器和"神舟八号"载人飞船仪表与照明系统的工业设计项目等；科技领军企业联想与中国载人航天工程办公室共建了中国载人航天工程总体仿真实验室，联想的产品应用于轨道计算、模拟仿真、航天器设计等关键环节。总之，载人航天工程甚至单个分系统建设都离不开国家战略科技力量的团队协作。

表 2 - 2　中国载人航天工程系统组成

| 分系统名称 | 总体单位 | 任务概述 |
|---|---|---|
| 航天员系统 | 中国航天员科研训练中心 | 保障航天员长期在轨健康生活和高效工作，是医学与工程相结合的系统 |
| 空间应用系统 | 中国科学院空间应用工程与技术中心 | 负责载人航天工程的空间科学与应用研究 |
| 载人飞船系统 | 中国空间技术研究院 | 研制"神舟"号载人飞船 |
| 货运飞船系统 | 中国空间技术研究院 | 研制"天舟"号货运飞船 |
| 长征二号 F 运载火箭系统 | 中国运载火箭技术研究院 | CZ - 2F 是中国唯一一种载人运载火箭，具有两种状态，即发射天宫实验室状态和发射载人飞船状态 |
| 长征七号运载火箭系统 | 中国运载火箭技术研究院 | CZ - 7 运载火箭承担空间站工程期间货运飞船发射任务 |
| 长征五号 B 运载火箭系统 | 中国运载火箭技术研究院 | CZ - 5B 承担空间站核心舱和实验舱等舱段发射任务 |
| 酒泉发射场系统 | 中国酒泉卫星发射中心 | 承担载人飞船和空间实验室的发射任务 |
| 海南发射场系统 | 中国文昌卫星发射中心 | 承担"天宫"空间站舱段和"天舟"货运飞船的发射任务 |
| 测控通信系统 | 北京测控通信技术研究所 | 承担对火箭、航天器的飞行轨迹、姿态和工作状态的测量、监视与控制任务，提供与航天员进行视频和话音通信的通道，是航天器从起飞至寿命结束过程中天地联系的唯一手段 |

---

① 孙宏金、陈宝泉：《载人航天精神的启示》，《中国教育报》2005 年 11 月 30 日。

续表

| 分系统名称 | 总体单位 | 任务概述 |
|---|---|---|
| 空间实验室系统 | 中国空间技术研究院 | 主要任务是突破并掌握飞行器空间交会对接及组合体控制技术；突破航天员中期驻留、飞行器长期在轨自主飞行、再生式生保和货运飞船补加等关键技术；验证天地往返运输飞船的性能和功能；先期考核空间站建造相关关键技术 |
| 空间站系统 | 中国空间技术研究院 | 负责中国"天宫"空间站的研制建设 |
| 着陆场系统 | 中国西安卫星测控中心 | 主要任务是为载人飞船返回舱选定安全的返回着陆场区，完成返回舱在返回着陆段的测控通信任务，搜索、寻找着陆后的返回舱，救援航天员，回收返回舱和有效载荷，并提供着陆场区的通信和气象保障服务 |
| 光学舱系统 | 中国空间技术研究院 | 主要负责研制空间站"巡天"光学舱平台，用于上行多功能光学设施，单独发射入轨，与空间站共轨飞行，支持多功能光学设施开展巡天和对地观测；需要时可与空间站主体对接，开展推进剂补加、设备维护和载荷设备升级等活动 |

资料来源：课题组根据中国载人航天网站（http://www.cmse.gov.cn/gygc/xtzc/htyxt/）整理。

另一方面，国家战略科技力量通过嵌入载人航天军民融合创新体系而得到发展。改革开放以来，中国初步形成由政府、军队有关部门主管，以中国航天科技集团和中国航天科工集团两大科技领军企业为核心，科研机构、高水平研究型大学等深度参与的载人航天军民融合创新体系。其中，两大科技领军企业是载人航天工程的承研者[1]。例如，中国航天科技集团承担着运载火箭、载人飞船、各类卫星、空间站等航天产品和战略、战术导弹武器系统的研究、设计、生产、试验和发射服务，引领中国卫星应用、信息技术等航天技术应用产业，开拓卫星及其地面运营、国际宇航商业服务、航天金融投资、软件与信息服务等航天服务业。

自载人航天工程实施以来，一系列核心技术的攻克带动了一批高水平研究型大学和科研机构在天文学、地球科学、航天医学等基础学科的相应进展。同时，在工程建设过程中，安排了一批对地观测、空间侦察等项目，开辟了一批军民两用技术发展的重点领域，促进了微电子、遥感、通信等一批

---

[1] 谢书凯等：《中国航天军民融合现状及发展建议》，《航天工业管理》2018年第11期。

高科技产业形成，推动了系统工程、自动控制、计算机等现代高技术市场化①。

### 三 转型时期的举国体制

相较于计划经济时期，"集中力量办大事"的举国体制在社会主义市场经济时期被赋予新的时代意涵。首先，中国面临的是开放的、全球化的科技创新国际环境，不再是在一个封闭的环境中进行自主创新。其次，市场机制逐渐成为主导资源配置的动力机制，那些不能体现任何竞争优势的技术、产品和行业，都会被市场淘汰②。秦山核电站、载人航天工程、北斗卫星导航定位系统等这些背后所涉及重大战略科技领域的项目或工程的研制与建设，需要大量的科技资源支撑，在这些重大战略科技领域，举国体制仍然发挥作用，将有限的资源进行集中调度配置。

一是成立特殊机构，统筹协调特定领域的国家战略科技力量以进行该领域重大科技任务攻关。秦山核电站、载人航天工程、北斗卫星导航定位系统建设都采取了"自上而下"重大科技任务攻关模式，国家战略科技力量建设则嵌入任务全过程，举国体制发挥作用的关键在于统筹协调国家战略科技力量。为此，有必要成立由国家最高决策层直接领导并对任务结果直接负责的特殊机构，并通过特殊机构统筹协调，完成重大科技任务或工程③。比如，秦山核电站的建设由原核工业部统一领导；载人航天工程实施过程中，由国务院、中央军委共同领导，专门成立由部委、科研院所和科技领军企业组成的工程指挥机构，并设立了工程办公室负责统一协调实施；北斗系统的研制建设则由专门成立的中国卫星导航系统委员会进行统一领导。

二是利用"政府主导、多元力量参与"的大协作开展科学研究和技术开发。例如，秦山核电站不仅是原核工业部、中国核工业总公司、核工程研究设计院之间在科研技术上的协调配合与通力合作的结果，也是全国范围内科研机构、高校和企业协同合作的结果。秦山核电站的技术研发有上

① 舒本耀、张春霞、姚荣：《我国载人航天工程建设实践对军民融合式发展的借鉴启示》，《装备学院学报》2013年第2期。
② 王曙光、王丹莉：《科技进步的举国体制及其转型：新中国工业史的启示》，《经济研究参考》2018年第26期。
③ 路风、何鹏宇：《举国体制与重大突破——以特殊机构执行和完成重大任务的历史经验及启示》，《管理世界》2021年第7期。

百家科研院校参与科研攻关，包括核物理、机械、化学、土建等几十个专业领域的上万名人才齐心协作。载人航天工程和北斗系统的研制与建设也是如此。这种众多单位之间的协同合作实践，使中国在"政产学研用"的协同创新中不断深化。政府、高校、科研机构和企业之间不再相互孤立，而是日益呈现相互连接、相互融合、相互支撑的发展态势。

三是在管理模式上创造了"两总"（总指挥和总设计师）模式。比如载人航天工程的"两总"模式具体是总指挥负责工程指挥线，总设计师负责技术线。北斗系统工程在"两总"模式基础上创新性引入总体设计部，即以系统管理办公室及所属中国卫星导航工程中心为核心，以5个专家组、9个分中心、10余个优势科研院所等为外围，在建设过程中发挥了协同、高效的作用，主要负责总体设计、系统协调①。总之，"两总"模式让分工更明确、系统更合理，通过将创新链与产业链两者深度融合，遵循了技术创新和市场发展的客观规律，实现了有效组织②。

## 四　主要启示

秦山核电站的建设和载人航天工程的实施，是举国体制探索发展的生动实践。这为新型举国体制下如何建设国家战略科技力量提供了十分重要的启示。

第一，始终把党的统一领导作为国家战略科技力量发展的根本保证。中国在建设秦山核电站、实施载人航天工程的过程中，积极探索发展社会主义市场经济条件下集中力量办大事的有效途径，充分发挥社会主义制度优势，形成了千军万马创伟业的生动局面。这些工程均涉及全国上百个研究院校、上千个协作配套企业单位和上万名工作人员，之所以能取得历史性突破，靠的是党的集中统一领导和社会主义集中力量办大事的制度优势。上述实践表明，在社会主义市场经济的条件下，举国体制仍然能发挥重要作用。同时，党中央积极探索社会主义制度优势和市场经济体制优势的有机结合，形成汇聚各类资源的巨大合力，发展国家战略科技力量，推动国家重大科技工程或项目更快、更好地实施和完成。

---

① 黄涛、郭恺著：《科技创新举国体制的反思与重建》，《长沙理工大学学报》（社会科学版）2018年第4期。

② 邢超：《创新链与产业链结合的有效组织方式——以大科学工程为例》，《科学学与科学技术管理》2012年第10期。

第二，始终把自主创新作为国家战略科技力量发展的基点。无论是建设秦山核电站，还是实施载人航天工程，这些工程或项目都是在自力更生中起步、在自主创新中发展的。一大批科研机构、高等院校和企业在继承现有技术的基础上，积极引进、消化和吸收国外先进技术，并大胆创新，攻克了一系列的核心技术和生产性关键技术难题并形成了一批自主知识产权，使中国在重大科技战略领域达到世界先进水平。这些难度高、规模大、系统复杂、可靠性和安全性要求极强的项目或工程取得成功，有力地推动了中国在重大科技领域的跨越式发展，带动了科研机构、高校的相关学科和技术水平的整体跃升，形成了一批高科技新兴产业以及科技领军企业，促进了中国经济社会快速发展。上述实践表明，通过对影响经济社会发展、维护国家安全等战略全局的尖端科技进行技术突围，可以快速促进国家战略科技力量创新能力的跃升，并在世界高新技术领域占有一席之地。

第三，始终把人才培养作为国家战略科技力量发展的支撑。人才是第一资源。通过修建秦山核电站，中国培养了许多核电运营、管理人才，如中国科学院院士欧阳予、中国工程院院士叶奇蓁以及中国大陆首批 35 名核电操纵员和 2500 余名核电技术骨干。中国通过实施载人航天工程，锻炼和培养出一批能够站在世界科技前沿、勇于创新的高素质人才，尤其是造就了规模宏大的青年科技人才队伍。上述实践表明，只有坚持把人才培养贯穿于国家战略科技力量建设之中，才能激发活力、持续创新。科研机构、高校和企业围绕共同的目标，进行产学研协同攻关，通过"任务带学科、任务锻炼人、学科培养人"的方式造就出大批一流科技领军人才、创新团队和工程师队伍。

## 第四节　中国国家战略科技力量建设的历史经验

### 一　坚持中国共产党的领导

新中国成立后，国家战略科技力量建设离不开中国共产党的领导。邓小平曾指出，"社会主义同资本主义比较，它的优越性就在于能做到全国一盘棋，集中力量，保证重点"①。实际上，中国是由若干行政区域单位或

① 《邓小平文选》（第 3 卷），人民出版社，1994，第 16~17 页。

自治单位组成的单一主权国家，正是因为有这样的国家结构以及衍生出的国家组织形式，自上而下的指令才能迅速下达执行，各方面的资源力量才能迅速调动，集中力量办大事才能变成现实①。

历史经验也充分证明：中国共产党在发挥集中力量办大事的举国体制的优势过程中起到关键性的作用。首先，中国行政科层组织原则确保了政府作用的发挥，这意味着当党基于国家利益实施举国体制时，行政体系会积极配合执行，以保障举国体制动员实施②。其次，中国共产党始终以人民的根本利益为行动宗旨，通过执政地位领导并嵌入政府行政体系，将以人民为中心的价值取向内化为治理体制的运作逻辑③，进而塑造了不同行为主体进行举国体制目标认同感的塑造，并根据政治需求积极协同推进举国体制任务的行动逻辑。最后，中国共产党的领导是国家战略科技力量发展的根本保证。立足于社会主义国家集中力量办大事的制度优势和市场经济体制优势，中国共产党在实践中积极探索这两种优势的有机结合，形成汇聚各类资源的巨大合力，发展国家战略科技力量。因此，正是由于党的领导，才能更加充分发挥社会主义集中力量办大事的制度优势，调动各方面的创新资源，组织建设国家战略科技力量，提升国家综合实力。

## 二 坚持举国体制的探索与发展

举国体制只是资源配置的手段而不是目的，以项目、计划或工程的形式组织开展，通过集中优势资源进行有效突破④。无论是在计划经济时期还是市场经济转型时期，中国在重大战略科技前沿领域所取得一系列成就的背后，都离不开举国体制，这从实践上证明了举国体制在不同经济体制下具有可行性。举国体制并不是任何一种经济体制下的特殊产物，因为举国体制在科技领域也被世界各国广泛采用，如美国的曼哈顿计划等⑤。科

---

① 石伟：《集中力量办大事制度优势的内在逻辑》，《中国党政干部论坛》2020年第11期。

② 谢富胜、潘忆眉：《正确认识社会主义市场经济条件下的新型举国体制》，《马克思主义与现实》2020年第5期。

③ 王浦劬、汤彬：《当代中国治理的党政结构与功能机制分析》，《中国社会科学》2019年第9期。

④ 陈华雄、吴家喜：《新型科技"举国体制"的资源配置研究》，《中国科技资源导刊》2013年第6期。

⑤ 李哲、苏楠：《社会主义市场经济条件下科技创新的新型举国体制研究》，《中国科技论坛》2014年第2期。

学技术发展具有交叉性、复杂性和多样性，但是科技资源供给无法充分满足国家对科技的多元化需求，这决定了举国体制存在的必要性。

科技领域中的举国体制模式不是一成不变的，而是动态发展的。这是举国体制在社会主义市场经济条件下仍能在国家重大战略科技领域取得成功的前提。改革开放后，随着社会主义计划经济体制向市场经济体制转变，举国体制下的资源配置手段发生新的变化，比如在科技人员配置过程中，政府改变了以往计划分配或行政调配科研人员的方式，转而采用专业和事业吸引的方式来聚集科研人才。科技工作者则以自己感兴趣的科技研发项目为中心选择性参与，而不再是单纯依靠行政分派方式强制性参与，这极大地调动了科研人员的积极性和创造性。

### 三　坚持有为政府和有效市场的统一

计划经济时期，政府在国家战略科技力量建设过程中通过行政手段，实现人、财、物等要素资源的统一配置，在宏观上体现出政府是"有为"的。然而，这一时期的要素配置是根据国家意志来动员的，工资、价格、利润等市场指标的作用被极大地限制了，市场发育程度较低，因此在微观上体现出市场不是"有效"的。

改革开放后，党中央采取一系列措施来改善市场的非"有效"问题。比如，建立技术交易市场促进创新主体之间的横向联结、对科研机构简政放权以释放市场潜力、推动科研机构和企业市场化改革以促进创新要素流动等。在此过程中，政府减少对创新资源的直接配置，并开放扩大创新要素市场，发挥市场在资源配置中的基础性作用。要注意的是，"投入多少，就想得到多少回报"，这种商业化思路是不利于科技创新的。此时，政府的"有为"体现在：瞄准重大战略科技领域主导制定科技攻关计划，对目标、周期、人力、资金等采取刚性管理，但也要遵循科技创新的基本规律，采用刚柔结合的管理模式①。以载人航天工程为例，载人航天从一开始的核心技术攻关逐步转为常态化的国家重点实验室建设，探索出一套刚柔结合的目标管理模式。因此，将"有效"市场与"有为"政府相统一，能有力促进核心技术攻关目标转化为对国家战略科技力量的长期支持。

---

① 顾超：《原创性、引领性科技攻关的历史经验——以国家超导攻关为例》，《中国科学院院刊》2021 年第 9 期。

#### 四　坚持多元主体相互协同

在计划经济时期，由中国科学院等国家科研机构牵头建立的创新联合体组织实施"两弹一星"等的一系列成功经验表明，该模式可以在有限资源约束条件下，瞄准国家重大需求，迅速实现目标，但较少关注资源利用效率、市场需求和经济效益。在市场经济时期，企业特别是科技领军企业具有强烈的技术创新诉求，在参与全球市场的竞争中更能够充分感知到产业技术创新的核心命脉所在。因此，以科技领军企业牵头建立的创新联合体开始组织实施一批重大科技工程，并取得巨大成功。该模式聚焦关键核心技术、产业共性技术等，不仅注重新技术的目标实现，还注重新技术经济效益；不仅关注新技术产品链，还关注新技术价值链。

无论是科研机构牵头还是科技领军企业牵头建立的创新联合体，均以科研机构、高等院校、企业等多元主体相互协同为前提。特别是在社会主义市场经济条件下，后者成为将需求侧与供给侧紧密结合的源头性技术创新发源地，兼具市场主导与政府引导创新模式的职能[1]。通过明确科研院所、企业各自的功能定位，围绕国家需求和经济发展的目标，充分提升跨部门、跨主体、跨学科的科研协同攻关能力，坚持自由探索和目标导向相结合，促进基础研究、应用基础研究、技术创新一体化，激发各类主体创新活力，形成自主创新的强大合力[2]。以北斗系统为例，在北斗系统研制过程中，通过政府、军队有关部门组织协调，中国航天科技集团牵头，其所属单位（研究院）提供技术支撑，建立了高校、地方科研院所等创新主体相互协同的创新联合体，实现"政产学研用"的有机融合[3]。

#### 五　坚持军民融合创新发展

经济建设离不开国防，国防也离不开经济建设。一方面，强大的国防力量能够提供稳定的发展环境，保证经济成果不会被掠夺，从而增强经济

---

[1]　罗小芳、李小平：《为什么要支持企业牵头组建创新联合体》，《光明日报》2021年6月8日。

[2]　陈劲、阳镇、朱子钦：《新型举国体制的理论逻辑、落地模式与应用场景》，《改革》2021年第5期。

[3]　马雪梅等：《新型举国体制下复杂重大工程创新研究——基于创新生态理论的视角》，《工程研究－跨学科视野中的工程》2020年第2期。

实力。另一方面，给定科技资源，如果国防使用的科技资源较多，那么投入其他经济活动的科技资源则较少。这会引发军用和民用的创新资源争夺矛盾，但如果军用战略科技技术能够有效地溢出到经济社会领域，则会促进经济社会发展。

新中国成立以来，历代党中央领导人都非常重视军民融合发展战略，其本质不是促进"军技民用"或"民技军用"，而是通过调整资源配置方式促进自主创新，进而实现战斗力和生产力的同步跃升①。比如，"两弹一星"推动了中国核工业从无到有、从小到大，核科技工业不仅在秦山核电站建设及其他核科技应用研究方面取得进步，还完成了军品科研生产任务，并且通过军转民的开发研究、技术引进和吸收，以及自主创新，稳定、培养、锻炼了一批核科技队伍。在载人航天工程建设过程中，创新性地开辟了一批军民两用技术发展的重点领域，推动了一批基础学科的深入发展，促进了一批高科技领域的创新发展和产业形成，带动了一批科技成果向生产力和战斗力的转化。中国北斗系统也是逐渐从军用延伸至民用领域，形成军用和民用有机融合的同时，也为经济社会带来大规模的市场效益②。

## 六　坚持人才引领和支撑发展

科技创新人才是最宝贵、最稀缺的战略性资源。在国家战略科技力量建设过程中如何有效培养、引进和用好人才一直受到党中央的高度关注。邓小平同志曾指出，"怎样打破军民界限、部门地方界限，合理使用，把全国的科技人员使用起来，并且使用得当，是个很大的问题"③。因此，中央在规划一批重大科技工程时就明确指出，一方面是跨地方、跨部门、跨专业选人用人，充分凝聚全国科技人才的智慧与力量，另一方面是造就新一代科技人才队伍。历史经验表明：依托于国家战略科技力量建设的重大科技工程是科技领军人才和新一代科技创新队伍培养的摇篮。比如"两弹一星"、载人航天工程等，最重要的成就之一就是通过"任务带学科、任务锻炼人、学科培养人"的方式，培养和造就了一大批高端科技人才，他

---

① 舒本耀、张春霞、姚荣：《我国载人航天工程建设实践对军民融合式发展的借鉴启示》，《装备学院学报》2013 年第 2 期。

② 谢书凯等：《中国航天军民融合现状及发展建议》，《航天工业管理》2018 年第 11 期。

③ 《邓小平文选》（第 3 卷），人民出版社，1993，第 17 页。

们又成为新的重大科技战略工程的骨干力量。

例如，在神舟五号发射成功后，神舟飞船研制队伍中的一批管理骨干相继被输送到别的单位，相关技术也被应用到其他飞船的研制中。中国空间技术研究院对管理层、分系统负责人做了调整，通过人才引进、送出进修等方式，并与北京航空航天大学、清华大学等高校联手加大院内技术骨干培训力度，使一大批年轻人在科技管理和关键技术岗位上迅速成长起来。整个队伍人员更加年轻，更加朝气蓬勃。目前，神舟飞船研制队伍的整体平均年龄不到 40 岁，2/3 的副主任设计师由年轻同志担任，4/5 的关键技术岗位由年轻同志负责。一批熟悉国内国际市场，具有较高政治理论素养，懂技术又善于经营管理，既有前瞻性思维又有创新意识的高层次人才队伍逐步形成，为载人航天工程后续任务奠定了坚实的智力和人才基础①。

---

① 孙宏金、陈宝泉：《载人航天精神的启示》，《中国教育报》2005 年 11 月 30 日。

# 第三章
## 时代诉求：新型举国体制与国之大者

进入新时代，中国社会主要矛盾已经转化为人民日益增长的美好生活需要和不平衡不充分的发展之间的矛盾，社会主义市场经济得到较好发展，创新驱动发展上升为国家战略。以习近平同志为核心的党中央把科技创新摆在国家发展全局的核心位置，以国家发展目标和战略需求为导向，科学统筹、集中力量、优化机制，以前所未有的力度强化国家战略科技力量，聚焦"四个面向"，加强战略科技力量全局性谋划、战略性布局、体系化推进，全方位纵深推进科技制度创新和机制改革，促进从政府主导型到多元主体参与型举国体制的转变，不断创新完善社会主义市场经济条件下新型举国体制，为更广泛调动、更高效组织、更有力协调各种资源，强化战略科技力量提供制度保障，战略科技力量策源能力、攻坚能力、支撑能力、引领能力显著增强，推动国家创新体系整体效能显著提升，为加快实现高水平科技自立自强，建设世界科技强国，为实现中华民族伟大复兴中国梦提供坚实科技基础支撑和强大动力保障。

### 第一节　新时代国家战略科技力量建设

中国紧扣世界科技发展大趋势，遵循科学技术发展演变新规律和国家经济社会发展战略新要求，进一步突出战略科技力量在建设世界科技强国中的战略支撑、前瞻引领、创新策源作用，聚焦国家战略需求强化使命定位，加强战略科技力量体系化布局，持续提升科技供给引领能力，不断向科学技术广度、深度、高度进军，积极抢占科技竞争和未来发展制高点，战略科技力量建设不断取得新进展、新成效，创新突破、创新引领、创新支撑作用持续强化。

#### 一　进行体系化布局

体系化布局战略科技力量，是体现国家意志、强化责任担当、服务国家需求、提高创新效能的本质要求。国家战略科技力量的首要目标是满足国家重大战略需求，需要以体系化布局覆盖涉及国家安全和经济社会稳定的关键领域，支撑建设世界科技强国①。中国聚焦国家重大战略需求，进一步明确战略科技力量体系化建设的主体维度，优化战略科技力量空间布局、领域布局，形成引领性、体系化、特色化建设新局面。

（一）主体构成

习近平总书记在 2021 年 5 月 28 日两院院士大会、中国科协第十次全国代表大会上指出，"国家实验室、国家科研机构、高水平研究型大学、科技领军企业都是国家战略科技力量的重要组成部分，要自觉履行高水平科技自立自强的使命担当"②。这为充分发挥新型举国体制优势，凝聚资源要素，聚焦重点突破，打造主体突出、特色鲜明、体系完善的国家战略科技力量指明了方向。

1. 国家实验室

国家实验室是面向国际科技竞争的创新基础平台，是保障国家安全的核心支撑，是突破型、引领型、平台型一体化的大型综合性研究基地③。中国国家实验室建设大致经历从"依托重大科技基础设施建设"到"筹建试点"再到"优化整合与新一轮布局、重组"三个重要发展阶段。在 20 世纪 80 年代后期，中国依托合肥国家同步辐射装置、北京串列静电加速器装置、北京正负电子对撞机和兰州重离子加速器装置等重大科技基础设施，先后成立合肥国家同步辐射实验室、北京串列加速器核物理国家实验室、北京正负电子对撞机国家实验室和兰州重离子加速器国家实验室。21世纪初，为了推进自主创新、建设创新型国家，中国陆续批准沈阳材料科学国家（联合）实验室、北京凝聚态物理国家实验室、合肥微尺度物质科学国家实验室、武汉光电国家实验室、清华信息科学与技术国家实验室、北京分子科学国家实验室作为试点国家实验室筹建。2006 年，启动筹建青岛海洋科学与技术试点国家实验室等 10 家国家实验室。党的十八大以来，

---

① 白光祖、曹晓阳：《关于强化国家战略科技力量体系化布局的思考》，《中国科学院院刊》2021 年第 5 期。

② 习近平：《在中国科学院第二十次院士大会、中国工程院第十五次院士大会、中国科协第十次全国代表大会上的讲话》，人民出版社，2021，第 11 页。

③ 《三部门印发〈国家科技创新基地优化整合方案〉的通知》，中国政府网，2017 年 8 月 24日，http://www.gov.cn/xinwen/2017-08/24/content_5220163.htm。

中国进一步明确国家实验室的使命型战略定位，对国家实验室进行优化整合和布局建设。2017 年，出台《国家科技创新基地优化整合方案》，明确国家实验室是体现国家意志、实现国家使命、代表国家水平的战略科技力量。2020 年《政府工作报告》指出，要加快建设国家实验室，重组国家重点实验室体系[1]。2021 年，十三届全国人大四次会议表决通过的《中华人民共和国国民经济和社会发展第十四个五年规划和 2035 年远景目标纲要》提出，以国家战略性需求为导向推进创新体系优化组合，加快构建以国家实验室为引领的战略科技力量。聚焦量子信息、光子与微纳电子、网络通信、人工智能、生物医药、现代能源系统等重大创新领域组建一批国家实验室，重组国家重点实验室，形成结构合理、运行高效的实验室体系。

2. 国家科研机构

国家科研机构以维护国家利益为己任，围绕国家重大需求有组织、规模化地开展跨学科、跨领域的交叉融合性科研活动，是国家战略科技力量的主要组织形式[2]。中国国家科研机构体系包括：中国科学院、中国工程院、中国农业科学院、中国医学科学院等国家大型综合性科研机构；中国林业科学院、中国环境科学研究院等各政府职能部门所属专业性科研机构；中央与地方联合建立的工程中心、研究中心等各类科研机构；等等[3]。其中，中国科学院是代表中国最高科学技术水平、规模最大的自然科学领域的国家科研机构[4]。2013 年，习近平总书记在考察中国科学院时，充分肯定中国科学院是"党、国家、人民可以依靠、可以信赖的国家战略科技力量"，并提出"四个率先"的要求，即率先实现科学技术跨越发展，率先建成国家创新人才高地，率先建成国家高水平科技智库，率先建设国际一流科研机构[5]。中国科学院紧扣新时代国家发展的需求和世界科技发展的趋势，在解决国家基础性、战略性和前瞻性科技问题中发挥先锋队作用的同时，引领国家创新体系的建设，成为具有重要国际影响力的国家科研

① 李克强：《政府工作报告——2020 年 5 月 22 日在第十三届全国人民代表大会第三次会议上》，《人民日报》2020 年 5 月 30 日。
② 樊春良：《国家战略科技力量的演进：世界与中国》，《中国科学院院刊》2021 年第 5 期。
③ 骆严：《我国国立科研机构的创新政策及其与创新模式的协同研究》，博士学位论文，华中科技大学，2015，第 19 页。
④ 温珂等：《国立科研机构的建制化演进及发展趋势》，《中国科学院院刊》2019 年第 1 期。
⑤ 《张涛：中国要成为创新引领者 科技工作者肩负重大使命》，中国科学院，2017 年 11 月 3 日，https://www.cas.cn/zt/sszt/cas19da/rysjd/201711/t20171103_4620592.shtml。

机构。全院已经建立 11 个地方分院、100 多家科研院所、3 所大学、130
多个国家重点实验室和工程中心、68 个国家野外观测研究站、20 个国家
科技资源共享服务平台，负责 30 多项国家重大科技基础设施的建设与运
行①。截至 2021 年，中国科学院已连续 9 年位列自然指数年度榜单榜首，
贡献份额持续增加并超过排名第二的美国哈佛大学的两倍。

3. 高水平研究型大学

高水平研究型大学是中国基础研究的主战场，是原始创新的主阵地，
也是科技创新体系的重要组成部分，肩负着科技创新和自主人才培养的重
任②。习近平总书记强调："高水平研究型大学要把发展科技第一生产力、
培养人才第一资源、增强创新第一动力更好结合起来，发挥基础研究深
厚、学科交叉融合的优势，成为基础研究的主力军和重大科技突破的生力
军。"③ 中国高水平研究型大学发展伴随着 "211""985" 工程实施。2006
年，国务院发布《国家中长期科学和技术发展规划纲要（2006—2020
年)》，强调加快建设一批高水平研究型大学，特别是一批世界知名的高水
平研究型大学。党的十八大以来，国家提出建设 "双一流" 大学，以培养
一流人才、服务国家战略需求、争创世界一流为导向，将实现 "前瞻性基
础研究、引领性原创成果重大突破" 摆在更加突出的位置，积极探索建设
世界一流大学和一流学科的新模式，不断朝着 "基础研究的主力军" 和
"重大科技突破的生力军" 的目标迈进④。

4. 科技领军企业

科技领军企业是指具有明确的科技创新愿景使命和科技创新战略及完
善的组织体系，科技创新投入水平高，在关键共性技术、前沿引领技术和
颠覆性技术方面取得明显优势，能够引领和带动产业链上下游企业，有效
组织产学研力量实现融通创新发展，并在产业标准、发明专利、自主品牌
等方面居于同行业国际领先地位的创新型企业⑤。国际经验表明，由政府

① 《中国科学院简介》，中国科学院，https://www.cas.cn/zz/yk/201410/t20141016_4225142.shtml。
② 《发挥高水平研究型大学基础研究主力军作用》，光明网，2021 年 6 月 23 日，https://theory.gmw.cn/2021-06/23/content_34942187.htm。
③ 《习近平谈治国理政》（第 4 卷），外文出版社，2022，第 199 页。
④ 杜占元：《高校科技改革发展 40 年回顾与展望——纪念 "科学的春天" 40 周年》，《中国科学院院刊》2018 年第 4 期。
⑤ 尹西明、陈劲、刘畅：《科技领军企业：定义、分类评价与促进对策》，《创新科技》2021 年第 6 期。

牵头组织的产业力量能够有效突破关键核心技术，而科技领军企业在其中发挥着决定性作用，不仅是保证产业安全的主要技术供给者，更是提升国家竞争力的主要任务承担者①。2021 年新修订的《科技进步法》明确规定，国家培育具有影响力和竞争力的科技领军企业，充分发挥科技领军企业的创新带动作用，从立法高度明确了科技领军企业的创新引领地位。随着中国深入实施创新驱动发展战略，一批科技领军企业主动融入国家战略，为突破产业关键核心技术发挥着重要作用，战略科技力量的地位和作用进一步凸显。以中国航天科技集团有限公司为代表的一批国有科技领军企业，已在航天等国计民生领域发挥主心骨作用；以华为公司为代表的一批民营科技领军企业，逐渐成为中国战略新兴产业创新发展的领跑者，在 5G、人工智能、物联网、云计算等领域的国际竞争中不断提升国家竞争力。

（二）空间布局

党的十八大以来，中国着力优化战略科技力量空间布局，围绕国家重大战略需求和区域发展战略，以多主体、深层次、体系化的布局促进国家战略科技力量、区域科技力量、产业科技力量协同联动，构筑创新发展新空间，初步形成"中心引领、多点支撑"的网络化、梯度化、特色化空间分布格局，以更好地对接国家战略需求、配置聚集创新资源、提升攻关效能、激发策源创新效应。

1. 国家实验室

国家实验室是建设世界科技强国的重要支撑。党的十八大以来，面向国家重大战略需求，中国对国家实验室进行新一轮布局和对国家重点实验室体系进行重组，积极打造"国之重器"，初步形成"核心 + 网络"空间分布格局。2017 年，科技部下发《关于批准组建北京分子科学等 6 个国家研究中心的通知》，除青岛海洋科学与技术试点国家实验室外，其余 6 个试点国家实验室转为"国家研究中心"。2018 年，习近平总书记在中国科学院第十九次院士大会、中国工程院第十四次院士大会上强调，"要高标准建设国家实验室，推动大科学计划、大科学工程、大科学中心、国际科技创新基地的统筹布局和优化"②。2017 年以来，中国按照"成熟一个、启动一个"的原则，在安徽、上海、广东、北京等地挂牌成立合肥国家实

① 丁明磊：《科技领军企业数字化转型的战略意义》，《国家治理》2021 年第 48 期。
② 《习近平谈治国理政》（第 3 卷），外文出版社，2020，第 251 页。

验室、张江国家实验室、临港国家实验室、鹏城国家实验室、广州国家实验室、昌平国家实验室等。据不完全统计，中国已经建成、筹建、新挂牌成立的国家实验室超过 20 家，分布在全国 9 个省市，北京、上海、粤港澳大湾区三大国际科技创新中心和上海张江、安徽合肥、北京怀柔、粤港澳大湾区四大综合性国家科学中心成为国家实验室建设落地的主阵地，其中，北京 9 家、上海 4 家、广东 2 家、安徽 3 家，四地布局建设的国家实验室占全国八成以上（见表 3-1）。

表 3-1 中国国家实验室（含筹建及挂牌成立）名单（截至 2022 年）

| 序号 | 国家实验室名称 | 状态 | 依托单位 | 省市 |
|---|---|---|---|---|
| 1 | 国家同步辐射实验室 | 建成 | 中国科学技术大学 | 安徽 |
| 2 | 正负电子对撞机国家实验室 | 建成 | 中国科学院高能物理研究所 | 北京 |
| 3 | 北京串列加速器核物理国家实验室 | 建成 | 中国原子能科学研究院 | 北京 |
| 4 | 兰州重离子加速器国家实验室 | 建成 | 中国科学院近代物理研究所 | 甘肃 |
| 5 | 青岛海洋科学与技术试点国家实验室 | 建成 | 中国海洋大学等 | 山东 |
| 6 | 磁约束核聚变国家实验室 | 筹建 | 中国科学院合肥物质科学研究院核工业西南物理研究院 | 安徽 |
| 7 | 洁净能源国家实验室 | 筹建 | 中国科学院大连化学物理研究所 | 辽宁 |
| 8 | 船舶与海洋工程国家实验室 | 筹建 | 上海交通大学 | 上海 |
| 9 | 微结构国家实验室 | 筹建 | 南京大学 | 江苏 |
| 10 | 重大疾病研究国家实验室 | 筹建 | 中国医学科学院 | 北京 |
| 11 | 蛋白质科学国家实验室 | 筹建 | 中国科学院生物物理研究所 | 北京 |
| 12 | 航空科学与技术国家实验室 | 筹建 | 北京航空航天大学 | 北京 |
| 13 | 现代轨道交通国家实验室 | 筹建 | 西南交通大学 | 四川 |
| 14 | 现代农业国家实验室 | 筹建 | 中国农业大学 | 北京 |
| 15 | 中关村国家实验室 | 新挂牌成立 | / | 北京 |

续表

| 序号 | 国家实验室名称 | 状态 | 依托单位 | 省市 |
|---|---|---|---|---|
| 16 | 怀柔国家实验室 | 新挂牌成立 | / | 北京 |
| 17 | 昌平国家实验室 | 新挂牌成立 | / | 北京 |
| 18 | 张江国家实验室 | 新挂牌成立 | / | 上海 |
| 19 | 临港国家实验室 | 新挂牌成立 | / | 上海 |
| 20 | 浦江国家实验室 | 新挂牌成立 | / | 上海 |
| 21 | 广州国家实验室 | 新挂牌成立 | / | 广东 |
| 22 | 鹏城国家实验室 | 新挂牌成立 | / | 广东 |
| 23 | 合肥国家实验室 | 新挂牌成立 | / | 安徽 |

各省（市）围绕国家和本省（市）重大战略需求，以打造国家实验室"预备队"和国家实验室网络成员为目标，积极开展和组织实施省（市）级实验室建设，努力培育国家实验室后备力量（见表3－2）。据不完全统计，截至2022年上半年，安徽布局建设15家实验室，广东、湖北、河南、山东分别布局10家，浙江9家、福建6家、天津5家。如安徽在深空探测、微尺度物质、信息材料与智能感知等基础和应用技术领域，坚持对标国家级科技创新基地创建标准，打造国家级科技创新基地的"预备队"。广东于2017年启动建设广东省实验室，面向科学前沿与基础研究、聚焦战略急需与产业支撑，采取"主体＋分中心"的模式组建，已分三批启动建设了再生医学与健康等10家广东省实验室，覆盖16个地市。浙江省聚焦平台性、综合性、交叉性，以培育创建国家科技创新基地"预备队"为目标，探索"一核多点"等多种方式，在杭州、宁波、温州、舟山四市布局建设9家浙江省实验室。

表3－2　部分省市建成、在建和筹建国家实验室"种子队"情况
（截至2022年上半年）

单位：家

| 省市 | 实验室名单 | 数量 |
|---|---|---|
| 广东 | 生命信息与生物医药广东省实验室、广州再生医学与健康广东省实验室（生物岛实验室）、佛山先进制造科学院与技术广东省实验室（季华实验室）、东莞材料科学与技术广东省实验室（松山湖材料实验室）、化学与精细化工广东省实验室、南方海洋科学与工程广东省实验室、岭南现代农业科学与技术广东省实验室、先进能源科学与技术广东省实验室、人工智能与数字经济广东省实验室、深圳网络空间科学与技术广东省实验室 | 10 |

| 省市 | 实验室名单 | 数量 |
|---|---|---|
| 安徽 | 合肥国家实验室、孔径阵列与空间探测安徽省实验室、磁约束聚变安徽省实验室、先进光子科学技术安徽省实验室、强磁场安徽省实验室、微尺度物质科学安徽省实验室、茶树生物学与资源利用安徽省实验室、硅基材料安徽省实验室、压缩机技术安徽省实验室、深部煤矿采动响应与灾害防控安徽省实验室、先进激光技术安徽省实验室、炎症免疫性疾病安徽省实验室、信息材料与智能感知安徽省实验室、智能互联系统安徽省实验室、生物医学与健康安徽省实验室 | 15 |
| 湖北 | 光谷实验室、珞珈实验室、江夏实验室、洪山实验室、江城实验室、三峡实验室、九峰山实验室、东湖实验室、长江实验室（筹）、隆中实验室（筹） | 10 |
| 河南 | 嵩山实验室、河南省黄河实验室、神农种业实验室、龙门实验室、中原关键金属实验室、龙湖现代免疫实验室、龙子湖实验室（筹）、河南省食品实验室（筹）、河南省生物合成与先进生物制造实验室（筹）、河南省量子实验室（筹） | 10 |
| 山东 | 济南粒子科学与应用技术山东省实验室、济南网络空间安全山东省实验室、济南微生态生物医学山东省实验室、青岛新能源山东省实验室、潍坊现代农业省实验室、烟台先进材料与绿色制造山东省实验室、烟台新药创制山东省实验室、淄博绿色化工与功能材料山东省实验室、威海先进医用材料与高端医疗器械山东省实验室、德州食品科学与技术山东省实验室 | 10 |
| 浙江 | 智能科学与技术浙江省实验室（之江实验室）、系统医学与精准诊治浙江省实验室（良渚实验室）、生命科学与生物医学浙江省实验室（西湖实验室）、数学科学与应用浙江省实验室（湖畔实验室）、再生调控与眼脑健康浙江省实验室（瓯江实验室）、海洋新材料与应用甬江实验室（甬江实验室）、智慧海洋浙江省实验室（东海实验室）、能源与碳中和浙江省实验室（白马湖实验室）、航空浙江省实验室（天目山实验室） | 9 |
| 山西 | 太原第一实验室、光存储山西省实验室、半导体信息器件与系统山西省实验室、山西省黄河实验室、高速飞车山西省实验室、智慧交通山西省实验室（筹） | 6 |
| 福建 | 中国福建能源材料科学与技术创新实验室、中国福建光电信息科学与技术创新实验室、中国福建化学工程科学与技术创新实验室、中国福建能源器件科学与技术创新实验室、生物制品科学与技术福建省创新实验室、福建省柔性电子科学与技术创新实验室 | 6 |
| 天津 | 物质绿色创造与制造海河实验室、细胞生态海河实验室、天津现代中医药海河实验室、先进计算与关键软件（信创）海河实验室、合成生物学海河实验室 | 5 |
| 江苏 | 网络通信与安全紫金山实验室（紫金山实验室）、材料科学姑苏实验室、深海技术科学太湖实验室、深地科学与工程云龙湖实验室 | 4 |

续表

| 省市 | 实验室名单 | 数量 |
|---|---|---|
| 四川 | 天府永兴实验室、天府兴隆湖实验室、天府绛溪实验室、天府锦城实验室 | 4 |

资料来源：根据青塔网（https://www.cingta.com/article/detail/22416）和其他公开信息整理。

国家重点实验室空间布局呈现梯度发展态势。截至 2016 年，北京集中了全国 25% 左右的国家重点实验室，有 116 家；除北京外国家重点实验室数量在 20 家及以上的省（市）有 5 个，分别是上海、江苏、湖北、广东和山东；数量在 10 ~ 20 家的省（市）有 10 个；数量不到 10 家的省（区、市）有 15 个（见表 3 - 3）。

表 3 - 3　截至 2016 年国家重点实验室地区分布

单位：家

| 地区 | 总计 | 学科类 | 企业类 | 共建类 | 地区 | 总计 | 学科类 | 企业类 | 共建类 |
|---|---|---|---|---|---|---|---|---|---|
| 北京 | 116 | 79 | 37 | 0 | 重庆 | 8 | 5 | 3 | 0 |
| 上海 | 44 | 32 | 11 | 1 | 河北 | 8 | 1 | 7 | 0 |
| 江苏 | 33 | 20 | 13 | 0 | 安徽 | 7 | 1 | 5 | 1 |
| 湖北 | 26 | 18 | 7 | 1 | 黑龙江 | 6 | 4 | 2 | 0 |
| 广东 | 26 | 11 | 13 | 2 | 云南 | 6 | 2 | 2 | 2 |
| 山东 | 20 | 3 | 17 | 0 | 山西 | 5 | 2 | 3 | 0 |
| 陕西 | 19 | 13 | 6 | 0 | 贵州 | 5 | 2 | 2 | 1 |
| 辽宁 | 16 | 8 | 8 | 0 | 江西 | 3 | 0 | 2 | 1 |
| 湖南 | 14 | 5 | 8 | 1 | 广西 | 3 | 1 | 1 | 1 |
| 四川 | 12 | 9 | 3 | 0 | 内蒙古 | 2 | 0 | 2 | 0 |
| 天津 | 11 | 6 | 4 | 1 | 海南 | 2 | 0 | 1 | 1 |
| 吉林 | 11 | 10 | 1 | 0 | 新疆 | 2 | 1 | 0 | 1 |
| 浙江 | 11 | 9 | 2 | 0 | 宁夏 | 2 | 0 | 2 | 0 |
| 河南 | 11 | 1 | 9 | 1 | 青海 | 2 | 0 | 1 | 1 |
| 福建 | 10 | 4 | 3 | 3 | 西藏 | 1 | 0 | 0 | 1 |
| 甘肃 | 10 | 7 | 2 | 1 | 合计 | 452 | 254 | 177 | 21 |

资料来源：科技部发布的《2016 年国家重点实验室年度报告》《2016 年企业国家重点实验室年度报告》《2016 年省部共建国家重点实验室年度报告》等。

## 2. 国家科研机构

中国科技统计年鉴数据显示，2013 ~ 2020 年，中央部门所属研发机构数保持在 700 家以上，占中央部门属和地方部门属研发机构数量比例在 20% 左右。中国科学院作为中国规模最大的自然科学领域的国家科研机构，截至 2021 年底，已在全国建有 11 个地方分院，分布在东北（2 个）、华东（2 个）、华中（1 个）、华南（1 个）、西南（2 个）、西北（3 个）地区；中国科学院所属的研究单位共有 114 家，分布在全国 26 个省区市，其中北京较多，有 38 家，占比 33%，其次是上海有 15 家，广东和江苏各有 7 家，湖北有 5 家（见表 3 - 4）。

表 3 - 4　截至 2021 年中国科学院研究单位地区分布

单位：家

| 地区 | 数量 | 地区 | 数量 | 地区 | 数量 |
|------|------|------|------|------|------|
| 北京 | 38 | 山东 | 3 | 河北 | 1 |
| 上海 | 15 | 陕西 | 3 | 黑龙江 | 1 |
| 广东 | 7 | 四川 | 3 | 湖南 | 1 |
| 江苏 | 7 | 新疆 | 3 | 江西 | 1 |
| 湖北 | 5 | 福建 | 2 | 山西 | 1 |
| 吉林 | 4 | 青海 | 2 | 天津 | 1 |
| 辽宁 | 4 | 安徽 | 1 | 浙江 | 1 |
| 云南 | 4 | 贵州 | 1 | 重庆 | 1 |
| 甘肃 | 3 | 海南 | 1 | | |

资料来源：中国科学院网站，https://www.cas.cn/zz/jg/ys/yj/。

中国科学院实施"率先行动"计划，实行研究所分类改革，加强科研战略布局，组织实施四类机构（创新研究院、卓越创新中心、大科学研究中心和特色研究所）建设等①。到 2021 年底，中国科学院已成立 70 家四类机构，其中创新研究院 24 家、卓越创新中心 24 家、大科学研究中心 5 家和特色研究所 17 家。这四类机构主要分布于北京以及分院所在城市。此外，中国科学院还在亚洲、非洲、南美洲等地区建立 9 家境外研究机构。

3. 高水平研究型大学

高水平研究型大学是科技创新的重要力量，对强化科研人才培养、基础研究能力等具有支撑作用。党的十八大以来，中国不断加强高等教育改

---

① 白春礼：《中国科学院 70 年：国家战略科技力量建设与发展的思考》，《中国科学院院刊》2019 年第 10 期。

革，对标国际一流高校和学科，提出"双一流"大学的建设目标，推动一批高水平大学和学科进入世界一流行列或前列。"双一流"战略鼓励各地区高校争创一流，形成高等教育水平全面发展的竞争氛围①。2017 年，教育部发布首批"双一流"建设高校名单共计 137 所，其中世界一流大学建设高校 42 所（A 类 36 所，B 类 6 所），世界一流学科建设高校 95 所。从首批世界一流大学建设高校分布看，主要集中在华北和华东地区。其中，北京一流大学建设高校 8 所，占全国的近 1/5；上海一流大学建设高校 4 所，占全国的近 1/10（见表 3 - 5）。

表 3 - 5　全国首批"双一流"建设高校地区分布

单位：所，个

| 地区 | 一流大学 | 一流学科 | 地区 | 一流大学 | 一流学科 |
|---|---|---|---|---|---|
| 北京 | 8 | 26 | 河南 | 1 | 1 |
| 江苏 | 2 | 13 | 新疆 | 1 | 1 |
| 上海 | 4 | 10 | 重庆 | 1 | 1 |
| 陕西 | 3 | 5 | 甘肃 | 1 | 0 |
| 四川 | 2 | 6 | 云南 | 1 | 0 |
| 湖北 | 2 | 5 | 广西 | 0 | 1 |
| 广东 | 2 | 3 | 贵州 | 0 | 1 |
| 天津 | 2 | 3 | 海南 | 0 | 1 |
| 黑龙江 | 1 | 3 | 河北 | 0 | 1 |
| 湖南 | 3 | 1 | 江西 | 0 | 1 |
| 辽宁 | 2 | 2 | 内蒙古 | 0 | 1 |
| 安徽 | 1 | 2 | 宁夏 | 0 | 1 |
| 吉林 | 1 | 2 | 青海 | 0 | 1 |
| 山东 | 2 | 1 | 山西 | 0 | 1 |
| 浙江 | 1 | 2 | 西藏 | 0 | 1 |
| 福建 | 1 | 1 | 总计 | 42 | 98 |

资料来源：中华人民共和国教育部网站，http://www.moe.gov.cn/srcsite/A22/moe_843/201709/t20170921_314942.html。

高水平研究型大学积极布局研发机构，促进区域经济发展。到 2020 年

---

① 褚照锋：《地方政府推进一流大学与一流学科建设的策略与反思——基于 24 个地区"双一流"政策文本的分析》，《中国高教研究》2017 年第 8 期。

4月，共有53所"双一流"高校在异地设立包括研究院、分校、研究生院以及附属医院分院等166个机构。从区域看，主要分布在广东（59个）、江苏（28个）、山东（22个）、浙江（14个）、福建（7个）等东南沿海省份；从城市布局看，主要集中在深圳（38个）、苏州（20个）、青岛（17个）、珠海（7个）等4个城市中①。

### 4. 科技领军企业

党的十八大以来，中国深入实施创新驱动发展战略，企业特别是科技领军企业的创新主体地位不断得到强化和提升，国际影响力、竞争力不断提升。《2021欧盟工业研发投入记分牌》②显示，进入前100名的16家中国大陆科技领军企业中，北京有8家、广东有3家，上海和浙江各1家（见表3-6）。其中，华为以174.60亿欧元研发投入排名第二；阿里巴巴以71.38亿欧元研发投入位居第17位，同比提升9位；腾讯以48.60亿欧元研发投入居第33位，同比大幅提升13位。2013~2020年，中国进入欧盟工业研发投入记分牌前100名的科技领军企业数量快速增加。

表3-6 2021年欧盟工业研发投入记分牌前100名的中国企业

单位：亿欧元

| 排名 | 企业名称 | 研发投入 | 地区 |
|---|---|---|---|
| 2 | 华为<br>（Huawei Investment & Holding） | 174.60 | 广东 |
| 17 | 阿里巴巴<br>（Alibaba Group Holding） | 71.38 | 浙江 |
| 33 | 腾讯<br>（Tencent） | 48.60 | 广东 |
| 46 | 中国建筑<br>（China State Construction Engineering） | 36.65 | 北京 |
| 55 | 台湾半导体<br>（Taiwan Semiconductor） | 31.30 | 台湾 |

---

① 卢彩晨、廖霞：《我国"双一流"建设高校扩张模式与区域走向研究——基于区域经济发展的视角》，《中国高教研究》2020年第12期。

② 《2021欧盟工业研发投入记分牌》由欧盟委员会主持编纂，自2004年起对欧盟成员国和美国、日本、中国等国家和地区的工业企业研发投入情况开展统计评估。评价指标包括研发投入金额、销售净额、资本支出、营业利润、雇员数量和股票市值等六大类。2021年的记分牌选取了2020年全球39个国家和地区研发投入前2500名的工业企业。

续表

| 排名 | 企业名称 | 研发投入 | 地区 |
|------|---------|---------|------|
| 59 | 中国国家铁路集团<br>（China Railway） | 27.23 | 北京 |
| 60 | 鸿海精密<br>（Hon Hai） | 26.90 | 台湾 |
| 63 | 中国交通建设集团<br>（China Communications Construction） | 24.62 | 北京 |
| 64 | 百度<br>（Baidu） | 24.33 | 北京 |
| 66 | 中国铁建<br>（China Railway Construction） | 23.20 | 北京 |
| 70 | 联发科技<br>（Media Tek） | 22.10 | 台湾 |
| 80 | 中国石油天然气集团<br>（Petro China） | 19.64 | 北京 |
| 82 | 中国电力建设集团<br>（Power Construction Corporation of China） | 19.05 | 北京 |
| 83 | 上汽集团<br>（SAIC Motor） | 18.66 | 上海 |
| 84 | 中兴通讯<br>（ZTE） | 18.63 | 广东 |
| 100 | 中国中车集团<br>（CRRC） | 15.93 | 北京 |

资料来源：The 2021 EU Industrial R&D Investment Scoreboard，https：//iri.jrc.ec.europa.eu/scoreboard/2021 – eu-industrial-rd-investment-scoreboard。

　　科技领军企业的区域聚集特征进一步凸显，其中广东、北京等地是科技领军企业较为集中的地方。根据《中国企业创新能力百千万排行榜（2020）》①，2020 年，中国高新技术企业前 100 强主要集中在北京和广东，各有 25 家企业入围，占据中国高新技术企业前 100 强的半壁江山。"2021 中国大企业创新 100 强"② 显示，2021 年创新百强大企业分布在 20 个省区市，

① 该排行榜从 2017 年开始每年发布一次，对中国所有高新技术企业的创新能力进行全覆盖、全方位的年度评价，是目前国内规模最大、理念最新的企业创新能力排行榜。
② "2021 中国大企业创新 100 强"是在 2021 中国企业 500 强、2021 中国制造业企业 500 强、2021 中国服务业企业 500 强的基础上，按照入围门槛为发明专利数 100 件以上、研发强度 0.6% 以上、营业收入 200 亿元以上的标准进行筛选，同时依据企业申报的研发投入强度、拥有发明专利数、拥有非发明专利数、收入利润率等数据，利用功效系数法计算得到各指标评价值，加权得到各企业综合评价得分值，最后按分值高低排序产生。

数量排名前三的省市依次是北京（28 家）、广东（15 家）和浙江（11 家）（见表 3 - 7）。

表 3 - 7 2021 年中国大企业创新 100 强地区分布

单位：家

| 地区 | 数量 | 地区 | 数量 | 地区 | 数量 | 地区 | 数量 |
| --- | --- | --- | --- | --- | --- | --- | --- |
| 北京 | 28 | 上海 | 6 | 广西 | 2 | 吉林 | 1 |
| 广东 | 15 | 安徽 | 4 | 新疆 | 2 | 辽宁 | 1 |
| 浙江 | 11 | 湖北 | 4 | 河北 | 1 | 内蒙古 | 1 |
| 山东 | 7 | 四川 | 4 | 河南 | 1 | 陕西 | 1 |
| 江苏 | 6 | 湖南 | 3 | 黑龙江 | 1 | 天津 | 1 |

资料来源：智研咨询，https://www.chyxx.com/top/202202/994534.html。

（三）领域布局

党的十八大以来，中国围绕国家战略"需求面"、科学技术前沿"无人区"、产业经济"主战场"等重点领域、重要方向优化国家战略科技力量布局，为解决一批影响和制约国家发展全局性、关键性、基础性重大科技问题提供强大基石保障。

1. 国家实验室

国家实验室作为组织高水平基础研究、战略高技术研究和重要共性技术研究的"国家队"，其战略定位和功能使命决定其在国家创新体系中必须发挥关键性作用。中国围绕打造突破型、引领型、平台型一体化的大型综合性研究基地，加强国家实验室领域布局与筹建，强化在基础性、前瞻性、战略性科技创新活动中的关键作用。较早建成的合肥国家同步辐射实验室、北京正负电子对撞机国家实验室、北京串列加速器核物理国家实验室以及兰州重离子加速器国家实验室主要依托于重大科技基础设施，主要涉及领域是核物理，尤其是高能物理和重离子物理领域；青岛海洋科学与技术试点国家实验室紧扣海洋科学研究的特点，以开展基础前沿研究为目标，以不断突破世界前沿的重大科学问题为牵引，组建 8 个功能实验室，建成高性能科学计算与系统仿真平台等 6 大平台，在海洋复杂巨系统科学计算、海洋药物开发、海洋装备与技术研发等领域相关的基础前沿研究、关键核心技术突破、产业带动及人才凝聚等方面发挥重要支撑作用。同时在光子与微纳电子、量子信息、生命科学、现代农业、清洁能源、航空航天、生物医药、人工智能等科学前沿和重大创新领域加快布局建设国家实验室，构建专业性和综合性互补的国家实验室体系。作为国家实验室后备力量，各省份以国家战略需求、重大科学问题和区域经济发展需求为导向，积极布局国家实验室后备军。如浙江着力建设之江实验室，聚焦网络信息技术前沿，主攻智能感知、人工智能、智能网络、智能计算和智能系统五大方向，开展重大前沿基础研究和关键技术攻关。广东省实验室面向科学前沿与基础研究、聚焦战略急需与产业支撑，涉及网络通信、人口与健康、先进制造、材料科学、海洋科学、精细化工、生物医药、农业科学、先进能源、人工智能与数字经济等领域。江苏省已设立网络通信与安全紫金山实验室、材料科学姑苏实验室、深海技术科学太湖实验室、深地科学与工程云龙湖实验室，分别聚焦网络通信安全、材料科学、深海科技、深地科学。

国家重点实验室基本涵盖生物医药、化学、材料、信息科学等学科领域以及制造、能源、农业、交通等产业领域。其中，在学科领域内，国家重点实验室布局最多的是生物科学，其次是地球科学和工程科学，三大领域国家重点实验室均超过40家。（见表3-8）在产业领域内，材料领域数量最多，其次是制造、能源和矿产领域，均布局超20家。（见表3-9）

表3-8 全国国家重点实验室学科领域分布

单位：家

| 学科领域 | 总计 | 学科类 | 省部共建 |
| --- | --- | --- | --- |
| 生物科学 | 50 | 40 | 10 |
| 地球科学 | 45 | 44 | 1 |
| 工程科学 | 45 | 43 | 2 |
| 医学科学 | 37 | 34 | 3 |
| 信息科学 | 34 | 32 | 2 |
| 化学科学 | 25 | 25 | 0 |
| 材料科学 | 24 | 21 | 3 |
| 数理科学 | 15 | 15 | 0 |
| 合计 | 275 | 254 | 21 |

资料来源：科技部发布的《2016年国家重点实验室年度报告》《2016年企业国家重点实验室年度报告》《2016年省部共建国家重点实验室年度报告》等。

表3－9　全国国家重点实验室产业领域分布

单位：家

| 产业领域 | 企业类 |
| --- | --- |
| 材料领域 | 43 |
| 制造领域 | 26 |
| 能源领域 | 25 |
| 矿产领域 | 22 |
| 医药领域 | 18 |
| 农业领域 | 17 |
| 信息领域 | 13 |
| 交通领域 | 13 |
| 合计 | 177 |

2. 国家科研机构

以中国科学院为代表的国家科研机构建成较为完整的自然科学学科体系，其中物理、化学、材料科学、数学、环境与生态学、地球科学等学科领域水平已进入世界先进行列[1]。自然指数年度榜单显示[2]，2013～2021年中国科学院在全球科研机构综合排名中已连续 9 年位列榜首。其中，中国科学院在化学、物理、地球与环境科学 3 个学科领域持续排名全球第一，在生命科学领域继续排名第五[3]。中国在能源、生命、地球系统与环境、材料、粒子物理和核物理、空间和天文、工程技术等 7 个科学领域规划部署多个重大基础设施。截至 2020 年，全国在建和运行的重大科技基础设施接近 50 个，其中依托中国科学院组织立项、建设和运行的设施约占 2/3[4]。

科技领域至高荣誉奖项是国家战略科技力量在该领域科技创新实力的

---

① 《中国科学院简介》，中国科学院，2021 年 11 月 1 日，https：//www.cas.cn/zz/yk/201410/t20141016_4225142.shtml。

② 该榜单是国际著名科学杂志 Nature 基于上一年度不同国家及其科研机构在自然科学领域高质量科研产出情况所发布的。自然指数是衡量科研表现的一个指标，主要采用论文数和份额两种科研产出计算方法，其中论文数（count）是指一篇文章不论有一个还是多个作者，每位作者所在的国家/地区或机构都获得 1 分；贡献份额（share）旨在体现每位论文作者的相对贡献。

③ 《中科院连续九年位列自然指数全球首位》，中国科学院，2021 年 5 月 27 日，https：//www.cas.cn/yw/202105/t20210527_4790124.shtml。

④ 王贻芳、白云翔：《发展国家重大科技基础设施 引领国际科技创新》，《管理世界》2020年第 5 期。

直接体现。党的十八大以来，国家科研机构在布局的研究领域内屡获国际、国内科技大奖。比如，中国科学院院士王贻芳获 2015 年度基础物理学突破奖，成为在基础物理领域首位获奖的中国科学家；中国科学院院士曾庆存于 2016 年荣获国际气象组织奖（国际气象界的最高奖）。从 2021 年国家科学技术奖①分布来看，国家科研机构获奖领域主要集中在医学、环保、农业等领域。比如中国工程院院士钟南山领衔的"钟南山呼吸疾病防控创新团队"深入研究"呼吸疾病发生发展的流行病学特征、分子机制以及早期干预"，对中国呼吸疾病的防控和诊疗做出重要贡献，并推动中国突发公共卫生事件应急机制的建设与发展②。

### 3. 高水平研究型大学

高水平研究型大学学科布局门类齐全、特色突出、基础和应用并举。《学位授予和人才培养学科目录》（2018 年）显示，一级学科数共有 111 个，涵盖哲学、经济学、法学、教育学、文学、历史学、理学、工学、农学、医学、军事学、管理学和艺术学等 13 个学科领域。在 42 所"一流大学"建设高校中，大部分高校设置的学科门类均在 10 个以上，学科门类覆盖面广。学科特色鲜明，如中央民族大学主要的学科为民族学相关学科；中国海洋大学的主要学科为海洋类学科；中国农业大学和西北农林大学以农学类学科和轻工类学科为主。基础和应用学科并举发展，42 所"一流大学"建设高校中，超过 30 所高校有博士学位授予权的专业既涉及数学、物理、化学和生物等理学基础学科，又涉及计算机科学与技术和材料科学与工程等以工学为主的应用学科。

### 4. 科技领军企业

通信、医疗等产业领域科技领军企业加快崛起。《2021 欧盟工业研发投入记分牌》显示，2020 年全球研发投入集中于通信技术、医疗保健、消费品制造与服务和基础工业③，这四大行业的研发投入共占全球

---

① 国家科学技术奖是目前我国最高层次的科学技术奖励，被国内各大科研机构和高校视为科技至高荣誉，包括国家最高科学技术奖、国家自然科学奖、国家技术发明奖、国家科学技术进步奖和中华人民共和国国际科学技术合作奖。

② 《2020 年度国家科学技术奖揭晓 | 持续激励基础研究 强调成果应用积淀》，光明网，2021 年 11 月 4 日，https://politics.gmw.cn/2021-11/04/content_35286141.htm。

③ 历年"欧盟工业研发投入记分牌"中的行业分类有 34 个，主要参照国际工业 ICB 3 分类标准。这里则按照工业 ICB 分类标准，将原先的 34 类归并成基础工业、通信技术、消费品制造与服务、医疗保健、公用事业、材料、金融和能源 8 个大类。具体 ICB 行业分类详见 https://research.ftserussell.com/products/downloads/ICBStructure-Eng.pdf。

研发投入的 92.57%。2013~2020 年，上述四大行业的研发投入年均增速分别为 13.29%、9.65%、6.82% 和 6.74%，中国企业（包括台湾企业）这四个行业研发投入的年均增速分别为 44.66%、63.54%、40.58% 和 34.70%（见图 3-1）。2020 年，中国科技领军企业主要投入分布在通信技术行业和基础工业；美国的研发投入则主要分布在通信技术和医疗保健行业；欧盟和日本的研发投入均主要分布在消费品制造与服务行业（见图 3-2）。

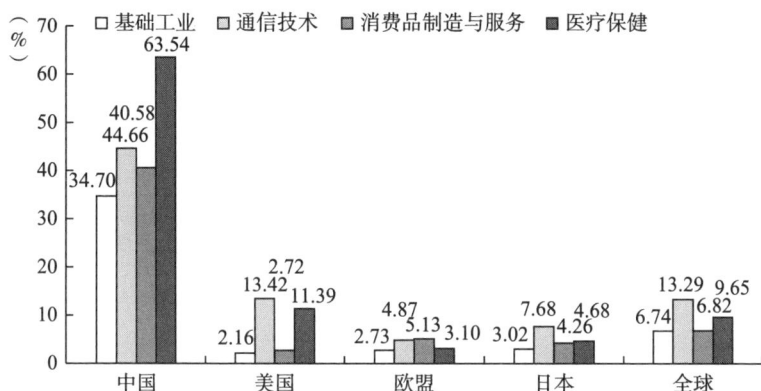

图 3-1　2013~2020 年全球主要经济体四大行业研发投入平均增速

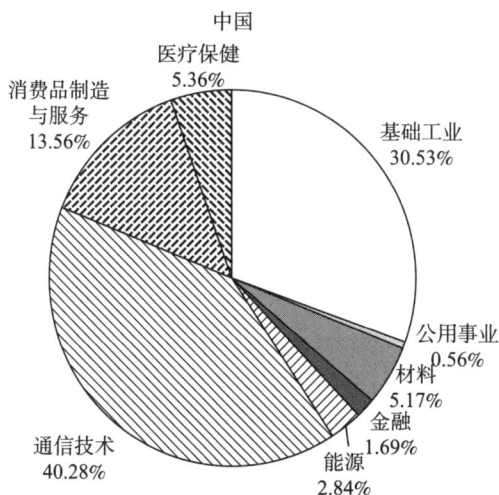

欧盟

医疗保健
19.93%

基础工业
17.94%

公用事业
1.27%

材料
3.56%

金融
3.53%

能源
1.60%

通信技术
16.30%

消费品制造
与服务
35.87%

美国

基础工业
8.36%

公用事业
0.04%

材料
1.23%

金融
0.80%

医疗保健
27.20%

能源
0.63%

消费品制造
与服务
7.47%

通信技术
54.26%

日本

医疗保健
12.41%

基础工业
22.03%

公用事业
0.71%

材料
8.14%

金融
0.05%

能源
0.31%

通信技术
14.39%

消费品制造
与服务
41.96%

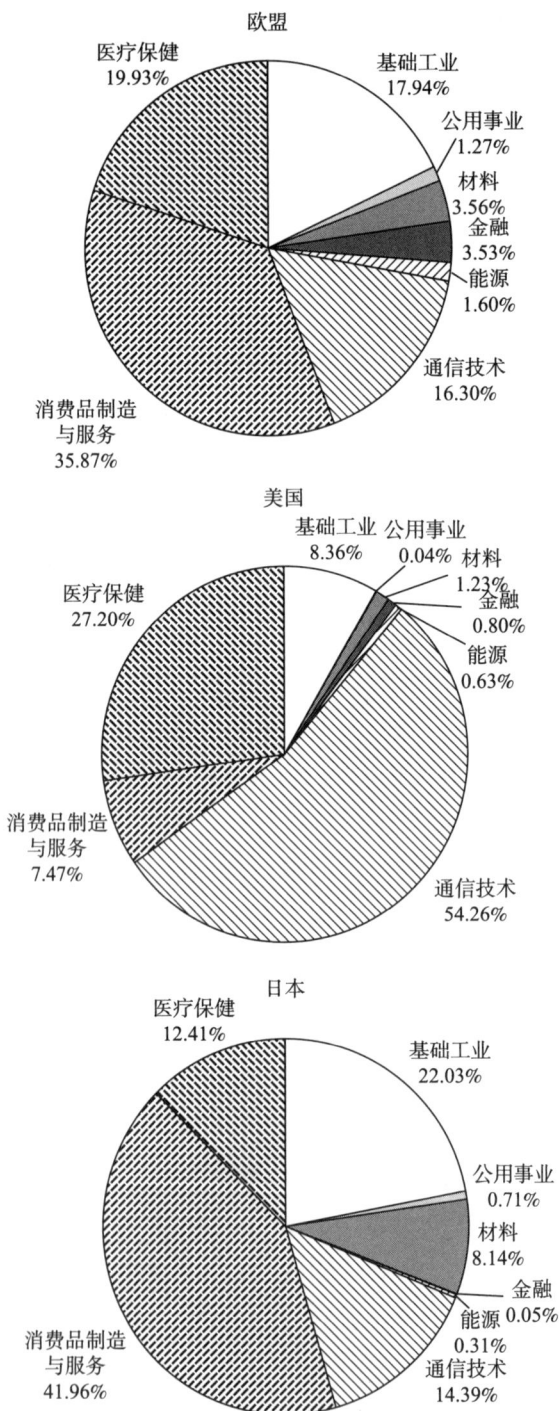

图 3-2　2020 年全球主要经济体按行业划分的研发投入占比

"2021 中国大企业创新 100 强"榜单显示，100 家科技领军企业覆盖 30 个行业门类，其中工业企业占比 57%，制造业企业数量占工业企业数量超过 80%，其中计算机、通信和其他电子设备制造行业的企业共 11 家，汽车制造行业企业 8 家（见表 3－10）。

表 3－10　2021 中国大企业创新 100 强企业行业分布

单位：家

| 行业 | 数量 | 行业 | 数量 |
|---|---|---|---|
| 商务服务业 | 18 | 研究和试验发展 | 2 |
| 计算机、通信和其他电子设备制造业 | 11 | 铁路、船舶、航空航天和其他运输设备制造业 | 2 |
| 汽车制造业 | 8 | 有色金属冶炼和压延加工业 | 2 |
| 科技推广和应用服务业 | 5 | 专业技术服务业 | 2 |
| 批发业 | 5 | 专用设备制造业 | 2 |
| 土木工程建筑业 | 5 | 其他服务业 | 2 |
| 通用设备制造业 | 4 | 电信、广播电视和卫星传输服务业 | 1 |
| 医药制造业 | 4 | 电气机械和器材制造业 | 1 |
| 电气机械和器材制造业 | 4 | 非金属矿物制品业 | 1 |
| 黑色金属冶炼和压延加工业 | 3 | 化学原料和化学制品制造业 | 1 |
| 软件和信息技术服务业 | 3 | 建筑装饰、装修和其他建筑业 | 1 |
| 电力、热力生产和供应业 | 2 | 石油和天然气开采业 | 1 |
| 金属制品业 | 2 | 仪器仪表制造业 | 1 |
| 零售业 | 2 | 造纸和纸制品业 | 1 |
| 资本市场服务 | 2 | 石油、煤炭及其他燃料加工业 | 1 |

资料来源：智研咨询，https://www.chyxx.com/top/202202/994534.html。

## 二　聚焦"四个面向"

国家战略科技力量是实现高水平科技自立自强的重要保障，必须以国家战略需求为导向。党的十八大以来，国家战略科技力量面向世界科技前沿、面向经济主战场、面向国家重大需求、面向人民生命健康，积极承担国家重大科技任务，探索大科学时代科研组织模式，不断提高科技创新的质量和效率，形成一批具有前瞻性、战略性、颠覆性的重大科技创新成果，在一些重大创新领域实现从"跟跑"为主向"并跑"和"领跑"的历史性转变，不断增加高质量科技供给，加快构筑支撑高端引领的先发优势，为推动中国科技进步，进入创新型国家行列，提高经济社会发展和国家安全保障做出重大贡献。

（一）面向世界科技前沿

面向世界科技前沿，是在世界科技和产业竞争中赢得先机的战略选择[①]。国家战略科技力量坚持走中国特色自主创新道路，积极开展前瞻性、先驱性、开创性研究探索，推动科技创新持续向高、向优、向深拓展演进，积极抢占世界科技前沿制高点，加快实现从跟踪型研究向开创型、引领型研究的转变，不断创造和拓展新的优势领域。

如在网络通信领域，深圳鹏城实验室与清华大学、华为公司联合共建"鹏城云脑Ⅱ"，于2020年在世界超级计算大会上斩获IO500总榜榜首[②]。这是国内系统首次占据该榜单榜首位置，实现零的历史性突破。"鹏城云脑Ⅱ"充分展示出强大的数据吞吐能力和尖端算力，为在人工智能领域的广泛应用打下坚实基础。

在宇宙科学领域，中国科学院建设的具有完全自主知识产权、世界最大单口径的五百米口径球面射电望远镜（FAST），为中国乃至世界科学家探索宇宙奥秘提供了高水平观测手段和研究平台。截至2021年12月，FAST已证实发现脉冲星509颗[③]，其中首次发现的毫秒脉冲星于2018年4月得到国际认证，这开启中国射电望远镜系统发现脉冲星的新时代。

在量子计算领域，由中国科学技术大学潘建伟团队与中国科学院上海微系统所、国家并行计算机工程技术研究中心合作构建的量子计算原型机——"九章"，牢固确立了中国在国际量子计算研究中的第一方阵地位，为未来实现解决具有重大实用价值问题的规模化量子模拟机奠定技术基础。基于"九章"量子计算原型机的高斯玻色取样算法在图论、机器学习、量子化学等领域具有潜在应用价值，将是后续发展的重要方向[④]。

在生命科学领域，中国科学院分子脑科学与智能技术卓越创新中心于

---

① 盛辉：《"四个面向"：科技创新的实践遵循和理论导向》，《人民论坛》2021年第26期。

② IO500是高性能计算领域针对存储性能评测的全球排行榜，是高性能计算领域最权威的榜单之一。

③ 《五百米口径球面射电望远镜已发现五百零九颗脉冲星》，人民网，2021年12月21日，http://sc.people.com.cn/n2/2021/1221/c345167-35060286.html。

④ 《"九章"量子计算机的里程碑意义（新知）》，人民网，2020年12月18日，http://gs.people.com.cn/n2/2020/1218/c183343-34481942.html。

2016 年在世界上首次建立携带人类自闭症基因的非人灵长类动物模型——食蟹猴模型，为深入研究自闭症的病理与探索可能的治疗干预方法奠定重要基础；成功绘制出更精确的人脑功能分区图谱，即人类脑网络组图谱，突破 100 多年来传统脑图谱绘制的瓶颈，提出"利用脑连接信息绘制脑图谱"的思想，第一次建立宏观尺度上的活体全脑连接图谱，为实现脑科学和脑疾病研究的源头创新提供了重要基础。

（二）面向经济主战场

国家战略科技力量坚持面向和服务经济发展的需求和方向，积极推进科技创新和产业发展深度融合，在部分产业技术领域实现从"跟跑"到"并跑"和"领跑"的跨越，为系统提升科技支撑产业基础高级化和产业链现代化的能力，筑牢国家经济发展安全基础，塑造产业国际竞争新优势提供有力保障。

在高端装备制造领域，大型盾构机制造工艺复杂，其自主化程度反映一个国家的工业技术水平和产业链完善程度。中国铁建重工集团有限公司、中铁工程装备集团有限公司等重型装备科技领军企业成功自主研制永磁电机驱动盾构机等一批全球首台套产品，这标志着中国盾构机制造技术已经由"跟跑"步入"并跑"和"领跑"并存的崭新阶段。其中，大直径土压平衡盾构机反向出口到盾构机发源地法国。

在信息技术领域，科技领军企业华为的 5G 技术优势助力中国在 5G 建设方面获得领先地位，帮助国内终端设备制造在 5G 市场占得先机。国际研究机构 Omdia 于 2021 年发布的《移动通信基础设施市场报告》显示，中国华为在全球 5G 市场都是处于领先位置。中国建成全球规模最大的 5G 独立组网网络，5G 手机出货量占到同期 5G 手机出货总量的 72% 以上。

在能源领域，中国科学院大连化学物理研究所开发出具有自主知识产权的甲醇制取低碳烯烃（DMTO）成套工业化技术，处于世界领先水平。新一代催化剂的工业化和第三代 DMTO 技术的成功开发使中国在甲醇制烯烃技术领域持续保持国际领先地位。DMTO 系列技术开辟了以非石油资源生产低碳烯烃的新路线，开创并引领了煤制烯烃战略性新兴产业，对实现煤炭资源清洁高效利用、缓解石油资源供应紧张局面、促进煤化工与石油化工协调发展、保障能源安全具有重大意义。

（三）面向国家重大需求

国家战略科技力量聚焦经济建设和事关国家安全急迫需要和长远需求

领域和重点方向，坚持问题导向、应用导向、目标导向，突破航空航天、深海探测、深地科学和核电技术、信息技术等领域关键核心技术，奋力抢占深空、深海、深地等重大战略性领域制高点，在服务"国之大者"中彰显使命担当。

在航空航天领域，中国科学院、中国航天科技集团等国家战略科技力量在中国载人航天工程、探月工程、北斗导航系统系列卫星研制中，承担了大量重要工程任务和多项协作配套任务，突破了大批关键核心技术，为工程实施提供了强有力的科技支撑。

在深海探测领域，中国船舶重工集团公司第 702 研究所、中国科学院等合作研制了作业型深海载人潜水器"蛟龙号"，使中国载人深潜技术跻身世界先进行列。深海载人装备国家重点实验室牵头研制的"奋斗者"号载人潜水器成功完成万米海试，标志着中国具备了深海科考的能力。

在深地科学领域，中国科学院牵头研制的探矿重力仪、深部矿床测井系统等装备，填补了国内空白，部分装备打破了国外垄断，支撑中国"向地球深部进军"。中国地质大学在数字制图及地理信息系统（GIS）领域不断创新，攻克了 GIS 架构由串行转向并行带来的空间数据安全、并行计算和智能分析、全自动处理和高性能服务等理论和技术难题，研制出自主可控高性能 GIS 平台。

在核电技术领域，中国自主研发并具有完全自主知识产权的"华龙一号"示范工程全面建成投运，标志着中国核电技术水平和综合实力迈入世界第一方阵，实现了先进性和成熟性的统一、安全性和经济性的平衡，每年可减少标准煤消耗 300 多万吨、减少二氧化碳排放 800 多万吨[1]，对优化能源结构、推动实现全球碳达峰碳中和目标和共同应对全球气候危机具有重要意义。

在信息技术领域，武汉光电国家研究中心解决了超宽频移动通信中异构频谱聚合这一信息技术领域国际公认的难题，研制出先进高性能百兆级基站及核心装置，大规模应用于全球移动通信网络建设[2]。

（四）面向人民生命健康

国家战略科技力量坚持"科技为民"，以改善民生福祉作为科技创新

---

[1] 《数说"华龙一号"：探寻中国核电走向世界的成功密码》，人民政协网，2022 年 7 月 29 日，http://www.rmzxb.com.cn/c/2022-07-29/3170294.shtml。

[2] 闫金定：《国家重点实验室体系建设发展现状及战略思考》，《科技导报》2021 年第 3 期。

重要方向，不断增强民生科技攻关能力，加快解决一批医疗卫生领域"卡脖子"问题，不断推出更多民生科技创新产品，推动人民生活品质不断提高，更高层次满足人民群众生命健康需要和美好生活向往。

在口粮安全保障方面，由中国科学家精心选育的超级杂交水稻"超优千号"多次创造水稻高产世界纪录，生物工程、基因编辑等前沿技术在农作物育种中得到广泛应用，现代种业创新体系不断完善提升，我国农业科技整体水平已从世界第二方阵跨入第一方阵。到 2021 年，中国农业科技进步贡献率突破 60%，比 2012 年提高 7.0 个百分点，主要农作物良种基本实现全覆盖[①]。

在生物药研究方面，生物制药领域论文产出数量、专利申请数量持续保持在全球第二位，新药临床试验申请 2020 年超过 160 份，创历史新高，生物药研究已具备紧跟国际最新技术的能力，在研和获批产品基本覆盖全球最新治疗靶点[②]。

在高端医疗器械领域，研发出碳离子治疗系统、一体化全身正电子发射/磁共振成像装备（PET/MR）、三维彩超、磁共振兼容脑起搏器、手术机器人等一批高端医疗器械，部分产品迈入全球竞争行列。由上海联影医疗科技股份有限公司研发的医学影像设备 PET/MR（全部核心部件自主研发），对肿瘤、神经系统及心血管系统等全身复杂疾病的超早期精准诊断及研究具有非常重要的意义，倒逼长期垄断市场的外资品牌产品价格下降 40%。

## 第二节 战略科技力量建设的新型举国体制探索

党的十八届三中全会提出，让市场在资源配置中起决定性作用，同时要更好发挥政府作用。新型举国体制是在社会主义市场经济条件下集中力量办大事的优势体制，是在新的发展形势和要求下，坚持走中国特色自主创新道路的战略性制度安排。2015 年，习近平总书记在《关于〈中共中央关于制定国民经济和社会发展第十三个五年规划的建议〉的说明》中强

---

① 《数读中国——这十年，中国饭碗端得更稳、成色更足》，人民网，2022 年 9 月 14 日，ht-tp://finance. people. com. cn/n1/2022/0914/c1004 – 32526022. html。

② 韩祺、于潇宇：《贯彻"面向人民生命健康"国家战略导向加快建设科技强国》，《中国经贸导刊》2021 年第 9 期。

调，要"发挥市场经济条件下新型举国体制优势，集中力量、协同攻关"①。党的十九大报告明确提出要加强国家创新体系建设，强化战略科技力量②，这标志着在新时代国家战略科技力量建设上升为国家战略。党的十九届四中全会通过的《中共中央关于坚持和完善中国特色社会主义制度、推进国家治理体系和治理能力现代化若干重大问题的决定》，提出强化国家战略科技力量，健全国家实验室体系，构建社会主义市场经济条件下关键核心技术攻关新型举国体制③。这意味着新型举国体制与战略科技力量建设具有内在关系，构建关键核心技术攻关新型举国体制是强化国家战略科技力量的重要举措。

进入新时代，中国积极探索新型举国体制下国家战略科技力量建设的路径、方式，围绕国家发展战略目标和紧迫战略需求的重大科技领域，加强战略科技力量统筹谋划和布局，强化创新资源体制机制建设，纵深推进科技治理体系系统化改革，完善创新人才供给体系，以高水平开放主动融入全球创新网络，有力促进科技体制改革从"立框架、建制度"向"强能力、增优势"转变，为广泛调动、组织和协调各种资源，强化战略科技力量提供有力的制度支撑。

## 一　战略统筹：顶层谋划和目标引领

党的十八大以来，以习近平同志为核心的党中央准确把握新一轮科技革命和产业变革趋势，从战略高度全面加强科技发展前瞻性研判、全局性谋划、系统化布局和全方位保障，发挥新型举国体制优势，加快构建国家战略科技力量体系。

（一）明确战略科技力量"四个面向"建设方向

2016 年，习近平总书记在全国科技创新大会上强调，"实现'两个一

---

① 习近平：《关于〈中共中央关于制定国民经济和社会发展第十三个五年规划的建议〉的说明》，新华网，2015 年 11 月 3 日，http://www.xinhuanet.com//politics/2015 - 11/03/c_1117029621.htm。

② 习近平：《决胜全面建成小康社会夺取新时代中国特色社会主义伟大胜利——在中国共产党第十九次全国代表大会上的报告》，人民网，2017 年 10 月 28 日，http://jhsjk.people.cn/article/29613458。

③ 《中共中央关于坚持和完善中国特色社会主义制度 推进国家治理体系和治理能力现代化若干重大问题的决定》，中央政府门户网站，2019 年 11 月 5 日，http://www.gov.cn/zhengce/2019 - 11/05/content_5449023.htm。

百年'奋斗目标，实现中华民族伟大复兴的中国梦，必须坚持走中国特色自主创新道路，面向世界科技前沿、面向经济主战场、面向国家重大需求，加快各领域科技创新，掌握全球科技竞争先机。这是我们提出建设世界科技强国的出发点"①。这为坚定不移走中国特色自主创新道路指明前进方向。

2020 年，习近平总书记在主持召开科学家座谈会上提出，"希望广大科学家和科技工作者肩负起历史责任，坚持面向世界科技前沿、面向经济主战场、面向国家重大需求、面向人民生命健康，不断向科学技术广度和深度进军"，"要发挥我国社会主义制度能够集中力量办大事的优势，优化配置优势资源，推动重要领域关键核心技术攻关"②。习近平总书记基于世界百年未有之大变局、中国发展的新阶段、全球新冠疫情危机带来的新冲击，将"面向人民生命健康"作为引领国家科技事业发展的新指针，使科技事业发展指导思想实现从"三个面向"向"四个面向"跨越。

（二）紧扣时代性增强规划战略引领

科技创新举国体制是基于实现国家战略使命的体系化动员和配置资源的一种方式，其实质是在继承历史经验和响应时代要求的基础上，设计组织化协同开展关键核心技术攻关及其成果转化应用的制度体系，时代性是其基本属性之一③。习近平总书记指出，"实施创新驱动发展战略，不能'脚踩西瓜皮，滑到哪儿算哪儿'，要抓好顶层设计和任务落实"④。党的十八大以来，中国充分发挥科技创新规划对战略科技力量建设的导向作用，推进战略科技力量与国家科技创新战略的有效衔接，形成由点到面再到体系化推进战略科技力量建设的目标引领。

《"十二五"国家自主创新能力建设规划》对加强国家重点实验室建设等科技创新基础条件建设进行部署。《国家创新驱动发展战略纲要》明确2050 年建成世界科技创新强国总体目标，建成世界主要科学中心和创新高

---

① 习近平：《为建设世界科技强国而奋斗——在全国科技创新大会、两院院士大会、中国科协第九次全国代表大会上的讲话》，新华网，2016 年 5 月 30 日，http://www.xinhuanet.com//politics/2016 – 05/31/c_1118965169.htm。

② 习近平：《在科学家座谈会上的讲话》，新华网，2020 年 9 月 11 日，http://www.xinhuanet.com/politics/leaders/2020 – 09/11/c_1126483997.htm。

③ 刘戒骄、方莹莹、王文娜：《科技创新新型举国体制：实践逻辑与关键要义》，《北京工业大学学报》（社会科学版）2021 年第 5 期。

④ 《习近平关于科技创新论述摘编》，中央文献出版社，2016，第 15 页。

地"三步走"的战略目标、战略任务和实施路径。《"十三五"国家科技创新规划》提出探索社会主义市场经济条件下科技创新的新型举国体制，完善重大项目组织模式，在战略必争领域抢占未来竞争制高点；在重大创新领域布局建设国家实验室，加大持续稳定支持强度，开展具有重大引领作用的跨学科、大协同的创新攻关，打造体现国家意志、具有世界一流水平、引领发展的重要战略科技力量。《中华人民共和国国民经济和社会发展第十四个五年规划和2035年远景目标纲要》将强化国家战略科技力量作为一个新的政策工具和战略重点，纳入坚持创新驱动发展、全面塑造发展新优势进行总体部署，从整合优化科技资源配置，加强原创性、引领性科技攻关，持之以恒加强基础研究，建设重大科技创新平台等方面推进建设，为全面系统整体推进和强化战略科技力量提出任务要求。

（三）突出"集中力量办大事"多元协同

社会主义制度的一个显著优势就是具备强大的整合能力、动员能力和执行能力，能在较短的时间内统筹协调各方面的资源和力量，形成"集中力量办大事"的优势，攻克难题难关。习近平总书记强调，"我们最大的优势是我国社会主义制度能够集中力量办大事。这是我们成就事业的重要法宝。过去我们取得重大科技突破依靠这一法宝，今天我们推进科技创新跨越也要依靠这一法宝，形成社会主义市场经济条件下集中力量办大事的新机制"①。新型举国体制是在充分发挥市场经济基础上政府集中力量办大事的优势体制，具有使资源配置效益最大化和效率最优化的竞争优势，是中国特色社会主义制度优势的重要体现②。

习近平总书记指出，"我们要全面研判世界科技创新和产业变革大势，既要重视不掉队问题，也要从国情出发确定跟进和突破策略，按照主动跟进、精心选择、有所为有所不为的方针，明确我国科技创新主攻方向和突破口"③。这为聚焦战略重点，在新型举国体制下坚持"有所为有所不为"建设战略科技力量提供了根本遵循。习近平总书记强调，"要健全社会主

① 习近平：《为建设世界科技强国而奋斗——在全国科技创新大会、两院院士大会、中国科协第九次全国代表大会上的讲话》，新华网，2016年5月30日，http://www.xinhuanet.com//politics/2016-05/31/c_1118965169.htm。
② 武力：《发挥新型举国体制优势 强化国家战略科技力量》，《中国纪检监察报》2020年12月24日，第5版。
③ 《习近平关于科技创新论述摘编》，中央文献出版社，2016，第48~49页。

义市场经济条件下新型举国体制，充分发挥国家作为重大科技创新组织者的作用，支持周期长、风险大、难度高、前景好的战略性科学计划和科学工程，抓系统布局、系统组织、跨界集成，把政府、市场、社会等各方面力量拧成一股绳，形成未来的整体优势"①。这为充分发挥国家作为重大科技创新组织者的作用，围绕国家重大战略需求，强化攻坚克难的战略科技力量，将新型举国体制下集中力量办大事的制度优势转化为创新优势，提高攻关效能提供了清晰路径指引。

## 二　系统配置：创新资源配置体制机制

2014 年，习近平总书记在两院院士大会上的讲话中指出，"实施创新驱动发展战略，最根本的是要增强自主创新能力，最紧迫的是要破除体制机制障碍，最大限度解放和激发科技作为第一生产力所蕴藏的巨大潜能"②。这从战略高度明确了走中国特色自主创新道路必须发挥好体制机制支撑保障作用。同样，建设国家战略科技力量也需要体制机制创新。

### （一）聚焦策源能力健全研发投入保障机制

引导和激励国家战略科技力量发挥多学科、建制化优势，组织开展体现国家意志、服务国家需求的重大研究是确保国家战略目标实现的重要条件。党的十八大以来，国家聚焦源头创新能力，更加注重"从 0 到 1"的原始创新激励机制建设，强化财政支出对重大战略科技创新支持引导，有力推动和促进战略科技力量基础研究能力提升。

持续加大研发投入强度是强化国家战略科技力量建设的基础。到 2021 年，中国全社会研究与试验发展（R&D）经费突破 2.7 万亿元，是 2012 年的 2.7 倍，年均增长 11.7%；研发投入强度从 2012 年的 1.98% 提高至 2021 年的 2.44%，提升 0.46 个百分点。中国研发投入强度在世界主要国家中排名第 13 位，超过法国（2.35%）、荷兰（2.29%）等创新型国家③。《2021 全球创新指数报告》显示，中国创新投入指数在全球排名从 2012 年

---

① 习近平：《在中国科学院第二十次院士大会、中国工程院第十五次院士大会、中国科协第十次全国代表大会上的讲话》，人民出版社，2021，第 13 页。

② 习近平：《在中国科学院第十七次院士大会、中国工程院第十二次院士大会上的讲话》，人民出版社，2014，第 8 页。

③ 《2021 年中国共投入研发经费 2.8 万亿元 投入强度持续提升》，中国新闻网，2022 年 8 月 31 日，https://www.chinanews.com.cn/cj/2022/08 – 31/9841082.shtml。

的第 34 位提高至 2021 年的第 12 位，进步 22 位。

突出财政投入对重大战略科技创新支持引导。2021 年，全国财政科学技术总支出达到 10766.7 亿元，其中公共财政支持的科技项目支出占比达到 89.8%，比 2012 年（79.5%）提高 10.3 个百分点。财政科学技术支出持续快速增长，为聚焦国家战略需求，大力支持战略科技力量和高水平创新基地建设、重大科研项目实施等提供有力导向激励和投入保障。

创新聚焦基础研究稳定投入机制。2018 年，国务院制定《关于全面加强基础科学研究的若干意见》，要求加大中央财政对基础研究的稳定支持力度，构建基础研究多元化投入机制，引导鼓励地方、企业和社会力量增加基础研究投入。2020 年，印发《加强"从 0 到 1"基础研究工作方案》，提出加大中央财政的稳定支持力度，加大地方政府和社会力量对基础研究的投入。《新形势下加强基础研究若干重点举措》明确拓宽基础研究经费投入渠道，逐步提高基础研究占全社会研发投入比例。2021 年，中国基础研究经费首次突破 1800 亿元，是 2012 年的 3.6 倍，同比增长 20.8%；2012 年以来，基础研究经费年均增长高达 15.4%，高出同期全社会 R&D 经费平均增速 3.7 个百分点，持续保持较高增长态势（见表 3-11）。

表 3-11　2012～2021 年中国基础研究经费投入及增速情况

单位：亿元，%

| 年份 | 基础研究经费 | R&D 经费增速 | 基础研究经费增速 |
|---|---|---|---|
| 2012 | 498.8 | 18.5 | 21.1 |
| 2013 | 555.0 | 15.0 | 11.3 |
| 2014 | 613.5 | 9.9 | 10.5 |
| 2015 | 716.1 | 8.9 | 16.7 |
| 2016 | 822.9 | 10.6 | 14.9 |
| 2017 | 975.5 | 12.3 | 18.5 |
| 2018 | 1090.4 | 11.8 | 11.8 |
| 2019 | 1335.6 | 12.5 | 22.5 |
| 2020 | 1504.0 | 10.3 | 12.6 |
| 2021 | 1817.0 | 14.6 | 20.8 |
| 年均增速 | | 11.7 | 15.4 |

注：原始数据来自 2013～2021 年全国科技经费投入统计公报、《中华人民共和国 2020 年国民经济和社会发展统计公报》。

（二）全面重构聚焦国家战略需求科技计划体系

重大科技计划是培育战略科技力量，抢占科技发展制高点的重要途径。中国持续深化科技计划体系改革，聚焦国家战略需求，进一步完善科技计划形成和组织实施机制，建立目标明确、绩效导向的国家科技计划新体系，基本形成从基础前沿、重大共性关键技术到应用示范全链条、一体化组织实施保障体系。

面向创新型国家建设重构科技计划体系。2014 年，国务院印发《关于改进加强中央财政科研项目和资金管理的若干意见》，以撤、并、转等方式优化整合中央各部门管理的科技计划（专项、基金等）。同年，出台《关于深化中央财政科技计划（专项、基金等）管理改革的方案》，整合形成国家自然科学基金、国家科技重大专项、国家重点研发计划、技术创新引导专项（基金）、基地和人才专项等五大类科技计划（专项、基金等）。与改革前相比，国家目标导向的科技计划更加有效地瞄准重点领域、聚焦重大任务，全链条创新设计、一体化组织实施，资助力度显著增强。2016 ~ 2018 年，国家重点研发计划累计资助 56 个重点专项的近 3500 个项目，中央财政投入经费超过 720 亿元，项目平均资助强度超过 2000 万元[①]。

创新国家科技计划项目经费使用和管理方式。在国家科技计划资助体系中引入后补助机制，针对不同类型的科技活动采用事前立项事后补助、奖励性后补助和共享服务后补助三种方式，使经费投入与科研产出相挂钩。2015 年新修订的《国家自然科学基金资助项目资金管理办法》首次将研究经费分为直接经费和间接经费，进一步扩大劳务费的开支范围。2016 年，中共中央办公厅、国务院办公厅印发《关于进一步完善中央财政科研项目资金管理等政策的若干意见》，提出简化预算编制、提高间接费用比重、明确劳务费开支范围等一系列"松绑＋激励"的措施。2016 年出台的《国家重点研发计划资金管理办法》，要求绩效支出安排应当与科研人员在项目工作中的实际贡献挂钩。2017 年印发的《国家科技重大专项（民口）资金管理办法》规定重大专项资金实行分级管理，分级负责，实施重大专项概算管理等，以更好保障重大科技项目的组织实施。2019 年，国家自然科学基金委员会、财政部印发《关于进一步完善科学基金项目和资金管理

---

① 杨毅等：《国家重点研发计划资助项目空间分布研究与启示》，《科技进步与对策》2019 年第 14 期。

的通知》，要求赋予科研单位项目经费管理使用自主权。

（三）创新赋能战略科技力量市场化投融资体系

国家不断完善与科技创新需求相适应的多层次金融供给体系，积极探索新型举国体制下创新资本要素市场化配置路径、模式，为强化国家战略科技力量建设，加速实现创新价值转化提供有效的资金需求保障。

进一步深化改革创新投融资体制。推动资本要素资源加速向科技创新领域集聚，资本市场基础制度建设取得突破性进展。2014 年，国务院印发《关于进一步促进资本市场健康发展的若干意见》，要求完善扶持创业投资发展的政策体系。同年，中国人民银行等六部门制定《关于大力推进体制机制创新 扎实做好科技金融服务的意见》，要求拓宽适合科技创新发展规律的多元化融资渠道。2016 年，国务院发布《关于促进创业投资持续健康发展的若干意见》，要求加快培育形成各具特色、充满活力的创业投资体系，多渠道拓宽创业投资资金来源。2019 年，证监会设立全面深化资本市场改革领导小组，制定并实施《全面深化资本市场改革总体方案》，提出推动更多中长期资金入市等 12 项改革任务。2021 年，证监会颁布《关于加强私募投资基金监管的若干规定》，进一步明确私募基金募集和投资的底线要求。

积极探索创新资本市场化配置新路径。建立支持关键核心技术创新的上市制度，2019 年，证监会印发《关于在上海证券交易所设立科创板并试点注册制的实施意见》，要求设立上交所科创板，主要服务于符合国家战略、突破关键核心技术、市场认可度高的科技创新企业，实施注册制试点改革，完善交易、并购重组、退市等基础性制度。同时配套出台科创属性评价指引，明确符合科创板定位和科创属性要求的企业在科创板上市，设立"50 万元资产 + 2 年投资经验"的投资者门槛。科创板试点注册制作为增量改革的重大探索，是在发行、上市、交易、退市、再融资、并购重组等方面进行的一系列制度创新，使资本市场促进科技、资本和产业高水平融合的枢纽作用明显增强。

进一步完善助力战略科技力量成长发展的创投生态链。加快发展天使投资、创业投资、私募股权投资、风险投资等市场，积极引导创业投资企业投资于国家科技计划（专项、基金等）项目等，加快形成"创新 + 创投"协同互动发展格局，进一步完善匹配科创企业种子期、初创期、成长期和成熟期全生命周期的金融生态链，为促进科技型企业做优做强提供有

效的融资支持。到2021年，中国风险投资（VC）基金和私募股权投资
（PE）基金单笔募资规模达到8743万美元，是2013年的1.86倍；VC单
笔投资规模超过1500万美元，创历史新高；VC/PE支持上市企业渗透率
由2013年的25%提高至2021年的68%，提升43个百分点（见表3－12、
图3-3）。科创板已汇聚中芯国际、中国通号、华润微等一批行业标杆型
"硬科技"企业，一批突破性技术创新成果竞相涌现。

表3－12 2013~2021年中国VC/PE市场募资及投资情况

单位：万美元

| 年份 | VC/PE市场新成立基金单笔募资规模 | VC单笔投资规模 |
|---|---|---|
| 2013 | 4707 | 741 |
| 2014 | 4965 | 571 |
| 2015 | 5115 | 674 |
| 2016 | 6694 | 697 |
| 2017 | 6826 | 724 |
| 2018 | 5857 | 1157 |
| 2019 | 8086 | 1112 |
| 2020 | 8240 | 1179 |
| 2021 | 8743 | 1573 |

资料来源：投中研究院《投中统计：2021年中国创业投资及私募股权投资市场统计分析报告》。

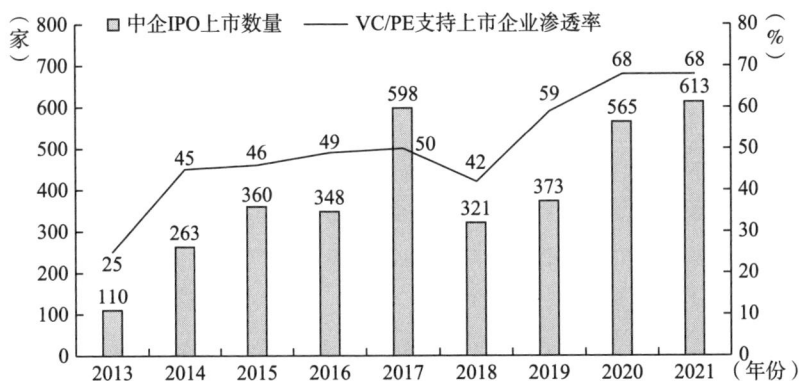

图3－3 2013~2021年中国VC/PE支持上市企业数量及渗透率

资料来源：投中研究院《投中统计：2021年中国创业投资及私募股权投资市场统计
分析报告》。

### 三　智力支撑：健全引才育才用才体系

高水平创新人才是建设国家战略科技力量的基石，是实现高水平科技自立自强的关键支撑要素。国家纵深推进高层次科技人才引进、培养、用才体制机制改革，加快构建具有全球竞争力的人才制度体系，引才聚才、育才用才生态环境持续优化，为实施国家重大战略科技任务，抢占科技竞争制高点提供智力资源保障。

（一）健全高水平招才引智立体化制度体系

国家以"聚天下英才而用之"为导向，实施更加积极、开放、有效的人才政策。2015年，中组部等下发《关于为外籍高层次人才来华提供签证及居留便利备案工作有关问题的通知》，有效解决了全国各地海外高层次人才引进计划政策不一、办理人才签证难的现实难题。国家外国专家局等发布《关于进一步完善外国专家短期来华相关办理程序的通知》，对来华90天以内的外国专家一律免办就业许可和就业证。2016年，实施《关于加强外国人永久居留服务管理的意见》，实行更加积极有效的外国人永久居留服务管理政策。2017年，国家外国专家局等四部门下发《关于开展外国高端人才服务"一卡通"试点工作的通知》，在天津等地区开展外国高端人才服务"一卡通"试点，探索推动建立工作许可、人才签证、永久居留转换衔接机制。同年，人力资源和社会保障部会同外交部、教育部下发《关于允许优秀外籍高校毕业生在华就业有关事项的通知》，进一步放宽外籍人才在华就业渠道。

（二）协同科教融合促进高质量人才培养

健全适应科技人才培育和成长规律的人才培养体系。2015年，国务院印发《统筹推进世界一流大学和一流学科建设总体方案》，明确建设一流师资队伍、培养拔尖创新人才、提升科学研究水平、传承创新优秀文化和着力推进成果转化五大建设任务，要求加快推进人才培养模式改革，推进科教协同育人，完善高水平科研支撑拔尖创新人才培养机制，加大对领军人才倾斜支持力度等。2017年，教育部、财政部、国家发展改革委颁布《统筹推进世界一流大学和一流学科建设实施办法（暂行）》，要求高校在制订建设方案时，优化学科建设结构和布局，资源配置、政策导向应体现人才培养的核心地位。

（三）优化人才评价体系激发知识创造转化

协同推进收入分配、职称评定、人才评价改革，促进科技人才队伍建设着力点从"重规模、重素质、重数量"转向"重质量、重能力、重贡献"。2016 年，中共中央办公厅、国务院办公厅印发《关于实行以增加知识价值为导向分配政策的若干意见》，对收入分配机制进行系统设计，构建起"三元"薪酬结构，使科研人员收入与岗位职责、工作业绩、实际贡献紧密联系。2017 年，中共中央办公厅、国务院办公厅印发《关于深化职称制度改革的意见》，要求形成设置合理、评价科学、管理规范、运转协调、服务全面的职称制度。2018 年，《关于分类推进人才评价机制改革的指导意见》出台，要求建立与中国特色社会主义制度相适应的人才评价制度，分类健全人才评价标准、改进和创新人才评价方式、健全完善人才评价管理服务制度等。同年，中共中央办公厅、国务院办公厅印发《关于深化项目评审、人才评价、机构评估改革的意见》，要求形成中国特色科技评价体系，有效破除人才评价"四唯"倾向。2021 年，《关于破除科技评价中"唯论文"不良导向的若干措施（试行）》出台，提出破除科技评价中"唯论文"导向的 27 项具体措施，强化分类考核评价导向。

（四）创新竞争性选材用人新机制

突出战略需求、目标任务和问题导向，建立并实行"揭榜挂帅""赛马"等新机制，实现创新价值最大化。2018 年，工业和信息化部办公厅发布《新一代人工智能产业创新重点任务揭榜工作方案》，在智能网联汽车等 17个人工智能主要细分领域，探索"揭榜挂帅"创新机制，集中力量攻克产业发展瓶颈。2019 年，国家自然科学基金委员会、科学技术部、财政部印发《关于在国家杰出青年科学基金中试点项目经费使用"包干制"的通知》，要求积极开展科研项目经费使用"包干制"试点探索，实行项目负责人承诺制。2021 年，《国家发展改革委 科技部关于深入推进全面创新改革工作的通知》发布，要求实行关键核心技术"揭榜挂帅"和"赛马"等制度。同年，在国家重大研发任务中全面推行"揭榜挂帅"机制，充分赋权、不设门槛、压实责任、限时攻关，着力提升重大科研项目攻关绩效。"十四五"国家重点研发计划已有 25 个重点专项发布"揭榜挂帅"榜单，拟安排国拨经费近 26.5 亿元①。

---

① 《"十四五"国家重点研发计划开启 52 个重点专项指南征求意见》，经济参考网，2021 年5 月 28 日，http://www.jjckb.cn/2021 - 05/28/c_139975159.htm。

## 四 治理保障：构建完善科技治理体系

创新治理是国家治理能力现代化建设的重要内容，创新治理体系是实现创新治理的根本制度保障①，是服务国家重大科技战略需求，发挥各类创新主体协同优势，促进创新效率整体提升的重要保障。国家科技体制改革全面发力、纵深发展、多点突破，形成涵盖战略科技力量组织保障、科研管理服务、战略成果转化、价值贡献激励、失信惩戒等的全链条、全过程、高协同的科技管理治理体系，为更好地促进战略科技力量孕育发展，系统提升国家创新体系的整体效能注入强劲动力。

### （一）建立宏观科技战略统筹领导机制

2018 年，《国务院办公厅关于成立国家科技领导小组的通知》发布，要求将"国家科技教育领导小组"调整升级为"国家科技领导小组"，主要职责是：研究、审议国家科技发展战略、规划及重大政策；讨论、审议国家重大科技任务和重大项目；协调国务院各部门之间及部门与地方之间涉及科技的重大事项。国家科技领导小组的成立进一步强化了战略科技力量建设的统筹协调能力和资源聚焦整合，有力推动科技创新治理综合化与专业化水平提升。

### （二）健全国家战略需求响应管理服务机制

加快建立与国家战略科技力量相适应的科技管理服务机制，实现从研发管理向创新服务的历史性转变。2012 年，中共中央、国务院印发《关于深化科技体制改革加快国家创新体系建设的意见》，要求加快转变政府管理职能，提高公共科技服务能力。2014 年，国务院印发《关于国家重大科研基础设施和大型科研仪器向社会开放的意见》，要求建立统一的网络管理平台，大型科学装置和科学仪器中心要将向社会开放纳入日常运行管理。2017 年，建成公开统一的国家科技管理平台，全面加强对重大专项、重点研发计划等国家科技计划（专项、基金等）的管理，实现全流程管理"可申诉、可查询、可追溯"。2018 年，科技部、财政部下发《国家科技资源共享服务平台管理办法》，对国家平台管理职责、组建条件、运行服

---

① 张仁开：《从科技管理到创新治理——全球科技创新中心的制度建构》，《上海城市规划》2016 年第 6 期。

务和评价考核提出规范要求。2019 年印发的《科技部 财政部关于发布国家科技资源共享服务平台优化调整名单的通知》提出，优化形成"国家高能物理科学数据中心"等 20 个国家科学数据中心、"国家重要野生植物种质资源库"等 30 个国家生物种质与实验材料资源库，提升科技资源使用效率和科技创新支撑能力。

（三）建立中国特色的国家科技决策咨询制度

2015 年，中共中央办公厅、国务院办公厅印发《深化科技体制改革实施方案》，要求建立国家科技创新决策咨询机制，成立国家科技创新咨询委员会。2017 年，中央全面深化改革领导小组审议通过《国家科技决策咨询制度建设方案》，强调建设国家科技决策咨询制度，国家科技决策咨询委员会既要对科技创新发展面临的重点难点问题及时提出意见和建议，又要瞄准世界科技前沿，从全球科技创新视角为国家经济社会发展等重大科技决策提供咨询建议，该方案的颁布标志着国家科技决策咨询制度建设进入新阶段。

（四）深化战略科技成果转化激励机制改革

2015 年新修订的《中华人民共和国促进科技成果转化法》，从法制层面重构科技成果转化制度。2016 年，《实施〈中华人民共和国促进科技成果转化法〉若干规定》《促进科技成果转移转化行动方案》《促进高等学校科技成果转移转化行动计划》出台，形成包括科技成果市场化定价机制在内的一系列创新性制度。2020 年，科技部等 9 部门制定《赋予科研人员职务科技成果所有权或长期使用权试点实施方案》，提出在全国 40 家高校、院所开展科研人员职务科技成果所有权或长期使用权试点探索。2021年，人力资源和社会保障部、财政部、科技部下发《关于事业单位科研人员职务科技成果转化现金奖励纳入绩效工资管理有关问题的通知》，要求将科研人员获得的职务科技成果转化现金奖励计入当年本单位绩效工资总量，但不受总量限制，不纳入总量基数。科技成果转化政策体系激励效应不断彰显，高质量科技创新转化能力显著提升。到 2020 年末，全国重大技术合同成交额超过 2.2 万亿元，2012 年以来年均增长 22.3%，占全国技术合同成交总额比重由 2012 年的 70.7% 提高至 2020 年的 80.7%，提升 10个百分点（见表 3 - 13）。

表 3 – 13　2012～2020 年重大技术合同成交额及占比变动情况

| 年份 | 技术合同成交额（亿元） | 重大技术合同成交额（亿元） | 占比（％） | 重大技术合同平均成交额（万元） |
|---|---|---|---|---|
| 2012 | 6437.1 | 4550.4 | 70.7 | 6482.1 |
| 2013 | 7469.1 | 5369.7 | 71.9 | 6786.8 |
| 2014 | 8577.2 | 6219.7 | 72.5 | 6813.9 |
| 2015 | 9835.8 | 7370.0 | 74.9 | 7685.9 |
| 2016 | 11407.0 | 8732.6 | 76.6 | 8193.5 |
| 2017 | 13424.2 | 10281.4 | 76.6 | 7697.8 |
| 2018 | 17697.4 | 13891.6 | 78.5 | 8059.6 |
| 2019 | 22398.3 | 17941.9 | 80.1 | 8482.8 |
| 2020 | 28251.5 | 22799.0 | 80.7 | 8862.2 |

资料来源：根据历年全国技术市场统计年度报告相关数据整理。

（五）健全科研诚信体系促进高质量创新产出

2018 年，中共中央办公厅、国务院办公厅印发《关于进一步加强科研诚信建设的若干意见》，提出加强科研活动全流程诚信管理等六大改革任务。2018 年，国家发展改革委等发布《关于对科研领域相关失信责任主体实施联合惩戒的备忘录》，明确联合惩戒对象、实施联合惩戒的措施和方式。建成科研诚信管理信息系统，形成全国统一的科技领域严重失信数据库，实现跨部门严重失信责任主体信息采集互通共享。2019 年，中共中央办公厅、国务院办公厅制定《关于进一步弘扬科学家精神加强作风和学风建设的意见》，要求 3 年内取得作风学风实质性改观，科技创新生态不断优化，学术道德建设得到显著加强。建立科研诚信建设联席会议制度，在科研诚信制度建设、案件查处、联合惩戒等方面强化协同配合和联动。

五　开放协作：深度嵌入全球创新网络

深度嵌入全球创新网络，是配置整合和有效利用全球创新资源，提高国际科技合作层次和质量，强化战略科技力量的重要途径。中国积极构建新型科技合作伙伴关系，打造科技创新共同体，积极探索科技开放合作的新机制、新模式、新途径，不断拓展国际科技合作广度和深度，为在更高起点、更高水平建设国家战略科技力量，在开放合作中实现科技自立自强提供有利条件支撑和机制保障。

（一）持续扩大国际科技战略合作制度型开放

2017 年，科技部印发《"十三五"国际科技创新合作专项规划》，提出形成覆盖创新全链条的国际科技合作平台网络等 9 大任务，要求从协调机制建设、资金投入、监测评估等方面加强保障。2019 年，中央全面深化改革领导小组审议通过《关于加强创新能力开放合作的若干意见》，要求以开放促进发展、以改革推动创新、以合作实现共赢，全面融入全球创新网络，推动创新型国家建设。

（二）拓展深化国际科技合作机制和渠道建设

积极与多个国家建立创新对话机制、开展联合研究，形成全方位、多层次、广领域的科技开放合作格局。2013 年，中欧举行首次"中欧创新合作对话"，旨在加强双方创新政策交流和科研创新合作行动。2015 年，中欧双方确立科研创新联合资助机制（CFM），促使双方合作向高效和平等方向发展。2017 年，签订《中国科技部和欧洲委员会关于依托联合资助机制实施 2018—2020 年度中欧研究创新旗舰合作计划和其他类研究创新合作项目的协议》，为后续中欧双方开展政府间科研创新合作提供指导和依据[①]。2017 年，我国启动《"一带一路"科技创新行动计划》，行动计划实施以来，已支持与"一带一路"国家联合研究项目 1118 项，建成 33 个国家联合实验室，建立 31 个双边或者多边的国际技术转移中心[②]。2018 年，成立"一带一路"国际科学组织联盟，为深入开展科技合作搭建机制性、保障性的平台。中国已与 161 个国家、地区和国际组织建立科技合作关系，签订 114 项政府间科技合作协定，加入涉及科技的 200 多个国际组织和多边机制[③]。

（三）提高国际重大科技创新参与度和主导力

2018 年，国务院印发《积极牵头组织国际大科学计划和大科学工程方案》，明确中国牵头组织国际大科学计划和大科学工程实施蓝图。中国已发起"脑图谱""第三极环境""数字丝路"等国际科学大计划，在摩洛

---

① 张敏：《中欧科技创新合作新亮点》，光明网，2019 年 4 月 11 日，https://share.gmw.cn/www/xueshu/2019 – 04/11/content_32734271.htm。

② 《"一带一路"科技合作进行时：支持 1118 项沿线国家联合研究项目，建成 33 个国家联合实验室》，21 世纪经济报道网，2021 年 6 月 3 日，https://m.21jingji.com/article/20210603/herald/f3b28727c9660bfb1af9026b02eb71fa.html。

③ 《求是网评论员：加强科技开放合作 共同应对时代挑战》，求是网，2021 年 9 月 28 日，http://www.qstheory.cn/wp/2021 – 09/28/c_1127913319.htm。

哥等国设立 8 个国际卓越中心等，为解决世界性重大科学难题提出中国方案、贡献中国智慧。积极参与全球科技治理，探索国际科技组织人才培养与推送机制。2016 年，中国科协、民政部印发《关于加强国际科技组织人才培养与推送工作的意见》，要求建立国际科技组织工作领导机制，支持科学家在国际科技组织中参与或发起有影响力的大型国际科学计划等。截至 2019 年底，各级科协和两级学会加入国际民间科技组织 893 个，担任主席、副主席、执委或相当职务的高级别任职专家 835 人[①]。推动科学数据和科研基础设施开放共享，共同发展全球创新合作网络。在抗击新冠疫情中，中国学术研究机构团体搭建开放科学平台，与全球共享最新科研成果、诊治防控经验和数据资源，为全球抗疫贡献了中国力量。

## 第三节　国家战略科技力量建设的几个关键问题

进入新发展阶段，贯彻新发展理念，构建新发展格局，推动高质量发展，对建设国家战略科技力量提出更高要求，强化国家战略科技力量成为新时代国家有效应对各种外部风险挑战和瓶颈制约，实现高水平科技自立自强，支撑全面建设社会主义现代化国家的必然选择，迫切需要加强主体培育，提高资源配置效率，创新制度供给，完善创新生态，加快提升战略科技力量策源能力、体系优势、竞争实力，系统性增强对关系根本性、全局性、战略性的科学技术问题的攻关能力。

### 一　主体培育与布局建设

系统性培育国家战略科技力量，打造功能突出、优势互补、示范引领的战略科技力量核心主体，是增强国家竞争优势，赢得发展主动权的关键。作为国家创新体系的关键组成部分，国家战略科技力量在建设质量、结构布局、科研能力等方面还有提升空间。

（一）国家实验室体系

以国家实验室为引领的高水平实验室体系是开展基础研究、应用基础研究与前沿技术研究，集聚和培养科学技术领军人才、产出重大原创成果的重要策源地。相比创新型前沿国家，中国的国家实验室体系建设在基础

---

① 罗晖：《以人类命运共同体理念重构科技外交战略的思考》，《科技导报》2021 年第 6 期。

性、前沿性、颠覆性、战略性等科学技术创新领域先发优势不突出①。中国国家实验室及国家重点实验室的数量规模已位居世界前列，但是实验室的人员规模普遍偏小，实验室内部难以形成学科交叉、协同合作的条件②，部分国家重点实验室研究方向和领域存在一定的交叉和重复，存在各自为战、协同创新能力弱、特色优势不明显等问题，具有全球影响力的高级别的国家实验室较少。而美国劳伦斯伯克利国家实验室，迄今诞生了 16 个诺贝尔奖得主，有 82 名实验室科学家成为美国科学院院士，16 位科学家获得美国科学研究领域最高终身成就奖③。

（二）国家科研机构

世界一流的科研机构普遍具有卓越的科研声誉，具有重大原创性科技产出，对国家及地区产业和社会经济的发展具有重大技术支撑及服务作用，拥有国际一流学术影响力，对世界科学技术的发展具有重大推动作用④。与国家科研机构承担的战略使命和要求相比，中国国家科研机构在战略聚焦、资源整合、治理模式、基础研究和原始创新、重大技术突破、国际竞争力等方面仍有较大改善和提升空间，在攻坚体系中的引领示范作用、建制化优势等方面需要进一步强化。

（三）研究型大学和学科体系建设

研究型大学作为国家知识创新的重要力量与高素质科研人才培养的重要基地，对提升一国学术的国际话语权、增强国家的可持续发展能力具有重要作用⑤。中国研究型大学在教学质量、学术水平、国际声誉等方面与世界一流大学仍有一定差距。世界大学三大排行榜显示⑥，中国进入全球 100 强的大学少，与美国、英国等教育强国差距明显。2021 年 U. S. News 世界大学排名前 100 强中，美国高校达到 45 所，中国仅有 2 所（见图 3 - 4）⑦。

---

① 闫金定：《国家重点实验室体系建设发展现状及战略思考》，《科技导报》2021 年第 3 期。
② 李侠、鲁世林：《国家实验室建设应遵循四个原则》，《光明日报》2021 年 7 月 8 日。
③ 参见劳伦斯伯克利国家实验室简介，https://www.lbl.gov/about/。
④ 张玉赋等：《江苏有特色的世界一流科院所建设研究》，《科技管理研究》2018 年第 7 期。
⑤ 沈佳坤、张军、冯宝军：《我国研究型大学知识创新生产效率评价》，《高校教育管理》2020 年第 3 期。
⑥ U. S. News 世界大学排名、泰晤士高等教育世界大学排名（THE）、QS 世界大学排名为公认的三大较为权威的世界大学排名。
⑦ U. S. News 世界大学排名涵盖分布在 86 个国家/地区的近 1500 所院校，依据全球研究声誉、标准化引用影响、高频被引文献数量等 10 多个指标进行排名。

中国研究型大学的科学管理体制、运行机制和激励机制有待完善。知识创造需要尊重学术活动的复杂性、长周期性，很多大学迫于排名压力，通常将发表国际学术期刊论文数量作为考核的绩效指标，而对长周期研究和学术自由探索的保障不足，造成"重科研轻教学""重论文轻突破"的学术风气，原创性科研由于周期长、成果不确定性强，往往在课题项目申请中"遇冷"①。

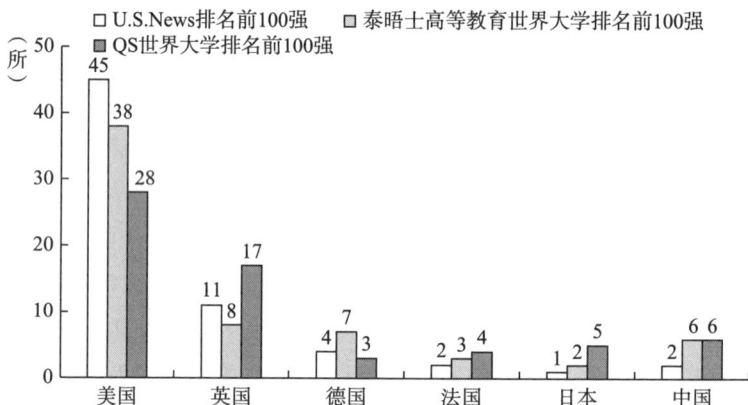

图 3 - 4　2021 年部分国家进入全球大学排名前 100 强高校数量分布情况

资料来源：根据 US News 数据库（https://www.usnews.com/education/best-global-universities/search）、Times Higher Education 数据库（https://www.timeshighereducation.com/）、QS World University Rankings 数据库（https://www.topuniversities.com/university-rankings/world-university-rankings/2020）整理。

学科决定知识生产的社会形态特征②，学科的创立、成长和发展是科学技术创新发展的基础，是国家创新体系的重要内涵③。具有中国特色的学科专业体系亟待进一步优化，部分学科门类划分过宽或过窄，人才培养的口径不一，导致高层次人才需求与供给间的不平衡现象④。我国基础学科建设水平与发达国家仍有明显差距。2021 年，美国基础学科在全球前 10 的占比达到 67.5%，在数学、物理、生物学等领域，中国没有高校相关学

①　人民论坛问卷调查中心：《当前高校青年教师群体思想观念调查报告》，人民论坛网，2019 年 5 月 21 日，http://www.rmlt.com.cn/2019/0521/547513.shtml。
②　王孜丹、杜鹏：《学科布局的逻辑内涵及中国实践》，《科技导报》2021 年第 3 期。
③　许放、吕伟耀、程俊英：《论高校学科建设在科技创新中的地位与作用》，《河北师范大学学报》（教育科学版）2011 年第 11 期。
④　王顶明：《加快建设中国特色学科专业体系》，《光明日报》2020 年 8 月 11 日。

科进入全球前10①。一些在学科体系和知识传承中不可或缺的"冷门"学科，缺乏持续稳定支持，发展受到严重影响。新兴学科前沿性研究欠缺、交叉性偏弱，重大理论创新成果相对较少。

（四）科技型领军企业

科技领军企业是促进产业链、创新链有效融通，保证产业链、供应链安全稳定，推进高水平科技自立自强的重要主体。习近平总书记指出，"要推动企业成为技术创新决策、研发投入、科研组织和成果转化的主体，培育一批核心技术能力突出、集成创新能力强的创新型领军企业"②。与加快建设科技强国目标相比，科技领军企业群体规模相对较小、产业分布不均、创新引领能力有待提升。《2021 欧盟工业研发投入记分牌》③ 显示，中国进入 Top100 的企业有 16 家（含 3 家台湾企业），与美国（37 家）仍有较大差距（见图 3 - 5）。进入 Top100 的中国企业平均研发投入 37.7 亿欧元，比美国（55.2 亿欧元）平均低 17.5 亿欧元。进入 Top100 的中国企业主要分布在油气生产、计算机硬件和设备、软件和计算机服务等领域，行业相对集中，在航空、制药与生物技术等高技术领域处于空白。

## 二　资源筹集与多元协同

科技资源配置与科技资源总供给共同影响科技创新能力与效果④。打造战略科技力量，需要发挥新型举国体制优势，形成中央和地方、政府与市场建设合力，建立资金、人才、项目等科技资源高效动员组织能力和保障能力。当前从中央到地方，在建设国家战略科技力量过程中，科技资源配置的系统性、针对性、有效性亟待增强，科技创新资源整合还不够充分。

---

① 数据来自全球领先的专注于高校绩效评价与提升的专业化研究与咨询服务机构——上海软科教育信息咨询有限公司（简称软科）数据库，https://www.shanghairanking.cn/rankings/gras/2021。

② 习近平：《努力成为世界主要科学中心和创新高地》，求是网，2021 年 3 月 15 日，http://www.qstheory.cn/dukan/qs/2021 - 03/15/c_1127209130.htm。

③ 欧盟工业研发投资排行榜由欧盟委员会发布，自 2004 年起对欧盟成员国和美国、日本、中国等国家和地区的工业企业研发投资情况开展统计评估，对全球 2500 家公司的研究投资水平进行排名，是衡量不同国家科技创新型企业发展情况的重要参考性指标。

④ 刘戒骄、方莹莹、王文娜：《科技创新新型举国体制：实践逻辑与关键要义》，《北京工业大学学报》（社会科学版）2021 年第 5 期。

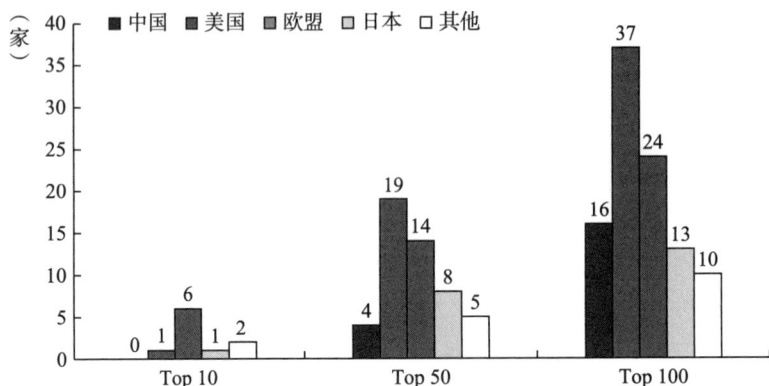

图 3-5　2021 年度全球研发 Top10、Top50、Top100 企业地区分布情况

（一）基础研究多元化筹集投入

与前沿创新型国家相比，中国基础研究投入强度、配置模式、结构来源有待进一步优化。中国基础研究占比 2013~2019 年稳步提升，但仍明显低于日本、美国、韩国（见图 3-6）。中国基础研究经费主要以中央财政支持为主，经费来源单一，全社会多元力量持续稳定支持基础研究的格局尚未形成。基础研究主要依靠项目资助，存在"重硬件、轻育人"现象，以研究人员为中心的基础研究支持体系还有待完善。而"欧盟地平线2020"计划将 130 亿欧元的前沿基础研究资助完全围绕以人才成长为主线进行部署；韩国持续扩大以研究者为中心的基础研究投资，从 2019 年的1.71 万亿韩元增加到 2022 年的 2.52 万亿韩元；俄罗斯计划 2018~2024 年投入 709 亿卢布构建完整的青年科研人才培养和职业发展体系[①]。

（二）高层次人才体系培养与供给

科技创新人才在创新体系中的配置结构和效率，对创新体系整体效能具有关键性作用[②]。目前，中国高层次创新人才供给与实现高水平科技自立自强的需求之间仍有差距，特别是科学大师、战略科学家、科技领军人才等塔尖型人才匮乏，高层次、专业化、国际化的科技人才梯队优势尚未形成。据世界银行 2022 年 6 月最新数据，中国每百万人中 R&D 人员为1585 人，居全球第 51 位，仅相当于瑞典（全球排名第二）的 1/5，与排

---

[①]　姜桂兴：《国外基础研究投入呈现显著新趋势》，光明网，2020 年 11 月 12 日，https://epaper.gmw.cn/gmrb/html/2020-11/12/nw.D110000gmrb_20201112_2-14.htm。

[②]　石长慧、樊立宏、何光喜：《中国科技创新人才生态系统的演化、问题与对策》，《科技导报》2019 年第 10 期。

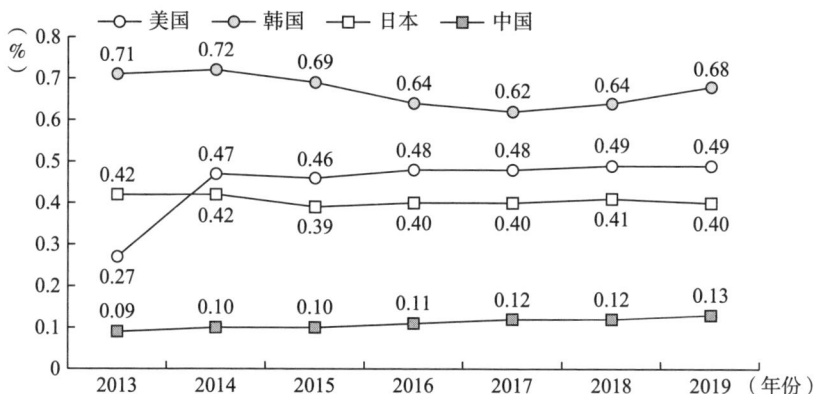

**图 3 - 6　2013 ~ 2019 年部分创新型国家基础研究投入占 GDP 比重变动情况**

资料来源：OECD, Main Science and Technology Indicator, https://www.oecd-ilibrary.org/science-and-technology/main-science-and-technology-indicators/volume - 2019/issue - 2_g2g9ff07 - en［2020 - 03 - 06］。

名首位的韩国（8714 人）有较大差距[1]。科技人才全链条支持机制亟待改革完善，科技后备人才培养体系和科学教育资源配置亟待优化，教育和科研体系的分块管理，导致最需要相互配合的拔尖创新人才培养与"从 0 到 1"突破式创新之间脱节，未形成相互促进、教研相长的格局[2]。

（三）重大科技基础设施稳定投入

步入"大科学"时代，重大理论发现和科学突破高度依赖重大科技基础设施。目前，中国布局建设和投入运行的重大科技基础设施数量和种类基本接近发达国家的水平，但大科学装置利用水平、重大成果产出能力与发达国家仍有差距。如法国的欧洲同步辐射光源大科学装置（ESRF），成为世界上性能最好、最可靠、用户最多、发表论文最多的 X 射线辐射光源，每年使用其 X 射线束开展研究工作的科学家将近 9000 人，ESRF 在国际合作和产业技术研发中发挥了重要的纽带和平台作用[3]。中国大科学装置建设和布局缺乏整体性谋划，存在"重立项建设，轻运营管理"现象，

---

① 秦琳、姜晓燕、张永军：《国际比较视野下我国参与全球战略科技人才竞争的形势、问题与对策》，《国家教育行政学院学报》2022 年第 8 期。

② 郑泉水等：《从星星之火到燎原之势——拔尖创新人才培养的范式探索》，《中国科学院院刊》2021 年第 5 期。

③ 李宪振、常静、杨君怡：《国际知名大科学装置 ILL 和 ESRF 建设经验及其启示》，《世界科技研究与发展》2021 年第 4 期。

部分同类型的大科学装置项目布点分散，未形成合力。

（四）重大科技任务协同攻关

目前，中国跨部门、跨区域、跨主体、跨学科重大科研联合攻关在资源配置、协调分工、项目管理、激励评价方面还比较薄弱，组织管理效率和集成性协同攻关效能还有待提升，需要在机制创新方面有所突破。基础研究、重大专项、国家重点实验室、国家实验室协同性差，没有发挥体系协同效应①。重大科技专项的总体协调和平衡主要由不同部门统筹负责，这在一定程度上导致资源配置统筹力度不够、决策协调难度大、协同合作效率低、变相加剧竞争等不利局面，亟须构建统一的高层机构或机制，确立强核心，重塑各单位分工，形成有效协作体系②。

## 三 制度创新与治理机制

强化国家战略科技力量是一项系统工程，不仅需要基础设施等"硬件"支撑，更需要制度等"软件"保障③，聚焦"四个面向"，适应重大科技创新活动的复杂性、综合性特点，创新和完善系统性制度供给，建立差异化、精准化、多面向的治理模式。

（一）一体化政策供给体系

战略科技力量建设和优势发挥需要良好的体制机制环境。新型举国体制本质上就体现了制度创新，突出强调组织资源整合与系统能力集成，通过提供跨部门协作所需的解决方案，实现人员、技术和流程等资源的集成和功能的融合④。国家近年来出台了关于基础研究、成果转化、科研诚信、知识产权保护、人才等方面一系列政策措施，但围绕国家战略需求，聚焦战略科技力量布局、建设和转化的政策协同性、集成性不够，责任主体不明、政策保障不到位在一定程度上制约了战略科技力量体系化能力的有效转化和优势的形成，需要建立健全战略科技力量建设政策评估制度，动态

---

① 曹晓阳、张科、刘安蓉：《构建新型举国体制形成联合技术攻关机制的思考与建议》，《科技中国》2020年第10期。

② 金学慧、黎晓东：《日本重大科技任务联合攻关模式对我国构建新型举国体制的启示》，《科技智囊》2021年第4期。

③ 戴显红：《新中国70年强化国家战略科技力量的多维考察》，《宁夏社会科学》2019年第3期。

④ 张于喆、张铭慎、郑腾飞：《构建新型科技创新举国体制若干思考》，《开放导报》2021年第3期。

调整不相适应的制度安排。

（二）高效科技管理体系

新型举国体制是行政、技术、市场三个系统的协调统一，既要发挥市场作用，也要尊重科研规律，还要充分考虑中国经济的特殊性和复杂性①。目前，国家已建立科技管理、教育管理、基金管理、财政管理等围绕科研活动的相对完善的行政管理体系，但各管理体系一般多侧重形式管理、过程管理而非结果管理或任务目标导向管理，存在目标交叉冲突、评价考核机制过密过细等问题，技术负责缺位，影响了重大项目的科学决策、科学实施。需要探讨依托人工智能、大数据、云计算等手段和方式，以数据高效汇聚融合提高科研项目精准化、标准化、实时化管理能力，同时为创新主体提供易得、动态、可靠的科技创新基础数据。

（三）法律制度保障体系

健全完善的法律法规体系是保障战略科技力量建设和效用有效发挥的重要制度基础。国家实验室、国家科研机构等法律制度体系建设相对滞后，其目标定位、研究领域、运营机制等缺乏顶层立法保障，相关科研机构法尚未建立，以法律法规、组织机构章程为核心的治理框架体系有待进一步完善。以国家实验室建设为例，国家实验室的有序运行需要法制规章作为有力支撑和保障②。比如，日本于 2015 年颁布实施相关法案，进一步规范和明确国家实验室的定位③。

（四）创新绩效评价和反馈体系

质量—贡献—绩效的科技评价导向对激发战略科技力量潜能具有重要的正向形塑作用。现有科技计划绩效评价以计划内部阶段性的绩效评价为主，统一的、周期性的、长效的、规范化的科技计划绩效评价制度体系尚未建立。需要系统优化科技计划监督体系，对重大计划任务进行长期动态监督，以使监管主体全面深入地了解项目实施过程的真实情况，及时进行有效的风险控制，完善基于预防—保障—惩治的全链条科研诚信体系，改变监督不到位、监督流于形式的现象④。

---

① 曹晓阳、张科、刘安蓉：《构建新型举国体制形成联合技术攻关机制的思考与建议》，《科技中国》2020 年第 10 期。

② 孙晓晶等：《国家实验室建设的立法保障及对策建议》，《科技导报》2020 年第 5 期。

③ 张建墅：《日本致力于"投资未来"的产业革新》，《中国青年报》2016 年 12 月 14 日。

④ 孙卫华：《我国科技计划监督的问题及建议研究》，《江苏科技信息》2020 年第 31 期。

## 四 自立自强与包容开放

科学研究的全球化趋势日趋明显，国际战略也成为多国科技发展战略的重要组成部分。[①] 实现高水平科技自立自强，在强调自主的同时，还要主动融入全球创新网络，以更加开放思维和方式深化创新合作，不断增强国家战略科技力量的原始创新能力、关键核心技术攻关能力。

### （一）策源能力与创新突破

国家战略科技力量在科学发现、重大开创性理论研究、基础科学理论构建、重大技术探索应用等方面还有极大提升空间。中国已全面融入全球价值链体系，制造业增加值连续多年位居世界第一，但在关键基础材料、高端专用芯片、高档数控机床等领域对外依存度依然很高[②]。2021年，中国知识产权使用费进口额3020亿元，知识产权使用费逆差超过2200亿元[③]。在航空航天产业领域，中国机构从控制导航到主要部件的设计、材料，最后到发动机相关技术都缺乏国际竞争优势（见图3-7）[④]。中国企业产业引领先发优势不突出，关键性技术突破能力亟待增强。

### （二）科技创新生态塑造

创新生态是孕育创新主体、激发创新创造活力、提高创新效率和创新质量的保障。中国与提升战略科技力量创新活力、创造能力、创新价值等相适应的创新生态建设亟待强化。"四唯"问题仍然存在，高校等核心科研主体存在对国家利益关注不够、科研力量与目标分散、科研组织协同性不高等问题，无法组织对关键核心技术长期的战略性攻关[⑤]。2020年，中国高校有效发明专利产业化率仅为3.8%，科研单位有效发明专利产业化率为11.3%[⑥]。技术交易市场体系不够发达，技术交易市场法律法规的可

---

① 杜鹏、张理茜：《科技自立自强与新时代的开放创新和国际合作》，《科技导报》2021年第4期。

② 余东华、田双：《嵌入全球价值链对中国制造业转型升级的影响机理》，《改革》2019年第3期。

③ 参见国家外汇管理局公布的《中国国际服务贸易数据》，http://www.safe.gov.cn/safe/zghyhfwmy/index.html。

④ 张秀妮、辛一、任蕾：《技术壁垒环境下产业核心技术预见方法研究——以航空航天产业为例》，《中国科论坛》2020年第8期。

⑤ 陈劲、朱子钦：《加快推进国家战略科技力量建设》，《创新科技》2021年第1期。

⑥ 数据来自国家知识产权局知识产权发展研究中心发布的《2020年中国专利调查报告》。

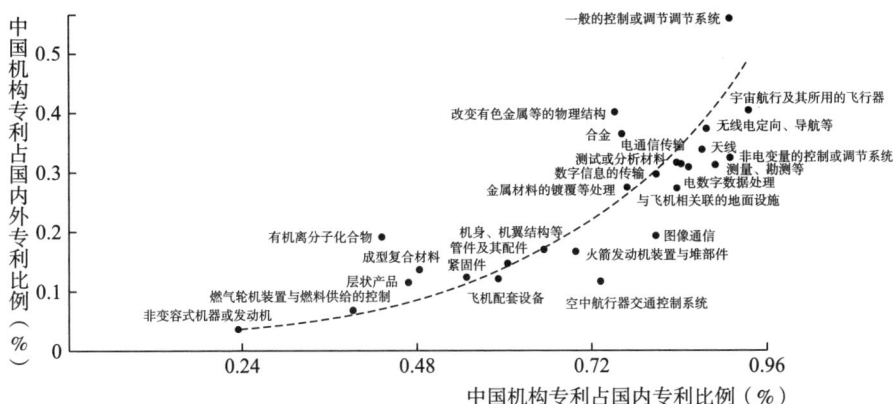

**图3-7 航空航天产业领域中国机构各个技术方向的优劣势散点图**

资料来源:张秀妮、辛一、任蕾《技术壁垒环境下产业核心技术预见方法研究——以航空航天产业为例》,《中国科技论坛》2020年第8期。

操作性亟待提高,监督评价体系亟待建立①。美国国家技术转移中心依托政府资源链接700多个联邦实验室、100多所大学和美国航天全球技术交易市场,提供技术评估、商业化计划开发和市场预测等增值服务②。

(三)开放式创新网络培植

促进"国际合作"与"自强自立"相互融合的开放型制度体系和机制建设对于构建开放型创新网络极为重要。"十三五"期间,中国科技创新涉及的16个重点领域中,颠覆性技术、新材料、生物技术等前沿技术国际合作需求项占比不到8%③。这也表明,中国深层次、多元化、多体系国际科技合作网络建设需进一步拓展,国际合作重大平台和基地能力建设需要进一步加强,国际科技合作政策系统性、集成化供给能力需要进一步提高,科研基金出境、外籍科技人员来华参与合作等制度需要进一步完善,只有这样,中国才能不断提升在国际大科学计划和大科学工程中的领导力、影响力。

---

① 王珺、王宏伟、马茹:《中国开放型技术交易市场体系建设》,《科技导报》2020年第24期。

② 李妃养、黄何、曾乐民:《全球视角的技术交易平台建设经验及启示建议》,《中国科技论坛》2018年第1期。

③ 任孝平等:《我国科技创新政策中国际合作政策要素分析与研究》,《全球科技经济瞭望》2020年第12期。

# 第四章
# 地方实践：制度创新与力量培育

国家战略科技力量建设以引领高水平创新主体建设、优化国家创新体系空间布局为主要任务[①]，地方参与是国家战略科技力量建设的重要战略支撑。新中国成立以来，地方一直积极主动融入国家科技发展战略，对接国家科技创新战略需求、战略任务和战略布局，尤其是党的十八大以来，各地深度融入国家创新体系，强化科技创新在区域发展战略中的支撑引领作用，全力服务国家重大科技任务落地，加强重大科技基础设施和平台建设，为培育和壮大战略科技力量奠定坚实基础，目前北京怀柔、上海张江、安徽合肥和粤港澳大湾区已被国家规划为综合性国家科学中心进行建设。北京、上海、安徽作为综合性国家科学中心承载地，积极探索新型举国体制下建设战略科技力量的地方路径、培育模式和体制机制，不断增强科技创新策源功能、驱动效应、引领能力，不断提升创新能级，为打造具有国际影响力的创新高地、引领和带动区域创新发展、构建新发展格局提供了战略支撑，为建设科技强国提供了实践范例和引领标杆。

## 第一节　北京：央地协同联动

北京积极适应全球科技创新新范式变化，突出强化科技北京战略，充分利用区位优势、创新资源和科技发展成果，聚焦科技自立自强，深化央地协同合作，强化制度供给和机制创新，积极探索培育战略科技力量的有效路径，积极打造国家实验室、国家重点实验室、综合性国家科学中心"上下衔接、差异布局、协同联动"的战略科技力量体系化发展布局，充分激发战略科技力量的策源力、引领力和支撑力，创新驱动效应、示范效应、引领效应日益凸显，这对北京加快形成科学研究、知识创造的前沿阵

---

① 白光祖、曹晓阳：《关于强化国家战略科技力量体系化布局的思考》，《中国科学院院刊》2021 年第 5 期。

地，提升在全球创新版图中的显示度、影响力和竞争力提供有力支撑，为打造创新力、竞争力、辐射力全球领先的国际科技创新中心奠定坚实基础，为中国探索从科技强到产业强、经济强的创新发展新路径，为建设世界科技强国贡献"北京力量"提供有益探索和创新引领。

## 一　建设布局：全力打造"三城一区"承载空间

北京坚持以国家战略目标和需求为导向，加强前瞻性布局、整体性推进，积极打造"三城一区"（怀柔科学城、中关村科学城、未来科学城、北京经济技术开发区）战略科技力量主体承接平台，大力实施战略科技力量创建工程，推进重大科技基础设施群建设，进一步壮大和优化战略科技力量，为加快提升保障服务国家战略和任务能力、提高引领前沿的源头创新供给水平、率先建成国际科技创新中心、实现高水平科技自立自强提供动力支撑。

（一）主体培育：建立以国家实验室为引领的战略体系

北京按照"四个面向"的要求，加快构建以国家实验室为引领，以世界一流新型研发机构、高水平高校院所和科技领军企业为主体的战略科技力量体系。整合优势力量，围绕信息技术、生命科学等重点领域，超前谋划和布局一批具有战略引领性、科技前沿性、基础支撑性的具有影响力的实验室平台，布局和培育中关村、昌平、怀柔国家实验室，国家重点实验室、国家工程技术研究中心、北京市重点实验室、北京市工程技术研究中心等创新平台体系。到 2020 年末，北京拥有 128 个国家重点实验室、68 个国家工程技术中心①，经认定的北京市重点实验室 457 家，其中布局培育的国家实验室和建成的国家重点实验室数量均占全国的 1/3。建立国家先进计算产业创新中心等 20 多个国家级重大创新平台。深度整合高校创新优势，计划面向新一代信息技术、生物医学、碳达峰与碳中和等重点领域统筹布局建设 10 个左右高精尖中心，推动从基础理论研究到重大原创性技术突破的一体化创新。战略科技力量策源力、引领力、支撑力逐步显现。截至 2020 年末，北京累计获得的国家科技奖奖项占全国 30% 左右，在中国领跑世界的技术成果中北京占比过半，涌现出马约拉纳任意子、天机

---

① 《加快国际科技创新中心建设 北京在行动》，腾讯网，2021 年 9 月 24 日，https://new.qq.com/rain/a/20210924A0931100。

芯、量子直接通信样机、全球首款商用"深度学习"神经网络处理器芯片、首次观测到量子反常霍尔效应等一批前沿性重大原创成果①。在《2021 自然指数—科研城市》排名中，北京居全球首位，在自然科学期刊中发表文章数超过 6400 篇，占全国的 1/5 以上，高质量科研产出自 2016 年以来一直稳居全球第一②。《国际科技创新中心指数 2021》显示，北京在全球 50 个城市（都市圈）中综合排名居全球第 4 位，比上年进步 1 位，其中科学中心指数得分居全球第 6 位、创新高地指数得分居全球第 3 位、创新生态指数得分居全球第 4 位（见图 4-1)③。

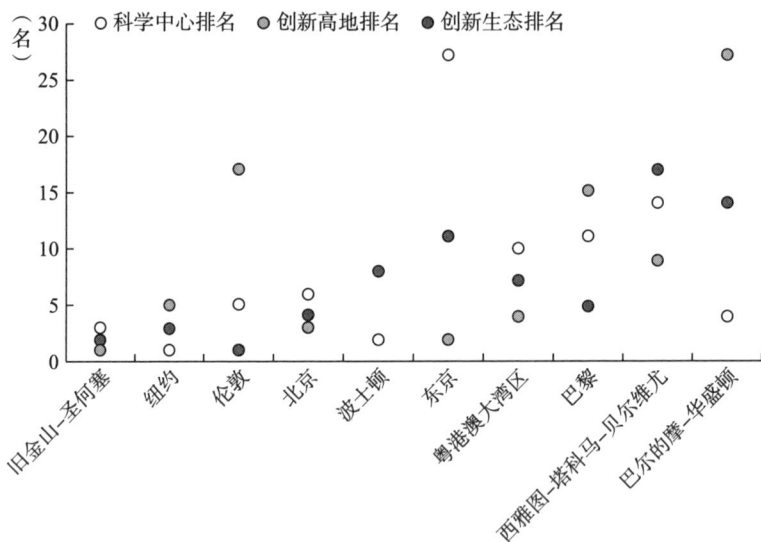

图 4-1　《国际科技创新中心指数 2021》前 10 城市（地区、都市圈）

（二）空间布局：构建功能互补"三城一区"承载平台

国家战略科技力量以引领高水平创新主体建设、优化国家创新体系空间布局为主要任务，因此需要打造空间分布合理、功能体系完整的科技基础设施集群与区域科技创新高地。④ 北京通过市区联动，加强空间布局协

---

① 《北京：全球创新网络中崛起的新高地》，《科技日报》2021 年 7 月 8 日。
② 《最新自然指数：北京可持续发展相关研究居全球科研城市之首》，中国新闻网，2021 年 9 月 25 日，http://www.chinanews.com/gn/2021/09-25/9573473.shtml。
③ 陶凤、王晨婷：《国际科技创新中心指数 2021 全球发布：50 个全球领先国际科创中心，9 个在中国，北京位居全球第四》，《北京商报》2021 年 9 月 25 日。
④ 白光祖、曹晓阳：《关于强化国家战略科技力量体系化布局的思考》，《中国科学院院刊》2021 年第 5 期。

调，统筹规划科研用地、中试用地和高端产业用地，打造"三城一区"科技创新主平台，优先保障重大科技项目建设所需土地、空间等基础条件，全力保障战略科技力量在京布局。怀柔科学城以建设世界级原始创新承载区为目标，积极打造世界一流重大科技基础设施集群和国家实验室集群的主平台，规划"科学发展类用地"总计约12平方公里，划定1.8平方公里战略留白用地，划出7.6平方公里有条件建设区，引导远期重大项目优化选址。怀柔科学城作为北京打造综合性国家科学中心的核心承载区，布局在建29个科技设施平台，已经成为全国重大科技基础设施和创新平台集聚度最高的区域之一。中关村科学城推动和扩大存量产业用地更新和定制供给，积极布局高能级功能型研发创新平台，确保到2023年落地建设一两家国家实验室和综合性国家技术创新中心，建设3~5家旗舰型新型研发机构。未来科学城规划范围拓展至170.6平方公里，定位打造全球领先技术创新高地，东区打造"能源谷"，西区打造"生命谷"，并储备万亩产业用地资源，持续打造一批创新联合体。北京经济技术开发区积极承接三大科学城及国际重大创新成果落地，打造高精尖产业主阵地和成果转化示范区，创新土地开发利用模式，自主制定经营性用地供应计划，保障高精尖产业项目用地需求。（见表4-1）

表4-1　北京打造"三城一区"科技创新承载空间情况

|  | 战略定位 | 规划面积 | 布局建设进展 |
|---|---|---|---|
| 怀柔区科学城 | 建设具有全球影响力的科技创新中心的核心支撑，建设世界级原始创新承载区 | 100.9平方公里 | 全面谋划科学设施集群建设，在建29个科学设施平台，布局建设高能同步辐射光源等5大国家重大科技基础设施，其中综合极端条件实验装置已经率先进入科研状态 |
| 中关村科学城 | 原始创新策源地和自主创新主阵地 | 75平方公里 | 布局建设国家智能制造中心和京津冀国家技术创新中心，北京量子信息科学研究院、石墨烯研究院、智源研究院、微芯研究院、仿生界面科学未来技术研究院等，培育出独角兽企业41家，占全国的1/5，创业板和科创板上市企业74家 |

续表

| | 战略定位 | 规划面积 | 布局建设进展 |
|---|---|---|---|
| 未来科学城 | 打造全球领先的技术创新高地、协同创新先行区、创新创业示范城 | 170.6 平方公里 | 已进驻北航、北邮等 8 所大学或分校区；已拥有脑科学中心、国家蛋白质科学中心等国家级科研机构和重点实验室 8 个，布局建设昌平国家实验室 |
| 北京经济技术开发区 | 打造具有全球影响力的技术创新示范区 | 225 平方公里 | 已挂牌 22 个技术创新中心和 13 家产业中试基地，拥有国家级高新技术企业超过 1200 家，培育出 38 家国家级"专精特新"小巨人企业 |

资料来源：根据北京市科学技术委员会、中关村科技园区管理委员会网站（http://kw. beijing. gov. cn/）公开的政策、规划、信息综合整理。

### （三）工程创建：打造集群式科技基础设施群

发挥战略科技力量的科技创新引领性作用和策源功能，是实现高水平科技自立自强的关键[1]。北京突出科技自强作为发展的战略支撑，实施国家战略科技力量创建工程，全面提升创新引领力、支撑力和竞争力。以打造国际一流重大科技基础设施集群为核心，聚焦能源、物质、生命、空间等重点学科领域，建设布局一批前沿领域交叉研究平台，形成互为支撑、交叉协同的科学基础设施体系。党的十八大以来，北京布局和建设形成 12 个超算中心、46 台全球算力 500 强的超级计算机，以及凤凰工程、高能同步辐射光源等 19 个国家科学基础设施，已经成为全国重大科技基础设施和创新平台集聚度最高的区域之一[2]。北京依托高能同步辐射光源、综合极端条件实验装置、地球系统数值模拟装置等重大科技基础设施集群，高水平、全方位服务国家发展战略，为突破科学前沿问题、解决经济社会发展和国家安全重大科技问题提供有力基础条件保障。在量子科技、脑科学、人工智能、区块链、纳米能源、应用数学、干细胞与再生医学等领域前瞻性布局一批世界一流新型研发机构，提升科技创新体系化能力。加强量子科技、生命科学、人工智能、区块链、新能源等前沿学科专业战略布局，引导和支持具备条件的高校和科研院所建立高精尖创新中心等科教融合平

---

[1] 白春礼：《强化国家战略科技力量》，《求是》2021 年第 1 期。

[2] 《奋力谱华章 迈向新征程——党领导下的北京科技创新担当》，北京市人民政府网，2021 年 7 月 2 日，http://www. beijing. gov. cn/ywdt/gzdt/202107/t20210702_2427490.html。

台，提高高校创新资源溢出带动能力。

## 二　央地协同：凝聚国家战略科技力量建设合力

北京充分利用在京高校、科研院所和创新型企业等创新资源集聚度高的优势，在重大科技战略机制对接、重大科技项目布局、重大创新平台打造、关键技术攻关等方面深化与国家部委、国家科研院所、央企等协同合作，形成上下联动、多元协同、聚力发展合作新模式、新机制，为北京发挥区位优势，落实国家重大科技战略，打造具有全球竞争力的创新高地提供有力保障。

### （一）注重国家战略对接增强规划协同

加强前瞻性思考、全局性谋划是充分发挥新型举国体制优势，有效推进和落实战略科技力量建设任务的重要路径选择。北京注重与国家重大战略、重大规划、重大政策和重大科技任务相衔接，加强战略科技力量系统性布局和规划引领。2021年，北京发布的《北京市国民经济和社会发展第十四个五年规划和二〇三五年远景目标纲要》明确提出，强化国家战略科技力量核心支撑，培育国家战略科技力量，以国家实验室为龙头，以北京怀柔综合性国家科学中心为牵引，集聚国际国内优质创新资源，形成一批引领原始创新的国家战略科技力量。2021年，由科技部、北京市会同20余个国家部门编制的《"十四五"北京国际科技创新中心建设战略行动计划》提出，加速国家实验室培育建设，推进在京国家重点实验室体系化发展，加速怀柔综合性国家科学中心建设，推进世界一流重大科技基础设施集群建设，进一步明确战略科技力量在国际科技中心建设中的功能定位和路线图。2021年，北京编制出台《北京市"十四五"时期国际科技创新中心建设规划》，进一步明确战略科技力量建设目标和任务，提出强化战略科技力量，勇担关键核心技术攻坚重任，积极服务"科技创新2030—重大项目"和国家重点研发计划在京落地。2020年，为打造与国家战略需要相匹配的世界级原始创新承载区，北京制定出台《怀柔科学城控制性详细规划（街区层面）（2020年—2035年）》，提出到2035年建成世界一流的重大科技基础设施集群和国家实验室集群，涌现出一批重大原创性科学成果和国际顶尖水平的科学家，提出一批基础性、前瞻性、交叉性、融通性、颠覆性的创新研究成果战略目标，从空间结构和功能布局、底线管控与发展规模、双体系深度融合、构建完善的城市支撑体系等方面引导资源有效配置，构建完整的科学创新生态链条和协同支撑功能布局体系。2021年，北京出台《"十四五"时期中关村国家自主创新示范区发展建设规划》，提出打造世界级原始创新的策源地、引领高质量发展的新高地、全球创新网络的关键枢纽，到2025年培育形成若干具有技术主导权的世界级产业集群，涌现一批世界一流的"独角兽"企业和科技领军企业，产生一批具有世界影响力的重大原创成果。

（二）建立部市共建统筹组织协调机制

北京市政府和10个中央有关部门共同组建北京推进科技创新中心建设办公室，设立"一处七办"（一个秘书处、七个专项工作部门）组织架构，在顶层机制构建、改革协同保障、集聚配置资源等方面实现上下联动，推动央地科技资源融合创新，统筹推进国际科技创新中心建设战略行动计划，建立央地协同、跨部门、跨层级的协同工作平台和机制，推进跨层级、跨领域重大改革、重大项目、重大任务统筹实施。为支持中关村国家自主创新示范区到2025年率先建成世界领先的科技园区，依托北京推进科技创新中心建设办公室统筹协调机制，形成国家部委、市区协同联动，探索开展一批综合性、突破性、跨界性的重大改革试点，强化改革试点、产业政策和创新项目协调，发挥重大项目和重大平台带动作用。

（三）部委对接强化政策创新先试

北京充分发挥首都区位优势，深化与科技部等国家部委合作对接，持续加强战略合作和机制衔接，积极争取政策突破和重大战略任务落实，率先推动新型举国体制在北京先行实施。2016年，科技部、国家发改委和北京市人民政府会同有关部门制定《北京加强全国科技创新中心建设总体方案》，明确北京在基础研究、原始创新和国家急需的领域取得突破，提出要央地合力助推改革向纵深发展，充分发挥北京市和中央在京单位的改革合力，探索新一轮更高层面、更宽领域的改革试点，进行新的政策设计。同年，科技部与北京市签订《科学技术部、北京市人民政府工作会商制度议定书（2016—2020年）》，以国家战略需求为导向，从顶层设计、改革保障等方面实现上下联动，深入落实鼓励创新的先行先试政策。2017年，北京市与科技部、教育部分别签署《共同加强北京全国科技创新中心建设协议（重点任务）（2017—2018年）》《加强北京全国科技创新中心建设合作协议》，高水平共同推进科技创新中心建设。2018年，科技部与北京市共同签署《国家科技成果转化引导基金 北京市科技创新基金战略合作协议》，通过联合设立子基金、成果信息共享、扶持政策联动等方式，推动中央与地方资源共享、优势互补，促进重大科技成果在北京转化落地。2021 年，科技部、北京市会同 20 多个部门联合编制《"十四五"北京国际科技创新中心建设战略行动计划》，对布局建设国家战略科技力量形成系统性设计安排，部署推进实施国家战略科技力量创建工程、实施"创新链、产业链、供应链"联动工程、重点跨越工程等六大工程。

（四）强化京津冀协同创新共同体建设

北京纵深推进与津冀地区科技创新联动，创新科技合作新机制新模式，着力构建京津冀协同创新共同体，拓展创新合作广度和深度，培育打造区域战略科技力量体系。2015 年，北京制定《关于建设京津冀协同创新共同体的工作方案（2015—2017 年)》，提出要完善政策互动机制、资源共享机制、市场开放机制三大机制，设立京津冀基础研究专项，联合开展战略研究和基础研究。2018 年，京津冀三省市共同签署《关于共同推进京津冀协同创新共同体建设合作协议（2018—2020 年)》，联合成立工作领导小组，建立联席会议制度，在共建创新要素与资源共享平台、深化细化区域分工与布局、促进三地高校院所企业协同创新、协同推进重点区域建设等方面深化对接合作。联合津冀地区布局建设重大科技创新平台和研究基地，组建京津冀盐碱地生态植被修复联合实验室，京津冀联合实验室，大气、环境综合治理联合研发平台等，推动创新资源共享和联合研发。2020 年，以北京协同创新研究院为基础组建京津冀国家技术创新中心，该中心是我国第一个综合类国家技术创新中心和重点建设的国家战略科技力量，以重大基础研究成果产业化、发展原始创新为核心使命，培育专业平台、研发原创技术、培育新兴产业、培养创新人才。2021 年，京津冀国家技术创新中心天津中心成立，与南开大学、天津国际生物医药联合研究院、天津医药集团等高校院所企业共建技术创新平台 7 个。

（五）深化央企协作强化联动创新

北京注重加强与央企战略合作，充分发挥央企作为国家队的科研组织、技术攻关、产业应用等集成优势和平台作用，聚焦北京高精尖产业发展需求，积极探索建立协同创新联合体，促进央企在京的创新资源就地配置、重大创新项目布局、创新成果就地转化，打造原创技术策源地。2016 年，北京市政府与国务院国资委深化战略合作共同推进创新发展，制定中央企业和市属国有企业协同创新等工作方案，围绕大力提升创新能力、推进双创平台建设、加快未来科技城建设等六大主题开展深度合作。2020年，国务院国资委、北京市签署《国务院国资委 北京市人民政府进一步深化合作共同推进落实国家战略合作协议》，进一步深化协同创新，以"三城一区"为主平台、中关村国家自主创新示范区为主阵地，共同建设未来科学城，打造全球领先的技术创新高地，推动商业航天、5G应用、智能电网、氢能利用等领域重大项目在京落地。如与国家电网合作成立中国首家央企区块链专业公司——国网区块链科技（北京）有限公司，承担国家级区块链基础设施"星火·链网"能源电力行业骨干节点建设任务①，在能源区块链核心技术研发方面建立先发优势。

（六）建立央地人才一体化发展新机制

一流的科技人才是实现科技战略目标、赢得国际竞争主动权的关键保证。北京突出创新人才在建设国际科技创新中心中的地位和作用，创新和完善拔尖科技人才的培养、发现和使用机制。2017年，北京出台《关于推进首都国际人才社区建设的指导意见》，在全国首次提出国际人才社区概念，为国际人才在京发展营造拴心留人的环境。2018年，中共北京市委、北京市政府会同中组部等联合印发《关于深化中关村人才管理改革 构建具有国际竞争力的引才用才机制的若干措施》，提出率先实施外籍人才"绿卡直通车"，在便利国际人才出入境、国际人才引进使用、国际人才兴业发展、国际人才服务保障等方面提出20条创新性政策措施，为国际人才进得来、留得下、干得好、融得进创造条件。2020年，北京发布并实施了涵盖9大建设场景和评价指标体系的《首都国际人才社区建设导则（试行版）》，全方位引导首都国际人才社区建设，打造"类海外"人才生活工作环境。2020年，北京市人民政府与国家移民管理局签署《充分发挥移民管理职能作用 促进北京"四个中心"建设合作备忘录》，试点实施更加积极开放的吸引国际高端人才的政策措施。2021年，北京海淀区发布《关于加快推进"十四五"北京国际科技创新中心核心区建设 深化央地人才一体化发展的若干措施》，进一步深化央地人才协同发展，开展驻区高校院所、中央和国家机关与区属单位、民主党派区级组织等多种形式的交流合作，计划"十四五"期间依托"百校联盟"平台每年组织30场以上重点大学

---

① 王延芳：《打造央地协同区块链创新发展高地》，《北京观察》2021年第10期。

专场校园招聘；设立"海英之星"奖学金，三年内支持培养不少于 500 名优秀中学生、高校在校生和应届毕业生，深化青年人才央地联合培育。北京市已成为全国高端科技人才的集聚地，人才影响力全国领先，拥有全国一半的两院院士，集聚了丘成桐等一批世界顶尖科学家。2021 中国城市人才吸引力排名榜单显示，北京市人才吸引力指数居全国首位，成为中国最具人才吸引力的城市。

### 三　生态营造：促进战略科技力量优势价值转化

当今创新范式正从 1.0 线性范式、2.0 创新体系范式向 3.0 创新生态系统范式转变[①]，在全球科技创新活动密集活跃、科学研究范式创新发展和技术快速迭代升级的背景下，良好的创新生态是吸引和集聚创新要素、激发战略科技力量创新潜能、促进科技成果转化的重要环境保障。北京聚焦战略科技力量能力建设和优势转化，建立包括源头创新、价值转化、科产融合、开放合作等在内的全链条、多方位、立体化的生态环境。

（一）发挥政府"有为之手"强化投入保障

国家战略科技力量是产生颠覆性技术、关键核心技术、高精尖技术、战略前沿技术的源头，研发投入力度与创新能力水平之间存在内在逻辑关系。在基础研究、重大科技创新特别是涉及国家发展和安全的战略科技创新等领域，存在较强的创新正外部性，完全依靠私人部门投入和市场机制作用难以承担其研发成本和研发风险，导致"创新失效"和"市场失灵"现象，需要发挥政府在统筹优化配置资源方面的优势和作用。北京加强科技创新资源的统筹配置与国家战略科技力量布局的有效衔接，为加快建设国家实验室，持续推进世界一流重大科技基础设施集群建设提供充分投入保障。2020 年，全市 R&D 经费投入超过 2300 亿元，占 GDP 比重达到 6.44%[②]，研发投入强度位居全国第一，其中，基础研究投入占比从 2015 年的 13.8% 提升至 2019 年的 15.9%。2021 年，北京科学技术财政预算支出接近 347 亿元，同比增长 6.8%，涨幅在全部 13 个支出方向中排在第二位，主要支持中关村、昌平、怀柔等国家实验室建设，基础前沿类项目和

---

① 李万等：《创新 3.0 与创新生态系统》，《科学学研究》2014 年第 12 期。

② 《2020 年全国科技经费投入统计公报》，国家统计局网站，2021 年 9 月 22 日，http://www.stats.gov.cn/tjsj/tjgb/rdpcgb/qgkjjftrtjgb/202109/t20210922_1822388.html。

核心技术研发，以及重大社会公益性技术研究、关键技术研究、共性技术研究等重大科技攻关①。

（二）创新战略科技力量市场化价值实现制度路径

促进科技成果转化是发挥战略科技力量驱动效应、增强推动经济高质量发展支撑力的重要环节。2019 年，北京颁布《北京市促进科技成果转化条例》，该条例以充分调动科研人员积极性为核心，以实现"有的转"→"有权转"→"愿意转"→"转得顺"为主线进行立法制度设计和突破，在全方位保障创新主体的合法权益、全维度提升高校院所成果转化动力、全链条支持和服务企业科技成果转化等方面进行制度创新和突破，为率先建成国际科技创新中心提供法制保障。为促进战略科技成果转化，2019 年，北京出台《关于新时代深化科技体制改革加快推进全国科技创新中心建设的若干政策措施》，创新科技创新载体供地模式，在符合控规要求前提下，农村集体经营性建设用地可用于建设科技孵化平台、科技成果转化和产业落地空间项目。2021 年，《北京市"十四五"时期高精尖产业发展规划》发布，提出打造面向未来的高精尖产业新体系，夯实"核心技术、创新平台、企业主体、产业设施、产业人才"五大基础，增强高精尖产业自主可控能力。

（三）健全战略科技力量优势转化服务支撑体系

强化战略科技力量能力和优势转化，是增强科技引领能力和原始创新能力、为高质量发展持续提供创新力的战略选择。北京围绕重点产业方向，构建以国家级制造业创新中心为核心节点、以市级产业创新中心为重要支撑、以社会企业研发机构为底层节点的创新网络体系，推动创新资源优势加速向产业竞争优势转化。建立"一站式"知识产权协同保护服务窗口，为创新主体提供"一站式"专利申请、产权保护、仲裁调解等精准服务。培育创建一批国家技术标准创新基地，培育标准制定和技术输出"领跑者"，建立技术市场信息网络服务平台，建设中国国际技术转移中心等一批国际化技术转移机构，建立面向全球的技术转移集聚区，全面增强知识产权、技术转移、科技孵化等国际创新服务能力。聚焦人工智能、区块链、大数据、新材料、生命科学等领域，实施应用场景"十百千"工程，培育形成高效协同、智能融合的数字经济发展新生态。

---

① 《预期收入增长 3% 以上，2021 年北京财政形势如何？》，新京报，2021 年 1 月 23 日，https://www.bjnews.com.cn/detail/161137256515180.html。

（四）打造高水平国际科技创新交流和合作网络

北京主动融入全球创新网络，建立高层次、高水平、高参与度的科技交流合作机制和平台，持续拓展国际科技合作的广度和深度。建立国家科学中心国际合作联盟机制，致力打造链接国内外高水平科研合作的重要平台和纽带，共同参与推动国际大科学计划和大科学工程等，以及在人才培养、互换交流等方面的创新合作。积极创办"一带一路"国际合作高峰论坛、世界科技与发展论坛、国际科技合作创新发展论坛等具有国际影响力的科技交流合作战略性平台等，加快提升北京国际科技创新中心的国际影响力和吸引力。中关村论坛已成为国家级开放创新平台和国际化的论坛。2021年，中关村国际技术交易大会有来自德、英、美、俄、以、日等40多个国家的100多家技术转移机构参与，国际国内的40余所知名高校参与交流对接，汇集近3000项技术交易项目、700余项国内外新技术新产品和600多项数字化转型应用技术需求①。实施《"一带一路"科技创新北京行动计划（2019—2021年）》，与全球主要创新国家和地区建立政府间合作机制和交流渠道，在政策、知识产权、前沿技术等方面形成长效交流机制，共建联合实验室（研究中心），搭建长期稳定的科研合作平台。主导建立高水平开放式创新合作平台。2021年，北京建立首个面向全球的新一代原创新药发现平台——百放英库，形成独有的鼓励生物医药原始创新的产业生态。金砖国家疫苗研发中国中心在京成立，联合金砖国家及更多国家，与各国高校、科研机构、卫生疾控机构和产业界开展更深入更广泛的国际合作，开展新冠疫苗的研究。

## 第二节 上海：聚焦策源驱动

上海坚持全球视野，聚焦国家需求和科技前沿，以着力加强全球科技创新中心建设为目标导向，以建设张江综合性国家科学中心为重点，加强战略科技力量前瞻性布局、体系化培育、制度性牵引，不断提升战略科技力量策源能力，为上海成为科学规律的第一发现者、技术发明的第一创造者、创新产业的第一开拓者、创新理念的第一实践者，建设全球科技创新重要枢纽提供支撑保障，为服务和保障国家重大战略任务实施，加快塑造

---

① 《2021中关村论坛主会期落幕》，中国新闻网，2021年9月29日，http://www.chinanews.com/sh/2021/09-29/9576310.shtml。

国家战略科技力量体系化优势，提高高质量发展科技供给能力，全面提升科技创新国际影响力、竞争力、话语权，加快形成国际竞争新优势，提供了有益的路径探索和经验启示。

## 一 体系布局：打造建制化战略科技力量体系

上海坚持"四个面向"的战略方向，围绕加快建设具有全球影响力的科技创新中心，以加快提升张江综合性国家科学中心的集中度和显示度为重点，立足科技自立自强，强化高水平实验室体系、重大科技基础设施群、一流研发机构等战略科技力量前瞻性、体系化、引领性布局，强化创新策源功能，为上海成为科学新发现、技术新发明、产业新方向、发展新理念的重要策源地提供强有力基础保障。

（一）主体布局：形成创新策源到价值转化布局体系

上海聚焦国家战略导向和区域发展需要，以提升基础研究能力和突破关键核心技术为主攻方向，强化以国家实验室为引领，以世界一流科研机构为标志，以高水平功能性转化平台为支撑的目标明确、功能互补、特色突出的战略科技力量体系化布局。围绕对标和借鉴国际知名国家实验室建设模式，建设张江国家实验室，超前谋划和布局一批具有战略引领性、科技前沿性、基础支撑性的具有影响力的实验室平台，形成张江实验室、国家重点实验室、上海市重点实验室等实验室平台体系。截至 2020 年，上海在信息科学、生命科学、材料科学、工程学等领域拥有国家重点实验室 44 家，建成国家工程技术研究中心 21 家，建成上海市重点实验室 156 家。围绕光子、物质、生命、能源、海洋等多个前沿科技领域，着力布局建设一批高水平重大科技创新基础设施，建成和在建的国家重大科技基础设施已达 14 个（见表 4-2），形成全球规模最大、种类最全、综合能力最强的光子重大科技基础设施集群。建成和集聚李政道研究所、上海脑科学与类脑研究中心、上海清华国际创新中心等一批代表世界科技前沿发展方向的高水平研究机构。其中，李政道研究所汇聚来自世界 6 大洲、16 个国家和地区的 60 多位科学家，在马约拉纳中微子、量子多体磁性系统、暗物质探测等物理与天文基础科学研究方面取得一批原创性成果[1]。专门成立"上海

---

① 《李政道研究所：聚全球顶尖科学精英，做"引领性"基础研究 | 上海科创新地标⑤》，文汇网，2021 年 5 月 27 日，http://www.whb.cn/zhuzhan/kjwz/20210527/406568.html。

市功能型平台建设工作推进小组"，加强研发与转化功能型平台顶层设计
和规划布局，已建和培育研发与转化功能性平台18家，基本形成多层次、
多功能、开放性的功能性平台体系，累计实现服务收入超过15亿元，撬动
社会投资和培育产业规模近百亿元[①]。

表4-2　上海布局建设国家重大科技基础设施情况（截至2021年）

| 重大科技基础设施 | 建设状态 | 科技成果及效应 |
|---|---|---|
| 上海光源一期 | 建成 | 提供实验机时35万小时，执行课题12887个，服务实验人员超过5万人次，累计发表SCI论文6000余篇 |
| 上海超级计算中心 | 建成 | 是目前国内采用通用芯片能力较强的主机之一，"魔方Ⅱ""魔方Ⅲ"全年提供计算资源18748万核小时 |
| 国家蛋白质科学研究（上海）设施 | 建成 | 提供实验机时67.5万小时，接收用户申请课题6972个，发表论文1520篇 |
| X射线自由电子激光试验装置 | 建成 | 为中国继续开展自由电子激光新原理的探索和验证、关键技术的研究提供不可替代的实验平台 |
| 上海超强超短激光实验装置 | 建成 | 成功研制世界首台10拍瓦超强超短激光系统，攻克国际最大口径钛宝石晶体等核心器件 |
| 国家肝癌科学中心 | 建成 | 在研课题66项，仅2020年就发表SCI论文30篇 |
| 神光Ⅱ高功率激光装置 | 建成 | 提供各类物理实验8000余次 |
| 上海软X射线自由电子激光用户装置 | 改造在建 | 为用户提供电子自由激光实验平台，用于开展实验研究工作 |
| 上海光源线站工程（光源二期） | 在建 | 计划2022年建成，届时年接待用户人次将破万 |
| 硬X射线自由电子激光装置 | 在建 | 计划2025年建成，将为物理学、化学、生命科学等多学科提供高分辨成像、超快过程探索、先进结构解析等尖端研究手段 |
| 活细胞结构与功能成像等线站工程 | 基本建成 | 构建一个在活细胞体系下实现纳米级超高分辨率的可视化、实时成像平台，为解决生命机理等重大科学问题提供支持 |
| 转化医学国家重大科技基础设施（上海） | 建成 | 国内首个集临床医学与基础研究于一体的大科学设施，开展从临床实践到基础研究、医药产品和技术开发再回到临床实践的转化医学研究 |

---

① 《2020上海科技进步报告》，上海市科技技术委员会，2021年12月1日，http://stcsm.sh.gov.cn/newspecial/2020jb/。

| 重大科技基础设施 | 建设状态 | 科技成果及效应 |
|---|---|---|
| 国家海底科学观测网 | 在建 | 将为中国海洋科学研究建立开放共享的重大科学平台，服务于海洋环境监测、海洋资源开发、海洋灾害预警等多方面的综合需求 |
| 高效低碳燃气轮机试验装置 | 在建 | 将为发展先进制造、航空发动机和燃气轮机重装备产业提供支撑 |

资料来源：根据上海市科学技术委员会公布的历年上海科技进步报告整理。

（二）空间承载：形成"点线面"创新网络空间布局

引领高水平创新主体建设、优化国家创新体系空间布局是国家战略科技力量建设的重要任务，需要打造空间分布合理、功能体系完整的科技基础设施集群与区域科技创新高地①。上海立足国家重大战略需求，以国际一流为目标，高标准推进张江综合性国家科学中心建设，建立以重大科技基础设施集群为引领，汇聚全球顶尖研发机构，战略目标明确、功能完备、相互衔接的高水平科技创新基地。同时，以张江科学城、张江国家自主创新示范区、临港新片区等重点区域为核心，构建打造"点线面"全面发展的创新网络空间和战略科技力量优势转化的平台载体。张江国家自主创新示范区，聚焦集成电路、生物医药、人工智能三大重点领域，构筑具有国际影响力的创新产业集群，率先成为全国创新驱动发展示范区和高质量发展先行区。杨浦、嘉定、闵行、徐汇、松江、临港等区域构建兼具空间布局承载、重大项目承接、重点产业引领、创新服务示范，以及创新要素集聚的区域科技创新体系。突出大学科技园承接高校综合智力资源溢出的特色和优势，重点打造杨浦大学科技园集聚区、大零号湾创新创业集聚区、嘉定同济大学创新创业集聚区、宝山环上大科技园等，形成若干个产值规模达到千亿元级的创新创业集聚区。

（三）项目布局：实施"全球—国家—上海"梯次接续重大项目

实施一批关系国家全局和长远发展的重大科技项目是抢占科技前沿战略制高点、掌控发展主动权的重要抓手。上海以参与和发起大科学计划和大科学工程、承接和实施国家重大战略项目、布局市级科技重大专项等为重要突破口，系统性布局"全球—国家—上海"梯次接续的基础

---

① 白光祖、曹晓阳：《关于强化国家战略科技力量体系化布局的思考》，《中国科学院院刊》2021年第5期。

前沿重大战略项目,以加快提升上海在全球科技领域的话语权和影响力。牵头发起和参与"全脑介观神经联接图谱"国际大科学计划、平方公里阵列射电望远镜(SKA)国际大科学工程、国际大洋发现计划(IODP)等国际大科学计划(工程),加快提升战略前沿领域国际影响力。主动对接国家重大科技任务,强化央地协同,承担脑科学与类脑研究、量子通信和量子计算机、新一代人工智能等国家"科技创新 2030—重大项目"。聚焦世界科学前沿,布局实施一批具有重大引领作用、资金投入量大、协同效应突出、支撑作用明显的市级科技重大专项,启动实施硬X射线预研项目、国际人类表型组计划、量子信息技术、超限制造、类脑光子芯片等 10 个市级重大科技专项,对国家重大科技战略任务形成有效补充和支撑。

## 二 法制引领: 构建激励相容制度保障体系

法律制度作为正式的和权威的制度,对科技创新活动起着主要激励作用[1]。政策体系是创新体系的重要组成部分,是由具有自主知识产权的创新政策工具所组成的集合[2]。创新政策是推进创新活动开展、促进创新成功的重要因素,通过优化资源配置,增强知识流动,提高创新主体创新意愿和成功率,改变净的边际收益[3]。上海健全符合科技创新规律的法规体系,为重大科技战略实施、重大平台建设、战略人才培育等提供坚实有力的法制保障和制度牵引。

(一)建立与实施战略科技任务相衔接的法制保障体系

上海对以科技创新为核心的全面创新做出系统性和制度性的安排,为培育战略科技力量相关配套制度的制定和实施提供法律依据和制度保障。2019 年,上海发布《关于进一步深化科技体制机制改革 增强科技创新中心策源能力的意见》,明确了培育战略性科技力量的聚焦定位、核心载体、任务要求等,提出要集聚建设一批世界级科研创新组织,明确通过部市共建模式,对在沪的中央部门所属科研机构建设世界高水平研究机构予

---

① 张金来:《自主创新的法治视角》,《科技进步与对策》2007 年第 10 期。

② 张东昱、卢晓军、黄永生:《福建省自主创新政策工具的互补性研究》,《东南学术》2016 年第 2 期。

③ 蒋选、刘皇:《创新政策:作用路径与机制研究——基于创新系统的视角》,《科技管理研究》2015 年第 17 期。

以支持。2020 年，上海颁布《上海市推进科技创新中心建设条例》，从落实国家重大战略层面对科技创新中心建设做出系统性法律安排。该条例从创新主体建设、创新能力建设、聚焦张江推进承载区建设等方面全力保障科技创新中心建设。明确要求以国家战略部署和科技、经济社会发展重大需求为目标导向，通过实施重大战略项目等，在基础研究和关键核心技术领域获得新突破；同时，对健全完善项目管理机制做出规定，要求建立差异化的项目支持和管理措施；提出推进张江综合性国家科学中心建设成为国家科技创新体系的重要基础平台，构建协同创新网络，为科技、产业发展提供源头创新支撑。为更好发挥中央引导地方科技发展资金在支持和落实国家创新驱动发展战略方面的导向作用，2020 年，上海专门出台《上海市中央引导地方科技发展资金管理办法》，明确引导资金支持自由探索类基础研究、科技创新基地建设、科技成果转移转化、区域创新体系建设四个方面，采用"直接补助、后补助、以奖代补、风险补偿、创投引导"等多种投入方式进行支持，改变过去以项目资助为主的单一方式。

（二）创新基础研究高质量发展制度支撑体系

上海聚焦世界科学前沿，遵循科学规律，加强基础研究顶层制度设计和统筹布局，注重"战略导向"、"统筹组织"与"自由探索"相结合，充分激发基础研究和应用基础研究对科技创新的源头供给和引领作用。2021 年，上海发布《关于加快推动基础研究高质量发展的若干意见》，要求打造基础研究体系化战略科技力量，夯实基础研究能力。在全国率先试点设立"基础研究特区"，赋予基础研究领域充分科研自主权，支持机构自由选题、自行组织、自主使用经费，在科研组织模式和管理体制机制上给予充分改革探索空间。优化基础研究支持体系，加大财政向基础研究的投入力度，对重大基础前沿和战略必争领域，实施市级科技重大专项，发挥上海自然科学基金支持源头创新的基石作用，加大对探索性和风险性强的原创性基础研究支持力度。积极探索社会多渠道基础研究投入机制，启动"探索者"计划，引导和鼓励有条件的重点企业出资与政府联合设立科研计划，引导鼓励企业和社会各界捐赠或设立科学基金会，构建政府、企业和社会力量多元投入渠道。到 2025 年，上海计划基础研究经费支出占比将达到 12% 左右。探索设立资金渠道更加多元化的基金，扩大基金规模，对上海优势领域基础研究人才提供全方位支持。强化对从事科学研究的人才和团队长期激励，支持围绕重大原创性基础前沿和关键核心技术的科学问题研究。

（三）创建"珊瑚礁"人才育成制度供给体系

一流的科技人才是实现科技战略目标，赢得国际竞争主动权的关键保证。上海根据人才成长阶段和创新领域的特点，着力构建完善各类创新人才发现和成长机制，形成上海市青年科技英才扬帆计划、上海市青年科技启明星计划、上海市"超级博士后"激励计划等体系化的科技创新人才培养体系（见表4-3）。同时，实施更开放、更便利人才导入政策，创新人才评价和激励机制，加大人才专项资助力度，放宽人才落户门槛，建立全球高层次科技专家信息平台，努力打造国际化科技创新人才高地。2020年，上海制定《关于进一步支持留学人员来沪创业的实施办法》，对以专利、科研成果、专有技术等来沪创办企业的留学人员实施资金、税收、贷款、职称评定等全方位多渠道政策支持。修订出台《上海市海外人才居住证管理办法》，进一步强化海外人才居住证作为吸引和延揽海外人才的权益集成载体功能，在张江科学城等区域工作的外籍留学人员可申请最长有效期10年的海外人才居住证。制定《上海市科技专家库管理办法》，积极推进上海市科技专家库建设，规范引导国内外专家服务上海科技创新中心建设。印发《关于做好优秀外籍高校毕业生来沪工作等有关事项的通知》，进一步加大对国际学生、国（境）外高水平大学优秀外籍高校毕业生、外籍博士后、其他外籍青年人才的吸引力度，营造全球优秀人才近悦远来的优质政策环境。至2020年，上海已连续八年蝉联"外籍人才眼中最具吸引力的中国城市"[1]。到2021年底，上海累计核发外国人工作许可证约33万份，其中发给外国高端人才（A类）约6万份，占比接近1/5[2]，引进外国人才数量和质量均居全国第一。拥有两院院士共计185名，在全国排名第二。

---

① 该项评选是国内唯一一个由外籍人才参与评选，由中华人民共和国国际科学技术合作奖获得者、诺贝尔奖获得者或具有较高社会影响力的外籍专家等组成的高端专家评委团队评出。

② 《2021年上海市国民经济和社会发展统计公报》，上海市统计局，2022年3月15日，http://tjj.sh.gov.cn/tjgb/20220314/e0dcefec098c47a8b345c996081b5c94.html。

表 4 - 3　上海人才计划及实施情况（截至 2021 年）

| 计划名称 | 启动时间 | 实施情况 |
| --- | --- | --- |
| 上海市青年科技启明星计划 | 1991 年 | 累计入选 3265 人 |
| 上海市曙光计划 | 1995 年 | 累计入选 1343 人 |
| 上海领军人才培养计划 | 2005 年 | 累计入选 1739 人 |
| 上海"东方学者"计划 | 2007 年 | 累计入选 1027 人 |
| 上海市青年科技英才杨帆计划 | 2014 年 | 累计入选 2854 人 |
| 上海市"超级博士后"激励计划 | 2018 年 | 累计入选 1675 人 |
| 上海"求索杰出青年"计划 | 2020 年 | 累计入选 76 人 |

（四）完善高技术成果保护和转化的法规政策体系

加强知识产权保护、应用和转化是促进战略科技力量优势转化，更好形成先进生产力和创新驱动力的重要手段。上海积极构建制度完备、体系健全、环境优越的国际知识产权保护高地，2021 年施行《上海市知识产权保护条例》，要求在涉外维权等方面先行先试，在浦东新区率先探索建立知识产权统一管理和执法的体制；提出构建与国际接轨的知识产权保护体系，拓宽知识产权对外合作交流渠道，加强与世界知识产权组织等国际组织的合作交流。着力创新导向，支持原创性科技成果的转化，2020 年，上海发布《上海市高新技术成果转化项目认定办法》，支持国家和本市重大重点领域关键技术攻关形成的成果转化，支持产业链核心环节、占据价值链高端地位的成果转化。同时，配套出台《上海市高新技术成果转化专项扶持资金管理办法》，规定高新技术成果转化项目当年可获得最高 500 万元扶持资金。2021 年，上海印发《上海市促进科技成果转移转化行动方案（2021 - 2023）》，提出要提升科技成果转化运用能力，建立科技成果全周期管理制度，开展赋予科研人员职务科技成果所有权或长期使用权试点，对探索性转化行为的相关负责人实施决策免责机制。充分激发科研人员积极性、主动性和创造性，以制度创新激励高价值创新成果向现实生产力转化。2021 年，上海出台《上海市事业单位绩效工资管理中技术合同奖酬金发放的若干规定》，要求本市行政区域内科研院所等事业单位，可以按照合同净收入的一定比例提取奖酬金，按照规定开展的三技（技术开发、技术咨询、技术服务）合同奖酬金提取和发放，不受单位核定的绩效工资总量限制。

## 三　跨越"创新鸿沟"：构筑协同攻关网络

关键核心技术是国家经济安全的重要保障，在关键核心技术创新领域实现根本性突破，是中国真正构建自主可控的自主创新体系，成功跨进创新型国家前列的前提条件，更成为保障中国拥有最基本的经济发展安全权利的核心条件[①]。上海聚焦高水平科技供给，以提升原始创新能级和关键核心技术竞争力为重点，积极探索技术突破协同攻关机制，精准实施产业创新分类引导，构建跨区域协同攻关体系，塑造高水平国际科技协作网络，为上海强化战略科技力量创新突破能力，助力高水平科技自立自强，加快形成创新发展的战略优势、引领优势、竞争优势提供有力的系统保障和条件支持。

（一）探索关键技术突破协同攻关机制

关键核心技术具有高投入、知识复杂性和嵌入性、商用生态依赖性等特点[②]，通过构建关键核心技术攻关新型举国体制组织科技力量，可将有限的人力、物力、财力和技术资源投向既定战略目标领域，调动全社会协同攻关，形成前沿基础研究和核心技术攻关的强大合力[③]。上海设立基础研究战略咨询委员会，其成员由来自相关高校、研究所和企业的院士专家构成，旨在面向世界科学前沿、聚焦国家战略，整合集成优势研究力量，在前沿、重大、新兴、交叉等研究方向上提供战略建议，为上海基础研究领域中长期规划提供决策咨询，组织实施基础研究领域市级科技重大专项。积极推行科技攻关"揭榜挂帅"制度，面向民营企业、研发机构、创新团队等各类创新主体，建立机会均等开放式技术创新攻关模式。支持企业牵头组建创新联合体，联合科研院校等创新主体建立实验室或研究院，组建风险分担利益共同体，强化关键核心技术联合攻关。鼓励企业联合多创新主体申报国家专项项目，进一步提高企业在协同攻关中的主动性、积极性和能动性，提高其承担国家重大科技战略任务的能力。到 2020 年，全市累计牵头承担国家科技重大专项 929 项，获得国家财政资金资助达到

---

① 张杰、吴书凤：《"十四五"时期中国关键核心技术创新的障碍与突破路径分析》，《人文杂志》2021 年第 1 期。

② 余江、陈凤、张越：《铸造强国重器：关键核心技术突破的规律探索与体系构建》，《中国科学院院刊》2019 年第 3 期。

③ 樊继达：《以新型举国体制优势提升关键核心技术主创新能力》，《中国党政干部论坛》2020 年第 9 期。

330 亿元；牵头承担国家重点研究计划项目超过 450 项，获得国家财政资金资助支持超过 82 亿元。2020 年，上海的国家自然科学基金项目立项数 4270 个，占全国立项总数的 9.3%，占比比 2013 年提高近 1 个百分点；（见表 4 - 4）其中，获得重点项目立项数占全国比重达到 15.9%，比 2013 年提高 2.6 个百分点（见图 4 - 2）。高水平科学及技术研究成果不断涌现，基础研究国际影响力和显示度不断提升。在脑科学、基因与蛋白质、量子、纳米等前沿领域取得多项具有国际影响力的成果，为解决生命科学健康、材料、发展安全等重大战略问题奠定了坚实基础。涌现出全球首只体细胞克隆猴、首例人工单染色体真核细胞、世界级新药 GV - 971 等一批标志性原创成果，建成国内首条 8 英寸硅光子中试线，成功研制全球首台75cm 超大孔径 3.0T 磁共振设备。

表 4 - 4　2013 ~ 2020 年上海的国家自然科学基金项目立项情况

单位：个，%

| 年份 | 上海立项数 | 全国立项数 | 占全国比重 |
|------|-----------|-----------|-----------|
| 2013 | 3274 | 38920 | 8.4 |
| 2015 | 3403 | 40668 | 8.4 |
| 2016 | 3455 | 41184 | 8.4 |
| 2017 | 3725 | 43935 | 8.5 |
| 2018 | 3990 | 44504 | 9.0 |
| 2019 | 4319 | 45192 | 9.6 |
| 2020 | 4270 | 45700 | 9.3 |

资料来源：上海历年科技进步报告，http://stcsm.sh.gov.cn/cxyj/lsjjlbx/。

（二）分类实施产业创新突破路径引导

上海以增强战略科技力量策源功能为重点，聚焦重点产业领域和产业关键技术环节，聚焦集成电路、人工智能、生物医药等重点领域，加强产业分类精准化创新政策支持（见表 4 - 5），集中力量突破关键核心技术和产业共性技术，为增强产业链供应链自主可控能力，形成新的比较竞争优势和增长动能营造良好的保障条件。2017 年，上海专门制定《关于本市进一步鼓励软件产业和集成电路产业发展的若干政策》，对承担和参与国家科技重大专项等国家项目的企业给予资金配套，对开发形成全球领先技术并授权使用的具有自主核心知识产权的企业，或主导制定国内外标准的企

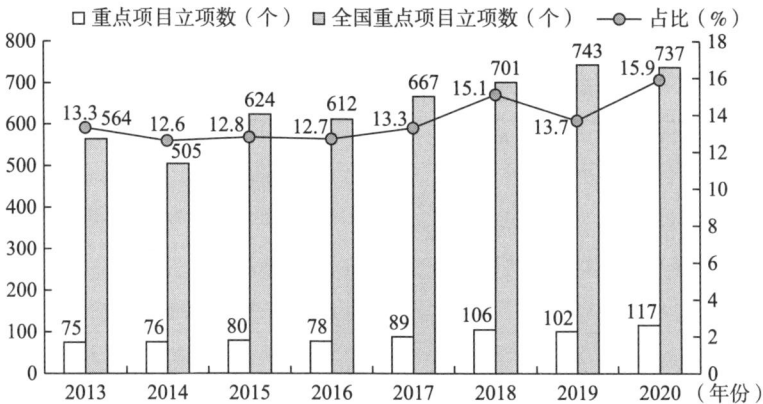

图 4 – 2　2013～2020 年上海获得国家自然科学基金重点项目
立项及占比情况

资料来源：上海历年科技进步报告，http://stcsm.sh.gov.cn/cxyj/lsjjlbx/。

业，都给予资助，在投融资、企业培育、研发、人才、知识产权、进出口
等方面形成全方位的政策支持保障。为抢占人工智能技术制高点，2017
年，上海出台《关于本市推动新一代人工智能发展的实施意见》，从数据
资源共享、政府引导支持力度、建设人工智能人才高地等六大方面，着力
营造促进人工智能创新发展优质生态圈。同时，配套出台《关于建设人工
智能上海高地构建一流创新生态行动方案》，实施建设枢纽型创新平台、
建设大数据联合创新实验室、构建人工智能治理体系等七大行动。为促进
生物医药产业高水平发展，上海自 2018 年以来，先后出台《促进上海市
生物医药产业高质量发展行动方案（2018—2020 年）》《关于加强本市医
疗卫生机构临床研究支持生物医药产业发展的实施方案》《关于推动生
物医药产业园区特色化发展的实施方案》《上海市人民政府办公厅关于
促进本市生物医药产业高质量发展的若干意见》，从财政资金投入、提
升产业空间承载能力、创新人才的培养和引进模式、完善生物医药创新
体系等方面综合施策，全方位推动生物医药产业高质量发展。2020 年，
上海生物医药产业规模超过 6000 亿元，创历史新高，国产首个 PD – 1 单
抗药物、全球首台全景动态 2 米 PET-CT、国产首台一体化 PET/MR 等一批
具有影响力的创新成果获批上市①。上海拥有 12 家科创板生物医药企业

① 《2020 年上海全市生物医药产业规模超过 6000 亿元》，人民网，2021 年 5 月 21 日，http://
sh.people.com.cn/n2/2021/0521/c134768 – 34738931.html。

（全国 45 家），占比达 26.7%，位列全国第一①。

表 4 - 5 上海重点产业创新激励政策（截至 2020 年）

| 产业领域 | 政策文件 | 部分重点措施 |
| --- | --- | --- |
| 集成电路 | 《关于本市进一步鼓励软件产业和集成电路产业发展的若干政策》 | 对承担和参与国家科技重大专项等国家项目的企业给予资金配套；对开发全球领先技术，或主导国际及国内相关技术标准制定的企业给予资助；对做出杰出贡献的高端人才，给予资助或表彰、奖励 |
| 人工智能 | 《关于本市推动新一代人工智能发展的实施意见》 | 组织论证人工智能市级重大科技专项，支持人工智能基础前沿及关键共性技术攻关；实施人工智能人才高峰建设行动，着力引进国际顶尖人才及团队；培育人工智能创新标杆企业，打造一批人工智能细分领域"隐形冠军" |
| | 《关于建设人工智能上海高地 构建一流创新生态行动方案》 | 实施前沿技术联合攻关计划，建立 10 个重点联合实验室，布局建设一两个市级人工智能研发与转化功能型平台，建设 15 个大数据联合创新实验室；建立首期规模 100 亿元的人工智能产业投资基金，孵化培育十家创新龙头企业，百家创新标杆企业 |
| 生物医药 | 《关于促进本市生物医药产业健康发展的实施意见》 | 建设全球领先的生物医药创新研发中心，组织实施一批重大产业创新项目和应用示范工程；设立生物医药产业基金，支持行业龙头企业并购发展；鼓励科研成果在本市产业化，对科技成果完成人和为科技成果转化做出重要贡献的人员可按照不少于净收入 70% 的比例奖励 |
| | 《促进上海市生物医药产业高质量发展行动方案（2018—2020 年）》 | 聚焦脑科学与类脑科学等学术前沿与生物医药产业交叉融合等热点方向，布局实施一批重大项目和重大专项，发起、参与若干国际大科学计划；对于重大科技攻关项目等，可按不超过新增投资的 30% 的资金支持 |
| | 《关于加强本市医疗卫生机构临床研究支持生物医药产业发展的实施方案》 | 提高临床研究资金使用效率和资助强度，集中力量办大事；加大对临床研究的投入，加强对临床研究机构建设、人才队伍培养和临床研究信息化建设项目的支持 |

---

① 《2020 年度上海生物医药产业十件大事》，上海市经济和信息化委员会网站，2021 年 1 月 13 日，http://www.sheitc.sh.gov.cn/gydt/20210113/4c1dc17f4ca14810a19b03ce3a84f641.html。

| 产业领域 | 政策文件 | 部分重点措施 |
|---|---|---|
| 生物医药 | 《关于推动生物医药产业园区特色化发展的实施方案》 | 市级层面推进一批具有"特斯拉项目"效应的重大项目，区级层面发挥建设主体作用，聚焦重大重点项目，提供充分的资源要素支撑 |
| 5G 产业 | 《上海市推进新一代信息基础设施建设助力提升城市能级和核心竞争力三年行动计划（2018—2020 年）》 | 加大相关专项资金支持力度，支持重点支持 5G、新型城域物联专网、IDC 等新一代信息基础设施的合理布局、示范应用、模式创新等 |
| | 《上海市人民政府关于加快推进本市 5G 网络建设和应用的实施意见》 | 打造若干 5G 建设和应用先行示范区；对 5G 关键技术等给予专项扶持；鼓励创业投资基金等社会资本对 5G 发展加大支持 |
| | 《上海 5G 产业发展和应用创新三年行动计划（2019—2021 年)》 | 聚焦支持 5G 科技研发、中试、产业化，以及在垂直领域率先开展的 5G 试点示范应用。对承担国家 5G 相关重大科技专项的上海企业给予资金配套支持。鼓励社会资本发起并设立 5G 产业发展基金 |

（三）建立健全长三角协同创新联合攻关机制

上海深入推进长三角科技创新共同体建设，充分发挥在长三角科技创新共同体中的"头雁"引领和带动作用，强化核心技术协同攻关，提高重大创新策源能力，推动长三角地区成为以科技创新驱动高质量发展的动力源。2020 年，科技部印发《长三角科技创新共同体建设发展规划》，明确提出到 2025 年，形成现代化、国际化的科技创新共同体，到 2035 年，全面建成全球领先的科技创新共同体的战略目标，要求协同提升自主创新能力，联合开展重大科技攻关，瞄准世界科技前沿，聚焦国家重大需求，在基础研究、应用基础研究、关键核心技术攻关领域，主动发起和联合承担若干个国家重大科技项目。为此，上海对接国家战略，牵头协同苏浙皖三省共同组建长三角国家技术创新中心，立足于国家重大区域创新战略需求，形成一批跨区域协同攻关标志性关键技术成果突破，为把长三角区域打造成为中国经济发展强劲增长极注入充沛创新动力。与苏浙皖共同编制《长三角科技创新共同体联合攻关实施方案》和《长三角科技创新共同体联合攻关操作指引》，建立三省一市联合攻关机制，联动三省探索以"揭榜挂帅"等方式开展科技联合攻关，为联合开展重大科技攻关、产业关键技术突破提供清晰路径指引和机制保障。设立长三角联合攻关专项，开展跨区域、跨领域、跨学科协同创新，加速推进长三角打造高水平协同创新策源地。2020 年，长三角地区每万人拥有研发人员 67.97 人年，超过全国平均水平近 3 倍，高被引科学家达到 237 人次，占据全国的 27%；长三角专利转移数量达到 17741 件，合作发明专利 3010 件，相比 2011 年分别增长了 16 倍和 6 倍[①]；从长三角承担的国家重点研发计划中，长三角协同开展攻关的项目数和金额占比均超过 80%；三省一市相互间技术合同输出 1.4 万余项，技术交易金额 544 亿元[②]。长三角科技资源共享服务平台已聚集重大科学装置 23 个、科学仪器 3.7 万台（套）、国家级科研基地 315 家、科技人才 20 多万人[③]。

### （四）塑造强"磁吸效应"国际科技合作网络

国际合作对于凝聚创新思想、获取创新资源、加强协同攻关，在重要学科领域实现跨越式发展以及取得科学突破等方面具有十分重要的作用[④]。上海搭建多主体、多层次、多类型对外科技合作交流网络，协调推进与不同国家间的高水平科技合作、交流和对话，打造开放共赢的合作模式，建立创新联合利益体，不断扩大上海科技创新的集聚力、影响力和辐射力。建设世界顶尖科学家社区，形成对全球高层次人才的强集聚。实施国际科技合作伙伴项目，积极参与和发起大科学计划和大科学工程，在脑科学、天文、海洋、人类表型组等领域取得突破性进展。与美国、匈牙利、日本等国家的 5 个国际研究所联合开展"全脑介观神经联接图谱"国际大科学计划；发布人类表型组参比导航图谱先导版及术语规范国际团体标准。打造若干精品国际联合实验室和若干优质技术转移中心。与全球 20 个国家和地区签订政府间国际科技合作协议，建设国际联合实验室 22 家[⑤]。英国皇家航空学会等 5 家国际科技组织在沪设立代表处。全市累计认定外资研发中心达到 506 家，其中全球研发中心 5 家，世界 500 强企业设立的研发中心占比超过 1/5。搭建跨境技术贸易平台，建立全球创新技术的交易网络。

---

① 《2021 长三角区域协同创新指数发布 一体化创新格局基本形成》，中国新闻网，2022 年 1 月 28 日，http://www.chinanews.com.cn/cj/2022/01-28/9664424.shtml。

② 《长三角一体化发展上升为国家战略三年来进展新闻发布会》，中华人民共和国国务院新闻办公室，2021 年 11 月 4 日，http://www.scio.gov.cn/xwfbh/xwbfbh/wqfbh/44687/47366/wz47368/Document/1715883/1715883.htm。

③ 《安徽携手沪苏浙打造长三角科技创新共同体显多重成效》，中国新闻网，2022 年 8 月 12 日，http://www.chinanews.com.cn/cj/2022/08-12/9826288.shtml。

④ 侯建国：《把科技自立自强作为国家发展的战略支撑》，《求是》2021 年第 6 期。

⑤ 数据来自上海市科技委员会发布的《2020 年上海科技进步报告》。

在全球 35 个国家和地区建立 46 个国际技术转移渠道。进一步提升世界顶尖科学家论坛、浦江创新论坛、世界人工智能大会等国际科技交流平台的影响力、号召力和吸引力，打造上海"创新名片"。

## 第三节　安徽：省院校合作共建

安徽根据国家总体战略布局，结合本地禀赋特色、科教优势与产业结构特点，坚持以打造具有重要影响力的科技创新策源地为目标，创新与中国科学院以及中国科学技术大学等高水平院校合作共建模式，系统化打造以国家实验室为引领的国家战略科技力量体系，以"五个一"创新主平台和"一室一中心"分平台战略为重要支撑，积极融入长三角协同创新网络，取得一系列突破性的重大成果，为中国强化战略科技力量路径探索提供先行的模式借鉴与有益的经验启示。

### 一　总体布局："五个一"创新主平台立柱架梁

安徽坚持以"一室一心一区一城一省"的"五个一"创新主平台（见图 4 – 3）发展战略为主抓手，即以国家实验室为内核、以合肥综合性国家科学中心为基石、以合肥滨湖科学城为载体、以合芜蚌国家自主创新示范区为外延、以全面创新改革试验省建设为网络[1]，系统化构建科技创新攻坚力量体系，打造具有重要影响力的科技创新策源地。

（一）建设布局：系统化构建战略科技力量体系

安徽省充分依托中国科学院、中国科学技术大学等大院、著名高校资源优势和中国科学院"全院办校、所系结合"特点，打造以国家实验室为引领、大科学装置集群化为支撑的建设格局，形成一系列交叉前沿创新平台载体，系统化构建战略科技力量体系。建成国家同步辐射实验室、合肥微尺度物质科学国家实验室，积极筹划创建量子信息科学国家实验室。将推进重大科技基础设施集群化、协同化发展作为合肥综合性国家科学中心重大支撑，形成"3＋4＋4"的空间格局[2]。加强省院校深化合作，推进各

---

[1]　中共安徽省委理论学习中心组：《谱写新阶段现代化美好安徽新篇章》，光明网，2021 年 5 月 17 日，https://m.gmw.cn/baijia/2021 – 05/17/34848297.html。

[2]　"3"即 3 个已建成，"4"即 4 个正在建设中，还有"4"个正在谋划推进中，部分大科学装置见表 4 – 6。

| | | | | |
|---|---|---|---|---|
| 国家实验室 | "2+8+N+3" 创新体系 | 四大战略定位 | 四大先行区 | "两大中心"——综合性国家科学中心和产业中心 |
| 国家同步辐射实验室合肥微尺度物质科学国家实验室；磁约束核聚变国家实验室（筹）；量子信息科学国家实验室（筹） | 争创 "2" 个国家实验室，"8" 个重大科技基础设施，"N" 个交叉前沿研究平台和产业创新转化平台，"3" 个 "双一流" 大学 | 科技体制改革和创新政策先行区；科技成果转化示范区；产业创新升级引领区；大众创新创业生态区 | 国家实验室核心区；大科学装置集聚中区；教育科研用创新成果解化加速转化区；产学研用创新成果加速转化区 | 打造 "基础研究源头创新、共性技术研发平台、重大科技攻关、产业转移成果产业化、重大新兴产业基地、完整的创新型产业体系 |
| 一室 | 一中心 | 一区 | 一城 | 一省 |
| 国家实验室 | 合肥综合性国家科学中心 | 合芜蚌国家自主创新示范区 | 合肥滨湖科学城 | 全面创新改革试验省 |

"五个一" 创新主平台建设布局

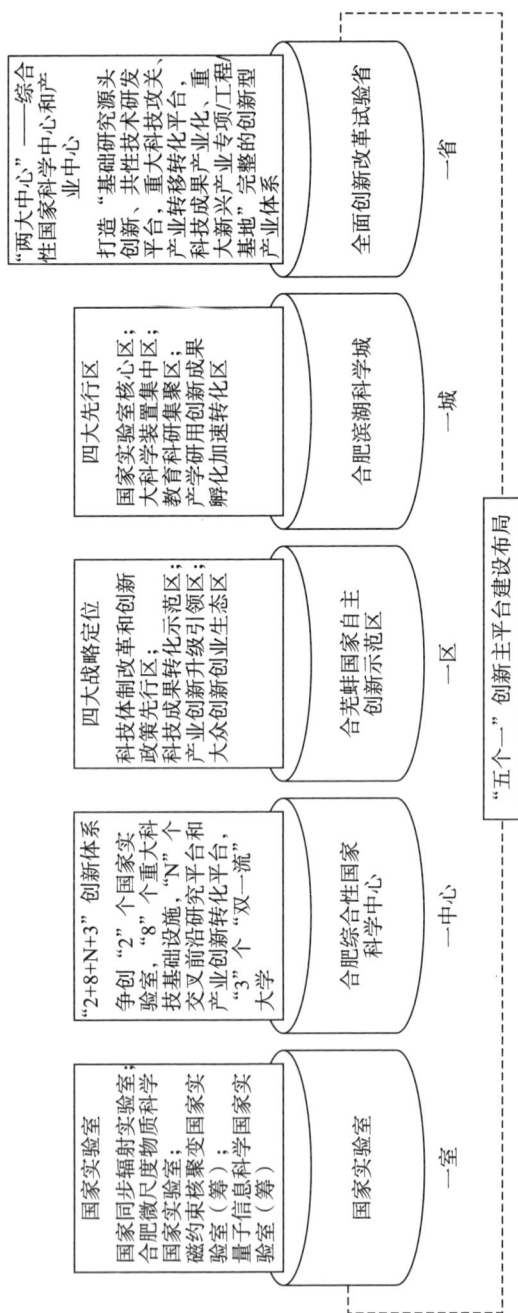

**图 4-3 "五个一" 创新主平台**

184

类创新平台建设，建成中国科学技术大学先进技术研究院等一系列重大创新平台与研发机构（部分共建研发机构见表4-7），培优建强多元创新载体，建成国家级研发平台216家，"一室一中心"（省实验室和省技术创新中心）34家，省级及以上重点183家，已成为国家战略科技力量布局的重要省份①。持续聚焦重点领域，大力发展科大讯飞、联宝科技以及江淮汽车等一批科技领军企业。截至2021年，全省已建成具有全球影响力的"科大硅谷""量子中心"等26个重大新兴产业基地，涉及11个新一代信息技术产业领域，推动产业从过去的"铜墙铁壁"② 逐渐转为新型"铜墙铁壁"以及"芯屏汽合"③ 和"集终生智"④ 等创新型产业体系。

表4-6　安徽省部分大科学装置建设情况（截至2022年）

| 序号 | 大科学装置 | 状态 | 备注 |
| --- | --- | --- | --- |
| 1 | 全超导托卡马克核聚变实验装置（EAST） | 运行中 | 2017年以来，先后创下实现101.2秒稳态长脉冲高约束等离子体运行、等离子体中心电子温度达1亿摄氏度以及可重复等离子体运行1.6亿摄氏度20秒等世界纪录 |
| 2 | 稳态强磁场实验装置 | 运行中 | 可实现40特斯拉稳态混合磁体装置，磁场强度居世界第二 |
| 3 | 合肥同步辐射光源 | 运行中 | 升级改造可达到国际三代光源水平 |
| 4 | 聚变堆主机关键系统综合研究设施（CRAFT） | 建设中 | 是中国《国家重大科技基础设施建设"十三五"规划》中优先部署的重大基础设施 |
| 5 | 国家未来网络试验设施（合肥分中心） | 运行中 | 是中国首个未来智能科学与技术试验装置，标志着国家未来网络试验设施正式具备智能网络试验服务能力 |
| 6 | 高精度地基授时系统 | 建设中 | 预计2023年建成，将成为全国三大一级核心站之一 |
| 7 | 合肥先进光源（HALS） | 完成预研选址 | 是基于衍射极限储存环的第四代同步辐射光源，其发射度及亮度指标的设计目标为世界第一，建成后将是全世界最先进的衍射极限储存环光源 |

① 《抓好"栽树工程"　勇当"创新先锋"》，《安徽日报》2022年7月17日。
② "铜墙铁壁"是指铜、铁等有色金属冶炼行业。
③ "芯屏汽合"："芯"代表芯片产业，"屏"代表新型显示产业，"汽"代表新能源汽车产业，"合"代表人工智能与产业的融合。
④ "集终生智"："集"指集成电路产业，"终"指智能终端产业，"生"指生物医药产业，"智"指智能语音及人工智能产业。

| 序号 | 大科学装置 | 状态 | 备注 |
|---|---|---|---|
| 8 | 大气环境立体探测实验研究设施 | 预研方案通过可行性论证 | 用于全高程大气环境参数立体探测和云雾物理过程实验模拟,为相关重大科学问题研究、区域大气污染控制决策等提供重要科技支撑 |
| 9 | 强磁光综合实验装置 | 预研 | 建造以55T级混合磁体、36T级超导磁体为代表的具有世界最高磁场强度的系列稳态磁体装置,发展更为先进的强磁场下表征技术手段,以解决新型电子材料、生命电荷传输、高温超导机理及应用、新药创制、能源化工等国家重大需求中的瓶颈问题 |

表4-7 安徽省高校科研院所合作共建部分研发机构情况

| 机构名称 | 成立时间 | 功能定位 |
|---|---|---|
| 中国科学技术大学先进技术研究院 | 2012年 | 建设国家量子保密通信"京沪干线"及"量子科学试验卫星"合肥总控中心,在世界领域率先开展量子远程大规模保密通信应用工程,被列为安徽省系统推进全面创新改革试验点单位 |
| 清华大学合肥公共安全研究院 | 2013年 | 构建公共安全基础研究、技术创新、成果转化和产业培育的协同创新发展体系,打造国际先进的公共安全科技创新与产业创新基地。在应急管理、城市安全、人员安全、消防安全及社会化服务、工业安全、环境安全、安全文化教育、应急装备检验检测、灾害事故技术调查等方面提供规模化产业应用① |
| 北京航空航天大学合肥创新研究院 | 2017年 | 作为合肥北航科学城的重要科研创新平台,以软件工程、信息与通信工程、网络空间安全等重点学科为主要布局,组建量子精密测量研究中心、天临空地一体化信息网络研究中心、微纳科学与技术研究中心、智能电动运载器研究中心、智慧交通研究中心、医工交叉创新研究中心、网络空间安全协同创新研究中心、卫星导航与位置服务工程中心、跨尺度激光制造研究中心、通航产业技术研究院、军民融合研究院等创新平台 |
| 上海交通大学安徽陶铝新材料研究院 | 2017年 | 围绕陶铝新材料产业发展需求,建设具有可持续发展性和战略性的产学研合作基础平台,推动中国新材料产业发展和探索产学研合作 |
| 西安电子科技大学芜湖研究院 | 2017年 | 致力于以氮化镓、碳化硅、金刚石等为代表的第三代半导体、集成电路、汽车电子等领域的关键技术研究和产业应用,为芜湖战略性新兴产业提供第三代半导体、汽车电子、机器人及智能制造等领域的共性技术研究服务及培育人才助力地方产业转型升级 |

| 机构名称 | 成立时间 | 功能定位 |
|---|---|---|
| 中国工程科技发展<br>战略安徽研究院 | 2018 年 | 致力于国家高端智库建设，聚焦院省合作战略和安徽重大工程科技发展需求，组织实施了一批院士咨询项目，为深化院省合作、服务安徽发展提供服务 |
| 合肥综合性国家科学<br>中心人工智能研究院 | 2020 年 | 参照国家实验室体制机制建设运行的新型研发机构，致力于推动人工智能理论、方法、工具、系统等方面取得变革性、颠覆性突破，构建有效的关键核心技术攻关、成果转化、示范应用机制，引领人工智能学科前沿和技术创新方向 |

注：①朱海伦：《系统集成理念下我国安全与应急产业发展模式探讨——清华大学合肥公共安全研究院的实践》，《中国应急管理》2021 年第 5 期。

（二）空间布局：以"一心一城一区"为核心构筑创新策源地

安徽省通过集聚高端创新资源、优化创新环境，充分利用国家实验室等战略科技力量的引领、辐射、带动作用，以合肥综合性国家科学中心、合肥滨湖科学城、合芜蚌国家自主创新示范区等为核心，努力打造具有重要影响力的科技创新策源地核心区。其中，合肥综合性国家科学中心高起点规划建设大科学装置集群，持续推进能源研究院、人工智能研究院、大健康研究院、环境研究院以及前沿交叉研究平台建设。合肥滨湖科学城以高标准建设量子中心、人工智能小镇、金融小镇、科学岛"科创走廊"，大科学装置集中区、国际交流区和成果展示区、科技成果交易转化区，构建功能联动承载高效的空间格局。将"科大硅谷"打造成链接全球创新资源的战略性新兴产业集聚地示范工程，以及以中国科学技术大学为主体并带动国际人才集聚的创新创业高地。合芜蚌国家自主创新示范区聚焦产业创新需求，与中国（安徽）自由贸易试验区加速形成"双自联动"，面向全球集聚高水平创新载体，推动高校技术转移机制改革，争创区域科技创新中心，辐射带动全省创新发展。

（三）需求导向：聚焦重大原创性科技攻关

强化战略科技力量要以战略性需求为导向，确定科技创新方向和重点，着力解决制约国家发展和安全的重大难题，以及跨行业、跨领域的关键共性问题①。安徽围绕国家重大需求以及十大新兴产业领域的制约瓶颈，布局一批具有前瞻性、引领性、战略性的科技重大专项，凝练筛选一批具

---

① 贾宝余、陈套：《强化国家战略科技力量的五个着力点》，《科技中国》2021 年第 5 期。

有共性的关键核心技术问题，部署一批基础研究项目和跨学科交叉研究项目，探索采取定向委托、揭榜挂帅等新机制，组织实施重大技术攻关和成果熟化转化，取得一系列重大突破性成果。"九章二号"和"祖冲之二号"量子计算原型机的成功研制，使中国成为唯一在两个物理体系中实现"量子计算优越性"的国家；全超导托卡马克核聚变实验装置实现千秒级长脉冲高参数等离子体运行刷新世界纪录，以及可重复的 1.2 亿摄氏度 101 秒和 1.6 亿摄氏度 20 秒等离子体运行，创造全超导托卡马克核聚变实验装置运行新的世界纪录；DSP 芯片、动态存储芯片、制造 EDA、CMOS 图像传感器、碳化硅金属氧化物半导体场效应晶体管、NAND Flash 芯片及存储器、重型燃气轮机叶片、燃料电池发动机、叠屏显示等项目打破了国外垄断，实现自主可控和国产化替代。

## 二　政策引领：从"点上突破"到"系统集成"

加快战略科技力量建设，需要破除体制机制陈规旧章，努力创新有利于科技发展的长效体制和机制。自 2013 年获批为全国第二个开展创新性省份建设试点工作的省份以来，安徽省不断推进科技创新与体制机制创新"双轮驱动"，在多元主体协同、组织保障、要素配置、人才发展、成果转化等方面积极探索制度性创新，有力支持了战略科技力量的建设及能量的发挥。《中国区域创新能力评价报告（2021）》显示，安徽省区域创新能力全国排名第 8，连续 10 年位居第一方阵。

（一）携手大院大所大学构建协同创新体系

安徽注重发挥国家科研机构、高水平研究型大学等战略科技力量作用，努力建成机制合理、运行高效、成效显著的全省与大院大所合作的工作体系，形成大学、科研院所联合攻关合力。2018 年，《安徽省人民政府关于印发支持与国内外重点科研院所高校合作若干政策的通知》发布，提出扶持和引进大院大所以及争创科技创新基地，培养和引进高层次人才，加快科技成果转移转化，在合肥、芜湖、蚌埠等地形成与大院大所合作全覆盖。安徽省与中国科学院、中国科学技术大学、清华大学等多所高校院所共建超过 20 个高水平协同创新平台，形成以中国科学技术大学先进技术研究院为代表的省院市校合作共建模式，以中国科学院合肥技术创新工程院为代表的股份制公司运营模式，以清华大学合肥公共安全研究院为代表的市校合作开发区承接模式等一系列多元化创新院校合作共建模式，加速推进科技成果转移转化和新兴产业集聚发展。

（二）创新战略科技力量统筹组织保障机制

安徽省积极探索实施重大科技平台组织管理体制机制改革，创新战略科技力量组织保障机制。例如，合肥综合性国家科学中心探索成立理事会领导下自主管理、科学家决策的运行机制，建立"领导小组（决策层）、专设机构（协调层）、专项工作推进组（执行层）"的组织结构（见表4-8），为强化统筹、要素配置、资源调动等提供体系化组织实施保障。

**表4-8 合肥综合性国家科学中心管理体制机制**

| | |
|---|---|
| 领导小组<br>（决策层） | 由安徽省委、中国科学院、安徽省政府、国家发展改革委、科技部等共同成立的合肥综合性国家科学中心理事会，以及理事会领导下的专家咨询委员会 |
| 专设机构<br>（协调层） | 由安徽省政府成立合肥综合性国家科学中心办公室，安徽省政府和中国科学院成立省院建设领导小组，下设合肥综合性国家科学中心建设工作小组 |
| 专项工作推进组<br>（执行层） | 由中国科学院成立合肥综合性国家科学中心专项办、安徽省委组织部成立合肥综合性国家科学中心人才服务协调办公室、省发展改革委成立合肥综合性国家科学中心工作处、省科技厅成立量子信息可续国家实验室推进办、合肥市成立综合性国家科学中心建设办等 |

（三）优化重大战略科技项目要素配置保障

安徽省结合科技创新和产业发展实际，优化资金、土地、政策、管理服务等重点要素配置，多举措保障重点科技项目建设。2017年，安徽省委、省政府和中国科学院共同印发《合肥综合性国家科学中心实施方案（2017—2020年）》，2018年安徽省政府办公厅印发《合肥综合性国家科学中心项目支持管理办法（试行）》，这些文件从人才、资金、土地、体制机制等方面为科学中心建设提供全要素保障，安排200亿元专项资金支持合肥综合性国家科学中心建设；为国家实验室以及重大科技基础设施预留充足的建设用地；在全国首次探索将大科学装置设施主体和配套园区工程分开审批制度，缩短审批时间1年。制定出台《关于组建安徽省实验室安徽省技术创新中心的决定》《关于推进安徽省实验室安徽省技术创新中心建设的实施意见》，从加大资金支持、加大项目支持、优化金融服务、完善人才服务等方面支持培育国家战略科技力量后备军。对新建的、稳定运行的省实验室、省技术创新中心提供经费支持。安徽省出台《关于支持各类平台引进高层次人才工作实施办法》、安徽人才30条、科学中心人才10条、人才新政20条等一系列人才引进实施办法或实施细则，在全国首批实施外国人才签证制度，加强战略科技人才、科技领军人才的培养引进。安徽省部分科技创新支持政策如表4-9所示。

表4-9  安徽省部分科技创新支持政策

| 序号 | 政策 | 部分重点措施 |
|---|---|---|
| 1 | 《安徽省人民政府办公厅关于印发实施创新驱动发展战略进一步加快创新型省份建设配套文件的通知》 | 对企业购置研发设备、建立合办、收购研发机构、高层次科技人才团队创新创业、科技成果转化、大型科学院仪器设备资源共享、实验室建设、重大专项、科技保险等提供补助、奖励和扶持 |
| 2 | 《安徽省财政厅、安徽省科技厅关于印发安徽省创新型省份建设专项资金管理办法的通知》 | |
| 3 | 《安徽省人民政府办公厅关于修订印发实施创新驱动发展战略进一步加快创新型省份建设配套文件的通知》 | |
| 4 | 《安徽省人民政府关于印发支持科技创新若干政策的通知》 | 在引导企业加大研发投入、开展重大关键技术攻关、支持科技人才团队创新创业、促进科技成果转化产业化、培育发展高新技术企业等10个方面以奖励、补助、股权投资和债券投入等多种支持方式，最大化发挥资金使用效益 |
| 5 | 安徽省科技厅、省财政厅《支持科技创新若干政策实施细则》 | 在支持新建项目、奖励重大项目团队、支持企业境外并购、完善奖励机制、支持重大新兴产业工程、支持重大新兴产业专项建设、支持新兴技术企业成长、支持创新平台建设、支持创新创业、运用基金支持等10个方面提供支持和奖励 |
| 6 | 《安徽省人民政府关于印发支持"三重一创"建设若干政策的通知》 | |
| 7 | 《安徽省发展改革委、安徽省财政厅关于印发支持"三重一创"建设若干政策实施细则的通知》 | 对科技成果供给和引进、科技成果转化平台建设、科技服务业发展提供支持 |
| 8 | 《安徽省人民政府办公厅关于印发安徽省促进科技成果转化行动方案的通知》 | |
| 9 | 《安徽省人民政府关于推动创新创业高质量发展打造"双创"升级版的实施意见》 | 对小微企业发展提供财税政策支持，对创新创业产品和服务加大政府采购力度，对重大技术装备示范应用提供补助，完善知识产权管理服务体系 |
| 10 | 《安徽省人民政府办公厅关于印发支持科技型初创企业发展若干政策的通知》 | 对科技型初创企业提供培育孵化、技术创新、人才培养引进、融资支持等补助和奖励 |

续表

| 序号 | 政策 | 部分重点措施 |
|---|---|---|
| 11 | 《安徽省实施〈优化营商环境条例〉办法》 | 对安徽省内企业提供市场主体保护、市场环境支撑、政府服务优化、监管执法优化等支持 |
| 12 | 《安徽创新型省份建设促进条例》 | 对安徽省内开展的原始创新、技术创新、产业创新、区域创新、人才创新、体制机制创新等创新性省份建设活动提供支持 |

（四）推进科技成果由"实验室"迈进"大市场"

安徽结合地方产业发展方向进一步完善科技成果转化机制。建成全国首座以"创新"为主题的安徽创新馆，打造"政产学研用金"深度融合的科技大市场，搭建成果转移转化平台，组建产业基金，实施科技重大专项，形成"源头创新—技术开发—成果转化—创新创业—新兴产业"全链条式创新体系。院地合作共建成果转化平台，专门成立中国科学院合肥技术创新工程院，并启动"新型研发机构市场化管理改革"，赋予该院500万元以下的投资权限，市场化引进人员与委派人员同岗同酬，科技成果转让收益的70%奖励给科研人员[1]。

## 三 两心同创：协同融入长三角协同创新网络

地方战略科技力量强调创新链与产业链的深度融合，需要区域合作、创新协作、产业联动、企业竞合等，充分发挥创新扩散促进共享型区域一体化发展的效应。各级政府、各类创新主体、生产主体需要形成优势互补、分工合理的网络结构，共建区域创新共同体[2]。安徽紧抓长三角一体化发展战略实施机遇，以上海张江、合肥综合性国家科学中心"两心同创"为牵引，聚焦重点领域、重点区域、重大项目和重大平台，强化战略协同、政策衔接、高地共建、优势互补，培育和壮大战略科技力量，为提高区域协同创新能级，建成具有全球影响力的长三角科技创新共同体贡献安徽力量。

---

[1] 桂运安：《创新引领高质量发展》，《安徽日报》2019年3月7日。
[2] 林斐：《共建共治共享：创新经济视域下的区域一体化——以长三角一体化发展为例》，《西部论坛》2020年第30期。

（一）积极共建长三角高水平科技创新平台体系

深度参与长三角科技创新共同体建设。2020年，安徽专门出台《安徽省实施长江三角洲区域一体化发展规划纲要行动计划》，明确提出要合力打造科技创新共同体。以上海张江、合肥综合性国家科学中心"两心同创"为牵引，形成多点支撑、多层并进的创新平台体系，共同创建长三角科技创新共同体。建立合肥、上海张江综合性国家科学中心常态化对接机制，共同打造国家实验室体系、重大科技基础设施集群、长三角国家技术创新中心等建设工程。将中国科学技术大学先进技术研究院、上海交通大学安徽陶铝新材料研究院、清华大学合肥公共安全研究院、北京航空航天大学合肥创新研究院的核心创新平台纳入合肥综合性国家科学中心建设范围，加快中国工程科技发展战略安徽研究院等建设，推进国家临床试验医院（中国科学院临床研究医院）申报建设，积极争取国家超算中心、临床医学研究中心布局落户，共建中国科学院芜湖机器人及智能制造研究院等[①]。

（二）组织实施长三角重大科技项目联合攻关

共同实施重大科技项目联合攻关。共同参与国际热核聚变实验堆（ITER）计划和平方公里阵列射电望远镜（SKA）等国际大科学计划和大科学工程，发起成立国际聚变能联合中心及中俄大气光学联合研究中心。协同编制《长三角G60科创走廊科技联合攻关实施方案（试行）》，提出在新一代信息技术、高端装备技术、新材料等领域，通过联合科技攻关、揭榜挂帅、竞争赛马等方式强化核心关键技术突破。《安徽省实施长江三角洲区域一体化发展规划纲要行动计划》提出，联合争取量子通信与量子计算机、脑科学与类脑研究、天地一体化信息网络等重大项目，以及国家科技重大专项、重点研发计划等国家科技计划项目。实施"高新基"全产业链项目体系建设工程，围绕高科技攻关，基于基础设施和平台载体建设，以推动新领域产业创新为目的，建立健全"高新基"全产业链项目库，持续加大投入力度，强化体制机制保障，加快形成集原始创新、技术创新、产业创新为一体的项目体系和科技创新全链条格局，为安徽创新型省份建设提供强大动力支撑。

（三）联合推进科技成果转移转化

安徽省通过加强科技成果转移转化区域联动，推动技术市场互联互

---

① 李红兵：《合肥综合性国家科学中心建设现状与对策建议》，《科技中国》2020年第4期。

通，促进更多科技成果汇聚转化，打造全国领先、有国际影响力的安徽科技大市场。开展长三角一体化创新成果展，共同举办长三角国际创新挑战赛。强化战略科技力量的生产力转化和成果应用，建立健全区域产业技术转移渠道，创新成果转化应用机制。强化与沪苏浙地区的科技创新衔接，构建共性技术的交流平台，推动共性技术的成果开放与共享。鼓励在沪苏浙等创新集聚地建设研发飞地，探索建立研发在外、落地在皖合作模式。安庆市怀宁经开区与上海松江经济开发区签订《战略合作框架协议》，积极承接上海市乃至长三角地区的产业转移，构建"孵化在上海、产业在怀宁；研发在上海、生产在怀宁；前台在上海、后台在怀宁"的两地协同创新新模式。截至 2021 年，怀宁经开区已签约落户来自长三角地区的项目16 个，协议总投资超过 96 亿元。

# 第五章
# 广东路径：市场化探索与地方军团打造

广东作为经济大省、科技大省，把科技创新这个"国之大者"放在突出位置来抓，坚持把"实现高水平科技自立自强"[①] 作为引领高质量发展的战略支点。广东以建设具有全球影响力的科技和产业创新高地为目标导向，以建设粤港澳大湾区国际科技创新中心和综合性国家科学中心为重点，坚持"四个面向"的战略方向，高起点谋划、高质量推进、高标准落实战略科技力量的布局与建设，着力提升"从0到1"的基础研究能力，建构"基础研究＋技术攻关＋成果产业化＋科技金融＋人才支撑"全过程创新生态链[②]，在打造体现国家使命、具有广东实力的战略科技力量，服务国家在全球科技竞争中走出一条"广东路径"。

## 第一节　广东战略科技力量建设现状

雄厚的经济实力是科技创新的坚强后盾。广东经过40多年的改革开放，创造了举世瞩目的成就。尤其是党的十八大以来，广东经济社会持续健康发展，科技事业不断进步。2021年，全省地区生产总值超过12万亿元，连续33年位居全国第一；区域创新综合能力连续5年位居全国第一，全省研发投入强度达3.14%，有效发明专利量、PCT国际专利申请量保持全国首位；国家实验室取得零的突破，布局建设10家省实验室，实施九大重点领域研发计划，全省研发人员突破110万人；国家级高新区增加到14

---

① 习近平：《加快建设科技强国 实现高水平科技自立自强》，《求是》2022年第9期。

② 王伟中：《牢记嘱托 勇担使命 奋力建设好中国特色社会主义先行示范区——在中国共产党深圳市第七次代表大会上的报告》，深圳市人民政府网，2021年5月6日，http://www. sz. gov. cn/cn/xxgk/zfxxgj/zwdt/content/post_8741542. html；《国家发展改革委关于推广借鉴深圳经济特区创新举措和经验做法的通知》第一条，中华人民共和国国家发展和改革委员会，2021年7月21日，https：//www. ndrc. gov. cn/xxgk/zcfb/tz/202107/t20210729_ 1292065_ ext. html。

家，有 11 家国家高新区进入全国 100 强，高新技术企业超过 6 万家①，成千上万的中小企业争做行业领域创新"隐形冠军"和独角兽企业，广东有底气、有能力承担国家战略科技力量赋予的科技创新重任。

## 一　国家战略下的战略科技力量布局

### （一）"两中心" + "一体系"

国家战略科技力量既有以中国科学院为代表的中央集团军，又有以广东省科学院和华为等高新技术企业为代表的地方军团。近年来，广东结合经济社会发展需求和国家科技发展需要，高起点谋划布局国家战略科技力量，加速形成一支体现国家使命担当和具有广东特色的"科技王牌军"。粤港澳大湾区国际科技创新中心、大湾区综合性国家科学中心和广东特色实验室体系等"两中心" + "一体系"建设的扎扎实实推进，彰显出广东打造国家战略科技力量"地方军团"的雄心与气魄。

建设粤港澳大湾区国际科技创新中心。广东以《粤港澳大湾区发展规划纲要》实施为契机，推进建设具有全球影响力的国际科技创新中心，协同港澳布局建设大湾区量子科学中心、国家应用数学中心等重大创新平台，共建大湾区中医药科技成果转化基地和设立大湾区国家技术创新中心；以构建开放型融合发展的区域协同创新共同体即"科创中国"大湾区联合体落户前海，广东科研项目财政资金跨境拨付已超过 3 亿元人民币，10 余所港澳高校和科研机构受益。世界知识产权组织（WIPO）发布的 2022 年全球创新指数显示，深圳—香港—广州科技集群全球创新指数连续三年位居全球第二。

建设大湾区综合性国家科学中心。以深圳光明科学城、东莞松山湖科学城为大湾区综合性国家科学中心先行启动区，广州南沙科学城为联动协同发展区的建设全面提速，广东围绕现代信息技术、新材料、生命科学三大科学方向，打造世界一流重大科技基础设施集群、高水平实验室、高等院校、科研机构、前沿科学交叉研究平台、中试验证平台和科技支撑服务平台，致力于成为世界级原始创新高地、服务和支撑国家科技自立自强的战略前沿。目前已经建成和正在建设的"国之重器"大科学装置有东莞散

---

① 主要数据来自王伟中《政府工作报告——2022 年 1 月 20 日在广东省第十三届人民代表大会第五次会议上》。

裂中子源一期、惠州强流重离子加速器和加速器驱动嬗变系统、江门中微子实验站、鹏城云脑Ⅲ以及新布局散裂中子源二期等一批重大科技基础设施，自此形成重大科技基础设施集群，为大湾区原始创新提供物质基础和技术人才储备。以"广深港"和"广珠澳"科技创新走廊为主干线，辐射带动大湾区乃至全省协调创新发展的空间格局初步形成。

建设具有广东特色的实验室体系。广东以"新机制""新模式"在全国率先分层次、分类别、分批次地推进广东实验室体系布局建设。现已构建起以鹏城实验室、广州实验室等为引领，国家重点实验室、省实验室、省重点实验室、粤港澳联合实验室以及"一带一路"联合实验室等组成的高水平多层次实验室体系。其中，鹏城实验室实现人工智能算力全球领先；广州实验室在抗击新冠疫情中展现出硬核力量。

（二）四大平台

综合国家在粤各类科技创新平台的功能定位，目前广东的科技创新平台大致可以分为四类，分别是科学研究平台、技术创新平台、公共卫生创新平台和孵化创新平台，其中部分科学研究平台与技术创新平台在功能定位上有所交叉①。

科学研究平台②。包括科研院所、重大基础设施、实验室、高水平研究型大学等，主要开展基础和应用基础研究。中国科学院早期在粤布局海洋、能源、地球化学等领域科研院所。进入 21 世纪，广东省委、省政府根据广东经济社会发展需要，积极谋划与中国科学院合作，成建制、成体系、机构化引进了中国科学院空天信息研究院、中国科学院苏州纳米所、中国科学院微电子所等 21 家国家级科研机构，并与中国工程院共建中国工程科技发展战略广东研究院。中国科学院广州生物医药与健康研究院是中国科学院与地方共建的第一个新型研发机构。中国科学院、深圳市政府及香港中文大学共建中国科学院深圳先进技术研究院，实行"理事会"管理。

在重大基础设施方面，中国（东莞）散裂中子源已通过国家验收并投入运营；深圳国家基因库、中微子实验站（江门）、中国科学院（惠州）

---

① 数据统计截至 2021 年，资料来源于政府工作报告、《广东科技创新动态数据》及科技类媒体报道。

② 谈力、江笑颜、韩莉娜：《打造高水平创新平台体系 强化在粤国家战略科技力量》，《广东科技》2021 年第 7 期。

加速器驱动嬗变系统和强流离子加速器等大科学装置正在建设中。未来网络试验设施（深圳）、合成生物研究装置、脑解析与脑模拟装置、新型地球物理综合科学考察船等项目获批，粤港澳大湾区量子基础研究中心的筹建工作有序推进。

在实验室方面，广东拥有 2 家国家实验室和 2 家国家实验室的分支机构。鹏城实验室由高文院士领衔，于 2020 年 10 月 14 日启动建设，以网络通信、网络空间和网络智能为主要研究方向，致力于打造突破型、引领型、平台型一体化的网络通信领域新型科研机构。广州实验室由钟南山院士领衔，于 2021 年 5 月揭牌成立，致力于打造具有全球影响力的防控突发性公共卫生事件的大型综合性研究基地和原始创新策源地。张江实验室广州基地和合肥实验室粤港澳大湾区基地分别落户广州黄埔和深圳。此外，广东还拥有 10 家省实验室、30 家国家重点实验室、1 家"一带一路"联合实验室、20 家粤港澳联合实验室和 400 多家省重点实验室，几乎涵盖了广东所有优势学科领域和产业领域①。

在高水平研究型大学方面，在最新公布的 2022 年第二轮"双一流"建设大学名单中，中山大学、华南理工大学、暨南大学、广州中医药大学、华南师范大学、广州医科大学、华南农业大学、南方科技大学等 8 所高校位列其中，其中华南农业大学、广州医科大学、南方科技大学是新入选的高校。数学、化学、物理学、生物学、作物学、材料科学与工程、电子科学与技术、轻工技术与工程、食品科学与工程、临床医学、药学等学科是"双一流"建设学科。

技术创新平台。在粤国家技术创新中心有 3 家，分别是粤港澳大湾区国家技术创新中心（综合类）、国家新型显示技术创新中心和国家第三代半导体技术创新中心（领域类）。国家耐盐碱水稻技术创新中心华南（湛江）分中心正在建设中。目前广东有国家级工程技术研究中心 23 家、省级工程技术研究中心 5944 家，省级工程技术研究中心企业类 5090 家。另外，广东还有省级新型研发机构 251 家，其中，珠三角地区 202 家，占 80.5%；粤东西北地区 49 家，占 19.5%②。

---

① 数据统计截至 2021 年，资料来源于政府工作报告、《广东科技创新动态数据》及科技类媒体报道。

② 谈力、江笑颜、韩莉娜：《打造高水平创新平台体系 强化在粤国家战略科技力量》，《广东科技》2021 年第 7 期。

公共卫生创新平台。主要包括临床医学研究中心和生物安全实验室。广东拥有 3 家国家临床医学研究中心和 15 家省临床医学研究中心；已备案的 P1 实验室 639 家、P2 实验室 1653 家、P3 实验室 8 家。新冠疫情突袭而至以来，广东大力推动建设致力于高等级生物安全的 P3、P4 实验室。

孵化创新平台。包括大学科技园、孵化器、众创空间等。广东有省级以上大学科技园 11 家，其中国家级大学科技园 3 家，省级大学科技园 8 家。广东大力实施孵化育成体系"双千计划"①，截至 2020 年，全省有孵化载体 2022 家，其中孵化器 1036 家（含国家级孵化器 151 家），众创空间 986 家（含国家备案众创空间 278 家），数量持续位居全国第一，实现了全省 21 个地级以上市国家级高新区全覆盖。孵化器在孵企业 3.2 万家，累计带动创业就业 56.7 万人。

## 二　央地协同下的国家队在粤布局

中国科学院是国家队在粤布局的主力军。中国科学院广州分院于 1956 年筹建，1958 年 12 月成立。广州分院为中国科学院机关派出机构，联系中国科学院在广东的南海海洋研究所、华南植物园、广州能源研究所、广州地球化学研究所、广州生物医药与健康研究院、深圳先进技术研究院、广州化学有限公司、广州电子技术有限公司，以及在湖南的亚热带农业生态研究所和在海南的深海科学与工程研究所。此外，依托广州分院的非法人单位有 3 个：广州中国科学院工业技术研究院、中国科学院云计算产业技术创新与育成中心、佛山中国科学院产业技术研究院。在建或筹建的国家重大科技基础设施项目有 4 个，如中国散裂中子源工程、江门中微子实验项目等②。

### （一）央地共建先行者：中国科学院广州生物医药与健康研究院

中国科学院与广东省政府、广州市政府于 2003 年 7 月 5 日签订共同组建中国科学院广州生物医药与健康研究院（简称广州健康院）的协议。这是中国科学院首个面向地方经济社会发展需求、在实施"知识创新工程"

---

① 见马兴瑞《政府工作报告——2021 年 1 月 24 日在广东省第十三届人民代表大会第四次会议上》附件名词解释第 8 条，"双千计划"即建设科技企业孵化器 1000 家、众创空间 1000 家以上，http://www.gd.gov.cn/gdywdt/gdyw/content/post_3185688.html。

② 参见中国科学院广州分院网站，http://www.gzb.cas.cn/fygk2017/fyjj2017/? ivk_sa = 1024320u。

试点中与地方共建的国家级生物医药研究开发机构,首次采取院、省、市联合共建以及理事会领导下的院长负责制的全新运行体制机制。广州健康院的成立填补了当时华南地区生物医药领域国立科研机构的空白,对中国新型研发机构实有筚路蓝缕的探索之功。

作为"国家队"的广州健康院,心系"国家事"而肩扛"国家责",面向人类健康与"健康中国"战略,聚焦生命健康领域前沿重大科学问题和重要疾病机理,以建成国际一流的生物医药与健康领域新型研发机构和创新人才培养高地为目标,以提供保障人类健康和疾病防控的原创性基础理论、突破性前沿技术与系统性解决方案为使命,优化科技成果快速转化的机制与途径,满足国家战略需求和促进区域经济社会发展,促进生物医药产业发展,发挥国家战略科技力量的核心作用[1]。

广州健康院成立以来,与广州呼吸疾病研究所联合建成呼吸疾病国家重点实验室,承担国家重大研究计划项目 6 项、国家重点研发计划项目 11 项;发表 Nature 系列学术论文 31 篇、Cell 系列学术论文 18 篇;获得国家自然科学二等奖 2 项、中国科学院杰出科技成就奖 1 项、南粤突出贡献和创新奖 1 项、广东省科学技术一等奖 5 项、广州市科学技术奖一等奖 3 项。值得一提的是,广州健康院高度重视科技成果转移转化,由其开发的新型抗白血病 1 类新药 GZD824(耐立克)已于 2021 年 11 月 24 日获得上市批准,是建院以来第一个获批上市的 1 类新药。广州健康院高度重视国际交流与合作,迄今已举办了 12 届广州国际干细胞与再生医学论坛,吸引了包括诺贝尔奖获得者等学者到会做报告,提升了广东在该领域研究的全球影响力。

(二)创新先驱: 中国科学院深圳先进技术研究院

中国科学院、深圳市政府及香港中文大学于 2006 年 2 月在深圳共同建立中国科学院深圳先进技术研究院,简称深圳先进院[2]。深圳先进院自成立以来,积极探索体制机制创新,实行理事会管理,面向国际科技前沿,前瞻布局战略性新兴产业,多方位促进科教融合和创新发展。

提升粤港地区及中国先进制造业和现代服务业的自主创新能力,推动中国自主知识产权新工业的建立,成为国际一流的工业研究院,这是深圳

---

① 参见中国科学院广州生物医药与健康研究院网站,http://www.gibh.cas.cn/gkjj/jgjj/200612/t20061226_2068834.html。

② 参见中国科学院深圳先进技术研究院网站,https://www.siat.ac.cn/jgsz2016/jgjj2016/201605/t20160504_4595589.html。

先进院的使命和愿景。具体可表述为"1＋3＋N"。一个定位：发挥在建设创新型国家过程中的"火车头"作用，成为国家和人民可信赖、可依靠的战略科技力量，引领和支持中国可持续发展；提升粤港地区及中国制造业、现代服务业和医疗医药等领域的自主创新能力，成为新型国际一流的工业研究院。三大突破：一是突破高端医疗影像；二是突破低成本健康；三是突破医用机器人与功能康复技术。N 个重点培育：城市大数据计算、非人灵长类脑疾病动物模型、先进电子封装材料、肿瘤精准治疗技术、合成生物器件关键技术。而深圳先进院的目标是"一个引领、两个接轨、三个一流、四个能力"。"一个引领"：在国家创新体系和区域源头创新活动中起骨干和引领作用，成为新型国家研究机构的典范。"两个接轨"：与国际学术水平接轨、与珠三角的产业接轨。"三个一流"：人才一流、科研一流、管理一流。"四个能力"：发挥学科交叉特色，形成集成创新新优势，建立经济预测机制，培养市场拓展能力。"三个一流"是实现"两个接轨"的基础，"两个接轨"是实现"一个引领"的前提条件。

深圳先进院已初步构建以科研为主的集科研、教育、产业、资本于一体的微型协同创新生态系统，由 9 个研究所 ［中国科学院香港中文大学深圳先进集成技术研究所、生物医学与健康工程研究所、先进计算与数字工程研究所、生物医药与技术研究所、广州中国科学院先进技术研究所、脑认知与脑疾病研究所、合成生物学研究所、先进材料科学与工程研究所、碳中和技术研究所（筹）］、国科大深圳先进技术学院，以及多个特色产业育成基地（深圳龙华、平湖及上海嘉定）、多支产业发展基金、多个具有独立法人资质的新型专业科研机构（深圳创新设计研究院、深圳北斗应用技术研究院、中科创客学院、济宁中科先进技术研究院、天津中科先进技术研究院、珠海中科先进技术研究院、苏州先进技术研究院、杭州先进技术研究院、武汉中科先进技术研究院、山东中科先进技术研究院）等组成。2018 年，深圳先进院获批牵头建设深圳市两大重大科技基础设施——脑解析与脑模拟、合成生物研究，并于 2019 年在光明科学城破土动工；牵头建设的深圳先进电子材料国际创新研究院、深圳市合成生物学创新研究院、深港脑科学创新研究院三大基础研究机构均已在 2019 年正式揭牌成立。2018 年 11 月 16 日，深圳市人民政府与中国科学院在深签署《合作共建中国科学院深圳理工大学协议书》，依托深圳先进院及中国科学院在粤科研力量建设中国科学院深圳理工大学。2020 年 11 月 20 日，中国科学院深圳理工大学建设启动会顺利召开，光明滨海明珠校区作为大学过渡校区已于 2021 年初投入使用。

### 三　"双区驱动"下的地方力量孵化

建设粤港澳大湾区和支持深圳建设中国特色社会主义先行示范区，是习近平总书记亲自谋划、亲自部署、亲自推动的重大国家战略。广东把粤港澳大湾区建设作为牵引带动全局工作的"纲"，以支持深圳建设中国特色社会主义先行示范区为引领，推动大湾区与示范区利好叠加形成"双区驱动效应"，引领带动全省高质量发展。广州与深圳共建广深港澳科技创新走廊、共建综合性国家科学中心、共促科技成果转化。广州着力建设国家战略科技力量，努力成为世界重大科学发现和技术发明先行之地、国际科技赋能老城市新活力的典范之都、全球极具吸引力的高水平开放创新之城。深圳着力建设国家战略科技力量，努力将深圳建成现代化国际化创新型城市，成为粤港澳大湾区国际科技创新中心的重要引擎，加快建设具有全球影响力的科技和产业创新高地①。

（一）广州：汇聚国家战略科技力量广东军团主力部队

全球创新指数是全球最具权威性和影响力的科技创新指标。广州的全球创新指数排名从 2017 年的第 63 位，跃升至 2019 年的第 21 位。2020 年全球创新指数报告首次将广州与深圳、香港组合，形成"深圳—香港—广州创新集群"，该集群排名全球第 2，其排名高于硅谷集群，是国内最具创新活力的城市群。在《自然》杂志发布的"自然指数—科研城市"排名榜单中，广州在全球排名跃升至 2020 年的第 15 位。据《广东科技创新动态数据》，2021 年广州市登记的技术合同成交金额、国家重点实验室数量、粤港澳联合实验室数量、省重点实验室数量、国家工程技术研究中心数量、新型研究机构数量等多项数据位于全省第一，反映了广州的经济创新活力、科技成果转化能力以及大院大所集聚带来的创新优势。广州正汇聚国家战略科技力量，坚持"四个面向"战略定位，着力加强"从 0 到 1"的原始创新和科学发现，带动"从 1 到 10"的科技成果产业化，探索并形成"科学发现、技术发明、产业发展、人才支撑、生态优化"的全链条创

---

① 马芳：《确定"20＋8"技术主攻方向》，《南方日报》2022 年 1 月 15 日。

新发展路径①，构建具有广州特色的"1 + 4 + 4 + N"战略创新平台体系，成为巩固提升区域创新能力、参与国际竞争的重要一极。

抢占科技创新基础研究高地。基础研究是创新的源头活水，加大基础研究的投入，是科技创新的强心剂。作为省会城市，广州利用科研资源丰富优势，将强化国家战略科技力量作为其科技创新工作的核心抓手。广州立足于国家重大需求，着力构建"2 + 2 + N"战略科技创新平台体系：以广州实验室和粤港澳大湾区国家技术创新中心为引领，以人类细胞谱系大科学研究设施和冷泉生态系统研究装置 2 个重大科技基础设施为骨干，以国家新型显示技术创新中心、4 家省实验室、10 余家高水平创新研究院等重大创新平台为基础，促使高端创新资源在广州加速集聚，为共建大湾区综合性国家科学中心、打造世界重大原始创新策源地提供强有力的支撑。广州积极推动基础研究投入多元化，首创科研单位以"市财政资金 + 自筹经费"形式承担市科技计划项目，以市财政经费投入 1.2 亿元为引导，撬动社会资本投入基础研究超过 8.5 亿元，市财政经费投入放大比例超过 8 倍，广州市基础研究投入持续增长，占 R&D 经费比重已达 13.9%，创历史新高，接近世界先进国家水平②。目前，广州基础研究经费足、项目多、平台强、人才兴。已有两项成果入选 2020 年中国科技十大进展，海域天然气水合物试采创造"产气总量、日均产气量"两项世界纪录。

聚力攻克关键核心技术难关。近年来，广州践行关键核心技术攻关新型举国体制，在新一代通信与网络、人工智能、智能网联汽车、新能源、脑科学与类脑研究、健康医疗、生物医药、新材料、海洋经济等重点领域布局重大研发专项。在面向世界科技前沿方面，全球首款石墨烯电子纸、全球首款 31 英寸喷墨打印可卷绕柔性样机、全球首款载人级自动驾驶飞行器等世界首创性产品在广州接连出现。在面向国家重大需求方面，"特高压 ±800kV 直流输电工程"项目提高了西部电力外送能力，满足了东部地区用电需求，对实现碳达峰碳中和工作目标、改善大气环境质量等具有重要意义；"制浆造纸清洁生产与水污染全过程控制关键技术及产业化"项目则推动造纸行业废水与化学需氧量（COD）排放总量大幅下降，完成了

---

① 李鹏程：《广州如何强化科创支撑能力?》，《南方日报》2021 年 2 月 2 日。
② 《汇聚国家战略科技力量 共建粤港澳大湾区国际科技创新中心》，《广东科技报》2021 年 9 月 24 日。

国家提出整治造纸行业水污染这一重要任务。在保障人民生命健康方面，钟南山团队首次在全球范围内精确描绘了 Delta 变异株传播的完整传播链；广州战疫科研攻关 4 项成果——磷酸氯喹、连花清瘟、新冠病毒 AI 辅助诊断系统、防控医用智能机器人，被广东省向联合国推荐并获全球推广。赵宇亮院士率领的广东粤港澳大湾区国家纳米科技创新研究院，集聚海内外一流人才共同攻关，在 5G 声表面波滤波器芯片的关键工程化技术攻关已经取得突破，为全面实现对 5G 射频滤波器芯片从技术到产品的自主可控，实现规模化制造奠定坚实基础。全球首创性产品和一批"卡脖子"技术攻关得到突破性进展。世界首创"广州创"正使广州在更多领域实现领跑、并跑。

助力科技中小企业大作为。在众多科技创新力量汇聚的基础上，广州中小企业创新活力充沛。2021 年，广州已汇聚了 1.2 万家高新技术企业，拥有 68 家国家级专精特新"小巨人"企业，超 3 万家国家科技型中小企业，国家科技型中小企业备案入库累计数居全国第一，一大批细分行业龙头企业和"隐形冠军"竞相涌现，成为经济社会高质量发展的动力源①，国家战略科技力量地方军团的支撑基础。中小企业能办大事。广州科技中小企业在新冠疫情防控中发挥了重要作用。达安基因的核酸检测试剂盒生产量占全国四成以上，居全国第一；金域医学单机构日检测能力和累计检测量居全球首位；万孚生物研发生产的抗原检测产品，是中国首次批准的新冠病毒抗原检测试剂。广州赛特智能配送机器人开进雷神山医院，满足医院、隔离区域的场景需要。"智赛拉"机器人服务超过 200 家医院。广州的科创企业，靠得住、顶得上，敢担当、有作为。广州市健齿生物科技有限公司运用全球仅三家企业掌握的"微米－纳米复合亲水性表面处理技术"，打造出填补国内市场空白、世界一流水平的牙科种植体，可将患者第一次手术的恢复期从 3 个月缩短到 1 个月内。广州中海达卫星导航技术股份有限公司一直深耕北斗卫星导航产业，其高精定位产品一直为"国家大事"助力，帮助科学家到世界尽头、探无人之境。广州极飞科技股份有限公司在新疆"超级棉田"项目中，创下了以"2 个人＋极飞科技"完成耕作3000 亩高标准棉田的奇迹，作为一家机器人和人工智能技术公司，它研制的无人机等产品已服务超过 931 万农户和 7.8 亿亩次农田，其足迹遍

---

① 李鹏程：《广州"双创"：十年磨一剑 今朝露锋芒》，《南方日报》2021 年 12 月 31 日。

布全球 42 个国家和地区。

广聚英才打造创新团队高地。创新之要，唯在得人。科学家群体是一批不待扬鞭自奋蹄的人，广州更为科学家提供了理想的工作环境。围绕构建顶尖"智力高地"的目标，广州坚持全球视野、国际标准，以识才的慧眼、爱才的诚意、用才的胆识、容才的雅量，从全球引进战略科技人才、科技领军人才、青年科技人才和高水平创新团队，真心实意广纳贤才，提供完善配套服务，让人才"引得进、留得住"。2019 年 6 月，广州出台"广聚英才计划"，提出 19 项举措全力集聚国内外"高精尖缺"人才。其中为延揽国际顶尖战略科学家，更是实施团队带头人全权负责制，赋予其用人权、用财权、用物权、技术路线决定权、内部机构设置权和人才举荐权[1]。通过实施"广聚英才计划"，广州已经成功引进徐涛、徐宗本院士等行业顶级科学家，在穗工作的两院院士达到 119 名。其中，生物岛、南方海洋科学与工程等 4 家省实验室在徐涛、张偲、徐宗本、李家洋 4 位院士的领衔下汇聚 37 位院士、270 个高层次人才团队。作为国家级引才引智平台，已经举办 22 届的中国海外人才交流大会暨中国留学人员广州科技交流会（简称"海交会"），覆盖全球 140 多个国家和地区，吸引超过 5 万名海内外人才参会，大批海归人才通过大会来到广州，迈出理想的第一步并取得成功。迈普医学的袁玉宇和徐弢通过海交会获得投资人青睐，企业由此成为全球生物 3D 打印技术的领导者；禾信仪器的周振通过大会落户广州开发区，用 10 年时间打造全国领先的质谱仪器企业并掌握自主研发核心技术，使中国在质谱仪器领域不再受制于人。

（二）深圳：勇当国家战略科技力量第一方阵

深圳作为粤港澳大湾区科技创新发展的核心引擎之一，坚持把创新驱动作为城市发展主导战略，加快建设粤港澳大湾区国际科技创新中心，打造综合性国家科学中心，建设具有全球影响力的科技和产业创新高地，聚焦国家战略科技力量，提出"勇当国家战略科技力量第一方阵"[2]。2021年，深圳全社会研发投入占比达 5.46%，深圳国家高新区综合实力位居全国第二，国家级高新技术企业超 2 万家，PCT 国际专利申请量稳居全国城市首位，先进制造业增加值占规模以上工业比重、现代服务业增加值占第

---

① 《广州：出台粤港澳大湾区城市人才发展规划》，《中国人才》2019 年第 7 期。

② 参见深圳市人民政府网站，http://www.sz.gov.cn/cn/ydmh/zwdt/content/post_10381939.html。

三产业比重均超 70%，战略性新兴产业增加值占地区生产总值比重居全国大中城市首位，深圳高新技术产业已发展成为全国的一面旗帜。"深圳推进产学研资深度融合激发创新创业活力"典型经验做法获国家通报表扬。

强化统筹部署，注重原始创新。深圳制定实施《深圳基础研究十年行动方案》《深圳科技创新"十四五"规划》《深圳国家高新区"十四五"发展规划》《河套深港科技创新合作区深圳园区科技创新规划》等系列规划方案。强化国家战略科技力量部署，加快建设国际科技信息中心，构建涵盖科技文献、科技情报、科技交流等元素的国际化、立体化国际科技信息中心。确立并执行每年不低于 30% 的财政科技专项资金投向基础研究和应用基础研究。打造国家实验室鹏城实验室，承接国家重大科研项目，初步建成了以"鹏城云脑"为代表的若干大科学基础设施，不断增强自主创新"硬核"能力。面向全市 11 所高校制定基础研究经费稳定支持计划，支持高等院校聚焦基础和应用基础研究，自主布局、自由选题。

探索新型举国体制，攻坚关键核心技术。聚焦核心电子器件、高端通用芯片、基础软件产品等核心关键元器件，探索关键核心技术攻关新型举国体制深圳路径，落实"链长制"部署开展关键核心技术攻关，布局一批技术攻关重点项目。聚焦石墨烯科技和产业发展趋势，推进和落实石墨烯产业链"链长制"，明确重点任务、实施路径、责任部门和进度安排，围绕石墨烯产业高附加值环节，循序渐进布局一批核心关键技术攻关项目，建设一批产业公共服务平台，助力石墨烯产业高质量发展。促进深圳高校、科研院所与龙头企业形成联系紧密的产学研协同创新体系，吸引全国150 余家院校和科研机构来深开展深度合作。

前瞻谋划，全面布局区域创新载体平台建设。加快建设大湾区综合性国家科学中心先行启动区，实施大科学装置群带动战略，高标准建设光明科学城、河套深港科技创新合作区、西丽湖国际科教城、大运深港国际科教城、坪山－大鹏粤港澳大湾区生命健康创新示范区。加快鹏城实验室建设，积极组建国家重点实验室集群，支持头部企业和战略科研平台组建创新联合体，聚焦底层基础技术、基础材料、基础软件、工业母机、高端芯片、医疗器械、生物育种等重点领域，打造关键核心技术发源地。做实做优"科创中国"建设试点，探索科技成果转化新方式新机制，逐步形成"科技社团＋企业＋政府""科技社团＋双创示范基地""科技社团＋创业孵化基地"等创新共同体；加大新技术新产品研发与应用示范支持力度，实施"三首"工程（首台/套重大技术装备、首批次重点新材料、首版次软件推广应用）；加快国家技术转移南方中心建设，打造科技成果产业化最佳地①。

构筑集聚各类科技人才创新高地。利用鹏城实验室平台汇聚 31 位院士，160 余位国际会士、国家杰出青年等高端人才，以全职、双聘和兼职等市场化用人形式聚集了 1800 余位各类人才②。首次在招商街道设立外国人来华工作许可工作站。以线上线下融合方式成功举办"第十八届中国国际人才交流大会"，推动大会数字化、智能化转型。实施以重点项目为依托建设科研团队和以前沿学术研究为依托建设院士工作室群体的"双轮驱动"模式。制定出台《深圳市优秀科技创新人才培养项目实施操作规程》，按照数学、物理、化学等学科领域，聚焦基础学科领域创新人才培养，首批立项 101 个博士启动项目，40 个优秀青年项目，20 个杰出青年项目，构建从博士（后）到优秀青年、杰出青年的人才成长全周期支持机制③。支持中国科学院深圳先进技术研究院等机构积极探索人才评价利用机制，坚持事业单位企业化运作，设立末位淘汰制度，改变以往给人才贴"永久牌"的评价机制，既保障了人才队伍的创新活力，又以科技人才流动反哺上下游产业发展。

（三）省"两院"：面向广东经济主战场的省级代表队

焕发新活力的广东省科学院。2015 年，广东省委、省政府将 23 家省属科研院所整合成新的广东省科学院，在体制机制、人才集聚、成果转化、开放合作等方面进行改革创新④。广东省科学院重组以来，聚焦广东产业创新发展的需求，深化科技体制机制改革，通过加强人才队伍、科技平台、学科、成果转化载体建设，初步建立了职责明确、评价科学、开放有序、管理规范的新型研发机构管理制度，知识创新、技术创新、成果转化能力得到快速提升。2020 年，全院新增纵向科技经费 8.39 亿元，"技术转让、技术研发、技术咨询、技术服务"收入超过 8.6 亿元，年均技术服

---

① 杨阳腾：《肩负起推进科技自立自强的深圳责任——专访广东省委副书记、深圳市委书记王伟中》，《经济日报》2021 年 5 月 13 日。
② 王勤：《试探"实验室 + 市场"科技生产力的呈现》，《生产力研究》2021 年第 11 期。
③ 《以党建汇聚科技创新磅礴动力 努力建设具有全球影响力的科技和产业创新高地》，《深圳商报》2021 年 7 月 1 日。
④ 参见广东省科学院网站，http：//www. gdas. gd. cn/zzjg/dwjj/。

务企业 3.5 万家。经第三方评估，已经成为国内一流的省级科学院。广东省科学院率先试行事业单位员额制，对高层次人才实行市场化薪酬，在符合条件的学科内实行高级职称自主评审，开辟海外高层次人才高级职称评审绿色通道，建立技术经理（经纪）人运营、利益捆绑、利益共享的科技成果转化激励机制，探索科研人员职务科技成果所有权或长期使用权向下属单位下放的赋权改革。成立广东省科学院控股有限公司，设立广东省科学院发展基金，与地方政府合作组建产业技术研究院，布局技术育成孵化体系，先行建立的广东省科学院佛山产业技术研究院积极探索创新链、产业链、资金链、政策链融合发展，通过资助与孵化并举、利益与风险共担的模式，以市场为导向、以企业为主体，由技术经纪人（技术经理人）运营，推动科技成果转化，助力地方科技与经济发展。积极开展国际科技合作，与相关国家共建中乌巴顿焊接研究院、中乌科技产业创新中心、中白科技联合创新中心、中英先进制造创新中心、中德装备技术研究院等。

进入"十四五"时期，广东省科学院围绕省委"1+1+9"工作部署，制定了"一院两制三体系四融合"的发展规划，全力打造支撑产业发展的技术创新生态体系。一是构建聚焦产业发展的知识创新体系，加强应用基础研究和原始技术创新，提升有效技术供给能力。二是建设市场化的技术育成孵化体系，建立利益捆绑、利益共享的体制机制，促进科技成果的转化。三是完善产业发展的技术服务体系，支撑产业的创新发展。通过创新体制机制，打造以市场为导向的产业技术创新生态系统，加快促进创新链、产业链、资金链和政策链的融合，加快在广东区域的创新和服务载体的布局建设，全力提升服务广东区域创新协调发展的能力，增强对广东 20 个战略性产业集群创新发展的支撑能力，促进科技成果的转化，成为支撑广东产业技术创新的一支不可替代的战略科技力量。

致力于农业科技自立自强的广东省农业科学院。成立于 1960 年的广东省农业科学院[1]，其前身是著名农学家丁颖教授于 1930 年创办的中山大学稻作试验场及 1956 年成立的华南农业科学研究所。现设水稻、果树、蔬菜、作物、植物保护、动物科学（水产）、蚕业与农产品加工、农业资源与环境、动物卫生、农业经济与信息、茶叶、环境园艺、设施农业、农业质量标准与监测技术等 14 个研究所和农业生物基因研究中心共 15 个科研机

---

[1]　参见广东省农业科学院，http://www.gdaas.cn/nkygk/byjj/。

构，设有博士后科研工作站①。建有占地 2000 亩的现代农业科技园区——广东广州国家农业科技园区；建有畜禽育种国家重点实验室 1 个，农产品加工省部共建国家重点实验室培育基地 1 个，热带亚热带果蔬加工技术国家地方联合工程研究中心 1 个，国家农业科学实验站（试运行）2 个，农业部专业性/区域性重点实验室 6 个、农业科学观测试（实）验站 6 个，广东省重点实验室 13 个；建有国家种质资源圃库 6 个，农业部种质资源圃 3 个，收集保存国内外种质资源 6 万余份。

截至 2020 年，全院获得各级科技成果奖励 1484 项，其中国家级科技成果奖励 97 项，部省级奖励 777 项，育成通过国家、省、地方审定的品种 1547 个，获得授权专利 1073 件。"农业科学"和"植物与动物科学"进入 ESI 前 1% 行列。近年来的农业主导品种在全省连续保持在 65% 左右，农业主推技术保持在 70% 左右。全院大力推进科技创新、成果转化、人才队伍建设、党建保障等工作，加强学科团队建设，实施金颖人才计划；组建现代农业产业专家服务团，在全省建设了 13 个农科院地方分院（促进中心）、30 个专家工作站和一批特色产业研究所，建成了基本覆盖全省主要农业生态区域的院地协同的农业科技服务网络，形成了可复制、可推广的"共建平台、下沉人才、协同创新、全链服务"院地合作模式；成立广东省农业科技成果转化服务平台和广东金颖农业科技孵化有限公司，截至 2020 年已有 150 余家农业企业进驻该孵化基地。

## 第二节　广东特色的国家实验室体系建设

广东实验室体系已成为国家战略科技力量体系的重要组成部分。广东实验室体系包括国家实验室、国家重点实验室、广东省实验室、粤港澳联合实验室、广东省重点实验室五大类别。截至 2020 年，共计有 473 家，其中国家实验室 2 家；国家重点实验室学科类 12 家，企业类 13 家，省部共建 5 家，合计 30 家；广东省实验室 25 家；粤港澳联合实验室 20 家；广东省重点实验室学科类 272 家，企业类 124 家，合计 396 家。广东省实验室

---

① 参见《广东农业科学》2021 年第 1 期"彩版"对广东省农业科学院的介绍，http://gdnykx.cnjournals.org/gdnykx/ch/reader/issue_list.aspx? year_id = 2021&quarter_id = 1&button.x = 22&button.y = 9。

体系（除国家实验室外）已覆盖全省 21 市，各市分布情况是广州 276 家，深圳 72 家，佛山 31 家，东莞 13 家，湛江 12 家，汕头 9 家，珠海 8 家，肇庆 7 家，惠州 6 家，中山 6 家，揭阳 4 家，云浮 4 家，河源 3 家，梅州 3 家，阳江 3 家，茂名 3 家，清远 3 家，韶关 2 家，汕尾 2 家，江门 2 家，潮州 2 家。由此可见，第一方阵是广州、深圳、佛山，第二方阵是东莞、湛江、汕头、珠海、肇庆、惠州、中山，第三方阵是揭阳、云浮、河源、梅州、阳江、茂名、清远，第四方阵是韶关、汕尾、江门、潮州①。

## 一　广东实验室体系的谋划与布局

国家实验室是国家战略科技力量的"金字塔尖"，它统筹全国优势科技资源，集国家智力、财力、物力于一体，以突破重大核心科技攻关为中心，打造战略性国家科技力量。目前，中国有 20 个已建、试点和在筹的国家实验室。其中，广州实验室、鹏城实验室为国家实验室。

广州实验室是呼吸系统疾病及其防控领域的新型科研事业单位。实验室位于环境优美的广州国际生物岛及大坦沙岛，由钟南山院士任实验室主任，拥有 17 位相关领域的院士专家，引进和培养一批国内外知名科学家和青年学术骨干，组建了多学科交叉、青年人才担纲的高水平科学家队伍。实验室开展基础与应用基础研究、解决呼吸系统疾病及其防控领域关键核心科学和技术难题，组建平战结合的综合创新研究平台和设施集群，打造应对呼吸系统疾病领域预防、预警与防控的战略科技力量，未来将成为具有全球影响力的突破型、引领型、平台型综合性研究基地和原始创新策源地。

鹏城实验室在成为国家实验室之前是深圳网络空间科学与技术广东省实验室，于 2017 年 12 月 22 日正式启动，该实验室由广东省政府批准设立，深圳市政府负责投资组建。实验室重点布局网络通信、人工智能和网络空间安全等研究方向，在成立之初就以服务国家和广东省重大需求和战略布局为己任，着力开展多领域、跨学科、大协同的基础研究和应用基础研究，成为引领科技进步、引领未来发展的国家级战略科技力量。鹏城实验室率先探索符合大科学时代科研规律、发挥新型举国体制优势的科研体

---

① 参见《广东科技创新动态数据》2021 年第 1 期，广东省科技厅综合规划处、广东省科技情报所统计分析中心，2021 年 3 月 25 日印制。

制机制，以哈尔滨工业大学（深圳）为依托单位，与北京大学深圳研究生院、清华大学深圳国际研究生院、深圳大学、南方科技大学、香港中文大学（深圳）、深圳先进院、华为、中兴通讯、腾讯、深圳国家超算中心、中国电子信息产业集团、中国移动、中国电信、中国联通、中国航天科技集团等高校、科研院所和高科技企业等优势单位共建①，聚合国内外优质创新资源，实行理事会领导下的主任负责制，理事长由深圳市市长担任。

## 二 国家实验室后备军：广东省实验室

国家实验室是国之重器。不少省份纷纷重金打造省实验室，为冲击国家实验室布局。建设广东省实验室是广东省委、省政府的重大决策部署。首批建设的鹏城实验室和广州实验室已成功跻身国家实验室序列。作为构建较为完备、梯次衔接的实验室体系的骨干力量，广东省实验室已发展成为广东创新驱动发展的新动力源。

以建设国家实验室为目标打造广东省实验室。作为省委、省政府对标国内外最好最高最优打造的战略科技力量，广东省实验室聚焦重大战略需求和关键技术紧迫任务精准发力，无论是科研攻关、人才引进，还是体制机制创新建设，无论是提升广东基础研究和应用基础研究能力，还是强化广东战略科技力量发挥其重要作用，都驶入"快车道"。

自2017年起，广东投资逾600亿元分3批，在广州、深圳、珠海、汕头、佛山、东莞、湛江、云浮等16个市，围绕网络信息、再生医学、先进制造、材料、化学化工、海洋、生物医药、现代农业、先进能源、人工智能与数字经济等10个领域布局建设10家广东省实验室。单个实验室占地1000亩、3000名科研人员、首期投入50亿元成为"标配"，其中作为2017年首批建设的鹏城实验室、松山湖实验室分别斥资135亿元和120亿元，目前已初步建成与20个产业集群布局相适应的省实验室集群。

首批由广东省委、省政府主导，广州、深圳、佛山、东莞市政府组织实施建设的广东省实验室于2017年12月22日挂牌成立。广州再生医学与健康广东省实验室主要依托中国科学院广州生物医药与健康研究院和粤港

① 《深圳市国民经济和社会发展第十四个五年规划和二〇三五年远景目标纲要》，深圳市人民政府，2021年6月11日，http://www.sz.gov.cn/zfgb/2021/gb1202/content/post_8863625.html。

澳地区的相关优势科研力量建设；深圳网络空间科学与技术广东省实验室以哈尔滨工业大学（深圳）为主要依托单位，协同清华大学、北京大学、深圳大学、南方科技大学、香港中文大学（深圳）、中国航天科技集团、中国电子信息产业集团、深圳国家超算中心、华为、中兴通讯、腾讯等单位共建；佛山先进制造科学与技术广东省实验室集聚广东工业大学和粤港澳地区的相关优势科研力量，联合国内外优势研究单位共同组建；东莞材料科学与技术广东省实验室主要由华南理工大学、东莞中子科学中心等单位建设①。

第二批广东省实验室于 2018 年 11 月 14 日挂牌。启动建设的化学与精细化工广东省实验室采用"主体 + 分中心"模式，由汕头市承建主体实验室，潮州、揭阳市设立分中心；南方海洋科学与工程广东省实验室由广州、珠海、湛江市同步建设推进；生命信息与生物医药广东省实验室由深圳市承建。

第三批广东省实验室于 2019 年 8 月 29 日挂牌。启动建设的岭南现代农业科学与技术省实验室采用"核心 + 网络"模式组建，由广州市承建核心实验室，在深圳、茂名、肇庆、云浮市设立分中心；先进能源科学与技术省实验室采用"核心 + 网络"模式组建，由惠州市承建核心实验室，在阳江、佛山、云浮、汕尾市设立分中心；人工智能与数字经济省实验室，按照"两点布局"模式由广州、深圳联合共建②。

探索广东省实验室建设模式。广东省实验室定位为科技体制机制改革的试验田。其实体运作，开放共建，以目标定任务、任务配资源，协同高等院校、科研院所、大科学装置、国家和省现有重大科技创新平台以及省内外一流创新主体等研究力量联动发展③。第一批广东省实验室采用领域独立布局方式组建，由单个地市承建，均登记注册为省级科研事业单位。第二批省实验室中海洋领域的实验室采取广州、珠海、湛江三个承建地市同步登记注册为省级科研事业单位的方式组建，通过研究方向互补侧重，实现同领域差异化发展；化学与化工领域采取"主体 + 分中心"方式组建，其中汕头承建主体实验室，揭阳、潮州设立省实验室的"分中心"，

---

① 李岱素、潘慧：《打造国家实验室的"先锋队"：广东省正式启动建设首批 4 家广东省实验室》，《广东科技》2018 年第 2 期。

② 吴哲、符信：《广东启动建设第三批省实验室》，《南方日报》2019 年 8 月 30 日。

③ 谈力、江笑颜、韩莉娜：《打造高水平创新平台体系 强化在粤国家战略科技力量》，《广东科技》2021 年第 7 期。

接受"主体"领导，这种组建方式通过统筹领导与优势互补实现整体创新能力的提升。第三批则以"核心＋网络"模式为主。目前，广东省实验室战略引领和产业带动作用初步显现，牵头国家重大项目60余项，承担省基础与应用基础研究重大项目7项，针对5G通信、自主芯片等快速启动应急响应项目8个。面对新冠疫情，广东省实验室快速布局30个科技抗疫攻关项目，在病毒溯源、病毒快检、药物研制、疫苗开发、医疗器械等方面成果显著①。

### 三 "一国两制"的新实践：粤港澳联合实验室

2019年9月，广东启动建设粤港澳联合实验室，旨在结合国家战略，瞄准世界科技前沿，汇聚粤港澳创新资源，创新科研合作模式，打造高水平科技创新载体和平台②。目前已有的20家粤港澳联合实验室在为广东经济社会发展提供关键性科技支撑上取得良好成效，特别是在新冠疫情防控科技攻关中，粤港澳呼吸系统传染病联合实验室、粤港澳中医药与免疫疾病研究联合实验室等在病毒溯源、治疗药物、快速检测及公共支撑服务上做出积极贡献。粤港澳联合实验室中有10家位于广州，极大地提升了广州科技创新能力。

院士团队汇聚联合实验室。例如，粤港澳光电磁功能材料联合实验室构建了高水平研究团队，其中包括5名中国科学院院士、1名欧洲科学院外籍院士。粤港澳离散制造智能化联合实验室引进了5位院士和近10位粤港澳专家，与港澳团队在人才培养、学术交流、技术研发等方面建立了长期合作关系。粤港澳环境质量协同创新联合实验室由PI领衔，其研究团队包括中国大气环境化学研究领域领军人物之一的中国工程院院士张远航教授、台湾"中央研究院"院士刘绍臣教授，通过柔性引才方式引进首席科学顾问等21人。粤港澳环境污染过程与控制联合实验室的研究团队包括中国科学院院士彭平安教授，同时有国家"杰出青年基金"获得者7人，"优秀青年基金"获得者3人，"青年拔尖人才"3人，广东省"本土创新团队"2个。粤港慢性肾病免疫与遗传研究联合实验室的研究团队包括中国科学院院士、香港科学院创院院士陈新滋教授，美国布朗大学国际心脏代谢健康中

---

① 姚昱旸等：《以"一事一议"专项支持顶尖人才》，《南方日报》2021年9月30日。
② 参见粤港澳联合实验室各网站。

心终身教授刘思敏教授，香港中文大学医学院助理院长蓝辉耀教授等。

合作成果领先国际水平。粤港澳环境质量协同创新联合实验室首次揭示氮氧化物（NOx）如何影响大气中硫酸盐的含量，及其与雾霾形成的关系，为解决空气污染政策制定提供了重要参考；研制出具有自主知识产权的便携式固体电解质 VOCs 在线传感器、便携式车载 VOCs 质谱仪和移动污染源 VOCs 排放光谱遥测系统；完成可用于精准定性定量检测复杂样品的全二维气相色谱 – 飞行时间质谱联用仪产品研制。粤港澳环境污染过程与控制联合实验室研发新型被动采样技术，在珠三角首次使用被动采样技术进行区域大气颗粒物毒性观测；提出红壤重金属污染全链条解决方案，在红壤农田重金属污染控制领域处于中国领先水平；自主设计、建造亚洲最大、国内唯一、国际领先的新一代烟雾箱模拟平台。粤港澳中医药与免疫疾病研究联合实验室开发的治疗银屑病的中药新药"芍灵片"获得新药临床批件，获得 ISO 国际标准立项 3 项，主持制定国家标准 2 项。

探索激励与评估机制初现成效。粤港澳环境污染过程与控制联合实验室在管理模式上实行"伙伴制"，在项目研究运行机制上"开放集成"，构建了一个以团队项目为核心的大型开放创新研究平台，有效集成研究成果；建立了一整套基于科研"质量 + 贡献"的激励与评估机制；聘请指导专家成立学术委员会，有效把握学术方向；制定"海外学者访问计划"，与海外高水平科研机构建立战略合作关系，吸引海外及港澳地区知名科学家利用学术休假到联合实验室开展访问合作。此外，粤港澳环境质量协同创新联合实验室采用"1 + N"协同创新建设模式，实行由学术委员会和产业发展指导委员会共同指导下的主任负责制，共同推动粤港澳环境领域的科技创新、科学决策和环保产业发展。

## 四 产业经济的强支撑：广东省重点实验室

中国于 1984 年启动了"国家重点实验室计划"。截至 2020 年底，国家重点实验数量已达到 549 个，其中包括港澳地区的 27 个，它们是国家科技创新体系的重要平台，以及国家组织高水平基础研究和应用基础研究、聚集和培养优秀科学家、开展学术交流的重要基地平台[1]。

---

[1] 刘启强、何静：《广东省重点实验室发展中存在的若干问题及对策建议》，《广东科技》2013 年第 24 期。

广东于 1986 年启动广东省重点实验室建设，截至 2020 年，建成包含广东省重点实验室 396 个以及在粤国家重点实验室 30 个的广东省重点实验室体系，其成为广东科研机构中最具规模的实验室组织系统。经过 30 多年的建设和运行，广东省重点实验室形成了学科较为齐全、定位较为清晰的实验室体系，成为培养和聚集高层次人才、配置先进科研装备、开展高水平学术交流、产出重大创新成果的重要基地。广东特色的实验室体系为提升区域创新能力，建设粤港澳大湾区国际科技创新中心提供了重要科技支撑。

机制创新，运行高效，竖起广东科技改革旗帜。广东省重点实验室建设依托高校、科研机构、企业、医院等不同类型创新主体，政府科技主管部门发挥资金投入上的杠杆作用，引导社会资金积极参与到实验室的建设和运行中，广东省重点实验室的建设规模已排在全国前列。广东省重点实验室的建设促使科研机构不断去探索和创新运行机制，通过整合科技资源，集中优势力量，配置先进科研仪器设备，引入竞争和择优机制，大大改变了广东原有的科研局面，也举起广东科技体制改革旗帜。

技术攻关，原始创新，支撑产业经济成长。广东省重点实验室积极承担或参与国家自然科学基金，国家 "863" "973" 计划，广东重大科技专项等高水平的国家级、省部级科技项目，产生了一大批重大成果，获得一批国家和省部级科学技术奖，成为广东承担国家高水平科技项目、开展重大关键领域研究的主力军，为广东实施创新驱动发展战略提供了较强的技术支撑。此外，广东省重点实验室还积极推进原始创新，建立快速反应机制应对突发事件，开展关键技术和重大难题攻关，为突发或社会重大事件提供了技术支撑。如在 2002 年抗击非典中，广东省呼吸疾病研究重点实验室率先提出 "三早三合理" 的救治原则，创造了病死率全球最低、存活率全球最高的显著成效，为广东控制疫情发挥了关键作用。

筑巢引凤，聚才引才虹吸效应显现。广东省重点实验室伴随科研项目启动实施人才引进和研发人员培养，优化高层次人才和青年科研人员的层次结构，注重人才培养、激励、使用效率，建立多阶段的广东省重点实验室投入产出效率分析和评估体系，在取得一项项硕果的同时，省重点实验室成为吸引、培养和聚集高层次科技人才的基地。

广州是广东建设重点实验室的重地。广州通过部、省、市联动，对接国家、省科技部门，以打造广州科技高质量发展动力源为目标，持续推进广州地区重点实验室体系建设。目前，全市国家重点实验室增至21个，占全省70%；广东省重点实验室256个，占全省近60%；市重点实验室达195个。广州依托高校、科研院所建设的省学科类重点实验室已达216个，占全省75.3%；广州现有省企业类重点实验室40个，数量居全省第一。

## 第三节　广东战略科技力量建设的市场化探索

对区域经济发展来说，科技兴则经济兴，科技强则经济强。广东省委、省政府历来高度重视科技工作。1980年4月1日，时任中共广东省委第一书记、省长习仲勋就提出，一定要把科技工作列入党委的重要议事日程，党委的第一把手也要亲自抓科技工作①。纵观广东改革开放40多年发展历史，其科技力量一直伴随着经济发展而摸爬滚打直至进入建设的主战场，走出了一条广东特色的战略科技力量建设之路。

### 一　勇作改革先行者打造新型研发机构

作为全新的科研机构，广东新型研发机构具有"四不像特色"：既是企业又不完全像企业，目标不同；既是事业单位又不完全像事业单位，机制不同；既是科研机构又不完全像科研院所，功能不同；既是大学又不完全像大学，文化不同②。

改革开放沃土孕育新型研发机构。广东是最早对科研机构开展市场化探索的省份。1981年，时任中共广东省委第一书记任仲夷提出"科研成果和专利可以卖"。这一开创性思维使广东迈开了技术商品化的大步。广东先行一步率先启动科研市场化道路，积极探索科研机构体制改革，建立和规范技术市场，放宽科技人员政策，推动科技成果和专利买卖，为广东区域创新发展提供了极其有利的环境。标志性事件是1985年深圳市与中国科学院共同创立了全国第一个科技工业园区——深圳科技工业园；全国科技人才出现"孔雀东南飞"亮丽风景线，广东成为全国经济和科技创新最为活跃的地区之一。新型研发机构是广东对科技力量建设进行市场化探索的重要

---

① 林世爵：《栉风沐雨四十载　珠江潮起再扬帆——广东区域科技创新与发展40年》，《广东科技》2019年第12期。

② 秦志伟：《不是误入者　而是黏合剂——"四不像"新型研发机构呈现蓬勃发展态势》，《中国科学报》2021年6月23日。

成果。

新型研发机构首创于广东具有历史必然性。20 世纪 90 年代初期，国家提出"科技工作面向国民经济主战场"，强化技术开发和推广，加速科技成果商品化、产业化。与此同时，处于改革开放前沿的深圳，支撑经济发展的加工贸易业出现严重滑坡，促使深圳市谋求经济发展方式转型，寻找科技资源来支撑高新技术产业发展。为了突破技术缺乏、人才缺乏的制约，并在高校和企业之间、科研成果和市场产品之间搭建起桥梁，1996 年12 月，深圳市政府与清华大学共同创建了以企业化方式运作的事业单位——深圳清华大学研究院，其目标为"服务于清华大学的科技成果转化、服务于深圳的社会经济发展"，从此开启了中国建设新型研发机构的探索之门。截至 2020 年 4 月，中国各类新型研发机构规模总量达到 2069 家，45.9%的机构研发投入强度超过 50%，总收入之和达 1771.75 亿元。新型研发机构成为提升原始创新能力、聚集高端创新资源、开展产业技术研发和成果转化的重要载体。

广东新型研发机构诞生和发展于改革开放的沃土。就其发展环境来看，有外部形势变化的影响，也有内部发展需求的影响；有市场环境的孕育，也有政策力量的引导。就其外部环境来讲，全球经济社会发展格局正进入深度调整期，科学技术越来越成为推动经济社会发展的主要力量，创新活动不断突破地域、组织、技术的界限，迫切需要研发组织形式的突破；就其发展形势来讲，广东正面临日益严峻的资源环境约束，已进入产业升级转型关键期、经济结构调整加速期和创新驱动发展活跃期，迫切需要在创新驱动发展上取得新的突破，为广东推进产业转型升级提供重要支撑；从发展条件上讲，广东良好的经济和社会环境为新型研发机构的发展提供了肥沃的土壤，不断深化的省部院产学研结合促使新型研发机构人才队伍发展和壮大①。

新型研发机构成为广东科技力量的重要组成部分。截至 2020 年底，经认定的广东省级新型研发机构共有 251 家，数量在全国保持领先地位。据不完全统计，广东新型科研机构总收入接近 400 亿元，研发投入超过百亿元，已成为"产学研金"深度融合的黏合剂，科技型企业的孵化器，高端

---

① 广东省委组织部人才工作处：《新型研发机构为广东再添创新生力军》，《中国人才》2019年第 6 期。

人才的集聚地，颠覆性创新的发生器，在推动广东科技创新、集聚创新资源、创新创业孵化、服务经济社会发展方面取得突出成效。

支撑基础与应用基础研究，推动广东战略性新兴产业发展。广东省科学技术情报研究所资料显示，目前广东新型研发机构有效发明专利达 1.2 万件，PCT 国际专利申请量约 800 件，申报并获得国家自然科学基金资助 23 亿元，承担国家基金项目超过 4000 项；获得国家科学技术奖 50 项，获奖项目数占全国比例 16.23％[①]。一批新型科研机构积极响应国家和广东省创新驱动发展战略布局，采取基础研究、应用基础研究、产业化开发同步推进的方式，迅速实现从源头创新到新技术、新产品、新产业的快速布局，实现了创新链和产业链的无缝对接，成为支撑广东实体经济发展的中坚力量。据不完全统计，截至 2021 年 5 月，广东省新型科研机构在孵企业 4929 家，平均每家创办孵化企业 20 家；孵化高企数量近 1000 家，累计孵化上市公司近 100 家，其中华大基因在基因检测领域、金域医学在分子诊断领域孵化的企业已成为行业龙头企业；深圳光启高等理工研究院实现超材料领域 1000 多项知识产权全覆盖，占全球超材料领域知识产权申请量的 80％以上，牵头成立"深圳超材料产业联盟"，带动千亿元产值规模的新兴产业集群发展。

优化全省产业布局，带动传统产业转型升级。新型科研机构结合广东省产业发展实际，着力于满足装备制造业、电子信息、电器机械等传统产业的技术需求，有效激发传统产业的新动能。中国科学院苏州纳米技术与纳米仿生研究所广东（佛山）研究院组织开展"大失配衬底上 GaN 基异质外延基础研究和应用开发"科研攻关，突破传统高阻缓冲层 C 掺杂技术，器件性能达到国际先进水平。新型科研机构的发展填补粤东西北地区科研力量布局空白，在核电装备、化学与精细化工、海洋经济等领域初步形成特色产业集群；珠三角地区传统产业向新兴产业转型升级，生物医药、新材料、新能源、网络安全等新兴产业研究基地逐步集聚和发展壮大，全省以广州和深圳为主引擎、珠三角地区为核心、粤东粤西粤北地区协调发展的格局初步形成。

不断巩固创新人才集聚态势，推动科研体制改革创新。广东新型科研

---

① 何悦、龙云凤、陈雪：《解读广东科技创新密码——基于广东省新型科研机构发展的调研报告》，广东省科学技术情报研究所科技调研报告总第 518 期（2021 年第 24 期）。

机构实行多样化聘用管理机制，通过顾问指导、兼职、聘用、咨询、承担课题等灵活方式，依托重大人才工程、海交会、高水平论坛、猎头选才、定向邀请、全球化招聘等多种渠道招引集聚人才。

广东新型研发机构"四不像"特点突出。新型科研机构主要包括省实验室、高水平创新研究院、新型研发机构等3类。在梳理广东新型研发机构代表性观点，从研究领域、带头人、研究成果等方面展开，充分发挥新型研发机构的科技创新载体作用。在"四不像"理念的指引下，广东新型研发机构以企业与地方、研发与孵化、科技与金融、国内与海外的"四个结合"为抓手，以研发平台、创新基地、投资孵化、科技金融、国际合作和人才培养六大板块的建设为基本内容，定位于"科技研发——推出自主创新的应用成果""成果转化——加速科技成果产业化""企业孵化——孵化高新技术企业""人才培养——培养高层次人才"四个职能，打造出一整套产学研深度融合的科技创新孵化体系。

新型研发机构凸显市场化导向的制度创新。广东新型研发机构特色可概括为"五化"，即投资主体多元化、建设模式国际化、运行机制市场化、管理制度现代化、产学研用一体化[①]。

投资主体多元化。新型科研机构充分吸引多元化资本，以参股、控股、投贷联动等多种方式投资共建，形成各具特色的合作共建模式。如中国科学院深圳先进技术研究院等机构，采取引进国家级科研资源与地方政府共同出资合作共建事业单位的模式，成为"国有新制"类科研机构；深圳光启高等理工研究院等机构，采取创业团队、社会资本、政府补贴三方出资组建民办非企业单位的模式，成为"民办公助"类科研机构；广东华南新药创制中心等机构，采取由行业内龙头企业联合上下游企业共同出资、共担风险，携手解决行业共性技术需求及难题的模式，成为"民办共建"类科研机构。通过多元化投资模式，实现科研机构、高等院校、地方政府、企业、社会资本等多方资源投入，面向市场解决前沿技术研发、企业共性技术、地方产业需求等问题，为产业升级和经济发展注入新动力。

建设模式国际化。新型科研机构普遍起点较高，实力较强，坚持"站在巨人的肩膀上"建设和发展。主要依托引进的海外创新团队、领军人

---

① 龙云凤、刘威：《大力发展新型研发机构 提升广东科技创新能力》，《广东科技》2020年第11期。

才、国内外知名高校院所或龙头央企、国企"落地生根"，大多具有国际化的人才团队、国际化的管理经验、国际化的研究视野以及国际化的科研交流合作圈，重点面向新兴产业开展源头科技创新，紧跟世界科技前沿，在生物、材料、能源和先进制造等领域形成较强的国际竞争力。深圳光启高等理工研究院的研究团队是由海外引进的创新团队落地后集聚数百人的世界级科研团队（95%的成员是35岁以下），研究人员大多来自世界顶尖研究中心，学科背景多样互补，有利于开展新兴尖端科技领域的学科交叉与合作研究，涉及新型人工超材料、微波电磁场、未来通信系统、微流控生物医学芯片、生物信息电路、高性能材料生长等多个领域。该研究院成立前两年就已在国内外申请了1229项超材料领域发明专利，实现了该领域80%的底层专利覆盖。

运行机制市场化。"国有新制""民办公助""民办共建"等各类型科研机构，普遍实行市场化管理运行。在项目选题上，以市场需求为导向进行资源配置，采用逆向创新、交叉创新等方法开展产业攻关，充分保障创新的高效率高产出，实现"创新来源于市场导向上，成果体现在企业报表中"；在用人机制上，打破学历、职称、资历、身份等传统用人标准，坚持以能力、绩效等市场标准"论英雄"；在薪酬激励上，采用市场化薪酬机制，优化科技成果收益分配，实行股权出售、股权奖励、股票期权、项目收益分红、岗位分红等多种方式，有效激发科研人员创新动力。华大基因研究院坚持以基因组为基础的科学发现到技术发明和产业发展的"三发"联动，以国际竞争和接轨的大科学项目为引领的带学科、带产业、带人才的"三带"发展机制，在用人上"不以年龄论资历，不以学位论英雄"，大胆任用具有创新胆识和创新能力的年轻人。17岁的高二学生就能担当华大基因研究院研发经费达500万元的项目组长，21岁的大三学生就以第一作者在《自然》杂志上发表论文。

管理制度现代化。新型科研机构大胆探索实践现代科研院所管理制度，注重理顺政府、市场、机构之间的关系，依靠科学规范管理激发创新活力。普遍建立现代法人治理结构，根据法律法规和出资方协议制定章程，依照章程管理运行，实施理事会领导下的院（所）长负责制或实验室主任负责制，建立专家咨询委员会、战略委员会、监事会等智囊及议事监督机构，形成"出资人—理事会—执行层—监事会"新型治理结构；优化人员管理，采取合同制、匿薪制、动态考核等管理制度，对标市场化薪酬合理确定职工工资水平，建立与创新能力和创新绩效相匹配的收入分配机制；优化考核评价方式，围绕科学研究、技术创新和研发服务等，科学合理设置评价指标，破除"四唯"倾向，突出创新质量和贡献，注重发挥用户评价作用，科研人员参与职称评审与岗位考核时，发明专利转化应用情况可折算论文指标，技术转让成交额可折算纵向课题指标。目前新型科研机构基本建立起比较完善的科研管理、人员管理、市场化激励等制度，有效实现了管理科学规范、职能健全完善、创新导向鲜明。深圳清华大学研究院作为国内最早创办的新型科研机构，在管理机制改革上先行先试，创造性地将企业、事业单位、科研院所、大学的特点优势融为一体，创造了"四不像"运行管理模式、创业投资公司、科技金融平台、海外创新创业中心等新型研发机构的"四个第一"。目前，该院成立了面向战略性新兴产业的 40 多个实验室和研发中心，累计孵化企业 2500 多家，培养上市公司 21 家，成为新型科研机构发展的标杆。

产学研用一体化。依托"三部两院一省"（科技部、工信部、教育部、中国科学院、中国工程院、广东省）产学研合作机制，吸引全国 300 多所高校 3 万名专家来粤开展产学研合作，建立近 2000 个产学研合作技术创新平台，为新型研发机构的建设发展提供了丰厚土壤和有力支撑。新型研发机构充分发挥产学研结合的"天然基因"和独特优势，依靠政府引导，面向产业发展，背靠创新资源，引入金融资本，建立起"政策＋创新＋产业基金＋VC、PE、风险投资"的新机制，形成产学研用的无缝对接，有效推动科技成果转化和产业化。在政府孵化育成体系、新型研发机构和高水平创新研究院等专项引导支持下，新型研发机构加大研发投入，有效利用自有物业孵育创新型企业，利用自有成果创办企业，积极试点开展科技成果权属改革，探索以市场委托方式取得的横向项目成果权属归科技人员所有的模式，依托省级创新券、华南技术转移中心等创新工具和平台积极为科技型中小企业和创业者提供优质创新服务，成果转化能力不断增强。广东华中科技大学工业技术研究院采用"政府—高校—企业—团队"协同创新模式，坚持"创新为立足之本、创业为发展之路、创造为生存之道"，着力打造国家级技术研发和工程应用的公共技术创新平台、广东省高端技术服务中心、全国知名的产业孵化基地，创办近 80 家企业，其中 62 家被认定为国家高新技术企业；孵化企业 800 多家，产值超过 40 亿元。

## 二　面向经济主战场对接广东战略性产业

广东一直致力于解决经济与科技发展"两张皮"的问题。广东着力培育发展内生动力源，以高新技术企业培育、新型研发机构建设、企业技术改造、孵化育成体系建设、高水平大学建设、自主核心技术攻关、创新人才队伍建设、科技金融结合为抓手，持续优化全省创新创业生态，区域创新能力不断提高，科技创新引领经济社会发展实现质的飞跃，基本上摆脱"三来一补"的传统产业发展模式，形成以市场为引领、需求为导向、企业为主体的产业创新发展路径模式。在政府和市场双向发力下，广东涌现出一批如华为、腾讯等国际竞争力强的科技型龙头企业，国家高新技术企业和科技型中小企业数量均占全国 1/4 以上，形成强大的产业整体竞争优势。其主要经验在于以下几个方面。

强化企业创新主体地位，培育发展战略性支柱和新兴产业集群。广东是全国乃至全球制造业重要基地。2019 年，广东规上制造业增加值达 3.06 万亿元，规上制造业企业总数近 5 万家，均居全国第一，在全国 41 个大类工业行业中，广东拥有 40 个，是全国制造业门类最多、产业链最完整、配套设施最完善的省份之一。2020 年 5 月，《广东省人民政府关于培育发展战略性支柱产业集群和战略性新兴产业集群的意见》正式印发，强势推动新一代电子信息、绿色石化、智能家电、汽车产业、先进材料、现代轻工纺织、软件与信息服务、超高清视频显示、生物医药与健康、现代农业与食品等十大战略性支柱产业集群，以及半导体与集成电路、高端装备制造、智能机器人、区块链与量子信息、前沿新材料、新能源、激光与增材制造、数字创意、安全应急与环保、精密仪器设备等十大战略性新兴产业集群发展。其中，十大战略性支柱产业集群 2019 年营业收入合计达 15 万亿元，具有坚实发展基础和增长趋势，是广东经济的重要基础和支撑；而十大战略性新兴产业集群 2019 年营业收入合计达 1.5 万亿元，集聚效应初步显现，增长潜力巨大，对广东经济发展具有重大引领带动作用。

在战略性产业集群的培育和发展过程中，科技创新体系建设是关键。广东着力在突破产业技术瓶颈、聚集产业创新资源、完善产业创新体系、营造产业培育和创新环境等方面发挥支撑作用，瞄准国际先进水平，至 2025 年，在实施"强核""立柱""强链""优化布局""品质""培土"等六大工程中，打好产业基础高级化和产业链现代化攻坚战，培育若干具有全球竞争力的产业集群，打造产业高质量发展典范。

突出科技面向产业，构建大湾区以创新为主要动力和支撑的产业体系。广东面向实体经济发展需求，对标全球主要科学中心和创新高地，打造全球科技创新重要策源地。广东战略科技力量瞄准世界科技和产业发展前沿，围绕战略性支柱产业、新兴产业和未来产业发展，运用举国体制优势强化关键核心技术攻关，加强创新平台建设，着力突破一批关键共性技术、前沿引领技术、现代工程技术、颠覆性技术，加快推动大湾区形成以创新为主要动力和支撑的经济体系，奋力走创新支撑引领产业高质量发展之路。

广东布局战略科技力量建设，统筹运用"粤"产业规模、制造业及配套能力优势和"港澳"现代金融、自由贸易体系优势，坚持开展硬科技创新，三地联手打造高质量发展现代产业体系。广东主动承接国家重大研发任务和成果转化应用，把"集中力量办大事"的制度优势与大规模市场优势结合起来，带动优质企业、产业集聚发展。广东加强对前沿先导技术、颠覆性技术研发支持，围绕解决"创新从 0 到 1"的问题推进产学研深度融合，推动大中小科技型企业融通发展，完善科技金融、知识产权等服务，形成完整的创新生态链条和强大的供应链体系①。

数据显示，至"十三五"规划结束的 2020 年，广东全社会研发投入总量超过 3400 亿元，R&D 人员折合全时当量超过 87 万人年，有效发明专利拥有量超过 35 万件，均居全国第一。研发经费投入强度（R&D/GDP）从 2015 年的 2.47% 提高到 2020 年的 3.14%，位居全国前列。广东扎实推进九大领域重点研发计划，在 5G、4K/8K 超高清显示、新能源汽车、工业机器人等战略性新兴领域打破了一批"卡脖子"技术瓶颈，支撑产业加快发展②。2020 年，全省先进制造业、高技术制造业增加值占规上工业增加值比重分别达 56.1% 和 31.1%。全省科技企业孵化器、众创空间双双突破1000 家，在孵企业数量超过 3.4 万家、高新技术企业数量超过 5.3 万家，均居全国首位。

## 三　先行先试打造地方战略科技力量

随着散裂中子源、强流重离子加速器装置、加速器驱动嬗变研究装置和

---

① 王瑞军、韩杰才：《高标准建设粤港澳大湾区创新高地》，《经济日报》2020 年 1 月 10 日。
② 陈锡强、叶青：《广东：新兴产业借创新平台唱好戏》，《科技日报》2022 年 3 月 5 日。

中微子实验室等一批重大科技基础设施在广东落地，广东的原始创新能力正在不断增强。广东与中国科学院开展新一轮全面战略合作，中国科学院与深圳、东莞合作共建粤港澳大湾区综合性国家科学中心先行启动区。按照国家"十四五"规划、广东省"十四五"规划和工作部署，积极探索关键核心技术攻关新型举国体制的"广东路径"，集中力量打好关键核心技术攻坚战。

集中攻克关键核心技术，省部院联动实施重点专项。打好关键核心技术攻坚战，把解决关键核心技术受制于人的问题作为"重中之重"，着力"稳链、补链、强链"。广东支持构建涵盖重大研究项目、国家联合基金、省内联合基金、省自然基金项目的基金体系，形成基础研究社会多元化投入模式；同时，围绕产业发展和核心技术瓶颈，选准攻关突破方向，深入推进九大重点领域研发计划，并且积极争取在更多领域以省部联动形式实施国家重点研发计划专项①。如广东在全国率先以部省联动方式实施"宽带通信和新型网络"国家重点研发计划专项，预计带动社会资本投入超过100亿元，有效探索了央地联动组织实施关键核心技术攻关新型举国体制机制。在重大创新平台建设上，广东率先在网络空间与安全等领域启动建设10家省实验室，开展前沿战略研究。省实验室实行省级登记、不定级别、人财物自主管理等制度。在自主攻关上，围绕网络与通信、人工智能等9大重点领域，布局建设一批高水平创新研究院，实施一批"先手棋"项目。深入实施"广东强芯"行动，推动"芯片＋软件"国产替代，加快在集成电路、工业软件、高端设备等领域补齐短板，瞄准人工智能、区块链、量子科技、生命健康、种子科学等前沿领域加强研发攻关，加快培育未来产业。

聚焦"卡脖子"的产业瓶颈，持续实施省重点领域研发计划。广东重点开展核心技术攻关，大力支持创新产业链发展。目前广东财政已投入71亿元，带动社会投入150多亿元，在量子通信、核心芯片、5G等领域布局"先手棋"项目，取得系列重要突破。进入"十四五"，广东接续组织实施新一轮省重点领域研发计划重大重点专项，开展核心技术、关键零部件及重大装备攻关，扩大对重点领域"卡脖子"技术的覆盖面，力争打破国外技术垄断及禁运局面，实现关键技术与装备的自主可控。深圳建设国家新

---

① 李苑立、古国真：《探索关键核心技术攻关新型举国体制的"广东路径"》，《深圳特区报》2020年12月1日。

一代人工智能创新发展试验区。主要依托行业龙头企业和省实验室，建设"智慧医疗""智能无人系统""智能金融""视觉智能处理""开源软硬件"等省新一代人工智能开放创新平台，促进人工智能和实体经济深度融合，推动产业链上下游深度合作，支持建设具有国际竞争力的先进制造业基地。深圳优势企业单位参与5G垂直示范应用，积极参与"宽带通信和新型网络""合成生物学"部省联动国家重点研发计划和"新一代通信与网络"省重点领域研发计划，形成一批自主可控、具有国际竞争优势的重大科技产品和装备①。

定位为广东创新发展中不可替代的战略科技力量的广东省科学院，也相继在佛山、江门、珠海、梅州等地落地产业技术研究院。重新组建以来，广东省科学院将自身打造成为卓越的综合产业技术创新中心，围绕广东高质量构建"一核一带一区"区域发展格局以及培育发展"双十"战略性产业集群行动计划，围绕产业链来部署创新链，合理布局创新资源和力量，更加积极主动地布局粤东、粤西、粤北地区，为当地的可持续发展、未来的产业集聚提供服务和支撑。

进入"十四五"，广东加快推动国家高新区地市全覆盖，继续有序推进省级高新区布局，推动粤东、粤西、粤北高新区协同发展。广东开展高新区"一区一特色"行动，结合广东20个战略性产业集群布局，促进战略性新兴产业优秀成果产业化，集聚培育高水平创新型产业集群和高水平科技企业，着力在高新区打造国际一流的产业发展和创新创业生态。

强化企业创新主体作用，构建产学研用一体化创新体系。重视发挥企业的创新主体作用，是广东战略科技力量建设的一大特色和优势。广东重视发挥企业创新主体优势，大力发展高新技术企业，鼓励企业组建创新联合体、牵头承担科技项目，支持大中小企业和各类主体融通创新，不断完善以企业为主体、市场为导向、产学研深度融合的技术创新体系。2021年，广东高新技术企业数量从2015年的1.1万家增加至超过6万家，居全国首位。同时，广东积极营造企业发展的良好环境，完善科技孵化育成体系，推动"众创空间—孵化器—加速器"全孵化链条建设，不断完善新兴产业发展的扶持政策以及金融支持政策，大力发展创业风险投资，推动创

① 李苑立、古国真：《广东省科学技术厅党组书记、厅长龚国平：让深圳高新技术的旗帜继续高扬》，《广东科技》2020年第12期。

新链、产业链、政策链、资金链贯通。在科技企业孵化载体建设方面，广东推动全省建设省级以上大学科技园 16 家、科技企业孵化器 1036 家、众创空间 986 家，不断完善"众创空间—孵化器—加速器—科技园"孵化链条体系。

## 四　协同港澳对接全球创新资源

广东尤其是粤港澳大湾区生产要素高度集聚，具备成为国际科技创新中心的基础条件。携手港澳建设的"广州—深圳—香港—澳门"科技创新走廊，是广东创新驱动发展的重要引擎，是一项极具全球雄心和长远眼光的战略布局。

以国际视野打造大湾区国际科技创新中心。党的十九届五中全会明确提出，支持北京、上海、粤港澳大湾区形成国际科技创新中心。打造粤港澳大湾区国际科技创新中心，是国家战略科技力量布局的重要举措。广东充分利用粤港澳三地具有优势互补的天然条件，紧紧抓住建设粤港澳大湾区国际科技创新中心这个"纲"，纲举目张从源头上优化国家战略科技力量布局，以国际视野对接全球创新资源，推动粤港澳大湾区建设。

以体制机制创新推动粤港澳三地协同创新。广东持续推进粤港澳联合实验室建设，推动省实验室、重大基础设施等向港澳开放，大力支持与港澳大学、科研机构互设分支机构、共建创新基地，开展科技交流活动，全力打造开放性区域协同创新共同体。粤港澳大湾区科技协同创新联盟致力于推动大湾区科技协同创新，采用"政＋企＋学＋研＋临床＋资本"的创新合作模式，利用港澳高校和科研院所的科研优势以及广东的市场优势，共同合作设立创业创新中心、科研机构等平台，实现优势互补、互惠共赢。如云洲智能与香港科技大学合作共建"大湾区人工智能海洋科技创新中心"；长园共创公司与香港理工大学合作建设"电力传感器实验室"；安润普科技与香港理工大学合作共建"大湾区智能穿戴创新中心"；澳门大学在横琴设立珠海澳大科技研究院；港资企业金邦达建设"珠海市金融科技中心"，打造粤港澳大湾区金融产业与创新技术对接交流的前沿阵地。

粤港澳大湾区围绕着"钱过境、税平衡、人往来"开展政策创新，大力推动"规则衔接""机制对接""融合发展"，实施"湾区通"工程，实施境外高端紧缺人才个人所得税优惠、科研资金跨境使用以及港澳共建青年创新创业基地等政策措施，促进三地要素高效便捷流动与共建共享。

借助重大创新平台链接全球创新资源。河套深港科技创新合作区和横琴粤澳深度合作区是大湾区致力打造的粤港澳协同创新的重大平台。大湾区充分利用深港、珠澳科技创新合作独特的"平台"和"通道"作用，链接国际科技创新网络，配置全球创新资源，集聚国际顶尖科技人才，开展国际科技合作，辐射广阔内地市场，不断增强高质量发展新动能，从而推动粤港澳国际科技创新中心建设发展。

近年来，港澳的科研优势和科研成果与广东的强大制造力相结合，"科研在港澳、转化在内地"成为粤港澳科技合作的重要模式。大湾区创新要素跨境流动不断加快，人才、成果不断向大湾区集聚。目前，广东部分大科学装置已实现面向港澳和全球开放共享，中国散裂中子源3台谱仪已完成近500项用户课题，其中港澳用户占比超过10%；国家超算广州中心设立港澳网络专线，服务港澳地区用户超过200家。截至2021年底，华南技术转移中心已集聚港澳及内地优质创新资源6万余项，吸引全国750多家优质科技服务机构和3000多家科技型企业入驻，上线科技服务产品3600多件，促成交易服务额8.68亿元[1]。

"实现高水平自立自强"是广东打造新发展格局战略支点的关键支撑。广东正持续加大研发投入，力争使研发投入强度达到经济合作与发展组织（OECD）国家前列水平，面向全球更加开放合作，主动融入"以国内大循环为主体、国内国际双循环相互促进"的新发展格局，初步建成具有全球影响力的科技和产业创新高地，成为中国跻身创新型国家前列的重要支撑力量。

---

[1] 姜晓丹：《国际科技创新中心加快建设》，《人民日报》2022年5月30日。

# 第六章
# 他山之石：国际模式比较

国家战略科技力量是世界强国崛起的重要基础，也是影响各国产业发展、经济实力的重要因素。回顾世界历史，历次科技革命对世界经济发展模式的转变、世界经济力量的重新布局有着重要影响。不同国家的战略科技力量，因应各国不同的发展历史、发展阶段，国家政治、经济、法律体制的差异，有共性也有各自的特性。各国战略科技力量主体都包括政府科研机构（含国家实验室）、高等教育机构、企业等三大类别。三类主体在国家战略科技力量中的地位、功能和影响力，科技资源在三类主体间的分配和流动，各科技强国均各具特色。

世界各国科技发展相互竞争、你追我赶的情形频现，如 19 世纪末 20 世纪初美国赶超英国和德国，20 世纪八九十年代日本追赶美国，20 世纪后期美国和俄罗斯在航空航天技术方面互相追赶。各国在科技领先或科技追赶时期，战略科技力量的布局也有所不同。本章聚焦美国、英国、日本、德国和俄罗斯的国家战略科技力量发展历史及现状，通过对其历史发展阶段、战略科技力量主体及布局、体制特征等进行分析研究和系统对比，总结这五个国家战略科技力量发展和建设经验。世界强国科技后发追赶的历程，对中国建设国家战略科技力量、实现技术赶超并最终实现高水平科技自立自强具有深刻启示意义。

## 第一节　共性与架构

19 世纪末，科学技术的发展对国家工业、经济能力的影响力愈加凸显。德国凭借科技创新能力的大幅跃升，工业发展和经济实力均赶超了英国，成为当时欧洲工业最发达的国家。第一次世界大战期间，科学技术与军工行业紧密结合，更多国家开始重视科技力量的发展，建立规模化的科学研究组织。到第二次世界大战，科技力量成为决定战争胜负的重要力量，战争期间各国对原子能、电子学、生物医药等领域研究的大规模投入，对战后全球科技发展的布局产生了长远的影响。

第二次世界大战后，一些国家在二战期间发展起来的军事技术能力的基础上，继续创建军用和民用科学研究机构，建立以政府科研机构为主体的国家战略科技力量，西方国家许多著名的国家实验室，都设立于这一时期。在 1957 年苏联发射第一颗人造卫星后，世界科技发展进入以美苏竞争为主的新格局，两国皆动用举国之力开展空间技术等领域研究，以任务导向的方式推动国家战略科技力量高速发展。

随着苏联的解体，各国战略科技力量发展的重心，逐渐从军事、空间等领域，向民用工业、电子工业等领域转移。日本作为新的竞争者，凭借在半导体、机械工业等领域的优势，成为世界科技强国之一。日本企业对日本科学技术的发展做出重要贡献，许多国家行业龙头企业作为科技领军企业在国家战略科技力量中的重要性逐步增强。

随着新一轮科技革命和产业变革的不断深化，世界科技发展向新一代信息技术、生物技术、新能源等新兴领域拓展，全球科技创新进入空前密集活跃时期。同时，经济全球化也促使各国开展更多大科学领域的国际合作[1]。为应对激烈的国际科技竞争并确保国家发展安全，各国不断巩固自身的国家战略科技力量。如何平衡国家战略科技力量各主体间的关系，调整国家战略科技力量建设的体制机制，成为各国面临的新挑战。

## 一 共性：重视投入、前瞻研究、科学布局

世界科技强国因各自国家地域面积、人口数量、历史社会文化、经济发展阶段、政治、司法体制等差异，其战略科技力量发展具有个体性特征。但总体来看，存在下述三点共性。

### （一）持续、高强度的经费投入

无论是第一次世界大战前的传统科技强国英国、德国，还是"二战"及"二战"后新崛起的科技强国美国、日本，每年的研发投入均处于世界前列。根据经济合作与发展组织主要科学技术指标数据库数据[2]，2020 年

---

[1] 联合国教科文组织编著《联合国教科文组织科学报告：迈向 2030 年》，中国科学技术出版社，2020。

[2] OECD, Stat, Main Science and Technology Inidcators, https://stats.oecd.org/viewhtml.aspx?datasetcode = MSTI_PUB&lang = en#.

美国研发投入为 7208.80 亿美元，排名第一，日本则以 1740.65 亿美元位列第三，德国、英国、俄罗斯均位列前十。美国、日本、德国、韩国的研发投入强度在 3% 以上。2020 年排名前 10 位的国家和地区研发投入占 GDP 比重均在 0.45% 以上，反映出这些国家和地区对科技发展的高度重视。

根据世界经济论坛发布的《2019 年全球竞争力报告》[1]，在参与评比的 141 个国家和地区中，德国在创新能力方面位居全球第一，美国位居第二。德国和美国的科技实力优势在于其系统化的科研体系及庞大的科研投入，政府科研机构是其科研体系的重要组成部分。如德国的四大科学联合会，即马克斯·普朗克科学促进学会（马普学会，MPG）、弗劳恩霍夫协会（FHG）、亥姆霍兹联合会（HGF）和莱布尼茨科学联合会（WGL），每年的科研经费合计近 100 亿欧元，拥有超过 9 万名员工，有诺贝尔奖获得者 18 人[2]。持续、高强度的资金与人才投入，是世界科技强国不断提高创新能力、推动科技发展的共同特性。

（二）学科领域布局均衡，尤为重视基础性、前瞻性研究

世界科技强国雄厚的科技实力，与其长期的历史沉淀、科研基础积累密不可分。科技发展日新月异，但新兴技术的研发与众多基础学科密不可分，哲学、数学、化学、物理、生物等基础学科，仍是科技发展的基础。对基础研究的重视，不仅促进基础研究领域理论性突破，也不断地为各新兴技术领域积累人才。科技发展与经济发展高效结合，要求理论和技术更好地向产业化、商业化转化，开展应用技术研究也是增强各国战略科技力量的有效途径。

从机构设置来看，世界科技强国的战略科技力量基本涵盖了从基础研究到应用研究的不同领域。比如，英国传统的英格兰研究署和 7 大研究理事会下辖的高等教育机构和公共部门研究机构，主要专注于基础研究[3]。2010 年后，由英国创新署在各地建设的创新推进中心，则更多侧重于技术的应用及产业化开发，现已建成创新推进中心 9 家[4]。又比如，在德国的

① World Economic Forum, The Global Competitiveness Report 2019, https://www3.weforum.org/docs/WEF_TheGlobalCompetitivenessReport2019.pdf .
② 苏铮、李丽：《世界主要科技强国发展战略对比研究》，《制造技术与机床》2021 年第 2 期。
③ UK Research and Innovation, https://www.ukri.org/.
④ Catapult Network, Creating the Future Through Innovation: Recovery and Resilience, https://catapult.org.uk/wp-content/uploads/2020/12/Catapult-Network-Impact-Brochure-2020-FINAL.pdf.

四大研究理事会中，马普学会和亥姆霍兹联合会专注于基础研究和重大科技基础设施建设，弗劳恩霍夫协会侧重于应用研究，莱布尼茨科学联合会则是综合性的研究机构。

从科技战略和科技政策来看，世界科技强国在不同阶段，根据自身国情及世界科技发展状况，对科技发展、国家战略科技力量布局的规划，有不同的侧重点。比如，美国分别在 1942 年和 1961 年开始实施的曼哈顿计划和阿波罗计划，在 2000 年推出的国家纳米技术计划，在 2015 年提出的精准医学计划，2019 年新设立的人工智能研发战略计划[1]，都是以国家最高行政命令的形式，在某个特定时期将这些领域纳入国家战略科技力量的优先研究范围。又如，英国自 2004 年以来发布的科技发展相关规划，清楚指出该规划阶段内重点发展的产业和科技相关领域，如 2017 年发布的《产业战略：建设适应未来的英国》涉及包括无人驾驶交通工具、健康老龄化、能源革命、卫星和空间技术等 14 个领域的支持政策，从国家战略的高度为重点领域发展助力[2]。

（三）地域分布覆盖范围广，分散布局与局部性集中相结合

建设国家战略科技力量，承接对象及地域分布需要科学规划。许多国家在建设国家战略科技力量特别是国家实验室时，选择高等教育机构作为承接机构，更好地利用高等教育机构已有的基础研究资源。重大科学装置存在地理意义上的辐射和服务范围，合理、科学的规划布局有利于提高重大科学装置的利用率。英国、德国、日本因其本身疆土面积不大，国内知名高校历史悠久且分布较广，国家战略科技力量与高校的合作布局基本达到全国覆盖。英国自 2010 年由创新署开始建设的创新推进中心，在选址上也尽量覆盖全国更大的范围，同时为了使拥有某项核心技术的创新推进中心与该技术领域拥有优势的高等教育机构对接合作，创新推进中心在高等教育机构较为集中的英格兰中部区域呈现局部性的集中。美国的国家实验室和能源部下辖的大科学装置，分布在美国东岸、西岸和中部不同州，在

---

① The National Security Commission on Artificial Intelligence, The Final Report, https://www. nscai. gov/2021 - final-report/.

② UK Council for Science and Technology, https://www. gov. uk/government/organisations/council-for-science and-technology; Department for Business, Energy and Industrial Strategy, Industrial Strategy: Building a Britain Fit for the Future, https://assets. publishing. service. gov. uk/government/uploads/system/uploads/attachment_ data/file/664563/industrial-strategy-white-paper-web-ready-version. pdf.

东岸呈现局部性的集中，主要为依托于纽约州立大学建立的布鲁克海文国家实验室、依托于新泽西州普林斯顿大学建立的普林斯顿等离子体物理实验室，以及位于东岸弗吉尼亚州的杰斐逊实验室①。这些国家在规划战略科技力量布局时，除了考虑对接机构的专业性外，也对全国战略科技力量的布局进行了科学规划，避免造成区域科技力量发展不平衡。

## 二 治理：构建四维一体的治理结构

世界科技强国战略科技力量体制架构虽在细节上各有特点，运行机制也存在差异性，但基本遵循相似的创新体系架构进行建设，根据职能的不同可分为决策层、咨询监督层、管理层、执行主体四个层级②。

（一）以国家最高层级政府或立法机构为主导的决策层

国家战略科技力量的决策层一般为该国最高层级的政府执行部门，如议会或总统、总理下辖的行政办公室等，负责制定国家整体的科技政策及决定科研导向。决策层还会辅以国家最高立法机构，为国家的科技改革和体制机制建设予以立法支持。

（二）多层次的咨询和监督体系

在政府部门制定科技政策前，一般有科技相关部门、由专业科研人员组成的委员会、产业相关协会等不同机构为政府提供政策建议。同时，形成多元的评估和监督体系，由政府内部及第三方机构对科研活动进行科学评估，以提高科研活动质量。

（三）多渠道经费筹集与资助管理体系

不同国家的资金来源渠道及分配方法不一，大部分国家采取多渠道、多途径的资金筹集和分配方式。政府资金分配有固定拨款和竞争性项目基金投资等模式，政府对有不同资金需求的项目进行不同模式的资助。同时，积极调动社会资本，通过慈善基金会等，降低政府对科研投入的负担。

（四）多元执行主体

各国（地区）科研体系的执行主体，大致可分为四大类：政府科研机构、高等教育机构、企业、非营利科研机构。从各国（地区）研发资金来源来看，除俄罗斯外，企业已成为各国（地区）研发资金投入的最主要来

① United State Department of Energy, https://www.energy.gov/.
② 中国科学院：《科技强国建设之路：中国与世界》，科学出版社，2018。

源（见图6-1）；从研发支出的执行主体来看，企业成为研发支出的最主要使用主体。

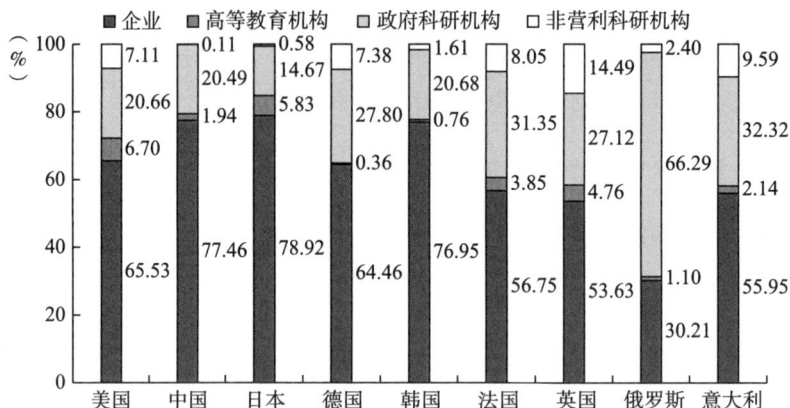

图6-1　主要创新国家（地区）2019年研发资金来源分布

说明：经济合作与发展组织未提供中国历年高校等教育机构研发资金来源数据，图中数据为计算得出。

资料来源：经济合作与发展组织主要科学技术指标数据库（2022年10月10日获取）。

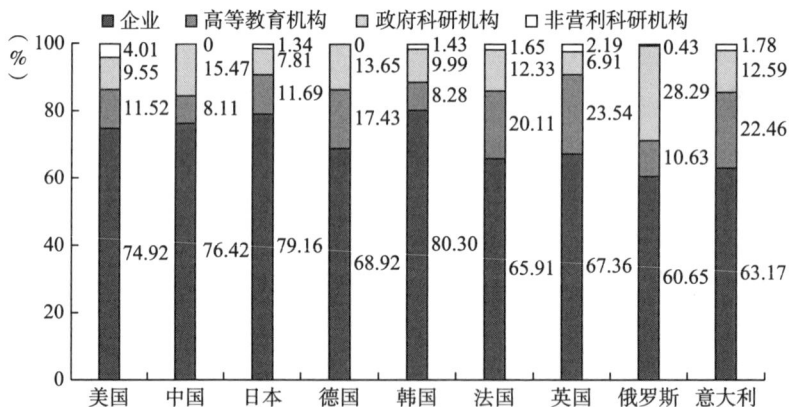

图6-2　主要创新国家（地区）2019年研发支出执行主体

资料来源：经济合作与发展组织主要科学技术指标数据库（2022年10月10日获取）。

从主要创新国家（地区）科研人员分布情况看（见图6-3），英国高等教育机构科研人员占全国科研人员半数以上，其他各国（地区）占比最高的是企业的科研人员，俄罗斯来自政府科研机构的科研人员数量紧随企业之后，占比30.99%。

各国战略科技力量的执行主体，也由上述四部分组成。

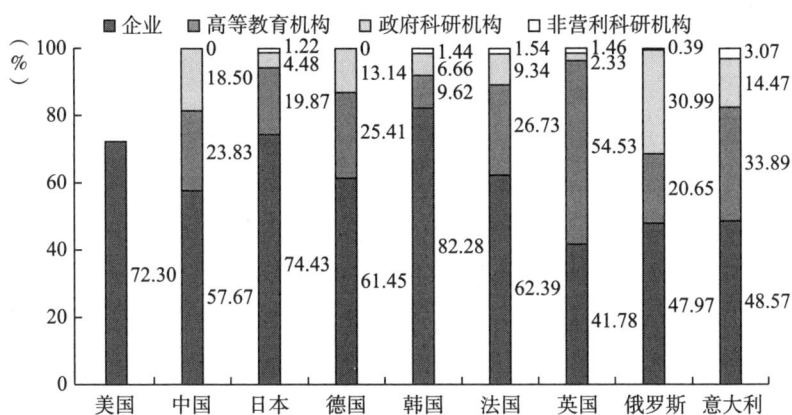

**图 6-3 主要创新国家（地区）2019 年科研人员分布**

说明：美国高等教育机构及政府科研机构、非营利科研机构人员占比数据缺失。

资料来源：经济合作与发展组织主要科学技术指标数据库（2022 年 10 月 10 日获取）。

1. 政府科研机构

政府科研机构主要指政府直属部门设立并资助的研究所、研究中心、国家实验室等机构，是实现国家科技战略的重要力量。承担的任务大部分是政府根据国家社会经济发展需求进行的计划性研究，一般为基础性、前沿性、跨学科、周期长、投资大的研究项目。

2. 高等教育机构

高等教育机构即高校培育科技人才，同时也是各国基础研究的重要根据地。高等教育机构内既有与政府、政府科研机构等合作联合设立的国家实验室，也有由高等教育机构独自设立并直接管理、接受多渠道资金资助的实验室，能为国家基础研究发展做出重要贡献。

3. 企业

企业是科技创新的重要贡献者。诸多国际知名大企业，拥有雄厚的研究与开发实力，根据企业自身发展的需要进行前沿技术探索研发，寻求科学与技术的最佳结合点，具有高度的创新活力，也是国家重要的战略科技力量。

4. 非营利科研机构

非营利科研机构一般以基金会形式存在，资金来自政府、企业及慈善捐款等。在部分发达国家，非营利科研机构是基础研究和应用研究的重要参与者，也是国家战略科技力量的组成部分。如美国的斯克利普斯研究所、索尔克生物研究所，西班牙的巴塞罗那科学技术研究所等，其科研力量在各自专业领域内均处于世界顶尖水平。

在探索科技创新的道路上，各国经历了不同的发展历程，面临的社会、经济挑战也有所不同，各国战略科技力量的发展之路也各具特色。本章重点对美国、英国、日本、德国、俄罗斯5个国家的战略科技力量发展历程及现状特征进行归纳分析，总结经验，为中国建设国家战略科技力量提供借鉴。

## 第二节　美国：集中统筹与平衡发展

美国是全球对科技研发投入最多的国家，其全球竞争力指数一直位居世界前列[①]。作为世界科技发展的引领者，美国在不同时期制定不同的政策文件与法规（见表6-1），倾全国之力实施大规模任务导向型科技研发计划，国家实验室、高等教育机构和企业等执行主体各司其职，形成既分工互补，又灵活协调合作的高效运行机制。

表6-1　美国主要的创新战略法规与政策文件

| 20世纪40年代前 | 20世纪40~80年代 | 20世纪90年代至今 |
| --- | --- | --- |
| 《美国专利法》<br>《美国国家标准局机构法案》 | 《科学——没有止境的前沿》（政府报告）<br>《国家科学技术政策、组织和优先权法案》<br>《史蒂文森-威德勒技术创新法》<br>《大学和小企业专利程序法》<br>《中小企业技术创新促进法》<br>《国家合作研究法》<br>《联邦技术转移法》<br>《美国竞争技术转让条例》<br>《知识产权改革法》<br>《综合贸易与竞争法》 | 《国家信息基础设施行动计划》<br>《科学与国家利益》（政府报告）<br>《为了21世纪的科学》（政府报告）<br>《维护国家的创新生态体系》（政府报告）<br>《美国竞争力计划》<br>《美国国家创新战略》 |

资料来源：陈劲《科技创新：中国未来30年强国之路》，中国大百科全书出版社，2020。

### 一　国家科技战略及战略科技力量的演进

（一）20世纪40年代前：军工技术发展时期

第一次世界大战期间，美国暴露出航空、航海技术明显落后于欧洲各

---

① 根据世界经济论坛《2019年全球竞争力报告》，美国的竞争力指数排名第二，仅次于新加坡。其中创新能力指数排名第二，仅次于德国。World Economic Forum, The Global Competitiveness Report 2019, https://www3. weforum. org/docs/WEF_ TheGlobalCompetitivenessReport2019. pdf.

国的弱点。为了满足国家安全需求，美国在 1915 年成立了国家航空咨询委员会和海军咨询委员会，专注于航空、航海领域的军事技术研究，这是美国政府最先设立的两个军事研究机构，通过扩充军事研究，首次扩大了政府组织科学研究的权限。

20 世纪的二三十年代，美国因华尔街股灾造成经济危机，大幅削减科研经费投入。国家对科技发展的援助从军事转向医学、农业科技等领域，当时美国科学研究与发展办公室提出，国家应加强基础研究和人才培育，奠定更为坚实的科研基础，形成统一、可持续的国家科技政策。罗斯福总统采纳了该意见，奠定了如今美国"政府、企业、高等教育机构与科研机构"协同创新的格局，也首次明确了政府、企业、高等教育机构与科研机构在国家创新体系中所处的地位和作用。

（二）20 世纪 40～80 年代：国防及航空科技发展时期

在第二次世界大战以及二战后美苏冷战期间，美国投入大量的资金进行军事科技研发，以政府投入的研发经费为主，大量资助研究型大学进行基础科学、军事相关如原子能、航空航天、卫星通信及宇宙空间技术等领域的研究，曼哈顿计划和阿波罗计划都属于这个时期的璀璨成果。政府为了更好地举全国之力攻克难题，并加强对这些新兴领域的规管，在 1946 年成立了原子能委员会，1958 年成立了美国国家航空航天局，更好地统筹全国的科技资源，完成国家重点项目。

20 世纪七八十年代，面临国际能源危机和国内经济衰退挑战，美国制定了一系列专利、许可转让的相关法律，如 20 世纪 80 年代制定的《史蒂文森－威德勒技术创新法》、《大学和小企业专利程序法》（《拜杜法案》）、《联邦技术转移法》、《中小企业技术创新促进法》等，从法律上保障科研项目及技术，特别是由政府资助的科研项目及技术的所有权及转让权，促使政府、政府科研机构、高等教育机构和企业之间加强合作[1]，企业更活跃地参与到国家战略科技力量的建设中，成为国家科技储备的重要组成部分，同时让国内科技发展更好地促进经济发展。

---

① S. Datta, M. Saad, D. Sarpong, "National Systems of Innovation, Innovation Niches, and Diversity in University Systems," *Technological Forecasting & Social Change* 143 （2019）: 27 - 36; A. N. Link, D. S. Siegel, D. D. V. Fleet, "Public Science and Public Innovation: Assessing the Relationship between Patenting at U. S. National Laboratories and the Bayh-Dole Act," *Research Policy* 40 (2011): 1094 - 1099.

（三）20世纪90年代至今：促进科技与经济发展相结合的新时期

20世纪末至今，经济的发展促使人民生活质量需求的提高，美国的科技政策也逐步从以满足军事需求为主，转变为与经济相结合，加强政府与企业的联系，更好地发展与民生相关的科技。美国政府对研发的投入持续提升，除了保障项目研发经费和人才培育经费外，相当一部分经费用于加强国家实验室和国家标准与技术研究院的建设，提升科研人员能力水平，保障政府研究机构持续进行前瞻性、高强度研究。

美国的战略科技力量，除了承担国家战略性科技攻关任务外，美国政府要求相关机构在"为社会创造财富"这一功能上体现更明确的价值。21世纪后，美国相关科技政策鼓励政府科研机构、高等教育机构的科研人员对技术成果进行产业转化，提升科技人员对科技成果收益的自主权，也激发科研人员、社会大众投身科研事业的积极性，促使普通企业与国家战略科技力量在产业合作上进一步融合。

**曼哈顿计划**

曼哈顿计划于1941年12月6日，由罗斯福总统正式颁布制定，1942年6月正式实施，是由美国陆军部统领的原子弹研制计划。罗斯福总统赋予这一计划"高于一切行动的特别优先权"，以求在第二次世界大战结束前制造出原子弹，巩固美国在军事力量上的优势。

曼哈顿计划倾美国全国之力，在短短3年多的时间内，完成了原子能可控链式反应试验及原子弹的生产、试射，高峰时期拥有1000多名科学家、2000多名文职研究人员及3000多名军事人员为之服务，为美国后续军事技术的发展奠定了优良基础。

曼哈顿计划共包含16个分支工程，核心技术由多家高等教育机构和新建造的多个国家实验室共同攻关，其中几个关键工程实验室和生产基地为：进行可控链式反应的芝加哥大学原子反应堆（现为隶属于美国能源部和芝加哥大学的阿贡实验室），生产和分离铀的田纳西橡树岭厂区（现为隶属于美国能源部和田纳西大学的橡树岭国家实验室），负责原子弹组装工作的Z部门（现为隶属于美国能源部和霍尼韦尔公司管理的桑迪亚国家实验室），进行原子弹制造和试验的洛斯阿莫斯实验室（现为隶属于美国能源部和洛斯阿莫斯国家安全机构的洛斯阿莫斯国家实验室）。

**阿波罗计划**

阿波罗计划是由美国国家航空航天局主导，以实现载人登月及对月勘察为目标的载人航天计划，于 1961 年由肯尼迪总统发布，至 1972 年结束，耗资共 255 亿美元。参与整个工程的除了美国国家航空航天局下属的实验室外，还囊括了 200 多所大学，80 多个科研机构及超过 2 万家企业。为了满足阿波罗计划的航天飞机发射和航天人员培训需求，美国还在 1961 年及 1962 年，分别在得克萨斯州休斯敦和佛罗里达州梅里特岛新修建了沿用至今的林登·约翰逊航天中心（Lynd B. Johnson Space Center）和约翰·肯尼迪航天中心（John F. Kennedy Space Center）。

近年，美国政府还致力于平衡区域科技发展。当前，美国大部分的创新产业增加值来自波士顿、旧金山、圣何塞、西雅图和圣地亚哥这五个科技创新密集型大城市。其中旧金山湾区在 2021 年中关村论坛发布的国际科技创新中心指数排名中位列榜首。2021 年 6 月 8 日，美国国会参议院通过《美国创新与竞争法案》，该法案囊括了参议院各委员会此前推出的众多法案：包括外交事务委员会的《战略竞争法案》、商务委员会的《无尽前沿法案》等。其中，《无尽前沿法案》的一个重要立法目标是，要进一步加强区域创新战略的研究制定和实施，预计在未来 6 年，授权美国商务部约 100 亿美元的预算，在全美布局至少 10 个区域技术中心，强化联邦、州、地方各级政府协同，推动政府、学术界、私营部门、经济发展组织和劳工组织的战略合作，支撑解决美国区域发展和国家安全面临的重大技术挑战，塑造美国参与全球创新竞争的新优势[1]。

**旧金山湾区科技发展**

旧金山湾区是世界范围内领先的高新技术研发中心，拥有 5 个国家级实验室和多个州级实验室，在生命医药、信息技术、人工智能、新材料、新能源等多个领域占据全球领先地位，聚集了一大批极具世界影响力的大企业，并且在三大核心城市形成了颇具竞争力的产业结构：旧金山市侧重于金融业、生物制药业和旅游业；奥克兰市侧重于制造业和港

---

① D. Baltimore et al., "Should the Endless Frontier of Federal Science be Expanded?" https://ui. adsabs. harvard. edu/abs/2021arXiu201309614B/abstract.

口经济；圣何塞市重点发展信息科技、电子制造和航天航空等高新技术产业。

大学与企业的合作成就了旧金山湾区成功的创新模式。为协调区域内部的发展和管理，1945 年由区域内企业赞助成立了湾区委员会，随后陆续成立了多个专职机构，如旧金山湾区政府协会（ABAG）、大都市交通委员会（MTC）、海湾保护和开发委员会（BCDC）和湾区空气质量控制局（BAAQBD）等，协调湾区内各地方政府间的合作。湾区委员会及政府部门除了为研究机构提供资金、成果转化渠道，为区域内科技创新企业及相关从业人员提供额外的税收优惠政策，完善以风险投资为主体的创新金融环境外，还支持大学参与科技创新园区建设，支持大学与企业就创新人才培育及技术产业化等开展合作，支持大学和实验室利用政府采购等方式促进创新成果产业化及新产品应用。

## 二 国家战略科技力量的管理运营体制

美国实行三权分立制度，立法、司法、行政对全国的科技活动有不同程度的干预和影响。美国科技政策的决策由立法和行政部门共同参与，管理层由具体国家职能部门及国家科学基金会构成，进行政府固定项目拨款和竞争性项目基金的分配。执行层由各部门下属联邦研究机构、高等教育机构和企业构成。三者负责的领域各有侧重，发展较为均衡（见图 6 - 4）。

（一）以总统为主导的决策层

美国战略科技力量的主要决策层为总统及由总统任命的国家科学技术委员会。委员会是明确国家科技发展目标、制定跨部门的研究与开发战略、制定综合投资计划的重要部门。在总统和国家科学技术委员会制定科技相关政策时，总统科技顾问委员会及议会里的相关委员会提供咨询建议。国家科学技术委员会制定的科技相关政策，由白宫科技政策办公室及管理和预算办公室负责协调管理层的各部门执行及进行科技预算分配。

（二）以职能部门划分的管理层

美国战略科技力量的管理层由美国政府与科技发展紧密相关的几个部门构成，包括能源部、国防部、航天航空局、卫生与人类服务部、农业部

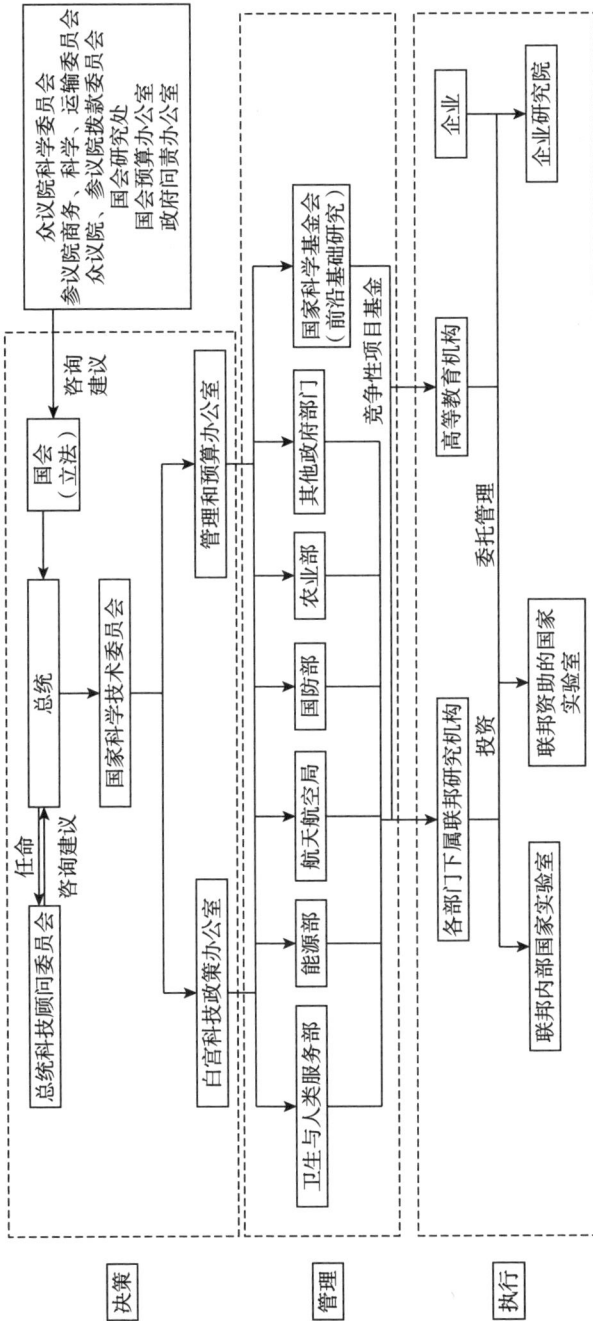

图6-4 美国战略科技力量架构

等。这些部门有下辖的联邦研究机构，如能源部的国家实验室体系，也有由这些部门资助建立委托其他机构或高等教育机构管理的国家实验室。同时，国家科学基金会统筹全国基础科学领域（不包含医学）竞争性资金的分配。通过建立不同学科的委员会，管理各专业领域基础科学研究计划。管理层每年通过国家科学委员会向总统和国会提交美国科学及各学科发展报告，对美国基础学科发展进行监督及规划[①]。

除了国家部门下属的研究机构和高等教育机构，企业也是美国非常重要的战略科技力量，与高等教育机构、联邦研究机构共同构成了美国战略科技力量的三大执行主体。

（三）均衡发展的执行层

1. 国家实验室：主力服务国家需求

美国的国家实验室体系是世界上最大的科研系统之一，以国家需求为导向，服务于国家目标。国家实验室主要由联邦政府提供经费支持，运行经费80%以上是非竞争性的政府拨款，有完全由联邦政府各部门内部投资和管理的实验室，如洛斯阿拉莫斯国家实验室、美国国立卫生研究院等，也有由政府部门设立，委托高等教育机构或企业管理的实验室，如橡树岭国家实验室、劳伦斯伯克利国家实验室、阿贡国家实验室、布鲁克海文国家实验室等。不同的模式，既保持了联邦政府对国家实验室科研方向高度的控制能力，也促进了联邦政府与高等教育机构、企业的合作，更好地将科技与经济发展相结合。

2. 高等教育机构：基础研究重要基地

美国的高等教育机构是基础研究的重要基地，同时，部分高等教育机构与产业界的紧密合作，使其在科技成果转化、产业创新等方面比国家实验室更有优势。高等教育机构推动知识经济的发展，也是培养国家科研人才的重要基地。美国高等教育机构的资金来自联邦政府、地方政府、企业、高等教育机构自身以及非营利机构。研究资金来源的多元化使高等教育机构科研人员对研究成果拥有更高的自主性、形成更有效的激励机制，促使高等教育机构在美国的战略科技力量中拥有不容小觑的地位。根据汤森路透发布的《2016全球创新报告》，美国多家高等教育机构在计算机、电子通信、生物技术等应用科学领域名列前茅。部分"创业型大学"，如

---

① National Science Foundation，https://www.nsf.gov/.

麻省理工学院和斯坦福大学，更是长期与产业界密切接触，引领世界工程学、计算机科学等多个应用科学领域发展[1]。

3. 企业研究院：应用技术与前瞻性技术全方位发展

企业是美国创新体系的主力军，是国家科技战略执行主体之一。美国企业不仅注重应用研发技术的投入，也非常重视前沿性、原创性的研究。美国多家大企业的研究院，如 AT&T 公司的贝尔实验室、微软研究院、IBM 公司的沃森实验室等，投入大量资金进行长期的前瞻性技术研究，把控各自领域技术在全球的主导权和垄断性。

部分大企业与高等教育机构、国家实验室组成联合体，如合作建立技术转移办公室，更有效地跟进高等教育机构和国家实验室的研究进展，为科技成果的产业化实现早期介入、全程规划。如美国桑迪亚国家实验室，前身是为曼哈顿计划提供未来武器研究测试的部门，于 1949 年交由 AT&T 公司下属的西部电力公司运营，1979 年被指定为国家实验室，2017 年开始由霍尼韦尔国际管理运行，是长期由企业运营、与企业紧密合作的国家实验室。桑迪亚国家实验室是许多国际通用开源软件的发源地，拥有众多与其他高等教育机构或国家实验室共同研发的项目。

作为美国战略科技力量的国家实验室体系、高等教育机构和企业，三者各有特长，又相辅相成，合作共赢，共同促进了美国国家科技力量的持续发展。

## 三　建设国家战略科技力量的具体做法

（一）以集中协调及分散管理机制提高体制效率

美国的科技管理体制属于相对分散的机制，在三权分立的政体下，行政、立法、司法三个部门不同程度地参与科技政策的制定和执行。国家科学技术委员会、白宫科技政策办公室、管理和预算办公室（简称"一委两办"）分两个层级负责统筹科技政策、研发战略和投资计划的制定，协调预算分配工作。具体的执行主体，由各联邦政府部门分别管理，同时各联邦政府相关部门对制定政策的"一委两办"提出政策和科技计划建议。这一体制保证由国家科学技术委员会制定的科技相关政策能确切反映各科研主体和部门真实的科研需求，而统一的政策制定和预算分配机构提高了政

---

① Thomson Reuters, 2016 State of Innovation Report.

策制定、科研资源分配的效率。

在需要进行跨部门项目规划和合作时，除了国家科学技术委员会拥有协调各部门沟通的能力外，还依据情况建立跨部门协调、沟通渠道，或设立牵头机构负责跨部门联系和政策执行，满足不同部门在项目中具体的科研需求，协助制定整体战略规划，并协调政策执行。

（二）以法律法规引导、规范科研活动

完善的法律制度，是科学技术持续发展的重要保障。美国的科技战略和发展计划，都是依法设立，年度科技计划及相关预算由"一委两办"制定后，须由总统提交国会通过，随后再下发相关部门执行。对国家科技相关政策，做到立法在先，依法管理、依法执行。美国政府科技相关立法工作，一直走在世界前沿且与时俱进，对规管企业与国家科研机构、高等教育机构等进行科研合作的相关法律不断完善，以立法促使科研合作的推进，并依法保障相关机构的权利和义务。

（三）提高科研人员对科研成果自主权，多方位激励科研产出积极性

美国战略科技力量开放且有活力，有协作也有竞争。美国科技政策鼓励国家实验室等政府科研机构开展与高等教育机构、企业等多方位合作，无论是国家实验室还是高等教育机构，均鼓励科研人员对科研成果进行产业化转化。美国政府也鼓励企业参与前瞻性科研项目的研发，运营或直接投资国家实验室建设。鼓励金融机构参与科研项目的前期开发投入，激发研发创新整个产业链的活力，使战略科技力量的长远发展不仅仅依靠政府投入，而且还能从市场、社会上攫取有效的资源，为建设国家战略科技力量夯实基础。

## 第三节 英国：高校引领与长远规划

英国是最早进行工业革命的国家，曾经是世界科技、工业发展的引领者，具有优良的科学研究文化传统、完善的科研和知识产权政策、法律体系（见表6-2）以及深厚的科研基础。如今的英国，以高等教育机构为最重要的科研主体，拥有雄厚的基础研究力量，多项技术领域长期处于全球前列。

表 6 – 2 英国主要的创新战略法规、政策文件和措施

| 20 世纪 40 年代中期前 | 20 世纪 40 年代中期至 90 年代 | 20 世纪 90 年代至今 |
| --- | --- | --- |
| 《垄断法》<br>《专利法修订法案》<br>设立工业研究协会<br>成立科学与工业研究部<br>成立医学研究理事会<br>成立大学拨款委员会 | 设立教育和科学部<br>"联系计划" | 《实现我们的潜能——科学、工程和技术战略》（政府报告）<br>《科学与创新投入框架（2004—2014）》<br>《创意经济计划》<br>《创新报告 2014》（政府报告）<br>《英国知识产权国际战略》<br>《技能促进增长——英国国家技能战略》（政府报告）<br>《以增长为目标的创新与研究战略》<br>《产业战略：英国行业分析》<br>《高等教育与研究法案》<br>《构建我们的工业战略》<br>《产业战略：建设适应未来的英国》 |

资料来源：中国科学院《科技强国建设之路：中国与世界》，科学出版社，2018。

## 一 国家科技战略及战略科技力量的演进

### （一）20 世纪 40 年代中期前：形成政府引领科技发展模式

从 17 世纪到 19 世纪，英国是名列前茅的世界科技强国。这一时期科学理论的产生及第一次工业革命的爆发，更多依靠的是科学家群体和工匠群体。1660 年成立的英国皇家学会，是当时英国最高级别的科学学术机构，也是世界上历史最悠久的科学学会。当时英国皇家学会的职能主要是促进科学家的聚集和科学价值观的普及，并未真正成为能够组织、引领国家战略科技力量建设的机构。

第一次世界大战后，德国在工业及军事领域的发展反衬了英国在工业、科技领域存在的不足。为了弥补国内技术装备落后、科技人才短缺等短板，英国政府成立工业研究协会，增加高等教育机构进行工业相关研究的经费拨款，设立政府实验室，进一步完善军事装备和促进工业领域的科技发展，在短时间内取得辉煌的成绩，原子的核型结构模型、人工核反应的实现、青霉素、雷达、喷气式发动机等，都是这一阶段的科技成果。英国初步形成了由政府投入促进科技发展的模式。

### （二）20 世纪 40 年代中期至 90 年代：政府引导科研重心向民用领域转移

从冷战开始，英国也全面参与国防技术与空间技术竞争，国家对原子

能、航空、导弹等国防技术的投入持续增长。随着英国殖民统治的崩塌，英国面临极大的经济压力，英国政府转而将科研重心调整至民用领域，但直至20世纪后期，仍面临科学成果转化率低、应用技术领域经济效益差等问题。英国政府鼓励高等教育机构及公共部门研究机构加强与企业、产业的合作，1986年推行"联系计划"，鼓励高等教育机构和公共部门研究机构与企业进行跨部门的合作与技术开发，由政府部门或英国研究理事会提供50%的经费，重点资助对国民经济产生较大影响的领域，如电子通信、生物技术等，鼓励跨部门、跨领域合作开发，以此架起科研与产业之间的桥梁。同时，英国政府对部分公共部门研究机构进行私有化改革，在提高科研机构效率的同时，拉近科研机构与产业的距离，更好地支撑国家经济发展。英国大部分的政府科研机构，在这一时期转变为由高等教育机构和企业全权管理运行。

（三）20世纪90年代至今：确立以未来为主导的前瞻性科研方向

20世纪末及21世纪初，英国执行"技术预见计划"，对未来能持续推动国内经济发展、提高国民生活质量的领域进行战略性规划，提前对未来可能影响国家经济社会生活的关键新兴技术进行战略布局。英国政府在2004年发布了《科学与创新投入框架（2004—2014）》，首次制定了中长期科技发展计划。2011年发布《以增长为目标的创新与研究战略》，2012年发布《产业战略：英国行业分析》，2014年发布《我们的增长计划：科学与创新》，2017年发布《产业战略：建设适应未来的英国》，等等①。英国政府通过一系列的战略及政策文件，不断修正适应英国国情及国际科技发展趋势的科技发展战略，对重点发展领域及相关政策方针等进行中长期规划，确保英国在国际科技发展竞争中处于优势地位。

## 二 国家战略科技力量的管理运营体制

英国拥有高效、专业的国家战略科技力量管理运营体制。处于决策层、管理层的机构负责政策制定、政府固定拨款、竞争性项目基金审批、科研机构考核等职责。执行层则以高等教育机构为主体，同时公共部门研究机构、非营利的创新推进中心以及大型企业也是国家战略科技力量的重要组成部分（见图6-5）。

---

① 陈劲：《科技创新：中国未来30年强国之路》，中国大百科全书出版社，2020。

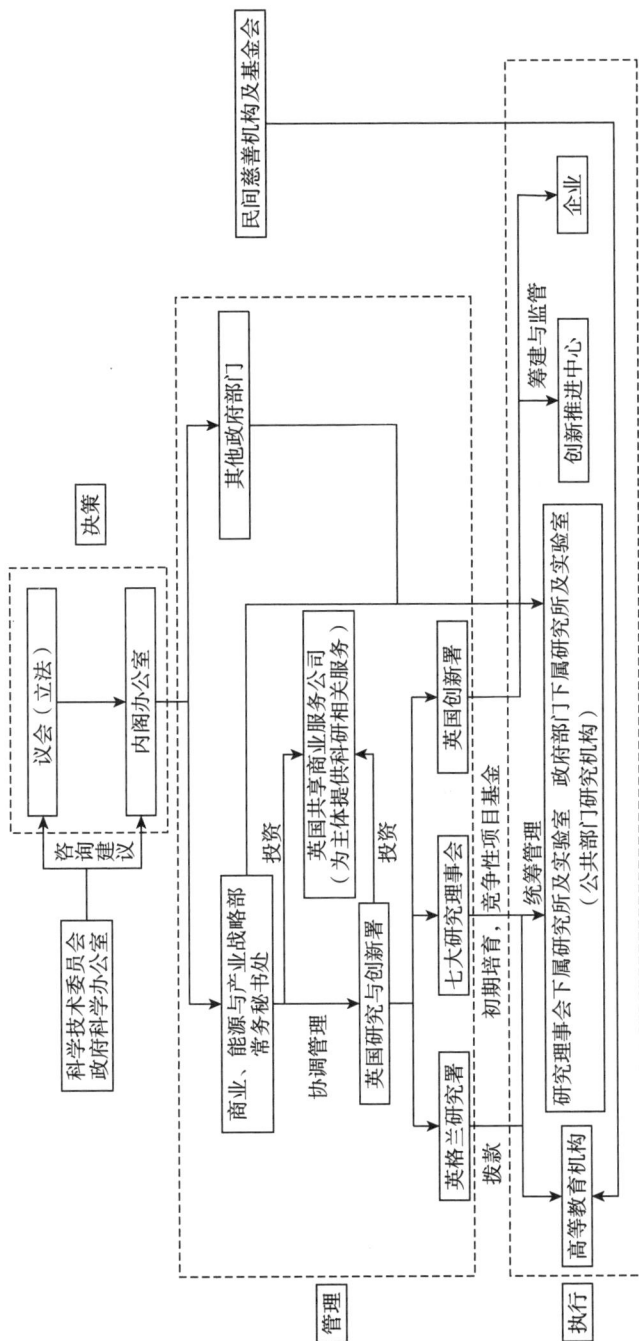

图 6-5 英国战略科技力量管理运营架构

（一）兼顾立法与政策制定的决策层

决策层包括议会和内阁办公室两个层级。议会是最高立法机构，负责审查政府科技管理部门的政策，监督各部门的管理工作。内阁办公室对科技事务有最高决策权，但相关政策在执行前需交由议会审核通过。议会的上议院和下议院分别设立的科学技术委员会，与政府首席科学顾问领导的政府科学办公室，分别为议会、内阁办公室提供科技政策建议。

（二）结构清晰的管理层

商业、能源与产业战略部和其他政府部门对下属的公共部门研究所和实验室有直接的管理权，同时，商业、能源与产业战略部负责协调管理英国研究与创新署。

英国研究与创新署是非政府部门公共机构，下辖英格兰研究署（负责高等教育机构和公共部门研究机构的固定拨款预算）、七大研究理事会（负责科研项目的初期培育、竞争性项目基金的预算及发放）和英国创新署（负责筹建和监管创新推进中心及对企业的技术研发资助）①。

对各执行主体的拨款和科研管理考核等，由商业、能源与产业战略部和英国研究与创新署共同投资成立的英国共享商业服务公司负责。除了政府的科研经费，英国还有一部分科研经费来自民间慈善机构及基金会，特别是在生物、医学和化学领域，英国的慈善机构和基金会为高等教育机构提供了大量资金，对科研成果的转化做出重要贡献。

（三）以高等教育机构为主的执行层

1. 高等教育机构：最重要的创新基地

英国大部分的基础研究，在高等教育机构内完成。大部分的高等教育机构都有自建实验室，其中一部分拥有世界级的科研水平，如剑桥大学的卡文迪许实验室、谢菲尔德大学的 2050 能源研究所、爱丁堡大学的人工智能研究中心等。它们既是进行前沿性学术探索的重要根据地，也承担着政府委托的战略性研究任务。英国的高等教育机构近年来也非常注重应用研究的发展。华威大学的国际制造研究中心是学术研究与产业结合的优秀案例，萨里大学与华为合作设立的 5G 创新中心，为全球通信行业的发展做出重要贡献，华为多项 5G 技术相关研究在该创新中心内进行。

英国政府对高等教育机构科研方向的引导，主要通过英格兰研究署的

---

① 刘娅：《英国国家战略科技力量建设研究》，《中国科技资源导刊》2019 年第 4 期。

固定拨款及七大研究理事会的竞争性项目基金进行。同时，英国政府对高等教育机构实行严格的科研评估制度，根据评估结果调整英格兰研究署的固定拨款，把控高等教育机构的研发效率。

2. 公共部门研究机构：职能相关专项领域研究基地

英国的公共部门研究机构是由研究理事会或政府部门所设立的科研机构，从事与各部门职能相关的高水平科研工作，如英国商业、能源与产业战略部所设立的国家物理实验室、卫生与社会保障部设立的卫生健康研究所等。

英国的公共部门研究机构经历了三次重要改革，整体私有化程度较高，主要有：政府拥有—合同经营、改制为非营利机构和完全私有化三种模式。部分机构如国家物理实验室，虽然在 20 世纪 90 年代实行了政府拥有—合同经营的改制，但由于该实验室是英国国家测量标准实验室，对科研工作精度要求较高，英国政府于 2015 年重新收回对该实验室的管理权限，其成为至今少部分仍由英国政府部门直接拥有和管理的实验室。英国其余大部分的国家实验室，已基本交由高等教育机构或企业委托管理。政府对公共部门研究机构的引导，主要通过科研项目资金分配的方式进行。

3. 创新推进中心：先进技术应用、商业化基地

英国创新署下的创新推进中心，主要进行技术的商业化前期开发，对技术进行研究、整合、发展直至商业化，以商业化反推拥有广阔发展前景的优先技术领域发展[1]。创新推进中心由英国创新署下辖的英国技术战略委员会负责筹建和管理，由委员会下设的咨询监督委员会进行监管，具体运营由每个创新推进中心的管理委员会负责。各个管理委员均以企业为主导组建，强调创新推进中心技术商业化的最终目的。英国现已建成的创新推进中心共有 9 个，分别是细胞与基因治疗中心、离岸可再生能源中心、复合半导体应用中心、数字化中心、能源系统中心、高端制造中心、药物发现中心、联域中心和卫星应用中心[2]。

英国实施创新推进中心建设规划时，设置了 5 点遴选标准。一是该技术领域具有高度商业化价值，每年预计销售规模有 10 亿英镑以上。二是英

---

① 李子莹等：《英国技术及创新中心建设研究》，《中国科技信息》2016 年第 24 期。

② Catapult Network, Creating the Future Through Innovation: Recovery and Resilience, https://catapult. org. uk/wp-content/uploads/2020/12/Catapult-Network-Impact-Brochure – 2020 – FI-NAL. pdf.

国在该领域处于世界领先地位。三是英国本土企业具备将该技术产业化、商业化的能力。四是该技术能吸引来自全球的投资和创新资源。五是该技术领域与英国未来的科技发展战略高度契合。英国政府运用创新推进中心的高度商业化模式，利用国家资助进行技术的商业化前期开发，是科技成果产业化、市场化的优秀模式。

4. 企业：民生相关技术领航者

企业是英国研究与开发经费最重要的投入者。英国企业在制药业、航空航天等先进制造业领域拥有全球领先水平，对国家社会民生及国防技术的发展有着重要影响。在新冠疫情期间，阿斯利康公司对新冠疫苗的研发投入，是对国民健康安全的重要保障。其他如葛兰素史克、罗尔斯·罗伊斯等大型企业，是各自领域内领先于世界的佼佼者。同时，英国的企业与公共部门研究机构、高等教育机构有多种合作模式，在科研上起着互相弥补、互相促进的作用。

### 三 建设国家战略科技力量的具体做法

（一）稳定资助优势技术领域，与时俱进建立新的战略科技力量

英国政府对技术优势领域的资助，有较为长期的定向性。英国在生命科学、计算科学、能源等基础研究领域，在生物医药、基因疗法、人工智能、可再生资源等应用研究领域素有领先优势，英国政府历次科技战略规划都将这些领域纳入重点资助范围，使其获得持续、稳定、长期的发展。

在维持长期科技战略规划的同时，英国政府因应国内和国际社会的变化，阶段性、局部地增添、调整科技战略规划内容。如面对社会老龄化严重问题，英国政府自 2014 年开始，在多项国家科技规划和战略中，将健康医药列为未来科技发展重点战略之一①。2015 年以来，英国政府资助建立了多个与健康医药相关的研究所，如痴呆病症研究所、弗朗西斯·克里克研究所（专注癌症、干细胞、基因编辑等领域）、健康数据研究所等多个大型国家级研究机构，大力提升英国在健康医药领域的研究实力。

（二）平衡运行双重资助体系，培育均衡完备的科研学科体系

英国政府对科研资助的"双重资助体系"，由英格兰研究署进行稳定

---

① UK Research and Development Roadmap, https://assets. publishing. service. gov. uk/government/ uploads/system/uploads/attachment_data/file/896799/UK_Research_and_Development_Road- map. pdf.

性科研资助拨款，七大研究理事会分配竞争性科研资助。在英国研究与创新署于 2018 年开始运行后，对稳定性拨款及竞争性资助进行进一步统筹，要求内阁对项目审议时引入平衡资助原则，加强科研机构与政府部门间的沟通，在有重点地突出优势领域技术发展的同时，也保证各学科体系能均衡发展[①]。

（三）综合运用三级评估体系，促进科研活动高质量运行

英国政府对科研活动有严格的评估制度。通过三级评估体系，对科研活动的成果、影响力、环境影响因素等进行严格把控，以提高科研活动质量，更好地把控科研经费的分配和使用效率，形成科学的科研管理体制。

第一级别的评估是由政府主导，针对国家科技政策进行评估。评估机构主要为上议院和下议院的科学技术委员会、审计署等，旨在让内阁办公室制定更符合实际科研需求的国家科技政策、接受社会各界监督，制定更为科学合理的科技政策。

第二级别的评估是在双重资助体系下，由英国商业、能源与产业战略部和英国研究与创新署所投资设立的英国共享商业服务公司进行，旨在通过对下辖管理的高等教育机构、公共部门研究机构等科研项目进行评估，对研发经费的固定拨款和竞争性项目资金进行重新分配，提高科研项目的完成效率。

第三级别的评估是由第三方机构进行。政府不定期委托第三方评估机构对国家重大科技计划、重点项目、公共部门研究机构等进行评估，并根据评估结果调整科技政策。

# 第四节 日本：政府主导与公私合作

日本自明治维新开启全盘西化之路，以国家力量引进西方制度和科学技术，根据不同时期经济社会发展的需要，出台相应的科技创新政策（见表 6-3），从"引进+改良"模式到科学和技术全面综合发展，从模仿到创新，日本科技水平不断提高，步入世界科技强国行列。

---

① UKRI Framework Document，https://dera.ioe.ac.uk/31600/1/ukri-framework-document-2018.pdf.

表 6 – 3　日本主要的创新战略法规与政策文件

| 20 世纪 50～70 年代 | 20 世纪 80～90 年代中期 | 20 世纪 90 年代中期至 21 世纪初期 | 2011 年至今 |
|---|---|---|---|
| 《机械工业振兴临时措施法》《国产技术振兴资金贷款制度》 | 《技术密集城市开发计划》《第五代电子计算机 10 年开发计划》《高级信息通信系统建设计划》《宇宙开发计划大纲》《未来信息通信城研究计划》《80 年代通商产业政策》 | 《科学技术基本法》第一期"科学技术基本计划"第二期"科学技术基本计划"第三期"科学技术基本计划""IT"立国、"生物技术"立国、"知识产权"立国战略 | 第四期"科学技术基本计划"《走向实现以证据为基础的政策形成：发展 STI 政策科学》第五期"科学技术基本计划" |

资料来源：陈劲《科技创新：中国未来 30 年强国之路》，中国大百科全书出版社，2020。

## 一　国家科技战略及战略科技力量的演进

（一）20世纪50～70年代：引进技术的本土化策略

第二次世界大战后，由于国内市场狭小、能源资源匮乏、技术落后等，日本实行技术国家主义[1]，制定"技术引进，消化吸收，再创新国产化"的科技创新战略。日本政府间接干预科技发展，以贸易促创新，注重对外贸易，采取"消化＋吸收"举措，通过实施技术引进、原料进口、工业重建、生产规模扩大等一系列措施，实现经济高速增长。产业发展的需求反推新一轮的技术引进和研发，引导企业建立本土的创新体系，形成了强大的自主研发能力。

这期间，日本逐步形成了企业、高等教育机构、政府科研机构与政府分工合作的"官产学研"模式，以企业为主要研究与开发投资主体的特征开始显现。政府主要提供经费支持，以经济政策影响科技，而科研机构和企业主导科技。但由于企业崇尚实用主义，导致日本过于重视工程技术和应用产品的开发，基础研究薄弱，影响了突破性创新的能力，难以产生新的产业引擎。

（二）20世纪80～90年代中期：贸易驱动导向的技术立国战略

为推动日本科技战略由"引进吸收型"转向"自主研究和创造型"，

---

[1]　王镜超：《日本科技创新政策发展的历史演进与经验借鉴》，硕士学位论文，北京交通大学，2016。

提高技术自主研发能力，1980年，日本通产省出台《80年代通商产业政策》，这是日本首次以官方形式提出"技术立国"战略[①]。但是，该战略目标是加强科技对产业升级的推动作用，提高出口竞争力，其实质还是贸易驱动导向。

技术立国战略使日本政府对发展科技从间接影响转变为直接参与，强化了政府对科技发展的干预，极大提高了日本的科技水平。1990年，日本科技实力在西方国家中仅次于美国，位居第二。但是，吸收型科技发展模式导致的技术依赖副作用还没有完全消除，科技结构不够合理、基础研究能力相对薄弱的问题仍然存在，这在很大程度上削弱了日本的国际竞争力。

（三）20世纪90年代中期至21世纪初期：加强基础研究的科技创造立国战略

日本政府意识到，基于引进和改良的科技发展模式难以应对国际竞争的挑战，必须进一步提升基础研究能力。1995年，日本出台《科学技术基本法》，这是日本在第二次世界大战后第一部完全意义上的科技政策法规，明确"科学技术创造立国"是基本国策[②]。为推进实施新战略，制定实施第一期"科学技术基本计划"，并重新架构科技管理体系，将"科学技术会议"改组为"综合科学技术会议"。随后，为深化"科学技术创造立国"，相继提出"IT立国"（2000年）、"知识产权立国"（2002年）、"生物立国"（2002年）、"创新立国"（2007年）等[③]，加强基础研究，强化平台建设与人才培养，推进科技国际化，以缓解科学和技术结构性矛盾。

日本政府以科技创造立国战略为基础，直接全面指导科学和技术的综合协调发展，日本的原创科技能力显著提升，并形成经济增长新动力。1995~2009年，日本技术贸易顺差扩大，技术贸易收支比从1.44上升到3.77[④]。然而，2010年以来，日本社会面临新的发展问题，对国家科技战略提出新的要求。

---

① 季风：《日本科技发展研究》，博士学位论文，东北财经大学，2012；智瑞芝、袁瑞娟、肖秀丽：《日本技术创新的发展动态及政策分析》，《现代日本经济》2016年第5期。

② 王境超：《日本科技创新政策发展的历史演进与经验借鉴》，硕士学位论文，北京交通大学，2008。

③ 昌成亮：《战后日本科技政策演变及启示》，硕士学位论文，中国地质大学，2009。

④ 季风：《日本科技发展研究》，博士学位论文，东北财经大学，2012。

（四）2011年至今：强调国家社会需求的整合创新战略

随着世界科技发展日新月异，日本更重视科技的创新能力，以支撑国家、经济社会等多方面发展需求。日本政府将科技扶持重心由推动知识生产转向知识扩散与应用，更强调国家和社会需求。2011年发布的第四期"科学技术基本计划"提出未来可持续发展与科技社会进步、推进绿色科技创新以及推进生命科技创新三大目标[①]。2013年首次发布"科学技术创新综合战略"。2016年提出超智能"社会5.0"目标，推进物联网系统、大数据解析、人工智能等共性技术研发，重点发展机器人、生物技术、纳米技术和材料、光量子等具有重大潜力的核心优势技术[②]，整合网络世界和现实世界，细分社会需求，建成世界领先的智能社会。为强化组织保障，提升日本科技体系的"司令部"能力，最高科技决策机构"综合科学技术会议"重组为"综合科学技术创新会议"。

日本这一阶段以社会、经济需求为科技发展的核心驱动力，更加明确了企业在技术创新中的重要地位，形成"技术—经济范式"的科技战略[③]。

## 二 国家战略科技力量的管理运营体制

日本政府主导管理国家战略科技力量（见图6-6）。综合科学技术创新会议（CSTI）是决策核心，科技产业省等政府相关部门负责科技政策的执行。政府科研机构、高等教育机构和企业是具体的科技创新执行部门，由日本学术振兴会等机构对口管理，合理调配科研经费。

（一）政府为全面指导者的决策层

日本政府在战略科技力量中的作用经历了从间接影响到直接全面指导的转变，通过政策制定、激励引导、创新经费扶持等措施，在本国科技发展中占据主导地位。综合科学技术创新会议是日本国家战略科技力量体系中最高决策层的核心，制定综合性科技政策，统一规划和管理科技发展。

---

① 阁议决定：《科学技术基本计划》，2017年6月15日，http://www8.cao.go.jp/cstp/kiho-neikaku/4honbun.pdf。

② 阁议决定：《科学技术基本计划》，2017年6月15日，http://www8.cao.go.jp/cstp/kiho-neikaku/5honbun.pdf。

③ 〔英〕克里斯托夫·弗里曼：《技术政策与经济绩效：日本国家创新系统的经验》，张宇轩译，东南大学出版社，2008。

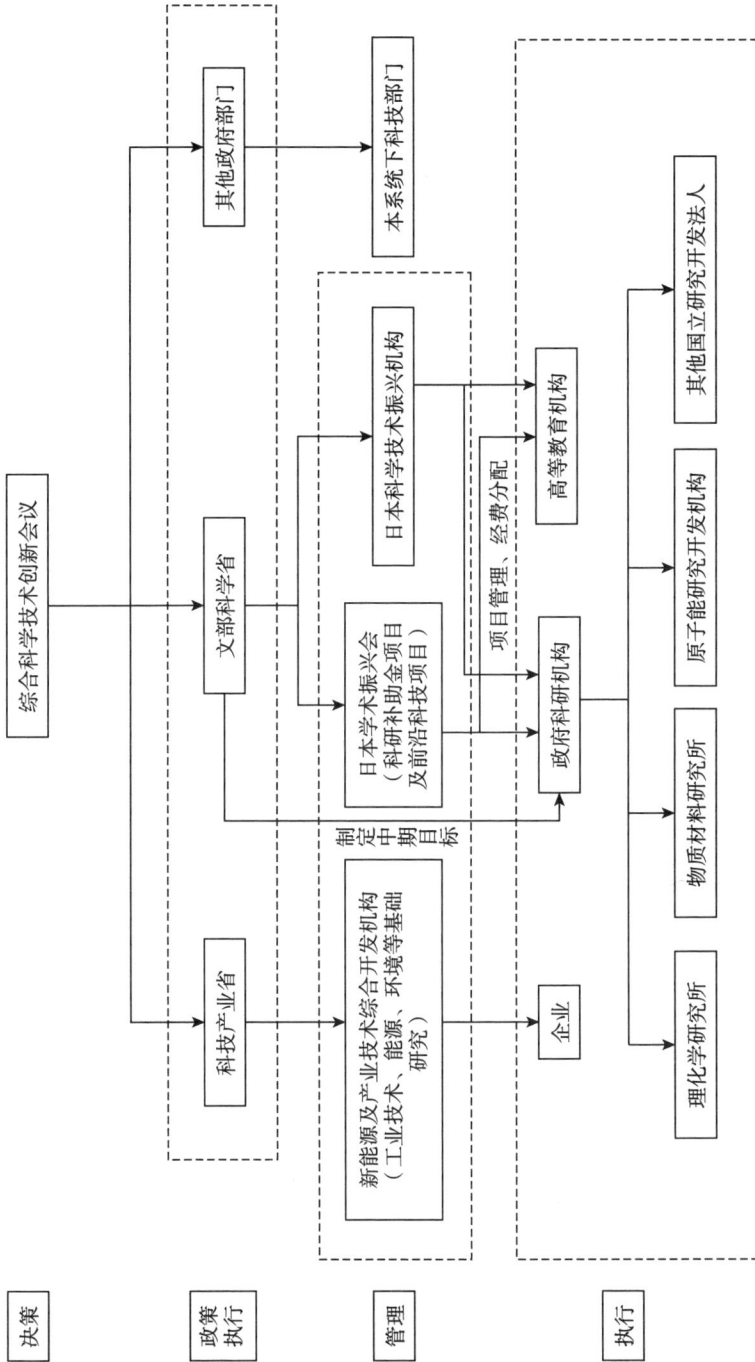

图6－6　日本国家战略科技力量管理运营架构

科技产业省、文部科学省和经济产业省等部门执行、推进 CSTI 的科技政策，促使科技管理机构对科研创新主体进行有效管理[①]。

（二）夯实科技基础的管理层

日本学术振兴会等管理机构主要承担各类型的科技资助职责，全方位加强科技基础。例如，日本学术振兴会扶持萌芽阶段的研究项目，日本科学技术振兴机构推动自上而下的战略需求研究，这两个机构和政府科研机构、高等教育机构的联系更紧密，而新能源及产业技术综合开发机构则主要负责产业创新资助，与企业的研发活动相关度更高。

（三）聚焦创新的执行层

1. 高等教育机构与科研机构：基础创新主体

日本的高等教育机构是重要的创新主体，主要承担基础研究任务。作为"官产学研"模式的重要一环，结合产业需求培养创新人才。

科研机构是日本创新的助推器。日本于 2007 年实施"世界顶级国际研究中心研究所计划"，目标是构建能承担基础性、前沿性和战略性研究工作的研究机构，形成吸引人才和创新技术的双重引擎。政府科研机构是日本国家战略科技的主要力量，承担与国家利益相关、涉及国计民生和国家安全的国家战略性科研项目，或企业与其他类型研究机构不愿或无力开展的基础研究等，在国家科研系统中占主导地位。政府科研机构可分为以基础研究为主和以应用研究为主两大类，前者有建于 1917 年的日本理化学研究所，服务于国家重大和紧迫战略需求，运行机制高效；日本产业技术综合研究所属于后一类型，强调与产业接轨，致力于高风险、高难度的产业技术以及突破性创新所需的关键技术[②]。

2. 企业：应用创新主体

作为技术创新的主体，日本企业更偏重于应用开发研究，以开放创新推动产业变革。随着国家创新战略的演进，各类企业也相应调整研发的方向。

大型企业由初期的技术追赶积累，转变为积极投入产学官联合的基础研究与开发。为加强大型企业与高等教育机构、科研机构在基础研究方面的合作，政府规划并投入资金扶持战略性基础研究推进事业（CREST）、

① 中国科学院：《科技强国建设之路：中国与世界》，科学出版社，2018。

② M. D. Fernandes et al. , "Solid Oxide Fuel Cell Technology Paths: National Innovation System Contributions from Japan and the United States," *Renewable and Sustainable Energy Reviews* 127 (2020)：1 –15.

最尖端研究开发支持计划（FIRST）等。而中小企业也从最早以应用技术为主的简单模仿创新转向加强与外部资源联合的创新合作，20世纪80年代建立的日本企业合作组织 CIGs 就是以促进企业间技术转移、研发合作为主要职责。

3. 科技创新服务机构：创新桥梁

政府与高等教育机构、科研机构、企业各执行主体间的合作要产生良好的科技促进作用，必须充分发挥科技创新服务机构的桥梁功能。

筑波科学城是20世纪60年代日本基于科技立国战略而建立的科学工业园区，开创了科学工业园区的建设新模式。科学城根据本地资源优势，结合国内外环境选取入园企业，进行多学科、多行业的综合研究开发，并推动科技成果向现实生产力转化。横须贺科技园定位为行动通信前瞻性技术研发园区，由政府直接投入资金，是全球第一座以无线通信研发、设计制造的电信研究园区，旨在促进高等教育机构和大企业共同开展尖端电信科研项目。日本"技术—经济范式"的科技战略推动了技术/成果转移机构的设置，东京大学尖端科学技术孵化株式会社、大阪技术转化机构等着重促进高等教育机构等科研机构与产业界的合作。

### 三  建设国家战略科技力量的具体做法

（一）构建"产学官"模式，实现政府主导的动态调整机制

日本"产学官"合作模式是构建国家战略科技力量的一种动态调整模式，为应对关键技术和产业领域的国际竞争，由政府直接主导，国产科研机构和私营企业合作，技术共享，风险共担，组建包括公私双方核心力量的科技联盟。"产"类机构主要承担产业应用和技术创新职责，"学"类机构重点进行基础科学的研究，而"官"类机构则负责前瞻性、高风险、综合性大型科技项目的推进。其中，"产"是创新体系的中心，三方力量协同合作，有利于发挥各方优势，形成创新合力[1]。

"产学官"模式有助于增强决策代表性，提高科研效率，实现资源高效运转。1976年3月，日本实施超大规模集成电路项目（VLSI），由政府主导协调，组织全国优势科技力量，公私合作，最终攻克半导体产业关键技术，芯片生产技术超越美国，从而占据全球半导体市场领先地位。20世

---

① 中国科学院：《科技强国建设之路：中国与世界》，科学出版社，2018。

纪80年代，以动态随机存取存储器为代表的日本芯片产品在世界市场的占有率超过五成①。

（二）实施"技术—经济范式"创新体制，应对经济社会发展新挑战

日本战略科技创新体系强调面向国家和社会需求，聚焦产业创新发展，重视发挥企业应用科研的主力军作用。通过公私科技力量的合作网络，推动国家创新体系的完善和高效运行，促进基础研究的产出，催生、发展、应用各种新技术，从而实现产业的跨越式发展。

要应对日益加剧的世界经济、科技竞争，国家战略科技力量需承担支撑国家、社会、国民等多方面发展的职责。日本深化推进"社会5.0"，科技创新面向国家、社会需求，在必要的时候提供必要的产品和服务，力求建设世界领先的超智能社会。

（三）建立协同创新机制，强化动态高效的组织保障

日本"产学官"合作模式进行持续性的动态调整，有利于提高创新政策和创新主体对环境的应变能力，形成创新合力。实施合作协调员制度，建立各类资助与科技中介服务机构，保障"产""学""官"三方在科学研究与开发合作中的资源匹配，从而推动科技力量为社会经济需求服务。

国家战略科技力量各主体间协同创新，促进各种创新要素在系统内有机集合。通过政府引导和实施合作机制，企业、高等教育机构、研究机构发挥各自优势，进行资源整合，实现优势互补，协调技术研发和生产需要，加速技术创新和科技成果的产业化。

## 第五节　德国：平衡创新与大科学导向

德国②根据不同的发展阶段，着力构建符合国情的国家创新体系，大力发展科技，促进工业发展，适时实施一系列创新战略和举措（见表6－4），部署国家优先科技发展方向、重点领域。依靠创新科技，德国由第二次世界大战后的废墟国跨越发展成为世界科技大国。

---

① M. Fransman, *The Market and Beyond: Cooperation and Competition in Information Technology Development in the Japanese System* ( Cambridge University Press, Cambridge, 1990) , p. 58.

② 本节提及的1949～1990年的德国指联邦德国。

表6-4　德国主要的创新战略法规与政策文件

| 20世纪50~80年代 | 20世纪90年代 | 21世纪至今 |
| --- | --- | --- |
| "核研究核技术发展规划"<br>"电子数据处理与促进计划"<br>"海洋研究计划"<br>"新技术计划"<br>《版权法》 | 促进创建新技术企业计划<br>《德国科研重组指导方针》<br>《循环经济与垃圾法》<br>《INFO2000：通往信息社会的德国之路》<br>"21世纪信息社会创新和就业行动计划" | 《研究与创新协议》<br>《德国高科技战略》<br>《高科技战略行动计划》<br>《德国工业4.0战略计划实施建议》<br>《新高技术战略——创新德国》<br>《科学自由法》<br>《可再生能源法》 |

资料来源：陈劲《科技创新：中国未来30年强国之路》，中国大百科全书出版社，2020。

## 一　国家科技战略及战略科技力量的演进

（一）19世纪70年代至1914年：崛起为世界科学中心和工业化强国

德国抓住第二次工业革命的机遇，从1870年开始工业化，重视教育和科技的发展，采取一系列促进科学技术发展的措施，积极推广新发明、新技术，将科研成果用于发展工业。德国政府重视资助和组织科学家的研究活动，激励科学家做出具有突破性的发明发现。从1901年诺贝尔奖首次颁发，到1914年第一次世界大战爆发，德国在此期间一共获得17个诺贝尔奖[①]。

在这一时期，德国科技和工业高速发展，工业结构发生重大转变，建立了化学、电气、汽车等新兴工业部门。1870~1913年，德国在世界工业总产量中的比重由13.2%上升到15.7%。凭借强大的工业生产能力，1913年，德国经济总量超越了老牌帝国英国，成为仅次于美国的资本主义世界工业强国[②]。

（二）20世纪20~40年代：科技短暂繁荣后败落

第一次世界大战后，德国工业生产能力回落至19世纪80年代后期的水平。虽然德国是战败国，但战场不在国内，工业基础设施基本保存完好，保留了较完整的工业体系和技术人才。战后政府改革教育，加大科技

---

[①] 参见 https://www.nobelprize.org，包括诺贝尔物理学奖、化学奖、生理或医学奖，不统计文学奖、和平奖。同一时期，法国获诺贝尔奖11个，同属老牌帝国的英国只有4个。此外，荷兰获诺贝尔奖4个、美国获得3个，意大利、西班牙、俄国各获得2个。

[②] 张晓兰：《一战前德国工业化的历史经验及其典型化事实》，国家信息中心，2015年1月16日，https://www.sic.gov.cn/news/456/4112.htm。

投入，激励创新，在材料、电气及化工等诸多领域取得成就。1927年，德国工业生产再次达到1913年的水平。

但是，1933年开始，希特勒政府推行法西斯专政，科技人才大量流失，德国科技发展受到严重破坏，世界科学中心逐渐向美国转移①。

（三）20世纪50~80年代：初步建立集中协调型的科技体系

第二次世界大战令德国经济遭受严重打击。德国得益于美国政策的转变②，从美国获得工业发展资金，引进新技术和新设备，加快了经济发展的速度。1955年盟军科研禁令限制解除后，为进一步促进经济复苏，德国恢复战后科研体系，重建基础设施和科研中心。1956年成立于利希研究中心（Jülich Research Centre），70年代，该中心变身为德国大科学中心协会（AGF），主要研究领域涵盖能源与环境、信息科技、脑科学等，是德国最大科研实体亥姆霍兹联合会的前身。汉堡德国电子同步加速器中心（DE-SY）、马克斯·普朗克等离子体物理研究所（IPP）、数学和数据处理学会（GMD）等大科学中心也在这一时期成立。20世纪60年代末，德国初步形成集中协调型的科技体制。20世纪70~80年代，德国科技力量侧重民用产品研究，推动技术创新和成果转化③。

这一时期，德国政府加强对科技的调控作用，调整科技主管部门，构建集中协调型的科研体系。到20世纪70年代，德国在材料科学、重离子等基础科学研究方面已达到国际先进水平，而在化工医药、航空、汽车机械制造等工业技术领域则全球领先。

（四）20世纪90年代：中小企业成为国家创新体系重要部分

1990年，两德统一，政府重组科研体制，更加重视提升基础科研水平，加大了对基础研究机构的经费扶持力度，并组建大研究中心。1995年，德国最大的科研实体亥姆霍兹联合会成立，目的是赋予高校和非高等教育研究机构更大的科研自治权，克服基础研究和应用研究之间的鸿沟。德国政府大力扶持中小企业创新，在资金、人才、税收等方面给予倾斜政策。同时要求发展高技术，推进科技成果产业化。

---

① 中国科学院：《科技强国建设之路：中国与世界》，科学出版社，2018。
② 为遏制苏联，美国对德政策从旨在摧毁德国工业实力的"摩根索计划"转变为援助欧洲的"马歇尔计划"。
③ 德国亥姆霍兹联合会编《德国国家实验室体系的发展历程——德国亥姆霍兹联合会的前世今生》，科学出版社，2019。

这一时期，德国中小企业推动科技创新的作用显著提升，逐渐成为国家创新体系中的重要组成部分。高科技的开发及成果转移转化促进相关产业发展，德国在生物技术、微电子技术等领域逐渐占据国际竞争领先地位。

（五）21世纪至今：国家战略科技力量重点布局关键高新技术

随着世界科技发展和竞争加剧，德国于 2006 年制定第一个国家科技发展总纲领——"高技术战略"，聚焦关键的前沿技术领域①。在此基础上，德国还相继发布"高技术战略 2020""新高技术战略——创新德国"。2013 年提出的"工业 4.0"战略是德国面向未来竞争的总体战略方案，目的是扶持工业领域新一代革命性技术的研发与创新，确保德国强有力的国际竞争地位。为更好地应对来自全球经济体系的竞争，德国重视国际技术合作，2008 年实施科学与研究国际化战略，将德国研究与创新纳入欧洲框架中。

一系列高技术战略的实施，大幅提升政府与企业的研发投入，加大开发强度，不断的技术创新应用于雄厚的产业基础，使德国制造拥有了世界上最完备的工业深度与广度，形成国家竞争优势②。"工业 4.0"不仅促进德国新一轮的工业升级，还引发了全球范围的工业转型竞赛。德国通过整合欧盟科研资源，提高本国创新效率，加强关键科技攻关能力。德国参与欧盟层面的科技研发活动——"地平线 2020"计划（2014—2020 年），获得研发资金的金额及对欧盟财政的贡献比例在欧盟各成员国中排名第 1（见图 6 - 7）。

## 二 国家战略科技力量的管理运营体制

德国联邦议会是国家战略科技体系的最高决策机构（见图 6 - 8），提出创新的框架，联邦政府和州政府负责制定相应框架下的创新政策、制度，科学研究与技术创新委员会等科研机构主要提供咨询和负责相关的协调工作。联邦教育与研究部及其他政府部门承担创新管理和监督功能，国立科研机构、高等教育机构和企业则是德国科技创新的骨干力量，是创新的执行主体。

---

① 德国科技创新态势分析报告课题组编著《德国科技创新态势分析报告》，科学出版社，2014；中华人民共和国科学技术部：《国际科学技术发展报告·2017》，科学出版社，2007。

② 〔美〕迈克尔·波特：《国家竞争优势》，李明轩、邱如美译，华夏出版社，2002。

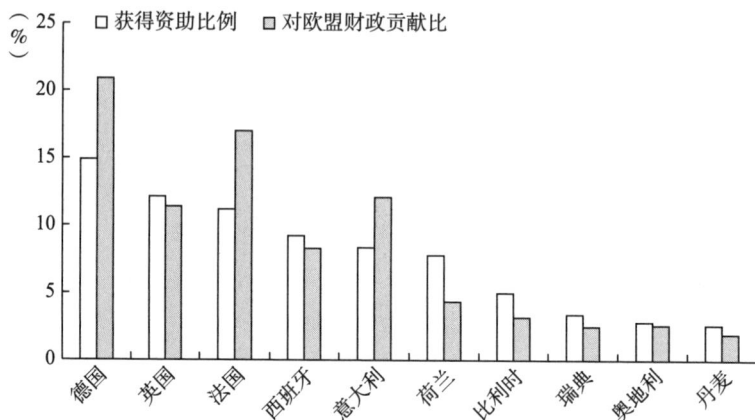

**图 6 - 7 欧盟各国获"地平线 2020"资助比例及对欧盟财政的贡献比例**
资料来源：欧盟委员会/欧盟统计局。

（一）联邦议会和政府合作的决策层

德国政府既是国家战略科技力量中的决策者，也是科研和创新活动的管理者和主要资助者，提供的资金约占全国研发经费总额的 1/3[①]。

德国由联邦议院和联邦参议院组成的联邦议会具有最高决策权，联邦政府与州政府负责制定国家创新体系政策和科技战略，资助基础性研究。政府决策建议主要来自科学研究与技术创新委员会、科学联席会、科学委员会及国家科学院、国家工程院等机构。

（二）分配经费与监督协调的管理层

德国联邦教育与研究部为高校、政府科研机构的科技活动发放经费，联邦政府下设部门则负责具体领域的创新政策制定和细化执行，以及科技活动的管理和协调。德意志研究联合会（DFG）作为独立的全国性科学资助机构，是高等教育机构和政府科研机构项目经费的资助方和管理者[②]。

（三）合作创新的执行层

1. 高等教育机构：重要创新基地

综合性大学、应用技术大学和工业大学等高等教育机构和科研机构是德国创新体系的主要力量，是科技创新的重要基地。

① J. Wanka, Federal Report on Research and Innovation 2016（short version），https://www.bundesbericht-forschung-innovation. de/files/Publikation-Bufi_2016_Short_Version_eng. pdf.
② 〔德〕克罗发提供，祖广安整理《德意志研究联合会简介》，《中国科学基金》1988 年第 1 期。

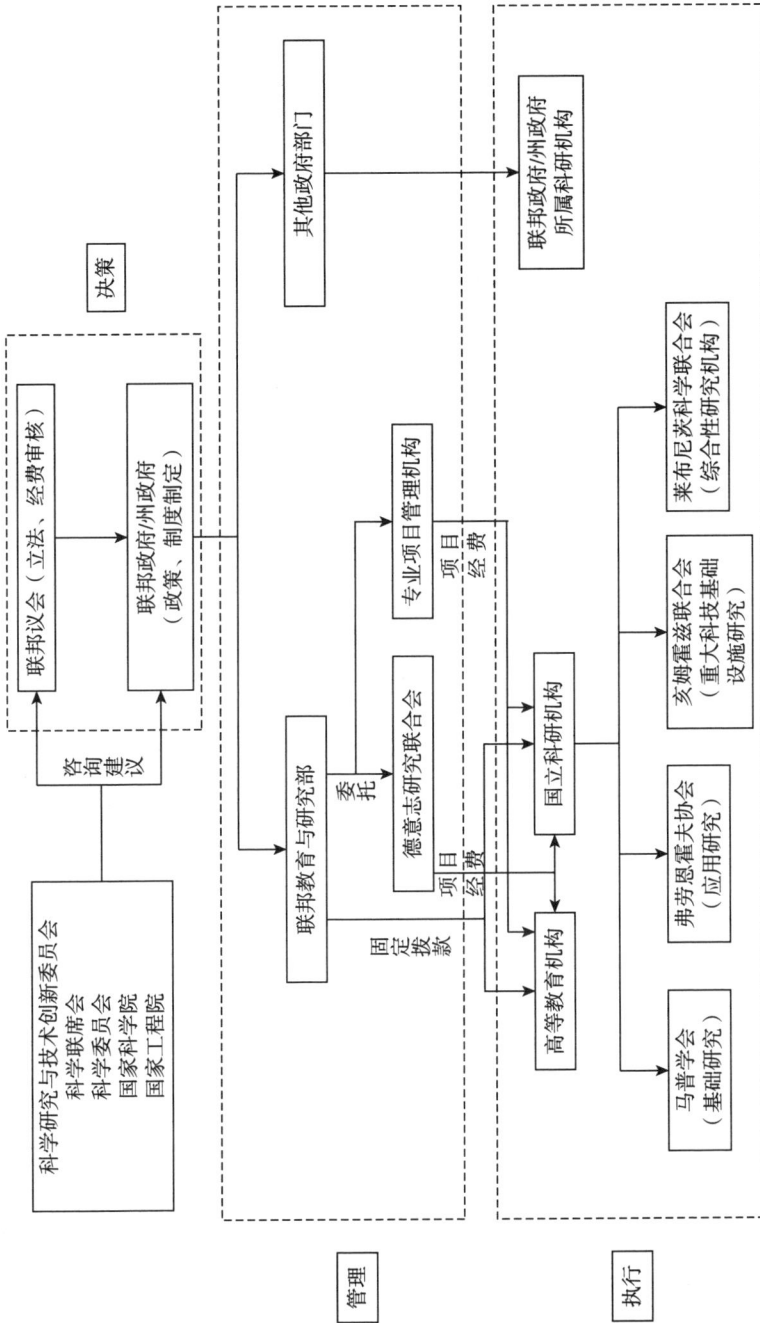

图 6 - 8  德国国家战略科技力量管理运营架构

高等教育机构既从事基础研究和应用研究，也是科技人才的培养机构。对比其他国家，德国的高等教育机构更早意识到科学研究的重要性，创造了很多有效的科研组织形式和方法，诸如实验室、研究生指导制度、专业科技刊物的出版等，都是德国高等教育机构的首创。

2. 国立科研机构：核心创新组织

国立科研机构是德国科研的核心组织，主要有马普学会、亥姆霍兹联合会、弗劳恩霍夫协会和莱布尼茨科学联合会。这些科研机构有各自侧重的研究方向，马普学会以基础研究为主，目标是在自然科学、生命科学、社会与人文科学领域的研究达到国际最高水平；弗劳恩霍夫协会是欧洲最大的应用科学研究机构，对社会发展具有重大意义的关键技术领域进行战略性研究，与产业界密切联系[①]；亥姆霍兹联合会主要从事以国家任务为导向的前瞻性基础研究，拥有发展大科学研究的基础设施和能力，是德国解决重要复杂性问题的科研机构。莱布尼茨科学联合会是综合性研究机构，拥有众多研究实体，主要开展知识驱动和应用基础研究，并提供基于研究的咨询与服务。

3. 企业：创新执行者和经费承担方

德国企业扮演科研与创新资助者以及执行者双重角色，是应用和开发研究的重要力量，也是科技成果向产业转移转化的阵地。

在德国，大约2/3的研发经费来自企业的资助，这些资金既用于企业自身研发项目，也用于高校和科研机构间的合作。德国80%的大型企业积极开展自主研发活动，尤其是化学工业、医药工业和机械工业领域，大型企业研发投入通常占整个产业体系的85%以上[②]。企业实施技术创新还可以由合作性工业协会或合约研究机构协调安排，通过合约/合作研究，在企业之间、研究机构与企业之间实现互惠。

4. 科技创新服务机构：政经学三界桥梁

德国产业研究与开发机构、德国科学基金会（DFG）等科技创新服务机构是连接政界、经济界与学术界的桥梁，借助自有资本或公共资金扩展

---

[①] P. Intarakumnerd, A. Goto, "Role of Public Research Institutes in National Innovation Systems in Industrialized Countries: The Cases of Fraunhofer, NIST, CSIRO, AIST, and ITRI," *Research Policy* 47 (2018): 1309 – 1320.

[②] 梁洪力、王海燕：《关于德国创新系统的若干思考》，《科学学与科学技术管理》2013年第6期。

科研项目，代表"科研资助者"与"科研执行者"的利益。

德国产业研究与开发机构，例如德国工业研究协会工作联合会（AiF）和楚泽工业协会，主要资助中小企业进行学术研究和市场化之前的技术研究，促进科研成果向产业转移转化。德国科学基金会、德国洪堡基金会、公/私营部门基金会等机构主要负责科研经费在科研机构、高等教育机构、企业等科技主体间的管理与分配。

### 三 建设国家战略科技力量的具体做法

#### （一）构建平衡创新体系

德国创新关键因素是平衡的国家创新体系，该体系由政府、高等教育机构、政府科研机构及企业四者有机构成，创新资金资助渠道多，具有全方位的科技投入体系。

平衡创新体系中各创新主体功能定位明确，高等教育机构、马普学会、亥姆霍兹联合会及莱布尼茨科学联合会是基础研究主力军，互相配合，避免重复研究。弗劳恩霍夫协会和企业主要从事应用和开发研究，致力于科研成果转化。

#### （二）强化大科学研究导向创新体系

大科学研究是德国科技创新体系的重要部分，德国战略科技力量也在发展大科学研究过程中逐渐壮大。

德国在20世纪70年代初，科研管理模式发生变化，大科学研究取代偏重政治内涵、科技任务目标导向的"计划科研"[①]。大科学研究项目是科研、政治和产业三者的密切结合，具有突出的科学和经济效应，项目运行需求资金巨大。由于大科学的任务目标往往直接关系着国家经济利益和国家安全，所以研究资金主要来自政府，其次由产业界资助。基于大科学管理模式的亥姆霍兹联合会是德国最大、最重要的科研机构之一，主要开展着眼于未来应用的基础研究以及重大科学项目研究工作，采用项目导向的科研资助模式，鼓励各科研中心确立中长期研究计划，通过资源配置协调科研机构间的竞争和合作。

#### （三）建立产业导向的"一线创新"体系

企业科研在德国创新体系具有重要地位。企业界是德国国内科研领域

---

① 德国亥姆霍兹联合会编《德国国家实验室体系的发展历程——德国亥姆霍兹联合会的前世今生》，科学出版社，2019。

最大资助来源，80%以上的工业大企业自有研究机构，德国注册的三方专利仅次于美国和日本①。

德国名片——制造业拥有创新三大要素，即完善持续的顶层设计、公共科研与民间科研相结合的投资模式以及以企业为核心主体的创新模式。"一线创新"发展的一般路径始于技术模仿，企业拥有使科研技术成果向产品转移的功能，通过科技创新自主知识产权，增强自主创新能力，从而超越英美，形成具有德国特色的产业创新体系。

## 第六节　俄罗斯：政府为主与优化布局

俄罗斯在军事领域的科技成就，在苏联时期曾经和美国并肩，并为俄罗斯建立了坚实的科技发展基础。苏联解体使俄罗斯的科技发展遭遇沉重打击，但其优良的军工研究基础及实力雄厚的军工企业，使俄罗斯在数学、物理等基础领域，以及航空航天、国防科技等传统优势领域，仍保持国际优势地位。如今的俄罗斯在保持传统优势技术稳定发展的前提下，制定新的国家科技战略及政策（见表6-5），推动技术与产业、经济更紧密地结合，发展民用科技。

表6-5　俄罗斯主要的创新战略法规与政策文件

| 20世纪90年代至2016年 | 2016年至今 |
| --- | --- |
| 《非营利组织法》<br>《单一技术所有权转让法》<br>《2015年前俄罗斯联邦科学和创新发展战略》<br>《2020年前俄罗斯创新发展战略》<br>《关于落实国家教育与科学政策的措施》（总统令）<br>《俄罗斯科技优先发展方向》<br>《关键技术清单》 | 《2013—2020年国家科技发展规划》<br>《2013—2020年基础科学研究长期规划》<br>《关于俄罗斯科学院、国家级科学院的重组及修订相关联邦法律条款联邦法》<br>《国家技术倡议》<br>《至2025年科学技术发展战略》 |

资料来源：中国科学院《科技强国建设之路：中国与世界》，科学出版社，2018。

### 一　国家科技战略的演变历程

（一）18世纪至20世纪90年代：传统军事强国引领科技发展

俄罗斯拥有良好的科技发展基础，18世纪初，沙俄帝国引入西欧的近

---

① 陈劲：《科技创新：中国未来30年强国之路》，中国大百科全书出版社，2020。

代科学技术。1724 年彼得堡科学与艺术研究院（后来的俄罗斯科学院）的建立，标志着沙俄帝国近现代科学发展的开端。20 世纪 30 年代，苏联政府加大了对科技发展的投入，提出"苏联是世界科学中心"的口号，实现短期内科技实力的重要提升。

第二次世界大战后，为了与西方国家展开竞争，苏联建立了众多科研机构和科学队伍，几乎覆盖了所有现代科技领域，以国防、军事等技术为突破口，引领全国科技力量提升。到 20 世纪 70 年代，苏联已经发展成为仅次于美国的世界第二科技大国，科技人员数量占全世界 1/4，科研成果占全世界 1/3，达成了第一座核电站落成发电、第一颗人造卫星上天、大型空间站"和平"号升空等多项世界第一的科技成就[①]。

（二）20世纪90年代至2016年：经济衰退期科技发展的停滞及科技基础的保存

经历苏联解体及经济衰退后，俄罗斯科技事业整体遭受巨大打击。国家对科研经费拨款急剧下降，政府科研机构科研人员流失严重，科研机构科技设施缺乏保养条件，部分政府科研机构陆续关停或私有化，俄罗斯在民用科技领域发展几乎停滞。凭借对部分军工企业的保护，俄罗斯在国防科技、航天航空、核能等领域仍在国际上占有重要地位。

（三）2016年至今：经济复苏及数字化经济转型推进科技发展战略的转变

近年，为解决科研机构效率低下、科研经费短缺、科技成果转化困难等问题，俄罗斯政府积极促进企业和国家科研机构的合作，重组国家科学院系统，并重新确立国家科技战略发展方向。俄罗斯在 2016 年的国情咨文中强调，将进行数字化经济转型，从国家战略的高度推进数字化发展，并在相关技术领域加大研发投入力度，依托原有的重工业科研优势，向新兴领域扩展。在 2017 年公布的《俄罗斯联邦数字经济规划》中，俄罗斯将大力进行大数据技术、人工智能、量子技术、机器人技术、工业网络等相关领域的科技建设。2019 年，俄罗斯发布了《国家科学技术发展计划》，科技发展将作为俄罗斯应对未来社会与经济挑战的关键手段[②]。

**二　国家战略科技力量的管理运营体制**

俄罗斯战略科技力量最显著的特点是，政府的强力主导作用以及国家

---

① 中国科学院：《科技强国建设之路：中国与世界》，科学出版社，2018。
② 宗利成、李强：《美俄日三国国家科技创新政策比较研究》，《亚太经济》2021 年第 2 期。

科研机构，包括国家研究中心、国家级科学院和国有集团下的国防体系骨干企业对科技发展的重要贡献。俄罗斯战略科技力量的决策层主要由联邦政府和教育科学部组成，两者分别确定科技工作的主要方向和制定具体政策，同时参与对国家研究中心和高等教育机构的直接管理。其他国有科研机构则由科研组织署或直属的上级政府部门进行管理和分配固定科研基金，竞争性项目基金由3个国家级基金会进行分配。(见图6-9)

（一）主要方向和具体政策分离的决策层

俄罗斯战略科技力量的主要决策机构为联邦政府、总统和联邦议会。联邦政府负责确定科研的主要方向，总统协调各政府部门间的运转和配合。总统科学与教育委员会、经济现代化和创新发展委员会、政府高技术与创新委员会、科学与高技术委员会、教育与科学委员会为总统和联邦议会提供科技战略相关建议。联邦政府确定科研发展的主要方向后，具体的科技战略及政策由教育科学部制定并监督各部门执行，教育科学部对俄罗斯的高等教育机构也有直接的管理职能。

（二）职能分散的管理层

俄罗斯战略科技力量管理层的职能分布较为分散，不同的执行主体由不同的政府机构监管。俄罗斯现有的3个国家研究中心，直接归属于联邦政府管理。科研组织署负责管理4个国家级科学院及其下属科研机构，其他各政府部门下属的政府科研机构，由对应政府部门制定预算及管理。对俄罗斯仍有重要贡献的国防体系骨干企业内的相关研究机构，由所属的国有集团进行管理。国家对科研经费的管理，一部分通过对应的管理部门以拨款的形式进入对应的科研机构，一部分则通过联邦政府属下的基金会进行竞争性项目资金分配。俄罗斯战略科技力量包含的主要执行主体，包括国家研究中心、国家级科学院、高等教育机构、各部门下属科研机构、国防体系骨干企业集团五个重要组成部分。

（三）国家部门为主导的执行层

1. 国家研究中心：优势领域研究基地

俄罗斯的3个国家研究中心是直接归属联邦政府管理的大型国家实验室，通过对科研资源的整合，支撑优势研究领域。现有的3个国家研究中心，库尔恰托夫研究院前身为苏联科学院原子能研究所，是俄罗斯最大的国家实验室，专注核物理领域研究，全面统筹国内该领域的科研工作和试验设施建设。

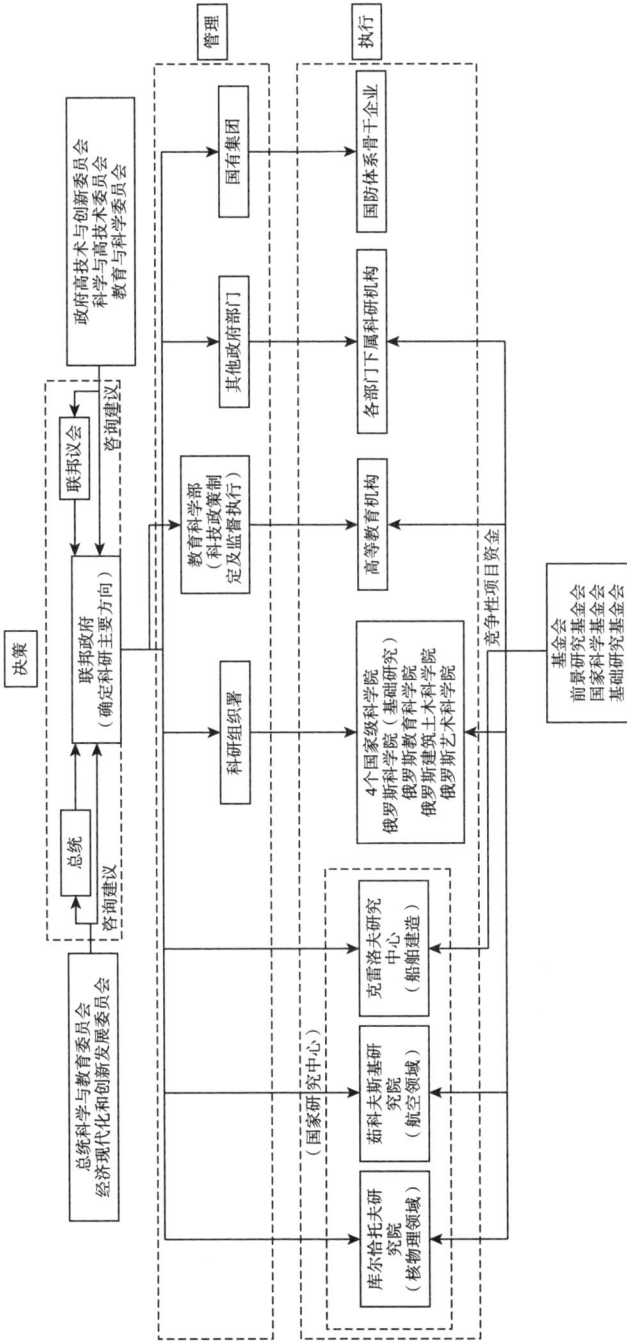

图 6－9　俄罗斯战略科技力量框架

茹科夫斯基研究院是 2014 年新设立的国家研究中心，承继了于 1918 年设立的原茹科夫斯基中央空气流体力学研究院的研究领域，从事飞行器空气动力学和结构强度方面的基础研究和应用研究以及相关流体力学研究。原茹科夫斯基中央空气流体力学研究院曾是世界上规模最大的航空科研中心之一，俄罗斯政府重新设立该领域的国家研究院并以此命名，目标是巩固俄罗斯在航空领域的优势地位。

克雷洛夫研究中心前身为 1894 年建立的克雷洛夫船舶研究所，主要从事船舶设计及水动力学研究和实验。被提升为国家研究中心后，建立船舶及航空材料研究所，依靠传统科技基础拓宽优势领域研究，目标是保障俄罗斯在船舶制造领域的世界领先地位。

2. 国家级科学院：最高级别科学组织

俄罗斯国家级科学院是由政府批准成立，由科研组织署管理的政府科研机构，现共有 4 个国家级科学院：俄罗斯科学院、俄罗斯教育科学院、俄罗斯建筑土木科学院、俄罗斯艺术科学院。

俄罗斯科学院于 1724 年成立，是俄罗斯首个最高级别的国家科学组织，主导全国自然科学和社会科学的基础研究。如今俄罗斯科学院是政府直属的国家级科研单位，享受俄罗斯国家财政的支持，对于自身的科研活动有自主管理权，并可以自行支配和使用科学院的财产。俄罗斯科学院还可以自行组建、改组、撤销下属科研机构，如今俄罗斯科学院下辖有 500 多个分支机构，拥有员工约 5.5 万人，是俄罗斯最为庞大的政府科研机构[1]。

俄罗斯教育科学院建立于 1991 年，除了位于莫斯科的主院外还有 3 所分院，主要引领国内教育科学相关的研究。俄罗斯艺术科学院成立于 1721 年，不仅承担引领国内民族艺术研究、传承、发展的重任，也是俄罗斯国内美术教育的最高学府。

俄罗斯建筑土木科学院建立于 1992 年，前身是苏联土木建筑学院，引领国内建筑科学和城市规划等相关研究领域发展。俄罗斯建筑土木科学院现有员工 175 人，其中包括 60 名院士。科学院成员曾负责、参与多项国际大型建筑项目，包括 2014 年冬奥会设施、2018 年世界杯体育场馆及欧洲多功能建筑群"拉赫塔中心"等的建设[2]。

---

[1] 中国科学院：《科技强国建设之路：中国与世界》，科学出版社，2018。

[2] Russian Academy of Architecture and Construction Sciences，http://en. raasn. ru/.

3. 高等教育机构：科技人才培育基地

高等教育机构在苏联时期便以培育人才和发展教育事业为主要职责，优势学科大部分集中于人文、社会科学学科，自然科学的基础研究实力较为薄弱。苏联解体后，高等教育机构对俄罗斯国内科研发展的贡献度急剧下降，成为俄罗斯战略科技力量最薄弱的部分。

进入 21 世纪，俄罗斯政府推进科教一体化计划，提升国内高等教育机构的科研实力。2008 年，俄罗斯政府实施"国家研究型大学计划"，加大对进入国家研究型大学名录高校的资助力度和人才引进力度。2010 年，俄罗斯教育科学部通过竞争选拔，将 29 所高等教育机构列为国家重点支持的国家研究型大学序列，进一步提高高等教育机构在国家战略科技力量体系中的参与度，提升国内大学在国际学术界的地位。但直至 2019 年，高等教育机构科研经费支出和科研人员占比仅占全国的 10.63% 和 20.65%[①]，高等教育机构仍是俄罗斯战略科技力量体系中最为薄弱的环节。

4. 国防体系骨干企业：国防、军事领域研发应用基地

苏联时期众多的军工企业和机构，拥有良好的国防科技研发基础，在核武器、航天航空、无线电电子等领域有传统优势。苏联解体后，俄罗斯政府 1995 年通过"联邦科学与生产中心计划"，对部分骨干军工企业进行专项资金扶持，使苏联时期的国防、军事部分优势技术得以保留并持续发展。2001 年，俄罗斯通过针对国防工业体系的专项计划，设置重点战略企业名单，加大扶持力度和科技引进力度，并限制国外资本的进入，保护本国军工企业的发展，促使企业提高创新和发展能力。这批骨干军工企业如今成为俄罗斯在国防、军事等相关领域的优势力量，是俄罗斯战略科技力量不可或缺的组成部分。

## 三　建设国家战略科技力量的具体做法

（一）以国家计划保障科技工作方向的顶层设计

俄罗斯政府在国情咨文中，将"国家技术计划"列为俄罗斯国家政策的优先发展方向之一。该计划由俄罗斯总理、战略倡议署署长和俄罗斯科学院院长带领团队共同负责，确定的 13 个优先技术方向和 9 大市场网络，

---

① OECD, Stat, Main Science and Technology Inidcators, https://stats.oecd.org/viewhtml.aspx? datasetcode = MSTI_PUB&lang = en#.

得到联邦政府财政及政策支持，俄罗斯从顶层设计为相关领域提供资金和政策保障。2019年，俄罗斯政府出台的《国家科学技术发展计划》，计划在2030年前将累计投入10万亿卢布（约合1596亿美元），为培养相关领域具有国际影响力的研究机构和企业奠定坚实的基础[①]。同时，责任团队在每半年一次的例会中对相关项目进行复核及监管，保证资金的使用效率及政策的落实效果。

（二）分工明确、相对独立且互为补充的执行主体

俄罗斯战略科技力量的执行主体分工明确，政府科研机构为国家战略科技力量的最重要组成部分，占用全国50%以上的科研资源，承担与国家战略发展相关最重要的研究。高等教育机构和企业是对政府科研机构的短板进行补充，高等教育机构更多集中在社会科学等优势学科，企业则侧重于军民两用技术的开发与利用。

（三）科研机构调整优化学科布局，促进跨学科研究

作为俄罗斯最具影响力的政府科研机构——俄罗斯科学院，是国际上少有的兼有自然科学和社会科学基础研究的国家科学院，有利于国家整合科研资源，调整科技布局，避免科研机构研究领域的重叠，同时能更好地开展交叉领域研究。俄罗斯政府于2016年将人文科学基金和基础研究基金合并，进一步促进人文科学和自然科学跨学科研究[②]。

# 第七节　经验总结与启示

世界科技强国的建设并非一蹴而就，从科技跟随、科技赶超到科技引领，从以引进技术为主到自主创新、技术输出，世界科技强国在不同的阶段，选择的战略与路径也有所不同。对于国家战略科技力量的建设，有的国家依赖政府科研机构，有的国家侧重于高等教育机构，有的国家双管齐下。除政府科研机构和高等教育机构这两大主力外，企业也是国家战略科技力量的重要组成部分。市场和竞争机制对战略科技力量效率的提高有促进作用。本节将从七个方面总结发达国家战略科技力量的建设经验。

---

① 宗利成、李强：《美俄日三国国家科技创新政策比较研究》，《亚太经济》2021年第2期。
② 张丽娟、袁珩：《俄罗斯政府基础研究投入、布局和主要发展措施》，《世界经济研究与发展》2018年第6期。

## 一　把战略科技力量体系建设作为一项由政府主导的系统工程

世界科技强国的战略科技力量体系由政府、高等教育机构、政府科研机构和企业构成，官学研企分工明确，由政府主导，合作创新。各国无论是政府科研机构、高等教育机构还是企业和其他机构的设立和运行，都离不开国家政策和经费的支持。各国国家战略科技力量建设的重点之一是，着眼于未来的前沿性基础研究，只有政府才具有全球视野，能够从国家全局利益出发，布局前瞻性国家任务的基础研究项目，更好地规划和统筹国家战略资源的分配。国家战略科技力量主要投入的是无法获得短期回报、需要长期稳定投资的大型尖端科研项目，只有政府才能牵头组织协调相关部门，有效调配各种创新要素，保障科研项目高效运行。如英国和俄罗斯都从国家战略的高度，定期对未来科技战略发展方向做出调整，给未来科技政策制定提供整体思路。

## 二　举国体制下以任务导向模式凝聚战略科技力量

科学技术任务导向的组织模式是围绕具体的科研目标，组织和配置所需要的人力、物力、资金等相关资源，复杂系统型的战略科研目标需要动员全国的科技力量，投入巨额经费，创新管理模式以支持大规模的研究队伍参与实现。比如，第二次世界大战期间，美国政府以制造核武器为目标的"曼哈顿计划"耗费大量人力物力，所涉及领域从基础物理到制造加工。又如，20世纪60年代，美国目标为月球探测的"阿波罗计划"耗资255亿美元，高峰期动员30万人，带动了太空生物医学、核技术、系统工程学、计算机模拟技术等领域的巨大进步。这些倾举国之力完成的重大项目，不仅提升了美国当时在科技、经济、国防等领域的国际地位，也成为美国后续科技发展的坚实基础。

## 三　重视大科学研究对国家战略科技力量建设的推动作用

大科学研究具有突出的政治与社会优先目标，体现了国家、科学和经济的三重需求。现代科学和教育背景下的大科学起源于美国的"曼哈顿计划"，该计划催生了由高等教育机构或企业代管的国家实验室（从事军事科研的洛斯阿拉莫斯国家实验室，致力核能研究的阿贡、布鲁克海文和橡树岭国家实验室）。美国能源部国家实验室是多学科交叉的综合研究中心，旨在应对国际经济和综合国力竞争的需求，是保障美国在世界上处于科技领先地位的战略科技力量。又如，德国由大科学中心协会改名的亥姆霍兹联合会着眼于中长期国家科技任务，推动科研人员合作进行前瞻性、综合性应用基础研究，解决科技与经济面临的重大挑战和可持续发展难题，为保障德国的经济竞争力提供支撑。

## 四 以社会进步为目标建设国家战略科技力量

欧美等国的国家战略科技力量建设目标是支撑国家、国民多方面发展，应对社会挑战。国家战略科技力量不再是直接以推动经济转型或科技发展为主，而是逐渐转向以推动社会进步、满足国家和社会民生需求为目标。例如，美国国家科学基金会 2011~2018 年的战略目标之一为"为社会的发展而创新"①。德国"工业 4.0"引领全球新一轮工业转型竞赛，旨在建设数字式经济与社会。日本"社会 5.0"的目标为应对社会挑战，发展超智能产业。英国的《产业战略：建设适应未来的英国》白皮书将保障民生设定为重要目标之一②。

## 五 重视发挥非国有国家战略科技力量的作用

重要技术和产业领域国际竞争日趋激烈，政府组织国有和非国有两类科技力量核心建立科技力量联盟，使其发挥各自优势，取长补短，旨在形成赢得国际竞争的国家战略科技力量。

日本战略科技力量建设以政府为主导，公私合作，技术共享，成本共担，这种模式突出表现在超大规模集成电路项目（VLSI）上。该项目于1976 年由日本通产省组织，国立科研机构电子综合技术研究所联合本是竞争对手的企业（包括日本富士通、日立、三菱、东芝和日本电气），共同研发产业关键技术。20 世纪 80 年代，日本在半导体、机械工具和机器人等技术领域超过美国，在世界半导体市场上开始占据世界领先地位。美国效仿日本公私合作模式，1987 年成立由国防部组织、14 家半导体公司组成

---

① 张祚、王文泽、魏芹：《兼顾追求卓越与包容性的美国科学基金会：从资助战略到资助区域分布》，《中国科学基金》2019 年第 2 期。

② Department for Business, Energy and Industrial Strategy, Industrial Strategy: Building a Britain Fit for the Future，https://assets.publishing.service.gov.uk/government/uploads/system/uploads/attach-ment_data/file/664563/industrial-strategy-white-paper-web-ready-version.pdf.

的半导体制造技术战略联盟（Sematech），为美国在 1992 年重新夺回世界半导体市场的领先地位奠定了基础。

## 六　注重国家战略科技力量建设的开放性和竞争性

国家战略科技力量体系建设应具有开放性和竞争性。国家战略科技力量着眼于国家与社会民生的安全和需求，满足国家战略发展的任务，但战略科技力量的执行主体不应该是封闭、呆板的，国家应该引入开放、竞争的管理机制，提高研究机构的独立性、对科研成果的自主性，提高科研人员的积极性。在一定范围内允许、鼓励科研人员对科研成果进行产业化、商业化转化，既能促进产学研的双赢合作，也有助于提高社会各界对科研领域的参与度。

## 七　国家战略科技力量建设资源投入渠道多元化

政府资源投入，是各国战略科技力量最主要的经费来源，是维持国家战略科技力量日常运行最重要的基础，国家战略科技力量体系应建立开放的投入机制。除了政府投入，美国和英国引入多方资源，包括企业、金融机构投资，社会慈善机构基金等，构建全方位、多元的资金资助体系。引入不同来源的资本，有助于减轻政府在科技投入上的负担，对于民生相关的领域，例如医疗、社会服务等方面，社会资本比政府更了解社会民众需求，资金对相关领域科研的资助更有针对性，有助于提升战略科技力量服务于民众和社会的能力。多元资金来源同时为科研机构引入多方监管体系，有利于提高科研基金使用效益，保障科研项目的持续推进。

# 第七章
## 四梁八柱：系统思维与制度设计

当今世界正经历百年未有之大变局，新一轮科技革命和产业变革进入加速拓展期，科技创新成为国际战略博弈的主要战场，培育和强化战略科技力量成为一国提升国际竞争力，掌握国际竞争主动权、话语权的关键，成为创新型前沿国家抢占科技制高点，巩固和提升国家核心竞争优势的战略途径。历史和现实证明，只有实现高水平科技自立自强，才能掌握科技竞争战略主动权、发展自主权。

### 第一节　应势升维：打造核心标杆主体

强化国家战略科技力量是实现高水平科技自立自强的关键。面向未来，站在新的历史起点上，中国需要深刻把握科技发展趋势，坚持面向世界科技前沿、面向经济主战场、面向国家重大需求、面向人民生命健康，强化国家战略科技力量体系化建设，充分发挥国家战略科技力量在实现高水平科技自强中的战略引领力、支撑力和保障力，打造布局体系化、发展差异化、功能互补化的具有中国特色的标杆主体，全面增强创新策源力、协同攻关力、技术突破力、人才培养力，实现科技创新由点的突破向系统能力提升跨越，在科技前沿、关键技术领域、核心技术领域等科技战略领域获得新突破、抢占制高点、取得新优势，全面增强科技创新的高水平供给能力，加速提升科技创新国际竞争力、影响力，牢牢掌握科技自主权、发展主动权，为加快建设世界科技强国，全面建设社会主义现代化国家提供更加坚实的基础支撑、更加强劲的动力牵引、更加可靠的发展保障。

### 一　高原造峰：打造中国特色国家实验室体系

国家实验室是一体化国家战略体系和能力形成的基础支撑[1]，已成为

---

[1]　尹希刚、邢国攀、王金平：《美国国家实验室治理机制改革及其对中国的启示》，《科技导报》2019 年第 24 期。

科技竞争的核心主体以及重大科技成果产出的重要载体。习近平总书记指出，"国家实验室要按照'四个面向'的要求，紧跟世界科技发展大势，适应我国发展对科技发展提出的使命任务，多出战略性、关键性重大科技成果，并同国家重点实验室结合，形成中国特色实验室体系"[①]。强化国家实验室作为"国之重器"在国家战略科技力量建设中的引领性、示范性、战略性作用，以国家目标和战略需求为导向，打造引领基础研究的主体力量和支撑平台，充分发挥新型举国科技体制优势，高位统筹推进、央地高效协同、资源集成整合、政策定向供给，形成战略需求导向明确、原创引领特征突出、建设管理机制完善、保障有力高效运行的国家实验室体系。同时，分类推进国家重点实验重组、布局、优化、提质，加强顶层重组优化机制设计，突出特色统筹推进，形成定位发展清晰、布局合理优化、管理运行高效、创新能力突出的国家重点实验室新体系。通过国家实验室布局建设和国家重点实验室重组优化，建立结构布局合理、基础研究厚实、原创优势突出的中国特色国家实验室体系。

（一）打造使命型"国之重器"国家实验室

1. 聚焦核心使命突出"塔尖"定位

国家实验室作为国家战略科技力量的一种重要组织形态和功能定位，其核心特征是战略导向、综合集成、前瞻引领，具有不可替代性[②]。美国国家级实验室体系之所以能够为美国各个阶段的社会发展提供源源不断的科技支撑，其中重要原因在于坚持独有的战略定位，不断完成战略性、前瞻性、基础性、集成性科技创新任务，攻克事关国家核心竞争力和经济社会可持续发展的关键核心技术，率先掌握并形成先发优势、引领未来发展的颠覆性技术，有力保证美国在重要科技领域、重大安全领域的领先性和自主性[③]。受此启示，中国国家实验室建设应进一步明确战略定位，突出国家实验室在建设世界科技强国，实现高水平科技自立自强中的战略性、使命性、引领性作用，进一步强化国家实验室在国家创新体系中的核心支

---

① 习近平：《在中国科学院第二十次院士大会、中国工程院第十五次院士大会、中国科协第十次全国代表大会上的讲话》，人民出版社，2021，第11页。

② 贾宝余、王建芳、王君婷：《强化国家战略科技力量建设的思考》，《中国科学院院刊》2018年第6期。

③ 黄维：《强强联合：国家实验室支撑"双一流"》，文汇网，2017年4月28日，http://www.whb.cn/zhuzhan/xue/20170428/90488.html。

撑地位和引领作用。一是体现国家意志和战略导向，自觉承担国家高水平科技自立自强的使命和战略任务。二是按照"四个面向"的要求，抢占事关长远和全局的科技战略制高点，完成国家重要战略性、基础性的原创科研任务，实现更多"从0到1"的源头创新和核心技术突破。三是形成参与国际科技竞争的支柱性力量，紧跟世界科技发展大势，开展原创性、系统性科学研究，攀登世界科学高峰，为科技进一步发展和人类文明的进步做出应有贡献。

### 2. 加强顶层设计高位统筹布局建设

国家实验室作为一国等级最高的创新载体，必须要有高位势的统一协调和管理机构，以实现跨机构的资源整合①。为此，必须充分发挥国家作为重大科技创新组织者的作用，强化政府在统筹协调、资源调动、要素配置中的主导作用，为国家实验室建设提供强有力的组织保障。

一是健全国家实验室高位统筹机制。建立国家实验室建设与发展委员会，理顺国家、部委和地方以及部门、国家实验室和依托单位的关系，建立最高级别的决策体系，确定国家实验室发展规划、战略布局、发展方向等，对国家实验室布局和建设实施集中统一管理、统筹协调，强化跨部门、跨地区、跨领域的协调一致，保证国家实验室重大决策的有效执行和贯彻。同时，下设国家实验室战略咨询委员会，为国家实验室布局和建设的科学论证、规划引导、发展评估提供支撑。

二是加强顶层战略规划设计和系统实施。制定战略规划是明确实验室长期愿景、确保实现战略聚焦的有效手段②。应按照"四个面向"要求，结合"努力成为世界主要科学中心和创新高地"③的国家战略目标，制定国家实验室发展规划，分解中、长期具体可实现目标，对国家实验室的战略定位、发展目标、体系布局、措施保障等方面进一步细化和明确，提高国家实验室服务国家战略目标的指向性和针对性，着力打造具有国际顶尖水平的国家实验室体系。

三是有效统筹地方资源支持国家实验室建设。充分发挥地方政府在承

---

① 钟少颖、梁尚鹏、聂晓伟：《美国国防部资助的国家实验室管理模式研究》，《中国科学院院刊》2016年第11期。

② 尹希刚、邢国攀、王金平：《美国国家实验室治理机制改革及其对中国的启示》，《科技导报》2019年第24期。

③ 习近平：《努力成为世界主要科学中心和创新高地》，《求是》2021年第6期。

接国家实验室建设中的作用，积极探索地方参与国家实验室建设新模式，集聚各方力量，全方位强化政策、资金、土地等要素保障，高效推进实验室建设。

**3. 坚持权责统一构建高效管理体制**

管理体制在很大程度上决定着国家实验室发展水平和运行质量。主管部门对实验室的管理方式和实验室运行机制是影响国家实验室建设和运行成效的重要因素[1]。国家实验室战略性、引领性、综合性优势和潜能的形成和作用发挥，需要建立权责统一、科学规范、高效运行的管理体系，搭建学科跨度大而有机融合、队伍体量庞大而协同有力、创新活力充沛而宽松适度的运行框架[2]。

一是建立纵向一体、统筹兼顾、分级分类管理体制。鉴于国家实验室的功能定位，应突出党中央在实验室设立、资源统筹、重大事项决策中的主导作用，国家部委负责资源保障和协调服务，清晰划定地方政府在国家实验室建设中的定位和作用，国家委托地方对国家实验室建设和运行进行保障，建构从中央、部委到地方层次分明、权责清晰的管理体制。

二是建立健全国家实验室科学合理、规范高效内部管理体系。结合国家实验室类型和领域特点，基于科技创新规律，按照科学、高效、透明的原则，健全党组织全面领导、科研、人事、经费、成果等内部管理制度体系，完善理事会、咨询委员会、管理办公室等机构设置，有效调动行政、专业和执行的资源和力量。

三是赋予国家实验室弹性有度、机制灵活的管理自主权。国家实验室属国家所有，有独特的科研使命及属性，其管理运行应该相对独立，以便于科研框架的设计和执行[3]。充分保障国家实验室在学术和内部管理上的独立性和灵活性，赋予其在人才引进、经费安排、项目绩效管理等方面的充分自主权。完善实验室主任遴选机制，实行国家实验室主任负责制，更好地运用实验室主任在人才引进等方面的管理自主权。赋予首席科学家充分的经费使用权和资源配置权，让其自主选聘科研团队、主导科研绩效评价。

---

① 吕永敏：《国家实验室管理体制及运行机制研究》，《企业改革与管理》2021 年第 1 期。
② 吴伟、朱嘉赞：《跳出科研体制陈规窠臼 加快建设国家实验室》，《科技日报》2019 年 4 月 10 日。
③ 何洁、郑英姿：《美国能源部国家实验室的管理对我国高校建设国家实验室的启示》，《科技管理研究》2012 年第 3 期。

四是建立科学有效的国家实验室评价体系。建立目标和结果导向的国家实验室规范评估考核体系和反馈机制，探索建立以实验室创新贡献、高质量产出为导向的分类考核评估制度，根据实验室类型和研究项目特点、性质、难度、周期等要素，采取不同的评价激励方式，根据评价结果加强目标导向的问责与评估，确保科研机构高效运行。

4. 健全创新辐射效应激励机制

法制规章能为国家实验室的建立和运行起到"保驾护航"作用，能为国家实验室稳定发展提供有力的规范保障①。

一是立法保障对国家实验室的高强度研发支持。国家实验室承担的主要是中长期、基础性、战略性的大型研究任务，长期、稳定、充足的经费支持，是确保其体现国家目标和意志、完成核心任务的基本前提②。必须制定针对国家实验室专项经费支持与管理的相关规章，健全国家实验室绩效预算管理体系，确保国家实验室得到长期稳定、高强度的科研经费支持。

二是健全国家实验室科学管理运行法律制度框架。必须加快探索推进立法明确国家实验室作为独立科研机构的法律地位，研究制定国家实验室管理办法，以法律的形式赋予国家实验室负责人在人事管理、财务管理等方面的自主权，提高国家实验室在重大科技发展方向布局以及科技决策和资源配置中的话语权，立足国家实验室的创新发展先导区定位，明确激励的运行机制③。

三是建立地方支持和服务国家实验室建设和发展的政策体系。必须强化央地协同，整合地方资源优势，为国家实验室建设和发展创造条件，充分激发国家实验室创新辐射效应，推进科学、技术和产业的耦合，引领区域科技创新中心建设。

四是完善推进大协作和开放共享的国际合作法律制度和规则体系。必须促进国家实验室与世界上顶尖科研机构、国家实验室、大学的合作交流，牵头组织实施国际大科学计划和大科学工程，形成全球创新网络重要节点和枢纽。

---

① 尹高磊：《基于法治视角的国家实验室设立和管理运行分析》，《科学管理研究》2020 年第 2 期。

② 刘涛：《关于国家实验室建设运行机制的思考》，《农业科技管理》2021 年第 1 期。

③ 孙晓晶等：《国家实验室建设的立法保障及对策建议》，《科技导报》2020 年第 5 期。

（二）重组蝶变升级国家重点实验室

1. 强化特色分类重组

国家重点实验室[①]作为国家战略科技力量的重要组成部分，定位与国家需求及世界科学前沿相结合，形成各自的研究特色和优势，是其在世界某个领域内发挥不可替代作用的重要保证[②]。应始终坚持面向世界科技前沿、面向经济主战场、面向国家重大需求、面向人民生命健康，进一步强化国家重点实验室体系统筹布局，加快形成目标发展清晰、特色定位突出、体系化优势明显的国家重点实验室发展新格局。

一方面，以国家重大目标和战略需求为导向，分类重组优化整合现有国家重点实验室。制定国家重点实验室重组优化方案和实施计划，明确国家重点实验室重组优化的时间表、路线图，结合目前国家重点实验室已有的研究基础、实力、特长，为系统调整和重组优化提供方向指引，形成覆盖重点学科领域、布局合理优化、支撑科技创新发展、治理有效的国家重点实验室新体系[③]。

另一方面，加强国家重点实验室前瞻性领域布局。根据国家发展规划、目标战略，在前沿、新兴、交叉、边缘等学科以及在事关国家重大需求和"卡脖子"问题的关键领域，加紧布局一批国家重点实验室，增强国家重点实验室体系化发展优势。

2. 探索多元主体共建

持续稳定的经费支持是国家重点实验室顺利运行和有序发展的基础，也是促进高水平研究成果产出的重要条件。

一是完善国家重点实验室经费投入保障机制。进一步拓宽重点实验室建设和研究经费投入渠道，在提高稳定支持力度、优化预算编制流程的基础上，推动实验室依托单位、主管部门和地方政府、企业加大对实验室建设发展投入力度，鼓励地方设立专项经费，积极探索重大科技计划、项目定向委托国家重点实验室的机制与政策。

二是探索国家重点实验室组建新模式、新路径。鼓励"优势学科和科

---

① 2022 年全国科技工作会议明确要完成全国重点实验室重组阶段性任务，重组后为国家重点实验室。

② 吴根等：《国家重点实验室运行分析与发展报告——展望篇》，《中国基础科学》2006 年第 2 期。

③ 闫金定：《国家重点实验室体系建设发展现状及战略思考》，《科技导报》2021 年第 3 期。

技领军企业"之间强强联合，探索头部企业与高等院校、科研院所共同建设国家重点实验室的新模式，实现基础研究、应用基础研究和前沿技术研究融通发展，加快提升关键核心技术突破能力。

三是推动组建国家重点实验室战略联盟。适应大科学时代学科交叉融合的特点，以行业重大需求和共性科学问题为牵引，组建国家重点实验室战略联盟，如为系统解决电子信息领域器件、芯片和集成系统方面的"卡脖子"问题，成立"微纳电子"国家重点实验室联盟[①]。通过联盟集中优势力量协同攻关，形成突破合力，探索新型举国体制下国家重点实验室协同攻关新模式。

3. 创新管理运行机制

高水平的管理和良好的运行机制是国家重点实验室健康发展走向良性循环、促进科研工作顺利进行的重要保证[②]。

一是创新完善国家重点实验室宏观管理体系。探索成立国家重点实验室办公室，加强对国家重点实验室建设的统一宏观统筹协调和集中管理服务，加强对国家重点实验室重大政策执行和落实的监督评估。同时，建立国家重点实验室战略咨询委员会，对国家重点实验室总体定位、发展战略和规划进行指导和建议[③]。

二是完善科学化、规范化、高效化制度体系。以激发实验室发展内部动力为目的，完善国家重点实验室建设发展和高效运行的政策制度和法律法规，扩大实验室在人、财、物方面的自主权，形成相对独立的管理机制，保障实验室建设和运行的顺畅性。进一步厘清实验室与院系的关系，增强实验室的独立性，促进国家重点实验室与相关院系（学科）充分共享资源，实现协同发展。探索以建立新型研发机构等方式建立独立法人实体的企业国家重点实验室。

三是加快提升国家重点实验室的国际声誉和全球影响力。创新与发达国家科技合作模式，与国际组织、重要学术组织和知名高校建立长效合作

---

① 陈健、江海涛、李旭彦：《信息领域国家重点实验室发展现状分析》，《实验室研究与探索》2021 年第 8 期。

② 李瑞瑞、王志强、朱文军：《论国家重点实验室管理工作的若干方面》，《实验技术与管理》2005 年第 6 期。

③ 赵洁、项瑞望：《国家重点实验室建设发展的问题及思考》，《科技与创新》2021 年第 20 期。

机制，发起建立国际开放项目，拓展高水平国际科技合作网络，集聚一批具有前瞻性和世界眼光的战略科学家群体，成为国际重大科技议题和重大国际科技合作规则的倡导者、推动者和制定者。

### 4. 优化绩效评估体系

绩效评估在引导国家重点实验室凝练研究方向、明确研究重点、合理配置科研资源等方面发挥着重要的"指挥棒"作用[1]。建立与实验室发展目标相一致的评估体系和评价机制，是引导和促进国家重点实验室高水平建设和高质量发展的重要方式。

一是完善符合国家重点实验室特点和规律的分类评价体系。充分考虑不同类型国家重点实验室定位和功能特点，对不同类型的实验室用不同的评价指标加以引导，对学科类国家重点实验室的评估应更加聚焦国家战略需求、世界科技前沿，侧重于基础前沿研究方面的学术贡献和人才培养导向评价；对企业类国家重点实验室的评估应更加突出问题导向、需求导向，评估其在具有明确目标和应用导向科学活动方面的产出。

二是优化评估指标和程序。进一步强化战略导向、目标导向、结果导向，突出创新质量、创新贡献等，淡化过于细致的数量统计评价，有效发挥以评促建、以评促研、以评促优的引导和激励作用。

三是积极探索国际同行专业评价。合理引入国际评价，将学术卓越性与战略相关性评价相结合，建立基础研究成果国际同行专家评价机制，更好地促进国家重点实验室国际影响力的提升。

## 二　策源领航：国家科研机构

国家科研机构是知识创造和国家创新体系的主要力量，承担着与国家战略需求及使命有关的重要基础研究、社会公益性研究和关键共性技术的研发任务[2]，担负着服务国家目标、保障公共利益和国家安全的重要使命[3]。习近平总书记指出："国家科研机构要以国家战略需求为导向，着力解决影响制约国家发展全局和长远利益的重大科技问题，加快建设原始

---

① 吴根、马楠：《国家重点实验室评价指标体系探索与思考》，《中国基础科学》2013年第6期。
② 张志强、熊永兰、安培浚：《科技发达国家国立科研机构过去二十年改革发展观察》，《中国科学院院刊》2015年第4期。
③ 白春礼：《发挥科技"火车头"作用 引领带动中国科技发展》，《中国机构改革与管理》2011年第4期。

创新策源地，加快突破关键核心技术。"① 应进一步突出国家科研机构在国家创新体系中的引领、支撑、带动作用，强化其国家属性、公益属性，聚焦国家重大科技前沿问题和国家重大需求，优化科研布局，突出能力建设，创新体系化技术攻坚模式，健全完善中国情景下的科研治理体系，实现突破性创新能力提升、高水平发展与服务国家战略、区域创新发展的有机统一。

（一）突出"国家属性"强化攻坚引领

国家科研机构的国家属性，决定其需要在建设科技强国，实现高水平科技自强中发挥"攻坚者""引领者"作用。

一是强化国立科研机构"国家"属性。推动国立科研机构进一步明确核心战略使命和发展定位，坚持"四个面向"，充分体现国家意志、高效满足国家需求，聚焦强化优势和战略布局，规划未来发展方向、目标任务和重点，从使命定位、战略方向、研究领域等方面进行整合优化。

二是强化突破性创新能力建设。坚持以打造原始创新策源地为目标导向，在关系国家全局和长远发展的领域发力，大幅提升原始创新能力和源头技术供给能力，着力提升致命短板技术、关键共性技术、前沿引领技术、现代工程技术和颠覆性技术的突破能力，加强战略技术储备，形成有效的战略领位和卡位。

三是强化在基础性、战略性和前瞻性科学研究中的骨干引领作用。进一步巩固中国科学院、中国工程院、中国农业科学院、中国医学科学院等国家科研机构的突出地位，强化核心竞争力和不可替代性，形成国家科研机构高水平高质量发展的标杆示范。

四是提升国际化发展水平。以建设世界一流科研院所为目标，坚持国际人才、合作项目、平台载体相结合，实现优势资源和科学研究网络的全球范围布局，大力培养和凝聚国际化人才，实施大科学计划，策划重大国际合作项目，在开放合作中提高科技前沿创新力、国际影响力，增强科技话语权。

（二）健全高效攻坚体系强化策源能力

建立高效科研攻坚体系，是建立科技自立自强的科技创新模式，提高

---

① 习近平：《在中国科学院第二十次院士大会、中国工程院第十五次院士大会、中国科协第十次全国代表大会上的讲话》，人民出版社，2021，第 11 页。

创新质量和产出绩效，更好服务国家战略的重要途径。准确把握高水平科技自立自强的战略要求，建立适应科技发展规律、能够有力支撑科技自立自强的活力高效、组织有力的技术创新攻坚体系，动态优化产学研创新单元的战略布局和协同，确保决策机制、资源配置、团队组建体现目标导向，着力提高解决重大科技问题协同创新、集成创新的能力和水平。

一是加强技术预见，明确科学技术攻关方向。坚持前沿导向、需求导向、目标导向、问题导向，从科技前沿领域提炼科学问题，从国家重大需求和经济主战场出发，提炼和找准关键技术问题，提出亟须攻坚的重大任务，在战略必争领域明确主攻方向。

二是强化定向性基础性研究能力培养和提升。面向国家长远发展，充分把握和研判科学发展范式、技术发展模式的新变化、新特征，围绕战略性、前沿性、颠覆性技术孵化孕育，以技术应用倒逼基础研究，以基础研究支撑应用，为关键核心技术突破提供知识和技术基础[1]。强化原创引领导向，通过开展基础性技术研究，开辟新领域、提出新理论、发展新方法，形成关键领域先发优势。

三是健全完善矩阵式攻关体系。围绕关键核心技术以及面向未来的前沿技术、颠覆性技术等领域，充分发挥国家科研机构建制化组织优势，强化组织策划和统筹协调能力，采取必要的"非对称"战略，强化重大任务、创新平台、人才队伍、资金投入统筹布局和一体化集聚配置。探索重大攻关项目组织方式创新，树立全球视野，加强与创新链上下游、创新体系各单元、国际国内各主体的战略合作，配置最优势创新力量和资源进行攻关。支持和鼓励以重大科学问题为牵引组建攻坚团队，实施矩阵式联合攻关。

（三）完善中国情景下研究型治理体系

国家科研机构作为特殊公共组织，要建设原始创新策源地，需要加快完善治理模式，推动科研范式升级和组织方式变革，强化自主创新能力、资源整合能力、战略支撑能力，全面提升创新效能，实现政府宏观治理有效与自我微观管理高效、高水平发展与服务国家目标的有机统一，形成中国情景下现代科研院所治理体系。

一是健全完善党委领导下的法人治理结构。持续推进国立科研机构法

---

① 侯建国：《把科技自立自强作为国家发展的战略支撑》，《求是》2021 年第 6 期。

人治理结构改革，建立适应现代科研院所特点和科研创新高效开展的法人治理结构体系，完善党的领导体制机制，将党委"把方向、管大局、促改革、保落实"的要求制度化、规范化，健全决策权、执行权和监督权相互分离、协调运行的自主治理机制。

二是加强法律制度框架研究和试点探索。加强国家科研机构专门法律制度研究，加快立法条例制定和修订，保障其国家战略科技力量特殊功能定位和法律授权，对建设国际一流科研机构单位开展法律授权试点，进一步扩大法人特殊自主权，全面理顺国家科研机构与政府、市场和其他创新主体的法律关系，进一步完善国家科研机构宏观管理制度体系。

三是深化管理体制放权改革。进一步深化科研自主权改革，扩大国家科研机构自主管理权，建立符合科学技术研究规律和技术创新市场规律、对接国家战略需求的管理体制机制，赋予和扩大科研院所在人员聘任、职称评定、收入分配、岗位设置、内设机构建立等方面的法人自主权。研究制定科研活动负面清单制度，健全科技成果所有权改革的制度框架，最大限度调动科研人员创新主动性、积极性。建立改革容错机制鼓励创新发展、破题先试。引导和鼓励国家科研机构在资源配置、协同攻关、创新激励等方面勇于创新、先行先试。

四是健全完善绩效评价体系。建立更加有利于科研活动和科研攻关的外部绩效评估与内部自我评估制度。结合不同机构性质、发展目标、产出形态、任务周期等，突出任务目标导向、创新贡献导向、成果价值影响力导向，构建和采用相应的评价指标和评价方式。健全自我评估机制和反馈机制，加强对自身发展状态的自我评估和诊断，及时向主管部门反馈情况和问题与需求清单，推动重大问题等合力解决。

（四）强化融入区域创新"共振效应"

区域创新体系作为国家创新体系的子系统，是实现区域创新驱动发展的载体。应充分发挥国家科研机构在区域创新中的桥梁、策源、示范作用，促进跨越行政边界的协同创新，推动国家重大创新战略在区域层面落地实施，强化知识外溢效应和重大科技成果辐射效应，形成共振放大效益。

一是纵深推进国家科研机构与国家创新战略在区域层面对接。充分发挥中国科学院等国家科研机构资源、人才、平台、政策等集中优势，强化其在建设高水平国际科技创新中心、综合性国家科学中心和区域性科创中心建设中的骨干作用，因地制宜推进区域创新单元建设，使其在重大科技基础设施、重大创新平台、重大攻关项目等方面发挥主力军作用，推动知识创新供给体系、技术创新应用体系与区域技术创新体系无缝对接、有机融合。

二是创新与地方政府深度合作机制。推动创新活动同地方经济对接、科研成果同产业创新对接、创新项目同现实生产力对接，基于需求侧共同凝练合作重点任务，通过共建高水平创新大平台、协同实施重大技术攻关、联合开展重大科技工程、共同解决区域经济社会发展的重大科技问题等方式，打造区域创新发展增长极。

三是探索建立面向市场的新型科研组织模式。聚焦应用导向和成果导向，支持和鼓励国家科研机构结合区域战略需求、产业发展实际、技术演进趋势，与地方政府共建面向市场的机制灵活、组织高效、功能突出、特色明显的高水平新型研发机构，进一步强化产业技术供给。

### 三 强基释能：建设高水平研究型大学

习近平总书记指出，"高水平研究型大学要把发展科技第一生产力、培养人才第一资源、增强创新第一动力更好结合起来，发挥基础研究深厚、学科交叉融合的优势，成为基础研究的主力军和重大科技突破的生力军。要强化研究型大学建设同国家战略目标、战略任务的对接，加强基础前沿探索和关键技术突破，努力构建中国特色、中国风格、中国气派的学科体系、学术体系、话语体系，为培养更多杰出人才作出贡献"[1]。高水平研究型大学建设要突出以创新为引领的高质量内涵式发展，坚持世界一流、中国特色发展战略导向，遵循教育教学规律、人才培养规律、科学研究规律，系统提升人才培养、学科体系、基础研究、科技突破"四位一体"能力和优势，全面增强科学研究中的知识"溢出效应"和科技创新突破"乘数效应"。

（一）坚持一流、突出特色，形成合理建设梯次

高水平研究型大学代表着国家高等教育发展的最高水平[2]。国家战略

---

① 习近平：《在中国科学院第二十次院士大会、中国工程院第十五次院士大会、中国科协第十次全国代表大会上的讲话》，人民出版社，2011，第11~12页。

② 周光礼：《世界一流大学建设的"东亚模式"：政府行为及其局限性》，《中国高校科技》2019年第4期。

和政府的政策支持引导在一定程度上影响和决定着大学特色的形成和发展走向①。我国建设世界一流大学既要矢志不渝地瞄准"世界一流"的标准，也要坚持"中国特色"②。

一是强化分类宏观统筹和精准施策。坚持一流标准，进一步强化高水平研究型大学统筹布局和顶层制度设计，按照能够冲击世界一流大学或一流学科前列、行列的高校，能够冲击世界一流学科行列、国内一流大学和一流学科前列的高校的不同类型、发展定位等，体现扶优扶强扶特的导向，加强资金、资源和政策精准化供给。

二是创新多元化投入建设新机制。完善高水平研究型大学建设持续投入分担机制，加大对建设世界一流大学和一流学科社会化资源供给力度。健全地方联动配套支持机制，围绕国家重大战略和地方经济社会发展需要，从平台建设、资金投入、其他要素配套等方面给予全方位支持和保障。完善社会捐建机制，激励更多社会力量以多种形式参与建设。

三是突出质量标准和示范引领。健全高水平研究型大学遴选机制，强化目标导向和实绩考核，推动高校在不同层次、不同方面争创一流、特色发展，彰显其创新性、基础性或技术性的办学特色③。

（二）建立中国特色一流学科"群"优势

学科水平是体现研究型大学核心竞争力的关键要素。从生态学视角来看，只有使部分学科先"进化"为"一流"，才能对其他学科产生"渗透效应"，进而达到学科生态系统更高层次的平衡，实现学科的整体协调发展④。

一是加强中国高水平学科建设战略指引和分类引导。坚守"中国特色"发展理念，加强学科布局的顶层设计和学科建设的分类指导，重塑优化高水平研究型大学学科体系，推动基础学科"提质"，优势学科登"高峰"、比较优势学科上"高原"，形成一批世界一流学科和特色学科优势。

二是建立优势学科群发展体系。遵循学科发展的内在规律，创新学科范式，持续推进新工科、新医科、新农科、新文科建设，将国家战略、市

① 邰晖：《高水平特色研究型大学形成机制分析》，《国家教育行政学院学报》2014 年第 6 期。
② 于红波、孙百才：《论我国世界一流大学建设应把握的"中国特色"》，《大学教育科学》2021 年第 4 期。
③ 龚森：《新时代"双一流"建设的若干思考》，《中国高校科技》2019 年第 Z1 期。
④ 罗建平：《世界一流学科成长的逻辑与路径》，《中国高教研究》2021 年第 7 期。

场需求、社会需要与大学的目标、学科的传统优势和学者个人的学术兴趣有机地统一起来，支持和鼓励一流学科开展跨学科研究并构建学科群，实现学科交叉、协同发展。

三是优化一流学科建设和成长环境。充分调动政府、高校、市场、社会等各利益主体参与一流学科建设，形成政府引导、高校主建、社会力量有效参与的多元主体学科共建合力。

四是建立中国范式学科评价体系。突出学科生态培育、学科团队建设、学科长效发展机制等在学科评价中的重要性[1]，充分利用大数据、人工智能等高技术手段优化中国特色一流学科建设监测体系，实现对一流学科建设的质量有效控制和资源精准配置，以世界一流学科建设促进高水平研究型大学建设。

（三）探索破解"钱学森之问"的育才路径

习近平总书记强调，"我国要实现高水平科技自立自强，归根结底要靠高水平创新人才"[2]。高水平研究型大学需要充分发挥自主培养高水平创新人才的独特优势，尊重人才成长规律和科研活动自身规律，强化高水平人才培养同国家战略目标、战略任务有效对接，突出多层次、多类型一流人才自主培养能力建设，构建高水平人才培养体系，不断提高人才供给质量。

一是探索不同模式的拔尖创新人才培养机制。健全基础研究创新人才发现、跟踪、培养全过程、全链条、全方位保障机制，加强基础学科拔尖学生培养，在数理化生等学科领域建设一批国家级培养基地，探索基础学科本硕博连读培养新路径，吸引、选拔优秀的学生投身基础研究，构建基础研究后备人才梯队。

二是构建特色化发展的高水平人才培养体系。创新完善因材施教模式，积极探索育人的新理念、新内容、新方法、新手段，全面提升培养"高精尖缺"创新型人才供给能力。探索推动本科生文理渗透、通专融合的培养方式，激励最优秀的学生投身基础学科研究，为国家培养一批学术思想活跃、具备国际视野、发展潜力巨大的基础学科领域未来学术领军人

① 龙宝新：《论中国特色一流学科建设》，《高校教育管理》2020年第3期。
② 习近平：《在中国科学院第二十次院士大会、中国工程院第十五次院士大会、中国科协第十次全国代表大会上的讲话》，人民出版社，2011，第15页。

才①。健全完善研究生分类选拔、培养、评价体制机制，激励和支持研究生特别是博士生直接面向国家重大战略领域开展科研探索。

三是注重科学精神价值引领和创新文化传承发展。营造科学至上的氛围和一流的学术生态，树立求是求真、勇于实践、追求卓越、献身科学的人文精神，吸引优秀青年学子投身基础研究，建立老、中、青人才"传帮带"机制，形成基础研究的师承效应，为培养造就更多兼具家国情怀和科学家精神的高水平创新人才营造浓厚学术文化氛围。

（四）形成一流师资聚集"场效应"

优秀的师资队伍是建成世界一流大学的关键因素②。习近平总书记强调，"教师是教育工作的中坚力量，没有高水平的师资队伍，就很难培养出高水平的创新人才，也很难产生高水平的创新成果"③。建设高水平研究型大学，要坚持引育并举、以育为主，集中优势资源进行师资队伍建设，广聚天下英才，形成"大先生"云集、一流人才涌现、一流学科育成相互影响、相互促进的"共生效应"和"磁场效应"。

一是创新人才精准化引进机制。坚持高水平人才引进与学科建设、教学科研方向以及学校实际发展的需要相结合，采用"柔性引进"的方式使人才"为我所用"，精准引进活跃于国际学术前沿的海外高层次人才，造就一批具有国际先进水平的学科领军人才和高水平的创新团队。

二是健全完善高水平师资队伍梯队培育和管理模式。建立健全青年人才蓬勃成长机制，为教师静心、安心、稳心从事长周期、基础性、前沿性研究提供制度保障。坚持"破四唯"和"立新标"并举，改变以论文数、项目数、课题经费数等数量为主要内容的评价方法，强化人才评价的质量导向。

三是以创新创造的鲜明导向提升教师专业素养。引导教师着眼世界学术前沿和国家重大需求，致力于解决实际问题，将课程教学过程转化为科学探究过程、知识生成过程和价值塑造过程，注重由知识形态向问题形

---

① 陈旭、邱勇：《高校要成为人才高地和创新高地》，《求是》2021年第24期。

② 尹雪聪：《"双一流"背景下高校师资队伍建设的研究与探索》，《科教文汇》2021年第4期。

③ 《习近平在清华大学考察时强调 坚持中国特色世界一流大学建设目标方向 为服务国家富强民族复兴人民幸福贡献力量》，新华网，2021年4月20日，http://www.xinhuanet.com/politics/leaders/2021-04/20/c_1127349245.htm。

态、方法形态、教育形态的有效转化①。

四是健全完善师德师风建设长效机制和制度体系。习近平总书记强调，"教师要成为大先生，做学生为学、为事、为人的示范，促进学生成长为全面发展的人"②。坚持立德树人，将师德师风作为评价教师队伍素质的第一标准，创新师德教育方式，以心育心、以德育德、以人格育人格③，制定教师职业行为负面清单，用制度的力量确保师德师风建设常态化、机制化。

（五）厚植基础研究，构筑知识创新学术殿堂

基础研究能力和水平不仅代表着一个国家的科学水平，也代表着一个国家未来的创新潜力。事实已经表明，哪个国家能够领导科技，必将强大，哪个国家能够领导基础科学，其强大必定会历久不衰④。必须深刻把握基础研究探索性、理论性、非排他性、周期长和不确定性等特点，充分认识全球科技竞争不断向基础研究前移的重要趋势，使高水平研究型大学成为基础研究的主力军和重大科技突破的生力军。

一是加强基础科学研究的系统部署和前瞻布局。有重点、有选择地结合研究型大学研究基础、人才优势等，布局建设一批前沿科学中心，集中优势力量和科研团队，开展前瞻性、原创性科学研究，打造具有国际"领跑者"地位的学术高地，形成国际一流的学术成果。

二是鼓励和支持"双一流"高校建设人才、资金、项目、设备四位一体的基础科学研究创新基地。围绕优势学科、优势领域、优势团队，自主布局基础研究，打造梯次布局的高水平基础研究创新载体。鼓励高校深度参与国际或区域重大科技计划、科学工程，成为重大科技突破的生力军。

三是探索基础研究成果创新价值转化应用。引导高水平研究型大学针对国际学术前沿和国家经济社会发展中重大需求提出"科学之问"，凝练"重大问题"，发挥多学科汇聚的优势，依托重大项目、高水平科研平台，解决重大原创的科学问题，开拓基础科学研究"无人区"，做"顶天立地"

---

① 《促进教育公平，推进中西部欠发达地区教育高质量发展》，教育部网，2021 年 8 月 3 日，http://www.moe.gov.cn/jyb_xwfb/moe_2082/2021/2021_zl51/202108/t20210803_548639.html。

② 《习近平在清华大学考察时强调 坚持中国特色世界一流大学建设目标方向 为服务国家富强民族复兴人民幸福贡献力量》，新华网，2021 年 4 月 20 日，http://www.xinhuanet.com/politics/leaders/2021-04/20/c_1127349245.htm。

③ 王宗礼：《建立健全师德师风建设长效机制》，《中国教育报》2021 年 1 月 9 日。

④ 丘成桐：《基础科学研究需要哲学滋养》，《人民日报》2017 年 3 月 28 日。

的基础研究，不断挖掘基础研究在推动产业创新发展中的作用，实现学术研究领域的创新突破①。

## 四　辟径破垒：培育世界一流科技领军企业

强化重企强国战略意识，加快培育具有影响力和竞争力的科技领军企业，充分发挥科技领军企业在产业技术供给体系中的关键作用，强化科技领军企业平台性、引领性、策源性能力，突出有为政府引导和企业创新势能塑造相结合，实现科技领军企业规模由"大"向"强"、数量由"点"向"群"、创新由"量"向"质"全面突破和赶超，使其成为提高产业基础能力和产业链现代化水平主体力量，引领技术创新新范式、创造市场新需求、塑造竞争新优势，为保障经济发展安全和主导权，夯实国家竞争力基础提供坚实支撑。

（一）以"重企强国"思维构建系统化培育体系

一个国家企业强大的核心标志就是拥有强大科技创新能力，培育一批掌握关键核心技术，具备核心创新能力、基础理论创新能力和系统科技创新能力的强国重企，才能为国家赢得发展自主权②。发达国家巩固和提升在科技领域的先发优势和竞争优势，获取更多创新红利的关键，是培育和发展一批科技型全球领军企业。中国必须从塑造国家竞争优势、维护发展利益和安全、实现中华民族伟大复兴的战略高度，加快培育和壮大科技领军企业。

一是树立重企兴业强国思维。明确科技领军企业在实现高水平科技自立自强，建设科技强国中的战略定位，充分发挥其在强化国家战略科技力量、塑造经济和产业竞争优势、提升产业自主创新能力中的关键作用，使之成为提升中国产业基础能力和产业链现代化水平、促进高质量发展的重要载体和引领主体。

二是健全完善科技领军企业评价机制。建立客观、通用、公开和动态的评价标准，进行分类评价和培育，充分发挥中央企业等国有企业、产业"链主"企业、创新头部企业等在培育科技领军企业中的优势作用和核心使命担当，鼓励支持更多的创新型企业对标并最终成长为科技领军企业。

---

① 沈佳坤、张军、冯宝军：《我国研究型大学知识创新生产效率评价》，《高校教育管理》2020 年第 3 期。

② 卢纯：《以科技创新推动中国企业发展》，《红旗文摘》2021 年第 2 期。

三是构建梯度培育体系。发挥新型举国体制的优势，以体系化、整体性思维加强科技领军企业系统培育，制定科技领军企业分级制度和差异支持措施，建立科技领军企业后备培育库，筛选一批创新力强、引领作用大、发展潜力好的高成长性企业作为"预备队""后备军"，进行靶向重点培育。

（二）培植技术突破引领力，建立协同优势

充分发挥科技领军企业在产业关键技术突破中的主体作用，充分激发和释放科技领军企业创新潜能，全面增强科技领军企业前沿性、战略性、原始性技术突破创新能力，推动科技领军企业成为产业链、供应链自主可控的主导力量。

一是大力探索由科技领军企业主导的协同攻关模式。充分利用科技领军企业在技术积累、资源投入、平台条件、贴近需求等方面优势，发挥其作为重大技术创新出题者作用，围绕重大原始性创新、产业核心技术、关键技术、未来技术等牵头组建高能级创新联合体。

二是创新以问题为导向的科技攻关组织管理机制。充分发挥政府在协同集中攻关中的协调、组织和服务的功能和作用，深入推进实施"揭榜挂帅""赛马"等制度，改革重大科技项目立项、攻关和组织管理模式。围绕企业和产业创新面临的重大和关键技术问题，凝练科学研究问题，构建有组织、高效率的科研攻关体系与成果转化体系。

三是优先支持科技领军企业主导的重大创新平台建设。加快推进以科技领军企业为依托组建的国家重点实验室、国家技术创新中心、国家国际科技合作基地等技术策源性重大平台重组和布局建设，打造一批具有国际影响力的类"贝尔实验室"。

四是打造以科技领军企业为关键节点的"点—链—网"协同创新优势。支持科技领军企业与中小企业共建创新网络，带动形成线上线下相结合的大中小企业供应链互通、创新链高效协同、产业链配套完善的产业发展共生共荣新体系。

（三）提高创新网络中心度，实现竞争力赶超

有效嵌入全球创新网络，在创新网络中具有较高中心度，意味着创新主体能获取更多异质性资源、创新机会[①]，具有更大的创新潜力以及创新

---

[①] 王玉芬：《如何提升企业的创新网络中心度——基于医药产业的分析》，《开放导报》2016年第6期。

能力等①。进一步强化科技领军企业在高水平开放式创新合作中的主体作用，打造全球创新网络重要节点，使科技领军企业由全球创新网络的"嵌入者"向"构建者"和"主导者"跃迁，在创新网络中促进技术创新突破能力提升和技术迭代升级，持续增强核心竞争能力。

一是大力支持"链主"企业和龙头企业构建"以我为主"的全球创新合作网络。主导建设全球研发网络、全球产品创新网络、全球生产创新网络、全球市场创新网络，支持企业通过设立共同基金、技术入股、建立科技园等途径，深化创新源头及产业细分关键技术领域的国际合作。

二是鼓励企业探索创新国际化发展新模式。引导企业主动进行全球资源搜寻和建立网络关系，主动搜索科技情报、掌握技术前沿动态，通过加大战略性投资并购重组、技术交叉许可、战略研发合作等方式提高全球优质创新资源的吸纳和配置能力。

三是布局打造高水平开放式创新合作"端口"平台。大力支持企业与世界知名大学、世界顶尖科研机构、科学家等建立联合实验室、产业技术创新联盟、高水平国际研发平台、国际技术转移中心等，建立分布式蜂巢型创新网络节点，更高效直接利用境外高端人才、科研条件，加速推进技术突破的进程。

（四）突出"生态位"，优化"雨林生态"

企业生态位表示企业在生态系统中占据的位置和发挥的功能②，企业生态位的变化依赖于其所在生态环境的变化，不同的创新生态一定程度上决定着技术演化和技术群落衍生和涨落。以强化科技领军企业原创力、引领力和带动力为重点，突出科技领军企业在创新生态系统中的"高定位"和"示范性"，着力构建协同共生、活力高效、技术涌现的"雨林"创新生态。

一是强化政策集成供给。按照系统观、整体观、集成观开展政策梳理和政策设计研究，统筹财政、创新发展、外贸等各类型专项资金，加大对培育科技领军企业定向支持力度。建立科技领军企业创新发展监测平台，推动问题精准反馈研判、政策实时优化调整，确保政策及时兑付到位。

二是优化科技金融生态。构建企业与科技金融资源高效对接的体制机

---

① 王慧玲：《创新网络中心度视角下企业创新主体地位提升对策研究》，《产业创新研究》2021年第1期。

② M. Iansiti, R. Levien, "Strategy as Ecology," *Harvard Business Review* 34 (2004)：68 - 78.

制，重点投向关键技术、重要产业链环节、供应链构建等领域。完善企业与科创投资对接合作平台，打通创新成果产业化、规模化的链条，拓展产融合作空间。

三是培育更加开放包容的科技创新国际合作制度软环境。聚焦创新生态链建设，在技术投资、技术并购、科技融资、技术开发、转化孵化等方面探索便利化程度更高的规则和制度安排，为科技领军企业"集体出海"提供便利化体制机制安排和"绿色通道"。

四是建立健全创新成果价值实现机制。健全科技领军企业知识产权研发、申请、运用、奖励和保护管理全链条服务体系，鼓励企业设立专利孵化器，及时将科研、设计、开发、生产经营中形成的创新成果升级为知识产权。积极开展专利导航和高价值专利运营，加强国际专利储备和积累，实现从技术标准"接受者""适应者"向"制定者""引领者"跨越。

## 第二节　合维聚力：释放创新资源的潜能

在实现高水平科技自立自强背景下建设国家战略科技力量需要大量的人才、资金、数据等创新资源。制度体系是各种创新要素集聚并实现良好流动的重要基础[1]，提升国家战略科技力量建设水平，说到底就是要完善人才、资金、数据等要素资源配置体制机制。在新型举国体制下提升国家战略科技力量建设水平，既要"有为政府"，也要"有效市场"，协同推进人才资源、资金资源和数据资源的有机集成，走出一条"制度集成创新"[2]的新路子，在"宽度（横向）、广度（纵向）、深度（外向）"上发力，最终在"效度（集成）"上形成合力。

国家战略科技力量要"面向世界科技前沿、面向经济主战场、面向国家重大需求、面向人民生命健康"，传统的碎片化"制度创新"难以解决当前面临的系统化"体制机制问题"，因此配置创新资源需要走"制度集

---

[1]　董涛等：《制度集成创新的原理与应用——来自海南自由贸易港的建设实践》，《管理世界》2021年第5期。

[2]　制度集成创新是以问题、需求、结果、质效为工作导向，聚焦最突出、最重要、最紧迫的群众、社会和市场主体需求，注重顶层制度设计，整合优势资源要素，突破体制机制障碍，实施跨领域、跨行业、跨部门、跨地区的系统性、整体性、协同性、穿透性制度创新的过程。

成创新"的新路子,即协同推进多领域、多行业、多部门、多地区的工作和任务,强调制度创新的系统性、协调性。首先,在创新资源利用的"宽度"上发力,是指要加强创新资源的横向协同,例如地方与地方的合作。其次,在创新资源利用的"广度"上发力,是指要加强创新资源的纵向联动,例如中央和地方的联动。再次,在创新资源利用的"深度"上发力,是指要加强创新资源的外向整合,如从政府主导到兼顾市场化、从国内为主到高水平开放等。最后,在创新资源利用的"效度"上发力,是指要加强创新资源的质效评价,即遵从一定的评价标准来评价创新资源的合维聚力的效度,如完成顶层设计任务的程度和是否坚持"四个面向"。只有通过横向协同、纵向联动和外向整合,最终实现创新效度集成,创新资源才能形成更大合力,推进国家战略科技力量建设取得系统性、整体性和实质性成效。

## 一 创新人才资源的柔性流动机制

创新的底层逻辑是知识流动和知识交互[1],特别是对于重大攻关工程,需要形成若干有助于知识流动和交互的"创新空间"或"场"。在这个"场"中,人们有意识、全心全意地致力于一个共同的目标,通过人际互动和环境互动产生新的知识[2]。人才是促进知识流动和交互的最根本因素。但是在协同创新过程中,由于人才资源具有明显的跨领域、跨行业、跨部门、跨地区特征,较难形成知识流动和交互的"场"。以国家实验室、国家科研机构、高水平研究型大学、科技领军企业等为主的国家战略科技力量,是吸引人才资源的重要载体,应该从"制度集成创新"着手,牢固树立"人才是第一资源"的理念,"以识才的慧眼、爱才的诚意、用才的胆识、容才的雅量、聚才的良方"[3],"聚天下英才而用之",抓住"效度"这个"牛鼻子",提升国家战略科技力量建设中人才资源的利用"宽度、广度、深度"。

---

① 郭跃文等:《中国经济特区四十年工业化道路——从比较优势到竞争优势》,社会科学文献出版社,2020,第289~298页。

② 〔日〕野中郁次郎、胜见明:《创新的本质》,林忠鹏、鲍永辉、韩金玉译,人民邮电出版社,2020,第204页。

③ 习近平:《决胜全面建成小康社会 夺取新时代中国特色社会主义伟大胜利——在中国共产党第十九次全国代表大会上的报告》,人民出版社,2017,第64~65页。

首先，人才资源利用的"宽度"受限于跨界合作。以重大项目为导向并服务于"四个面向"的国家战略科技力量之间往往关联不强，碎片化、条块化、单一化等特征显著，承担科研项目任务的"垂直型"科研组织机构难以处理跨领域、跨部门、跨地区、跨专业的横向合作关系，容易发生相互不配合甚至相互推诿等问题。比如，由于科研的需要，人才资源从A行政区流动到B行政区，A行政区政府通常是不愿意看到人才流出的，甚至往往有可能设置障碍阻止人才的横向流动。

其次，人才资源利用的"广度"受限于行政边界。国家战略科技力量体制性特征非常明显，例如，"垂直型"科研组织就意味着"科层制"，不同等级的岗位就意味着不同的待遇，因科研需求调动岗位不仅意味着工作内容变化，而且意味着待遇也随之变化，因此隶属中央科研机构的人才往往不愿意到地方工作，人才资源的纵向流动存在"两难困境"。

再次，人才资源利用的"深度"受限于安全需求。国家战略科技力量承担的科研任务往往需要保密，例如在传统举国体制下"两弹一星"的研制，科研人员就需要遵循严格的保密规定。然而，在新型举国体制下，人才资源的利用要加强外向整合，如从传统举国体制下的行政主导到兼顾市场化的需求，从国内人才为主到兼顾高水平国际化人才的利用等。

最后，人才资源利用的"效度"受限于集成机制。近年来，中国人才资源总量从2010年的1.2亿人增长到2019年的2.2亿人，居世界首位；人才贡献率已从2010年的26.6%增长到2020年的35%①，人才资源利用"效度"持续增强。然而，仍存在人才资源的横向协同性偏散、纵向联动性偏低、外向整合性偏弱等问题，归根结底是缺乏人力资源有效利用的系统集成机制，人才资源利用的"效度"仍有较大上升空间。

因此，在国家战略科技力量的建设过程中，加强人才资源的柔性流动，不是简单地通过传统的"制度创新"就能万事大吉，而是要针对人才资源在使用过程中面临的具体问题，通过"制度集成创新"系统整体地解决。具体应做到以下几点。第一，要激励科技人员坚定爱国之心，砥砺报国之志，自觉为加快建设科技强国、实现高水平科技自立自强担当作为、贡献力量。第二，统筹兼顾精神激励和物质激励。重点奖励那些从国家急迫需要和长远需求出发，为科技进步、经济社会发展、国家战略安全等做

---

① 吴江：《新时代人才强国战略新在何处》，《光明日报》2022年1月16日。

出重大贡献的科技团队和人员。在一些特殊紧缺人才的使用过程中，根据个人诉求，可以通过市场化手段，"一人一策"，实行物质激励和精神激励双管齐下，同时发挥精神激励在关键时期的关键作用。在国家战略科技力量建设过程中，不能缺"有才干"的人，但更不能缺"有精神"的人。第三，用制度的办法解决制度上的问题。前文提到的国家战略科技力量建设中人才资源的利用宽度、广度、深度和效度问题，都是源自体制机制方面的问题，应该摒弃传统"制度创新"而转向"制度集成创新"，通过系统化和整体性思维，提供人才资源柔性流动、时间充足、德才兼备和高效利用的"一揽子"解决方案，而不是出现一个问题解决一个问题的单一化、碎片化的解决方案。

## 二 优化财政资源的科学配置机制

党的十九大报告指出，"经过长期努力，中国特色社会主义进入了新时代，这是我国发展新的历史方位"①。这就意味着国家战略科技力量建设的环境随着新时代发生了重大变化，其中"传统举国体制"转向"新型举国体制"就是这一变化的重要内容。在传统举国体制下，国家战略科技力量建设主要是财政资源发挥主导作用。而在新型举国体制下，在科研经费的利用上更具"灵活性"，这种"灵活性"主要体现在契约、产权、并购重组、国际合作等市场化工具上。2019 年，国务院办公厅印发的《科技领域中央与地方财政事权和支出责任划分改革方案》明确提出："要科学合理确定政府科技投入的边界和方式，调动社会各方面力量参与的积极性和主动性，使市场在资源配置中起决定性作用，加快建立完善多元化、多层次、多渠道的科技投入体系。"然而，财政资源资助的以国家实验室、国家科研机构、高水平研究型大学、科技领军企业等为主的国家战略科技力量承接的科技项目具有"公共产品"或"准公共产品"的属性，一方面需要合理发挥财政资源在国家战略科技力量建设中的核心动力作用，另一方面需要根据科技攻关项目属性和"中央—地方"政府参与模式兼顾市场化资金的重要辅助作用，从"制度集成创新"着手，牢固树立"聚四方之财"的理念，始终以"效度"为"牛鼻子"，提升、拓展国家战略科技力

① 习近平：《决胜全面建成小康社会 夺取新时代中国特色社会主义伟大胜利——在中国共产党第十九次全国代表大会上的报告》，人民出版社，2017，第 10 页。

量建设中财政资源的利用"宽度（地方—地方）、广度（中央—地方）和深度（政府—市场）"。

其一，财政资源利用的"宽度"受限于行政边界。中国央地经济分权治理模式决定了科技领域的央地分权治理模式。2019年，国务院办公厅印发《科技领域中央与地方财政事权和支出责任划分改革方案》，明确将央地财政事权和支出责任划分为科技研发、科技创新基地建设发展、科技人才队伍建设、科技成果转移转化、区域创新体系建设、科学技术普及、科研机构改革和发展建设等八个方面，这标志着科技创新领域实行央地分权治理模式①。然而，这种分权治理模式不利于财政资源的"跨边界"利用，例如地方—地方科技合作。此外，长三角一体化、粤港澳大湾区和京津冀协同发展已成为重要的国家区域发展战略，如果其中的地方政府"行政边界"思维不打破，很难形成协同创新效应。

其二，财政资源利用的"广度"受限于地方竞争。科技领域分权治理模式决定了在中国的以国家实验室、国家科研机构、高水平研究型大学、科技领军企业为主的多样化国家战略科技力量主体的具体运作过程中，中央政府和地方政府参与模式和参与程度是不一样的，即权责不同决定财政出资比例和出资方式不同。然而，研究发现，虽然财政分权体制有助于提升区域科技创新效率，但是地方政府之间的竞争会显著抑制区域科技创新效率②。当前，有些地方政府为了短期政绩，投资于长期还不一定见效的科技研发意愿较低。因此，在财政分权背景下地方政府倾向于追求短期经济增长而压缩科技投入③。

其三，财政资源利用的"深度"受限于项目属性。财政资源利用的"深度"问题涉及在合理配置财政资源的基础上如何利用和利用多少"外向"资金，主要是市场化的资金利用，其中包括国际直接投资和国内非财政资金。而"实现高水平科技自立自强"直接决定了科研机构所承担科技攻关项目的属性，科研机构需以"坚持科技创新面向世界科技前沿、面向经济主战场、面向国家重大需求、面向人民生命健康，组织实施重大科技

---

① 路京京、杨思莹、马超：《财政分权、金融分权与科技创新》，《南方经济》2021年第6期。

② 田红宇、祝志勇、胡晓清：《财政分权、地方政府竞争与区域科技创新效率》，《中国科技论坛》2019年第11期。

③ 陈亚平、韩凤芹：《财政分权、政府间竞争与财政科技投入——基于省级面板数据的实证》，《统计与决策》2020年第15期。

创新项目"① 为根本遵循，确立财政资源与市场化资金参与的比例，以充分发挥市场在资源配置中的决定性作用。《科技领域中央与地方财政事权和支出责任划分改革方案》也提出，"要科学合理确定政府科技投入的边界和方式，调动社会各方面力量参与的积极性和主动性，使市场在资源配置中起决定性作用，加快建立完善多元化、多层次、多渠道的科技投入体系"。

其四，财政资源利用的"效度"受限于失败概率。众所周知，在创新成功率较高的美国和以色列，科技创新失败的概率也非常高。创新的失败率高已经是全球共识，在新型举国体制下，作为国家战略科技力量的创新主体承担的科技项目大部分具备"公共产品"和"准公共产品"属性，创新失败的概率或者创新过程持续时间越长，意味着财政资金消耗越大。

国家战略科技力量建设水平取决于科技体制的优劣，而"科技体制是政府科技管理的核心问题，科技体制改革主要应解决政府与市场的关系问题，明晰中央和地方政府的科技管理事权划分，明确同级政府相关部门的科技管理职能，理顺政府与大学院所的关系"②。因此，在国家战略科技力量的建设过程中，应该用"制度集成创新"取代传统的"制度创新"，促进财政资源的优化和高效配置。具体应该做到以下几点。第一，由"财政思维"转向"金融思维"。不能所有项目都依赖有限的财政资金，应该按照不同的情况分类配置财政资源，在考虑项目属性和政府边界的前提下，统筹"四个面向"，使科技项目的"公共产品"和"准公共产品"属性融入市场化资金，以"金融思维"化解新型举国体制下科技攻关的资金紧张问题。第二，由"局部思维"转向"整体思维"。政府经济分权、财政分权及其科技分权等治理模式，体现的都是"局部思维"或"边界思维"。而在长江经济带、长三角一体化、粤港澳大湾区和京津冀协同发展已成为重要的国家区域发展战略的重大时代背景下，以"大局意识"和"整体思维"整合区域内人才资源和财政资源应成为中国应对"百年未有之大变局"的常态化趋势，以提升整体创新成功率，进而实现高水平科技自立自强。因此，拓展、提升国家战略科技力量建设中财政资源利用的"宽度、

---

① 中国宏观经济研究院课题组：《以人民为中心贯彻新发展理念》，《经济日报》2022 年 1 月 10 日。

② 赵路：《财政如何支持科技创新》，《科技日报》2015 年 8 月 5 日。

广度、深度和效度"，亦应摒弃传统"制度创新"而转向"制度集成创新"，从大局、系统和整体上，提供财政资源科学配置和高效利用的"善治良策"。

## 三　构建数据资源的高效整合机制

大数据研究正在成为继实验科学、理论分析和计算机模拟之后新的科学研究范式，数字化、智能化推动科研组织体系向交叉融合无边界方向发展。科研体系向"开放科学"转型，知识分享和跨界交流合作成为常态。2011 年，麦肯锡公司最先提出"大数据时代"概念，大数据呈现海量规模、快速流转、类型多样、价值密度低等特征[①]。在商业领域，几乎是"得数据者得天下"，企业只要获得海量数据并把"非结构化数据"转化为"结构化数据"，"无用"的大数据就随之转化为"有用"和"可用"的数据，通过数据之间的"相关关系"而非"因果关系"实现精益生产、精准销售、精确库存，最后实现数据的"价值变现"。麦肯锡公司判断，"数据，已经渗透到当今每一个行业和业务职能领域，成为重要的生产因素。人们对于海量数据的挖掘和运用，预示着新一波生产率增长和消费者盈余浪潮的到来"[②]。随着大数据技术的发展，数据呈现指数式增长，中国也制定了《促进大数据发展行动纲要》《国家科技资源共享服务平台管理办法》等政策文件，审慎推动公共数据的互联互通和开放共享。2020 年 3 月 30日，中共中央、国务院《关于构建更加完善的要素市场化配置体制机制的意见》（简称《意见》）正式公布，这是中央第一份关于要素市场化配置的文件。《意见》一方面明确提出土地、劳动力、资本、技术、数据五个要素领域改革的方向，另一方面首次在政府官方文件中把数据作为第五种要素，与土地、劳动力、资本、技术发挥同等作用。毫无疑问，在大数据时代，国家战略科技力量建设也离不开第五种要素——数据。数据应用与数据治理已经成为科技创新治理的重要内容，但新一代信息技术推动新一轮科技革命和产业革命加速演进，科技创新活动呈现系统性、复杂性、不确定性等显著特征，这些因素增加了科技攻关和实现高水平科技自立自强

---

① 张琳霞、张虹霞：《大数据时代下的科技数据资源开发利用问题与对策探讨》，《云南科技管理》2021 年第 3 期。

② 转引自艳琳《大数据应用之道》，《科学大观园》2013 年第 12 期。

的难度，对科技创新治理提出更高的要求①。因此，数据资源的高效整合，也需要从"制度集成创新"着手，牢固树立"数据赋能科技自立自强"的理念，仍然需要抓住"效度"这个"牛鼻子"，拓展提升国家战略科技力量建设中数据资源的利用"宽度、广度和深度"。

第一，数据资源利用的"宽度"受限于标准不一。重大科技攻关项目的跨领域、跨部门、跨地区等属性决定了科技数据资源的利用需要横向跨界，不同属性的数据类型必然呈现多样化特征。因此，在共享平台建设过程中出现各种分类标准，这导致即使是同一省份，不同平台的内容也会出现交错混乱，不同省份之间科技资源共享平台的分类更是缺乏标准②。另外，数据信息尚未形成系统性的跨界信息共享规则和交换机制，"数据孤岛"现象仍然存在③。标准不统一的结果是，在同一省份内，需要用户进行多次检索，才能找到所需要的平台服务，从而浪费了大量的时间；在不同省份之间，即使是同一类平台，数据的归口标准可能存在差异，从而导致省际数据难以类比。标准差异下的碎片化信息将极大地影响数据获取、分析和融合的速度和效率④。

第二，数据资源利用的"广度"受限于区域失衡。整体来说，科技数据资源因地区间经济发展程度不同，呈现出"东强西弱"的局面，映射出中国各地科技数据资源共享与服务平台建设进度的不均衡性，存在比较明显的地区差距。相对于发达省份的科技服务业，中国西部欠发达地区的科技资源建设发展起步迟，服务机构规模小，市场拓展能力有限，服务需求对接不畅，模式创新不足，以线下为主的服务方式与经济社会发展需求和现代科技服务业发展需求还存在一定的差距。因此，科技资源分布区域不均衡导致科研机构在科技资源横向联动共享上难度加大。

第三，数据资源利用的"深度"受限于差别待遇。虽然《意见》明确把数据列为"第五种生产要素"，但其变现机制却体现出"差别待遇"。换句话说，在要素市场中，数据难以和传统的土地、劳动力、资本、技术享

① 蔡跃洲：《中国共产党领导的科技创新治理及其数字化转型——数据驱动的新型举国体制构建完善视角》，《管理世界》2021年第8期。
② 邵玉昆：《科技数据资源的开放共享机制研究》，《科技管理研究》2019年第13期。
③ 蔡跃洲：《中国共产党领导的科技创新治理及其数字化转型——数据驱动的新型举国体制构建完善视角》，《管理世界》2021年第8期。
④ 许华：《基于数据资源管理的科技情报服务研究》，《江苏科技信息》2018年第28期。

受同等待遇。科研机构所负责的项目，基本均涉及跨学科、跨地区、跨行业等，本领域的数据资源只能作为研究的最基础数据，同时还应该从其他学科、行业和地区获取相关数据，最后把所有领域数据以项目为单位进行整合和分析，产生"新知识"，进而融入创新产品。从其他学科、行业、地区甚至其他国家获取数据，必须走数据要素市场化之路，通过市场化手段体现数据价值，才能对所有数据进行高效整合。

第四，数据资源利用的"效度"受限于同行竞争。科技研发很多涉及同领域（含同行业、同专业、同地区、同部门等）竞争，因此数据资源难以在其间实现有效共享。许多科研部门从自身需求出发制定了一些相关的开放共享制度，但长期以来形成的封闭保守的思想观念以及知识产权保护的越位、错位和缺位，造成相当数量的单位和科研人员将相关成果看作私有产物，从而降低了科技数据资源共享的积极性。目前国内科技数据资源真正能够用于共享开放的往往是政府或者社会公益机构资助的项目产出，带有一定的公益色彩；而对于大部分高校和科研院所的科研人员来说，一般是被动参与数据共享工作，这是因为他们害怕同行竞争，担心自己的研究思路被别人"抄袭"或担心别人"捷足先登"，由此形成封闭保守的思想观念，从而导致科研数据难以共享。

因此，在国家战略科技力量的建设过程中，要想对数据资源进行高效整合，需要效法整合人才资源和财政资源的做法，重视数据资源整合面临的具体问题，通过"制度集成创新"提出系统化和整体性的举措，具体应该做到以下几点。其一，打破信息孤岛和信息壁垒，建立标准统一的信息共享平台。形成信息孤岛和信息壁垒有同业竞争、区域结构失衡等原因，打破信息孤岛和信息壁垒需要培育"久久为功"的定力和"功成不必在我"的魄力，这是一个"慢工出细活"的过程。而建立标准统一的信息共享平台和整合数据资源，是短期可以见效的工作，需要包括政府、高校、科研院所、企业等各级创新主体的协同努力。《"十四五"数字经济发展规划》亦明确提出，要"深化新一代信息技术在各行业的应用创新，推动跨领域、跨行业数据融合和协同创新"。其二，加快数据资源市场化改革，加强数据使用效率评价。数据是战略科技力量的核心要素，也是科技自立自强发展的基础性要素，在加强基础设施建设和强化法律法规保障的前提下，重点要为数据资源的价值变现提供保障。《"十四五"数字经济发展规划》提出，要以培育数据要素市场、深入推进产业数字化转型，部署提升数据质量、创新突破数字技术、培育数字经济新业态和建设数字乡村等重点工程。因此，需要以数据使用效率评价为统领，统筹现有数据挖掘和数据市场化改革，推进不同领域（如行业、专业、部门等）大数据聚合，培育数据服务、数据分析、大数据交易治理等新业态，要强化高质量数据资源供给，加快数据要素市场化流通，创新数据要素开发利用机制。

## 第三节　分维突破：锻造科技创新刚柔性

中国"十四五"规划纲要明确提出要"适度超前布局国家重大科技基础设施，提高共享水平和使用效率"，这是中国科技向原始创新大步迈进的要求，也是经济高质量发展的内在需求。重大科技基础设施支撑基础科学前沿研究和产业创新交叉前沿领域研究，其建设和运行水平反映国家核心原始创新能力的强弱，重大科技基础设施建设为促进科技发展、国家安全提供了必不可少的科技基础。原始科技创新越来越倚重重大科技基础设施的支撑，布局重大科技基础设施可带来二次创新效应，有效提升创新质量。在新一轮科技革命和产业变革持续深化的大背景下，抓住科技创新发展的重要跃升期和机遇窗口期，积极破解强化国家战略科技力量在"物"的要素支撑方面的瓶颈，在重大科技基础设施建设和利用方面进行重点突破，在科技基础条件平台建设方面进行制度创新，加强数据安全基础设施建设，锻造科技自立自强的"筋骨"，使其兼具刚性和柔性，从而使科技创新更具生命力，为取得更多基础性、战略性、原创性的重大科技创新成果夯实"物"的基础。

### 一　发挥大科学装置的战略导向作用和前瞻引领功能

习近平总书记强调，"我国科技发展的方向就是创新、创新、再创新。要高度重视原始性专业基础理论突破，加强科学基础设施建设，保证基础性、系统性、前沿性技术研究和技术研发持续推进，强化自主创新成果的源头供给。要积极主动整合和利用好全球创新资源，从我国现实需求、发展需求出发，有选择、有重点地参加国际大科学装置和科研基地及其中心建设和利用"[1]。

① 习近平：《在中国科学院第十七次院士大会、中国工程院第十二次院士大会上的讲话》，人民出版社，2014，第12页。

　　大科学装置是用于实现重要科学技术目标的大型基础设施，是国家为解决重大科技前沿问题，国家战略需求中的战略性、基础性和前瞻性科技问题，谋求重大战略突破而投资建设的，是科学突破的重要保障。大科学装置在重大科学发现、前沿技术引领和颠覆性技术突破等方面作用显著。1970 年以后，诺贝尔物理学奖的成果有超过 40% 来自大科学装置，到 1990 年以后这一比例高达 48%[①]。例如美国 SLAC 国家加速器实验室的直线加速器帮助美国物理学家获得 1990 年的诺贝尔物理学奖；英国物理学家希格斯借助欧洲大型强子对撞机（LHC）探测到"上帝粒子"希格斯玻色子而获得 2013 年诺贝尔物理学奖；日本科学家利用大科学装置超级神冈探测器（Super-K）开展科学研究，获得 2015 年诺贝尔物理学奖；智利阿塔卡玛大型毫米/亚毫米波列阵（ALMA）是拍摄轰动世界的黑洞照片的事件视界望远镜项目的重要装置；美国激光干涉引力波天文台（LIGO）因为首次检测到引力波而闻名世界；英国的散裂中子源带动了计算机、生物科技、赛车设计与制造等产业的发展。

　　大科学装置是增强科技创新刚性的重要依托，是夯实科技基础、增加科研厚度、提升科研锐度的硬件保障。中国大科学装置的建设以 20 世纪 80 年代北京正负电子对撞机的建成为契机，兴建了中国散裂中子源、五百米口径球面射电望远镜（FAST）、地球系统数值模拟、高海拔宇宙线观测站等大科学装置。这些大科学装置建设的持续推进，有力地支撑了中国基础研究和高新技术的发展。比如"FAST"在建设过程中产生了超过 30 项自主创新专利成果，"人造太阳"东方超环（EAST）标志着中国磁约束核聚变研究进入国际前沿。功能强大的大科学装置，已成为重大原创科技成果产出和关键核心技术突破的重要条件。

　　首先，创新破局，实施"非对称"赶超战略[②]。充分利用中国自身的

---

① 贾玥、梁秋坪：《今年两会热词：各省紧追的"大科学装置"有多"大"》，2019 年 3 月 14 日，http://lianghui.people.com.cn/2019npc/n1/2019/0314/c425476-30975003.html。

② 2013 年 8 月 21 日，习近平总书记在听取科技部汇报时指出："我们科技总体上与发达国家比有差距，要采取'非对称'赶超战略，发挥自己的优势，特别是到二〇五〇年都不可能赶上的核心技术领域，要研究'非对称'性赶超措施，在国际上，没有核心技术的优势就没有政治上的强势。在关键领域、卡脖子的地方要下大功夫。"（《习近平关于总体国家安全观论述摘编》，中央文献出版社，2018，第 155 页。）2016 年 4 月，习近平总书记在网络安全和信息化工作座谈会上的讲话中提出，要重点把握三个方面的核心技术：一是基础技术、通用技术；二是非对称技术、"杀手锏"技术；三是前沿、颠覆性技术。（《习近平关于网络强国论述摘编》，中央文献出版社，2021，第 110 页。）

结构性优势和资源禀赋，提升科研锐度，在制约中国未来发展的关键环节、短板领域打开新的突破口，在全球科技创新竞争中实现弯道超车。由于科技实力总体上与发达国家存在差距，中国应实施"非对称"赶超战略，塑造科技发展新优势，从而推进科技自立自强①。以建设大科学装置为抓手打造非对称优势，掌握科技竞争主动权，在战略性创新的赛场上增加科研厚度，从而形成在国际上拥有话语权的科技创新实力，破解中国经济发展的"阿喀琉斯之踵"②。

大科学装置的建设是一项投入巨大的工程，其科研成果可以成为科技创新的动力源，对产业的发展具有战略导向和引领作用。新型基础设施建设是中国"非对称"赶超战略的关键环节，大科学装置可发挥重要作用。中央经济工作会议于 2018 年首次提出新型基础设施建设，即"新基建"。目前"新基建"主要包括 5G 基站建设、特高压、城际高速铁路和城市轨道交通、新能源汽车充电桩、大数据中心、人工智能、工业互联网七大领域，涉及诸多产业链，是以新发展理念为引领，以科技创新为驱动，以信息网络为基础，面向高质量发展需要，提供数字转型、智能升级、融合创新等服务的基础设施体系。"新基建"作为新经济的奠基石，对引爆以数字经济、纳米技术和新能源为代表的新一代技术革命浪潮具有不可或缺的基础性作用。

在"新基建"这个赛道上，充分发挥大科学装置对科技创新发展的支撑作用，站在创新前沿，强化基础研究，加快布局共性技术，形成更多的先发优势，打造非对称优势，夯实、加宽、扩大新基建跑道，适度超前布局铺"路"，让"路"等"车"，形成"以建促用"的发展效应，使科技创新这辆车跑得更快、更稳。有关政策见表 7-1。

---

① 胡鞍钢：《中国科技实力跨越式发展与展望（2000—2035 年）》，《北京工业大学学报》（社会科学版）2022 年第 4 期。
② 阿喀琉斯，是凡人英雄珀琉斯和海洋女神忒提斯之子。忒提斯为了让儿子炼成"金钟罩"，在他刚出生时就将其倒提着浸进冥河。但是，阿喀琉斯被母亲捏住的脚后跟却露在水外，这成为他全身唯一一处"死穴"。后来，阿喀琉斯被帕里斯一箭射中脚踝而死去。所以"阿喀琉斯之踵"譬喻这样一个道理：即使是再强大的英雄，也有致命的死穴或软肋。

表 7 - 1 近年来中央关于"新基建"相关表述

| 时间 | 出处 | 表述 |
| --- | --- | --- |
| 2018 年 12 月 19 日 | 中央经济工作会议 | 重新定义基础设施建设，把 5G、人工智能、工业互联网、物联网建设定义为"新型基础设施建设" |
| 2019 年 3 月 5 日 | 政府工作报告 | 要求"加强人工智能、工业互联网、物联网等新型基础设施建设和融合应用" |
| 2019 年 7 月 30 日 | 中央政治局会议 | 加快推进信息网络等新型基础设施建设 |
| 2020 年 1 月 3 日 | 国务院常务会议 | 提出"大力发展先进制造业，出台信息网络等新型基础设施投资支持政策，推进智能、绿色制造" |
| 2020 年 2 月 14 日 | 中央全面深化改革委员会会议 | 基础设施是经济发展的重要支撑，要以整体优化、协同整合为导向，统筹存量和增量、传统和新型基础设施发展，打造集约高效、经济适用、智能绿色、安全可靠的现代化基础设施体系 |
| 2020 年 4 月 17 日 | 中共中央政治局会议 | 加强传统基础设施和新型基础设施投资，促进传统产业改造升级，扩大战略性新兴产业投资 |
| 2020 年 5 月 22 日 | 政府工作报告 | 加强新型基础设施建设，发展新一代信息网络，拓展 5G 应用，建设数据中心，推广新能源汽车，激发新消费需求，助力产业升级 |

资料来源：根据新华社、人民日报、人民网、国家发展改革委等网站资料整理。

其次，创新立势，锻造国之利器。围绕大科学装置配置科研资源，增加科研厚度，实施关键核心技术攻坚，争取占据科技创新高地，打造国之科技利器。

依托大科学装置是建立具有强大国际竞争力的国家大型科研基地的重要条件。例如，日本 20 世纪 60 年代建设筑波科学城，依托大科学装置与计划，设立并迁移筑波大学、宇宙航空研究开发机构（JAXA）、理化学研究所以及国土地理院等众多科研院所和国家研究机构，这些科研机构拥有众多大科学装置。其中高能加速器研究机构（KEK）所在的科技园区占地约 153 万平方米，地下深达 11 米，集中了众多放射性科学装置。

依托大科学装置建设科研重地，集中科研力量、科研任务、国家投资，学科多样化、交叉化，多领域融合创新，这些在培养和凝聚高端科技人才方面具有独特的作用。重大科技基础设施能够为科技工作者提供良好的科研平台，从而凝聚人才、吸引人才，促进科研"异花传粉"，强化突破重大新技术的能力。进而推动科学研究从量变到质变，实现从跟跑到并行再到领跑的转变，促进"从 0 到 1"的原创性成果产出。例如，在日本最大的高水平科学中心筑波科学城，共 25 万的人口中有 2 万人是研发人员，其中约有 8000 名博士，筑波科学城还拥有宇宙航空研究开发机构、理化学研究所、国土地理院等 29 家国家级科研机构和 150 多家民间研究机构，其科研密集度极高。又如欧洲核子研究组织（CERN）拥有世界上最大的粒子加速器设施大型强子对撞机（LHC）等一系列大型科学装置，吸引了全球科学家来此进行科研活动，取得一系列重大科研成果，如 W 及 Z 玻色子的发现（1983，UA1 和 UA2，1984 年诺贝尔物理学奖）、多丝正比室的发明（Georges Charpak，1992 年诺贝尔物理学奖）、希格斯玻色子的发现（2013，被称为"上帝粒子"）等。

此外，大科学装置不仅作用于高端科学研究，还可对民间科研机构、民众开放，能够促进培育浓厚的科研氛围，具有重要的科普价值。例如，美国 SLAC 国家加速器实验室的直线加速器和电子环加速器一般是供极其高端的科学研究使用，而斯坦福同步辐射光源（SSRL）则有偿开放给民间的各种研究机构、研究部门使用。SSRL 有 32 个实验站供来自大学、工业部门、政府实验室和国外研究机构的用户进行实验，一年内约有 9 个月为用户运行。欧洲核子研究组织主要的对外开放设施是科学与创新之球和粒子物理学博物馆，充分利用自身取得的多项重大科研成果优势，对公众开展粒子物理学的科普。

## 二 强化大型科学仪器设备的应用支撑和民生改善功能

习近平总书记在中国科学院第十九次院士大会、中国工程院第十四次院士大会上指出："要把满足人民对美好生活的向往作为科技创新的落脚点，把惠民、利民、富民、改善民生作为科技创新的重要方向。"[1] 科技既要"顶天"也要"立地"，面向经济主战场，改善民生，是科技创新的落脚点。

大型科学仪器设备和研究实验基地是国家创新体系的重要组成部分，

---

[1]　习近平：《在中国科学院第十九次院士大会、中国工程院第十四次院士大会上的讲话》，人民出版社，2018，第 12 页。

是服务于全社会科技进步与技术创新的基础支撑体系。增强大型科学设备的科技创新社会属性，促进研发活动向网络化、生态化发展，需要营造一个多主体协同、多要素融通、制度环境充满活力的分布式基础研究创新生态系统，从而优化科技力量的空间布局、行业布局，打破科研硬件使用上的僵化，塑造科研柔性。

首先，筑垒科技共享平台，形成战略科技力量的体系化布局。大型科学仪器设备是科技创新的重要基地，提高仪器的开放共享水平和使用效率，是提升科技基础条件保障能力的体现。以仪器设备资源共享服务为核心内容，强化应用支撑功能，打破条块分割，面向广大技术创新主体和科学技术研究领域构建跨行政区域的开放式大型科学仪器设备共享平台。

以大型科学仪器共享平台为载体，建立管理方、信息中介方、使用方三者的协同系统，优化配置，合理布局，以信息资源共享带动实物资源共享。构建共享平台可以优化科研组织模式，发挥大型科学仪器设备的磁场效应，吸引更多大型科学仪器设备进入共享平台，促进科研主体的协同创新，促进科技创新的多学科协同以及多种先进技术手段的综合运用，形成共性技术平台，达到协同互促、释放科技乘数效应。

其次，支撑民生改善，引导科技向善的价值取向。大型科学仪器共享平台的开放属性是科技向善的体现。在此基础上，平台开展的科技创新活动秉持可持续发展的创新理念，树立底线思维，以创造社会价值、改善民生为核心，构建人与社会、自然协调发展的科技研发体系，并通过促进人员、资金、技术、设施等科研要素的有效流动，形成科技向善的源泉。

## 三　增强科技信息基础设施的数据安全和数据利用能力

科技信息基础设施是科技基础条件平台的组成部分，主要包括自然科技资源保存和利用体系、科学数据共享服务中心和网络、科技图书文献资源共享服务网络、科技成果转化公共服务平台、网络科技环境等部分，是以科技数据安全、资源共享为核心的创新公共服务体系。数据是科技基础研究的基本要素，加强科技信息基础设施建设，确保科学数据体系的安全性和质量，提高数据共享水平和利用效率。

首先，构建多领域、多层次的网络安全技术创新体系，提供高质量的科学数据支撑。人工智能、大数据、移动互联网和云计算的协同融合，既点燃了新的经济引擎，也带来新的安全隐患。新基建的发展需同步开展信息数据安全保障工作，先进可靠的信息技术是数字经济健康发展的技术基础，是应对网络安全新挑战的条件。

2022 年，国务院《政府工作报告》明确要求："建设数字信息基础设施，逐步构建全国一体化大数据中心体系。"而"东数西算"工程正是"全国一体化大数据中心体系"的重要组成部分。算力正成为全球战略竞争的新焦点之一，是推动经济社会数字化发展的重要驱动力。实施"东数西算"工程，有利于推进关键核心技术攻关，构建科技领先优势，进而实现产业创新发展。在数据传输方面，"东数西算"需要跨越地域和网络，数据传输是在物理隔离和逻辑隔离双重隔离的情况下进行，面临新的数据安全挑战。在数据存储方面，如何对西部算力推算出来的新的数据结果进行处理和存储也是一大难题。因此，"东数西算"工程对数据安全提出多方面的新要求。《关于加快构建全国一体化大数据中心协同创新体系的指导意见》中指出，要构建贯穿基础网络、数据中心、云平台、数据、应用等一体协同安全保障体系。推进实施"东数西算"工程，大数据领域需要做好顶层设计，实现基础设施革新。

此外，重大基础科学研究往往需要时间纵向上长期、系统的数据积累，协同科研、网络型科研团队的核心技术攻关在空间横向上也对科研数据的安全性提出高要求。因此，需要建设科学研究资源库等，充分利用数据科学、科学大数据中心等科研信息基础设施，发展量子保密等先进的通信技术以筑牢数据安全屏障，推进数据安全基础设施建设，为各领域基础研究构建良好的网络安全生态体系。

其次，完善科技资源共享服务体系，加强科技数据资源开发利用能力。随着数字经济蓬勃发展，数据已经成为关键生产要素，是基础性资源和战略性资源①。2020 年 12 月，国家知识产权局发布《知识产权基础数据利用指引》，推动提高知识产权信息公共服务能力和社会公众、创新创业主体知识产权数据利用水平②。2022 年，中共中央、国务院发布的《关于加快建设全国统一大市场的意见》提出，要加快培育统一的技术和数据市

---

① 国家统计局数据显示，从 2005 年到 2020 年，中国数字经济总体规模由 2.6 万亿元增加到 39.2 万亿元，数字经济在 GDP 的占比也由 14.2% 提升至 38.6%。

② 《数字中国发展报告（2020 年）》指出，2020 年 8 月，北部湾大数据交易所成立，截至 2020 年底，交易规模突破 1500 万元，登记注册企业超过 120 家，数据服务调用次数超过 1.2 亿次。

场。要完善科技资源共享服务体系，鼓励不同区域之间科技信息交流互动。因此，要加快培育和完善数据要素市场，重视重大项目攻关数据安全，统筹好数据的开发利用、隐私保护和公共安全，构建多层次、高效率的科技数据交易流通共享体系。

## 第四节　降维制胜：营造"四个面向"创新生态

降维即化繁为简，将复杂的问题简单化。在商业领域，降维是指通过创新建立"碾压式"比较优势或绝对竞争优势，使竞争对手无所适从。发挥新型举国体制优势强化国家战略科技力量，要遵循系统思维，化繁为简，强化"四个面向"创新生态"软实力"对国家战略科技力量"硬实力"建设的支撑作用，在纷繁复杂多变的竞争环境中赢得全球竞争优势。

### 一　新型举国体制下的创新环境建设

从概念来看，创新环境最早形成于科技孵化器等科技社区发展讨论中，后来欧洲创新环境研究小组（GREMI）学者在研究欧洲高新产业区的过程中将之拓展到地区层面。20世纪70年代以来，美国硅谷（Silicon Valley）、意大利艾米利亚 – 罗马涅（Emilia-Romagna）、德国巴登 – 符腾堡州（Baden-Württemberg）、中国台湾新竹等地区的成功实践均表明，良好的创新环境对于区域创新过程及其可持续发展具有重要性，进一步引发了各国和地区政府对建设创新环境的重视。创新环境是各类行为主体（大学、科研院所、企业、地方政府等机构及其个人）之间在长期正式或非正式的合作与交流的基础上所形成的相对稳定的系统。也有学者将其定义为"集体学习过程"、非物质的社会文化因子（技术、文化、技能、劳动力市场等）、促使创新的区域性制度、规则和惯例的系统等的总和。从构成来看，相关研究比较丰富，国内外学者们各抒己见，未有统一认识，如黄桥庆等认为，创新环境由四个维度构成，即基础设施环境、创新资源环境、政策与制度环境、社会文化环境[1]；盖文启认为，创新环境由三方面构成，即

---

[1]　黄桥庆、赵自强、王志敏：《区域创新环境的类型及其特征》，《中原工学院学报》2004年第5期。

社会文化环境与创新、制度新环境、劳动力市场创新环境①；蔡秀玲认为，区域创新环境主要由基础设施环境、社会文化环境、区域制度环境、区域学习环境等四部分构成；等等②。总体而言，创新环境是决定或影响创新发生的区位与空间、社会文化、经济与制度、公共机构与组织支撑等各种正式或非正式因素的有机综合。

创新环境的功能及其重要性体现为促进网络形成以降低交易成本、促进学习过程发生以提高知识生产与扩散效率、促进创新体系与外部环境之间的开放互动以促进创新资源的吸收以及系统演化升级。从国家创新体系角度，Nelson 指出，创新发生于一个制度体系中，在这个制度体系中，一系列相互联系和相互作用的参与者影响企业可能发生的创新③。新型举国体制作为一种特殊的制度供给形式，在强化国家战略科技力量过程中更为重视创新环境建设。政府通过自身治理能力建设及强化以新型举国体制为特征的制度供给，在机构建设、平台建设、项目管理、资源配置、市场竞争、法规管制、创新文化、对外开放等环境建设领域发挥作用，最终建立形成一种高阶创新环境，提高创新主体相关活动效能。创新环境的"降维制胜"，核心是通过制度层面的"化繁为简"，通过促进网络形成、促进学习过程发生以及形成开放互动体系等，不断改善国家战略科技力量主体创新效率、推动创新能力结构演进。

为此，在新型举国体制框架下，可将强化国家战略科技力量的创新环境建设具体展开为四个层次：一是高效便捷的政府服务环境，体现为政府自身机构改革与创新，通过组织机构优化、简政放权、提升服务能力等推进宏观科技管理变革，强化"四个面向"科技服务能力；二是资源优化配置的政策供给环境，以环境政策为着力点，推动创新领域资源优化配置，发展以国家战略科技力量为核心的创新链，提升国家战略科技力量的建设效能；三是多元主体联动的创新生态环境，通过密切创新联动、文化建设等形成良好创新生态，提升国家战略科技力量的运行成效；四是双向融通的开放创新环境，通过打造国内一体化创新格局以及高水平融入全球创新

①　盖文启：《论区域经济发展与区域创新环境》，《学术研究》2002 年第 1 期。
②　蔡秀玲：《"硅谷"与"新竹"区域创新环境形成机制比较与启示》，《亚太经济》2004 年第 6 期。
③　R. R. Nelson, *National Innovation Systems: A Comparative Analysis* ( New York: Oxford University Press, 1993).

网络等建设高水平开放创新高地，以高水平国家战略科技力量建设赢得全球竞争优势。

## 二　推进宏观科技管理变革

政府是制度供给和制度创新的最重要主体，可以塑造其他制度和激励主体，影响着整体制度质量。作为科技创新治理体系，乃至整个国家治理体系的重要组成部分，政府建立的科技体制体系是国家发展科学技术、实施科研管理和引导研发活动的综合制度体系，其相应机构设置、管理方式等构成了"四个面向"宏观科技服务能力。

第一，从机构设置来看，中国"十四五"规划明确指出，中国科技管理机构的总体设置存在部门分割、小而散的复杂状态。这容易带来资源浪费及重复建设，不利于资源向"四个面向"攻关方向的集中与优化配置。一方面，全面推动落实《深化科技体制改革实施方案》重点任务。从科技投入来看，借鉴发达国家科技创新管理体制，要进一步健全财政科研投入体制，深化发展和改革、科学技术、工业和信息化等部门在科技创新领域科研投入方面的沟通与密切合作，健全面向国家战略科技力量创新全过程、整合化的财政科研投入制度。另一方面，探索整合发展和改革、科学技术、工业和信息化等多部门职能，设立专注于"四个面向"攻关的新型部委机构或领导小组，提升推进"四个面向"攻关的服务力。其"新型"的含义在于打破传统体制约束、建立新体制进而破解多部门分割难题以实现创新资源全过程覆盖，在具体运行方式上实现决策、管理与实施的相对独立及扁平化，政府支持与市场机制的高效结合，制度供给的高效率、高质量等目标。

第二，加快政府职能转变和创新政府行为方式是政府提升"四个面向"组织与服务能力的"硬币"另一面。一方面，要深入推进政府科技管理理念转变。2020年9月，习近平总书记在科学家座谈会上强调"要加快科技管理职能转变，把更多精力从分钱、分物、定项目转到定战略、定方针、定政策和创造环境、搞好服务上来"[①]。2021年5月，在中国科学院第二十次院士大会、中国工程院第十五次院士大会、中国科协第十次全国代表大会上习近平总书记进一步强调，"科技管理改革不能只做'加法'，要

---

① 习近平：《在科学家座谈会上的讲话》，人民出版社，2020，第9页。

善于做'减法'。要拿出更大的勇气推动科技管理职能转变，按照抓战略、抓改革、抓规划、抓服务的定位，转变作风，提升能力，减少分钱、分物、定项目等直接干预，强化规划政策引导……"① 特别是在具有基础性、公共性和通用性等特点的重大科技攻关任务实施过程中，要着力破解盲目上马、政府包办、不计成本等老大难问题，推动政府职能和行为方式实现从领导到引导、从指挥到服务、从定规划到定规则的转变。另一方面，目前，数字化转型加速推进，人工智能等颠覆性创新不断涌现，丰富的大数据资源和数字技术手段为创新科研攻关组织方式，优化科技创新模式提供了新的支撑。要提升大数据等现代技术手段辅助治理能力，充分利用区块链、新一代信息技术、物联网等数字新技术，以技术创新深化简政放权改革，积极建设各类高效便捷创新领域政务服务平台，积极发展"一网通办""最多跑一次""一网统管""一网协同"等服务管理新模式，加快政务服务体系数字化和"数字政府"建设。在数字技术赋能科技政府管理背后，陈昌盛等指出，互联网时代的去中心化、分散化与强政府的集中式、科层制之间的冲突必然进一步加剧。因此，要充分发挥技术变革对政府管理方式变革的促进作用，着力推动科技领域强政府变革，强化"柔性政府""矩阵式管理""企业家政府"等制度属性。②

### 三 创新环境政策供给机制

科技政策是建设创新环境的重要工具，其重点在于资源配置。传统制度供给方式侧重于计划控制、时间控制、过程控制和结果控制，难以适应前沿科技创新领域和基础研究规律和特点，其弊端与不足日益明显。以"四个面向"为导向，国家战略科技力量相关科技活动将更加聚焦前沿技术领域、关键核心技术领域，相应地要改变线性的制度供给方式，要适应世界科技革命变革对国家战略科技力量建设提出的要求，以国家战略科技力量建设的差异化需求为导向，建立全周期、系统化的政策供给机制，发展高效的组织动员体系和统筹协调的科技资源配置模式，推动资源向强化"四个面向"的科研及产业化活动方向集聚，以制度创新和组织创新引领

---

① 习近平：《在中国科学院第二十次院士大会、中国工程院第十五次院士大会、中国科协第十次全国代表大会上的讲话》，人民出版社，2021，第14页。

② 陈昌盛等：《"十四五"时期我国发展内外部环境研究》，《管理世界》2020年第10期。

其建设的突破性和创新性，构建以国家战略科技力量为创新主体、包括"基础研究＋技术攻关＋成果产业化＋科技金融＋人才支撑"在内的全过程创新生态链。

第一，深化政府支持与市场机制的有机结合，推进政府科技项目管理制度改革。一方面，从项目组织及立项过程来看，政府应更多在项目论证设置、验收考核、成果转化等环节把关，采用更加国际化、规范化的科研项目评审机制和操作方式，激发各参与方的积极性，引导参与方按国家利益导向和重大需求开展研究。改革重大科技项目立项和组织管理方式，不仅要增强科研项目组织竞争性以及加强科技项目攻关的市场机制建设，深入推行揭榜挂帅、赛马制、首席科学家制等科研组织方式，而且要提高关键核心技术攻关项目牵头者遴选的竞争性，探索建立及推广政府出题、市场化组织、合约管理的高效技术攻关组织制度，提高技术创新活动效率。比如，对于应用目标明确的攻关项目，可以采用揭榜制面向全国征集关键核心技术攻关的最优研发团队和最佳解决方案，改变项目只接受少数单位申报的做法。对于面向经济主战场的关键核心技术攻关项目，在论证和设置中要对标国际一流和进口产品技术规格及性能指标，在组织方式上更多采取"赛马式资助竞争机制""一技一策""一企一策""链式布局"等强化产学研用协同攻关、产业链上下游企业联合攻关，在财政投入机制上要发挥引导社会资本参与的作用，努力实现一批关键核心技术从跟跑、并跑向领跑转变。另一方面，烦琐的科研经费使用和管理制度已成为基础研究高质量发展的最大阻力之一。因此，要着力改革和创新科研经费使用和管理方式，建立推行"技术总师负责制""经费包干制""信用承诺制"等经费使用和管理制度，赋予科学家更大技术路线决定权、经费支配权、资源调度权。比如，提高重大科学装置建设和运行经费中间接费用比例等。在项目验收上，强化成果导向，提高评价标准，加大国际评审的力度，努力提高国际贡献比重。

第二，更好发挥制度在降低创新中的不确定性、交易费用以及提高对创新的奖励等方面的作用，营造强化基础研究政策供给的良好环境，推动科技资源配置进一步向基础研究领域倾斜。基础研究是科技创新的"总开关"，中国科技发展已经进入拓展知识边界、拓展技术边界、追求成果原理和应用原理的新阶段，但中国在基础研究领域的科技创新制度和政策设计的一个突出问题是，未能较好适应基础研究高风险性、长周期性、持续投入等特征。下一步要将基础研究作为国家战略、科技战略的重要组成部分，加强顶层设计和系统部署，完善基础研究的评价、激励、支持、服务等方面的制度设计。首先，要把深化科技评价制度改革摆在更加突出的位置。健全完善科技人才分类评价体系，更多根据创造力和求知欲来评价研究人员，建立健全符合自由探索型和任务导向型科研活动规律的科技项目分类评价制度，建立非共识科技项目的评价机制。优化基础研究评价标准，突出成果评价、人才评价和机构评价。实行基础研究分类评价，对于面向世界科学前沿的基础研究，强化国际同行分类评价主导地位，实现长周期评价，推行代表作制度，鼓励原创、宽容失败、明确差距；对于面向国家战略需求的基础研究，采取同行评价和需求方评价相结合的方式，主要考虑在解决"四个面向"方面的作用或潜在价值。其次，要健全基础研究投入制度。改变基础研究主要由政府投入为主，而且中央财政占绝对大头的方式，探索形成多元化基础研究投入格局，建立持续稳定增长的央地协同的财政投入机制，引导企业和金融机构以联合设立基金等适当形式大力支持基础研究，不断扩大资金来源。健全鼓励龙头企业、社会资本主导或参与投入基础研究及应用基础研究的体制机制，对开展基础研究有成效的科研单位、企业和地方政府，在财政、金融、税收等方面给予必要的政策和资金支持。鼓励设立专注于基础科学研究的私人基金会，借鉴美国私人基金会的运作方式。探索建立"理念导向"与"实践导向"相结合的政府支持科学研究制度，加大对战略科学家的长周期支持力度，加大对探索型研究、不确定创新项目的支持，提高颠覆性创新、突破性创新项目的成功率、包容度以及价值转化效率。最后，要大力发展"开放科学"。也就是最大限度地开放互联网，对于以科学知识、学术内容为主题的网站或搜寻平台，在不涉及意识形态的前提下，在国家主权与安全许可的范围内，尽可能地放开知识搜索权限。提升基础公共数据开放水平，构建统一的国家公共数据开放平台和开发利用端口，为科学研究释放数据红利。进一步强化各类学术平台的公益属性，推动国家科研平台、科技报告、科研数据进一步向企业开放。

第三，营造鼓励竞争与加大创新保护政策环境。首先，稳步放开行业准入限制。以申请加入 CPTPP 为契机，加大力度放开高等教育、新兴产业领域、知识密集型服务业领域的准入限制，推动行业竞争，形成以良性竞争推动基础研究、技术创新的良好氛围。其次，不断提高知识产权激励与保护水平。根据创新活动的规律和特点，建立目标考核体系并制定知识产权获取、归属、分配、转移等激励方案，深入改革加速科技创新成果商业应用和知识扩散的基本激励制度。进一步健全政府资助项目专利权转让机制，优化专利资助奖励政策和考核评价机制。改革国有知识产权归属和权益分配机制，扩大科研机构和高等院校知识产权处置自主权。从保护角度，深入实施知识产权强国战略，对标国际标准确立最严格的知识产权保护制度，开展新领域新业态知识产权立法工作，健全知识产权侵权惩罚性赔偿制度，完善无形资产评估制度，构建知识产权保护全国统一、全过程、全周期保护公共服务平台。

### 四　营造多元主体共同参与的生态

新一代信息技术推动新一轮科技革命和产业变革加速演进，科技创新活动的系统性、复杂性和不确定性等特征不断强化，科技创新活动的"乌卡"（VUCA）① 特征日益突出，多元主体共同参与的生态环境，对于降低不确定性、避免重大技术路线选择失误、提高科技成果转化效率等显得尤为重要。从创新环境角度看，在新型举国体制下强化国家战略科技力量建设，要增进科技领军企业、新型研发机构、独角兽企业等各类创新主体参与科技自立自强的动力和能力，完善政府、科技机构、教育系统、企业组织、金融机构等密切协作机制，打破阻碍创新要素流动、创新价值创造、创新成果转化的各种体制机制壁垒，切实推动科技、产业、金融、社会、文化等多要素良性循环，发挥创新网络作用，不断增进国家战略科技力量建设及运行效能。

第一，推动创新主体联动攻坚关键核心技术，在全球科技革命和产业变革中赢得主动权。首先，发挥政府主体需求促进自主创新、合作创新的作用，健全政府采购刺激带动技术进步、科技成果转化的全过程体制机制，推动创新生产要素快速转化为自主创新能力及经济效益。其次，进一步强化企业创新主体作用，推动国有企业、中央企业、民营企业协同发力。当前，中国民营企业作为新鲜血液的注入，将成为新型举国体制的新

---

① 乌卡（VUCA），是 volatile、uncertain、complex、ambiguous 的缩写。这四个单词分别是易变不稳定、不确定、复杂和模糊的意思。乌卡时代是指我们正处于一个具有易变性、不确定性、复杂性、模糊性的世界里。

引擎，也是区别以往举国体制的最显著标志之一。要加强政策引导，鼓励民营科技企业广泛、深度参与"四个面向"创新活动，加强对行业和地方科研机构力量的整合兼并，提高招投标的透明度和公开度，培育具有关键核心技术攻关能力的行业领军企业。推动国有企业与民营企业协同发展，为社会研发机构和中小企业参加关键核心技术攻关提供更多空间与机会。支持领军企业、高校科研院所、行业协会、投资机构等组建创新联合体，推动产学研用密切协作，建立"需求方出题，科技界答题"新机制，聚焦产业发展的关键环节着力突破关键核心技术。最后，大力建设新型研发机构等产业创新载体和平台，创新研发机构运行体制机制。在新型举国体制架构内，积极培育以任务为导向、利益为驱动、项目为纽带的新型研发机构，鼓励新型研发机构探索各种符合创新规律的管理模式，构建"政产学研用"创新群落和战略科技力量体系。赋予各研发单位独立、完整的法人格和自主权，将重大项目的实施与研发机构能力建设结合起来。

第二，社会力量及其网络效应在塑造创新生态体系中的作用日益凸显。萨克森妮认为，正式合作网络和非正式合作网络的结合能够有效传递和扩散各类知识特别是隐性知识[1]。美国 M. 卡斯特尔和 P. 霍尔的研究指出，除结构性生产要素（信息原料、风险资金、高技能科技劳动力）以外，企业家文化，以及硅谷建立在工作基础上的、在酒吧中得到加强的社会网络——"集体企业家"，已经成为其创新环境生存和发展的基本要素[2]。下一步，中国要健全各类社会力量的主体功能，发挥中介组织、行会、商协会等社会力量在集聚人力资本、联通创新网络等方面的纽带、平台等"结构洞"优势，积极发展面向重大科技创新的各层次非正式网络，推动知识资源集聚、知识扩散和技术进步。

第三，培育与发展以鼓励创新、科技向善等为核心的创新文化。首先，要建立弘扬科技创新精神的制度体系。推进国家各层级荣誉制度体系和政府奖励制度改革，强化以爱国、创新、求实、奉献、协同、育人等为主题的精神价值导向。着力加强科学作风学风建设，完善相关制度。大力弘扬企业家创新精神，鼓励企业家做创新发展的探索者、组织者、引领

---

① 转引自陈柳钦《国内外关于产业集群技术创新环境研究综述》，《贵州师范大学学报》（社会科学版）2007 年第 5 期。

② 转引自侯媛媛、刘云《高新区创新国际化运行机制及绩效研究》，《中国管理科学》2013 年第 S2 期。

者。其次，要大力提升全社会科学素质，开设形式逻辑、科学方法、科技史、科学实验等各类公开课程和参与平台，发展繁荣科学，增强公众理解科学和参与科学的基础能力。加强政府、大学、科研机构与民间合作，设立公众参与的科研项目，鼓励社会开源、民间众筹的科研活动，让公众体验研究和创新的全过程。推广深圳经验，将科学素质纳入公务员考试录用、教育培训、领导干部任职考察和年度考核内容。最后，培育科技向善的创新观，积极建设伦理道德框架。科技是发展的利器，也可能成为风险的源头。要前瞻研判科技发展带来的规则冲突、社会风险、伦理挑战，完善相关法律法规、伦理审查规则及监管框架。特别是在人工智能、生命科学等领域，加快推动伦理道德框架建设。

### 五　打造开放创新制度高地

开放型创新环境是发挥新型举国体制效能的重要前提，其功能在于推动国家创新体系的持续演进。从国内跨地区协调来看，目前中国的举国体制更多是在"资源投入"方面实现了"举国投入"，但在"组织管理"（跨部门协调、跨地区协调）方面还没有真正实现"举国协同发力"。要处理好自主与开放的关系，提升国内跨区域之间的科技创新协同和一体化水平，积极融入全球创新网络，充分利用全球高端创新要素提高中国科技创新能力，构建创新"双循环"新发展格局。

第一，构建优势互补、链条联动、要素流通的创新一体化格局。首先，新型举国体制视角下政府科技创新资源配置机制改革，要像"南水北调""西电东送"一样，结合不同区域的资源优势，加强科技、发改、工信等部门统筹协调，构建跨学科、跨领域、跨行业、跨地区的平台、项目、人才一体化建设机制，优化重点领域项目、基地、人才、资金的一体化配置，提升资源使用效率。充分利用中长期科技规划、科技计划和政策等激励性手段，根据国家重大科技创新任务需求进行一体化配置资源。比如，目前中国正式开展全国性算力网络建设，建设"东数西算"工程。这一工程的实施，可以充分利用中国西部地区在发展数据中心、承接东部算力需求方面的优势如资源充裕和潜力，提升国家整体算力水平、促进绿色发展、扩大有效投资。其次，要切实打破阻碍创新要素流动、创新价值创造、创新成果转化的地区间体制机制壁垒，建设"四个面向"导向的区域创新大市场。以城市群、都市圈建设为抓手，发挥中心城市、枢纽城市的带动作用，加强顶层设计，打破地理与行政边界约束，积极建设多层次创新走廊、创新圈、区域生态系统。

第二，从要素流动型开放向制度型开放转变。科技自立自强不是封闭创新，而是深入的自主创新与更高程度的对外开放结合起来的创新形态。积极促进由商品和要素流动型开放向创新领域制度型开放转变，是当前中国提升对外合作水平的重点方向，也是加快构建"双循环"新发展格局的必然要求。首先，要推动从边境开放向边境内开放拓展，推动规则、规制、管理、标准等与国际通行做法对接，试点推动人才开放、基础研究开放、应用基础研究开放、共性技术开放、开发试验研究开放等创新全链条开放，以制度"对接"激发科技领域自主创新潜力，加快构建与国际先进创新规则全面衔接的体制机制。其次，要以制度"引领"强化国际竞争优势，建立积极参与全球价值链治理的体制机制，提高在国际创新分工、国际创新领域制度规则和管理标准等方面的话语权和影响力，形成以技术标准、技术规则、知识产权等为内涵的国际竞争优势。发挥科研机构、企业、战略科学家、高层次人才在开发、整合、应用全球创新资源方面的主体作用，探索建立人才、资金、设备等创新投入要素跨境便捷流通及共享机制，促进跨境创新要素流动及价值创造，提升在全球创新网络中的关键纽带地位。最后，要以环境塑造为引领形成制度开放新优势。强化法治建设、知识产权保护、信用体系建设、质量管理、科普宣传、普法教育等重点领域的国际对接与竞争力，注重科研项目管理、人才管理以及观念文化、行为方式、价值标准等方面的国际化，形成创新环境领域的国际新优势。

第三，深度参与全球科技治理。要深化全球公共卫生、气候变化、人类健康等前沿、公共领域的科技合作，主动设立各类中长期研发专项，切实强化同各国科研人员间的联合研发。要依托重大科技基础设施和高水平实验室体系，主动设计和牵头发起国际大科学计划和大科学工程，充分集聚国内外基础研究人才团队和创新资源，发挥科学基金独特作用，加强基础研究领域国际合作。要加大国家科技计划对外开放力度，启动重大科技合作项目，研究设立面向全球的科学研究基金，实施科学家交流计划，支持在中国境内设立国际科技组织，支持外籍科学家在中国科技学术组织任职。①

---

① 《中华人民共和国国民经济和社会发展第十四个五年规划和2035年远景目标纲要》，人民出版社，2021，第22页。

# 结语
# 价值贡献与未来展望

本书心系"国之大者"，以国家科技赶超为切入点，从系统论、国家创新体系、新制度经济学等理论融合视角出发，对新型举国体制强化国家战略科技力量的背景、内涵、机理、逻辑、实践、向度和进路等进行了深入系统研究。新型举国体制强化国家战略科技力量的本质特征是中国现代化进程进入新发展阶段后实现高水平科技自立自强的内在过程，其重点在于，建立发挥市场在资源配置中起决定性作用与更好发挥政府集中力量办大事作用的有效协同机制。新型举国体制强化国家战略科技力量，实现科技自立自强，是破解"李约瑟之谜"、实现弯道超车，通过"科技复兴"进而全面建设社会主义现代化国家，全面推进中华民族伟大复兴的必由之路。

## 第一节 理论价值：推进学科体系创新与话语权建设

本书理论价值可从两个维度展开：一方面，对新型举国体制强化国家战略科技力量建设的系统研究，在推进学科体系创新方面可能形成一些边际贡献，具体体现为深化中国特色社会主义科技治理理论、丰富追赶型经济体国家创新体系建设理论以及拓宽后发国家实现技术赶超的路径视野等；另一方面，无论是举国体制，还是战略科技力量，均是中国政府将马克思主义基本原理同中国科技创新发展的长期、具体实践相结合后提出的概念，起源于领导人讲话和政策文件，具有鲜明的中国特征、中国特色。本书建立强化国家战略科技力量之中国道路、中国方案的整体式框架，明确新型举国体制与战略科技力量两个概念及其彼此联系在学术层面上的价值性、合理性，同时也展现了两个概念的鲜活学术生命力，对推进中国在科技创新发展领域的国际学术话语权建设发挥一定作用，有利于增强中国特色社会主义制度自信、理论自信、道路自信和文化自信。

## 一 深化中国特色社会主义科技治理理论研究

科技治理是国家治理体系和治理能力现代化总体框架的重要组成部分。完善和发展新型举国体制对推进中国特色社会主义科技治理能力建设及其现代化具有重要意义。1978～2013 年，中国国家治理侧重于科学管理。2013 年党的十八届三中全会通过了《中共中央关于全面深化改革若干重大问题的决定》，明确提出推进治理现代化，国家治理进入新阶段①。2019 年 10 月 31 日，中央出台《中共中央关于坚持和完善中国特色社会主义制度、推进国家治理体系和治理能力现代化若干重大问题的决定》，在完善科技创新体制机制中要求"弘扬科学精神和工匠精神，加快建设创新型国家，强化国家战略科技力量，健全国家实验室体系，构建社会主义市场经济条件下关键核心技术攻关新型举国体制"，从而将构建新型举国体制纳入国家科技治理范畴。理论界对新型举国体制与国家治理之间的关系进行了大量研究，取得一系列成果。比如，蔡跃洲认为，"十四五"时期将党的集中统一领导优势、市场资源配置优势与数据资源及数字技术优势相结合，是提升科技创新治理效能的必然选择②。基于政府实践和大量的学术研究，本书围绕新型举国体制及其强化国家战略科技力量开展基础性、一般性思考，在三个方面深化了中国特色社会主义科技治理理论研究。

一是增强新型举国体制研究的系统性。现有研究指出，科技治理现代化具有系统性、协同性特征，发展新型举国体制是科技治理现代化的重要制度支撑，新型举国体制是中国特色社会主义科技治理理论的组成内容，如陈劲等强调，新型举国体制是深度推进国家治理体系与治理能力现代化的重要制度支撑③；侯波认为，要发挥新型举国体制对推进科技治理现代化的作用等④。整体而言，现有文献对新型举国体制的认识还不够全面，

① 岳昆、房超：《地方政府支持国家实验室建设的策略研究——基于治理现代化视角》，《科学学研究》2022 年第 8 期。

② 蔡跃洲：《中国共产党领导的科技创新治理及其数字化转型——数据驱动的新型举国体制构建完善视角》，《管理世界》2021 年第 8 期。

③ 陈劲、阳镇、朱子钦：《新型举国体制的理论逻辑、落地模式与应用场景》，《改革》2021 年第 5 期。

④ 侯波：《发挥新型举国体制对推进科技治理现代化的作用》，《中国党政干部论坛》2020 年第 4 期。

研究主题相对比较分散，缺乏一个系统的认知框架。本书从理论与实践两个层次提高新型举国体制研究的系统性，进一步明确了举国体制的概念、演变、研究脉络以及国内外实践特点，对新型举国体制强化国家战略科技力量的机理进行了理论建构，并进行了深入分析与论证。本书指出，新型举国体制体现了中国政府经济社会领域治理逻辑从运动型（动员式）向可持续型（平衡型）的变迁，这不仅在学理层面深刻阐释了习近平新时代中国特色社会主义思想，同时也深化了对中国特色社会主义条件下实现科技创新领域"集中力量办大事"以及科技治理能力现代化发展的规律认识。

二是从多维度揭示新型举国体制的具体内涵。已有文献指出，新型举国体制是将政府这只"看得见的手"与市场这只"看不见的手"的作用同社会主义制度的优越性有机结合起来的一种创新组织模式及其运行机制。然而，政府与市场关系并不是新型举国体制的全部内涵。本书从资源配置、创新组织、创新环节、央地关系、创新路径等多个维度考察了传统举国体制与新型举国体制的制度"分野"，深化了对中国特色社会主义科技治理内涵及其演变特征的认识。事实上，已有研究侧重于新型举国体制的资源配置、创新链环节等，本书传承了相关研究成果，同时更加强调新型举国体制之央地协同在强化国家战略科技力量建设中的重要性，建立发展新型举国体制、推进中国特色社会主义科技治理现代化的新视野、新思路。

三是理论与实践相结合明确新型举国体制概念的学术价值性及合理性。从国家创新体系、新制度经济学、新古典经济学、演化经济学等理论基础出发，结合具体的实践研究，进一步明确新型举国体制概念的价值性及合理性。张树华和王阳亮指出："超大国家规模和人均资源贫弱构成国家发展的长期制约。在快速和复杂的现代化过程中，要维护超大规模的多民族共同体，有效解决问题和应对危机，客观上要求实行集中权力，拥有一个强有力的中央权威……'集中力量办大事'的逻辑本身源自不同历史时期的社会现实条件，存在于超大国家治理体系实现生存与发展所迫切需要的一种系统集中调配资源的能力。"[①] 本书观点与此不谋而合，主导国的技术有效使用权不是免费的午餐，无论是产业链供应链的自主、安全、可

---

① 张树华、王阳亮：《制度、体制与机制：对国家治理体系的系统分析》，《管理世界》2022年第1期。

控，还是破解关键核心技术，积极探索科技前沿，攀登科技高峰，后发国家只有通过内生的研发与创新，即科技自立自强才能实现相关目标，这是掌握生存与发展主导权的迫切需要，也必然需要通过国家层面的战略组织与系统安排，发挥国家的作用，优化提升国家创新体系效能。换言之，本书与其他研究一道，共同推动具有中国发展特色的话语概念与国际主流学术体系的有效对接，为后续研究指明方向，也为中国深化科技治理体制机制改革奠定理论基础。

## 二 丰富追赶型经济体国家创新体系建设理论

自 20 世纪 80 年代末提出以来，国家创新体系理论已成为科技创新研究领域的重要理论基础。从技术创新学派观点来看，创新主体建设是国家创新体系建设的重要内容，也是整个体系发展及演变最为关键的变量和因素。从制度学派观点来看，国家创新体系更多体现为一种政府与市场良性互动的制度，制度的架构决定国家创新体系效能。樊春良等学者的研究指出，总体而言，新型举国体制、国家战略科技力量、国家创新体系三者之间的内在关系还有待明晰[①]。本书融合了制度学派与技术创新学派有关国家创新体系的观点，在国家创新体系框架中对概念关系及内在逻辑进行研究，揭示新型举国体制强化国家战略科技力量在国家创新体系层面的逻辑关联。理论研究与实践研究相统一，不仅完善与丰富追赶型经济体国家创新体系建设的理论研究，同时也深化对现实实践中国家在重大科技创新活动中是否发挥作用、发挥什么作用、如何发挥作用等问题的认识。

一是在创新链产业链融合视角下拓宽国家战略科技力量概念的主体范畴。党的十九大报告中将强化战略科技力量纳入"加强国家创新体系建设"的范畴，将国家战略科技力量作为国家创新体系的重要创新主体。习近平总书记指出，国家实验室、国家科研机构、高水平研究型大学、科技领军企业是国家战略科技力量的重要组成部分。[②] 目前学界对国家战略科技力量概念及其主体构成已有初步探究，但研究视角差异较大，仍未有统一的认识。本书基于习总书记"四个面向"等重要战略部署，从国家创新体系"科技+经济"的多层次主体构成出发，突破主流狭义的定义，从

---

① 樊春良：《科技举国体制的历史演变与未来发展趋势》，《国家治理》2020 年第 42 期。
② 《习近平谈治国理政》（第 4 卷），外文出版社，2022，第 199 页。

创新链产业链融合的广义视角对国家战略科技力量的主体进行了新界定，明确国家战略科技力量主体包括国家队与地方军，明确国家队与地方军的主体构成、功能及其使命担当、使命引领型特征，揭示国家战略科技力量主体的多层次制度需求。

二是基于国家创新体系的系统特征构建包括"战略—能力—过程"在内的机理框架。新型举国体制的复杂性以及国家战略科技力量的多主体属性特征，表明两者之间的关系问题不是一个单纯的科学技术问题，而是一个涉及教育、科技、产业、经济、政策乃至社会、文化等多种要素及其相互作用的问题。因此，本书在探讨新型举国体制强化国家战略科技力量建设问题中采取了系统科学思想及系统性原则，将相关要素安排在一个完整系统中进行考察，将国家创新体系解构为战略体系、能力体系及过程体系三个子系统。在此基础上，以系统论、国家创新体系理论为核心，结合新制度经济学、新古典经济学、演化经济学等理论观点，在理论共融空间中提出包括"战略—能力—过程"在内的新型举国体制强化国家战略科技力量建设的逻辑框架。随之，在深入的实践研究中也指出这一框架的科学性、合理性以及应用性价值。这与科技治理现代化的系统性、协同性特征及其逻辑是相一致的。

三是通过理论与实践相结合揭示新型举国体制强化国家战略科技力量的过程有效性。在理论层面，联系国家创新体系、原始创新能力、制度经济学等不同理论观点，从主体创新能力形成、重大科技突破性创新、建立"技术—经济范式"等维度揭示新型举国体制强化国家战略科技力量的内在效应。在实践层面，本书认为，新型举国体制强化国家战略科技力量建设要与后发国家技术赶超结合起来，不仅要巩固国家（政府）在重大科技创新活动组织中的重要地位，同时要认识到"集中力量办大事"的体制机制不是僵化不变的，也要根据国家发展阶段以及经济社会条件进行机制层面的动态转化。这与日本和苏联技术赶超过程中形成的成功经验和失败教训是相统一的。

### 三 拓宽后发国家实现科技赶超的路径视野

无论是推进科技治理能力提升及现代化，还是建设国家创新体系，最终的目的是实现科技赶超。当前，关于后发国家科技赶超路径研究总体上立足于两种视角。一是立足于科技革命研究视角。即科技革命产生及其发展为后发国家提供了创新机遇，后发国家技术赶超包括发达国家技术主导框架下的技术追赶以及新科技革命下新兴技术跨越。演化经济学家佩蕾丝提出了发展中国家技术赶超的两种"机会窗口"：第一种"机会窗口"建立在既有科技革命发展基础上，强调经过较为漫长的技术追赶过程掌握产业关键核心技术或设备；第二种"机会窗口"重点是发挥制度优势，为新一轮科技革命创造"蛙跳"环境，以"制度创新的后发优势"推动技术"弯道"赶超[①]。二是基于创新主体转型升级视角，强调在跨国企业主导的产业分工体系中的技术赶超路径。比如，Kim 提出的三阶段模型（引进—消化—改进）揭示了发展中国家后发企业实现能力追赶的过程，强调跨国公司作为网络旗舰（network flagships），在通过非正式和正式机制将隐性和显性知识转移给本地后发供应商，推动本土后发供应商创新能力形成中的作用[②]。本书认为，科技自立自强是后发国家技术赶超的必经之路，强化国家战略科技力量是关键支撑，新型举国体制是强化国家战略科技力量的制度保障，进而从国家主体行为角度、理论及实践两个维度揭示强化国家战略科技力量建设、实现科技自立自强的基本过程。

一是建立强化国家战略科技力量实现技术追赶之中国道路的基本逻辑。从制度创新与技术创新协同、政府支持与市场机制相融合、科技与经济相协调等理论视角，同时结合具体实践研究，本书论证新型举国体制强化国家战略科技力量在实现后发国家技术追赶上的有效性，深刻揭示了这一路径形成及演变过程中国家主体行为特征。这一路径的有效性，在于其解决了重大科技创新活动过程中"政府有为＋市场有效"之间的融合问题，既避免了原创性创新、突破性创新活动的"市场失灵"，又避免了政府过度干预形成的低效率、资源浪费等问题。即建立集中力量办大事体制机制，同时在具体组织与运行过程中融合高效的市场机制，是后发国家技术赶超的一种有效路径。

二是强化国家战略科技力量实现技术追赶的实践模式和发展规律认识。在理论层面，从能力、动力、竞争力演变三个角度提出以新型举国体制强化国家战略科技力量，进而提升国家创新体系效能的发展演变过程。

---

① 〔英〕卡萝塔·佩蕾丝：《技术革命与金融资本——泡沫与黄金时代的动力学》，中国人民大学出版社，2007。

② L. Kim, "Crisis Construction and Organizational Learning: Capability Building in Catching-up at Hyundai Motor," *Organization Science* 9 (1998): 506-521.

在实践层面，结合理论框架及相关思考，基于国家与地方、历史与现实、国际与国内的纵贯逻辑，开展国家战略科技力量建设及举国体制发挥作用的实践研究，对国际、国内主要地区的相关实践及模式进行比较研究，提炼了基本的、成功的、可借鉴、可参考的经验，其中涉及分析、案例、素材、经验、结论，可为相关政策决策提供直接依据。从升维、合维、分维、降维等系统思维提出"四梁八柱"系统解决方案，为破解国家战略科技力量建设的"实践困囿"提供系统指引与遵循。

## 第二节　弯道超车：建设世界科技强国

从 2008 年全球金融危机，到 2018 年的中美贸易摩擦，再到新冠疫情的全球蔓延，中国经济正在经历一次又一次的挑战。然而，危机中往往孕育着大机遇，孕育着我们通过"弯道超车"建设创新型国家的时代机遇。

### 一　弯道超车的本质

"弯道超车"这个术语源自体育赛事。一般来说，在弯道处参赛选手应该降低速度，但是通过弯道对于相对落后的选手来说却是一次超越对手的绝佳机会，部分选手会选择加速、抢道超越对手。当然，因为存在很大危险，在弯道处超越对手的参赛选手毕竟是少数，这不仅是参赛选手技术的较量，更是比赛经验的较量。把这一术语运用到经济领域，可以将之定义为：弯道超车是指在"非常"时期采取的"非常"之道，"危"中求"机"进而实现超常规发展。把这个术语运用到国家、地区、产业或企业层面，就是指经济主体在经济社会发展的特殊时期，实现后发赶超或跨越发展的经济现象①。

市场和商业的本质是竞争，要想在竞争中获得成功，不仅需要敏锐的商业头脑，而且需要一定的创新优势，更需要对竞争时机的准确把握。而这个时机就是所谓的"弯道"，具体是指经济主体在经济发展速度快与慢、发展规模大与小和发展质量优与劣之间所形成的发展落差及其在特定发展

---

① J X. Jia et al. , "Place-based Policies, State-led Industrialisation, and Regional Development: Evidence from China's Great Western Development Programme," *European Economic Review* 123 (2020)：1 – 21.

空间上的表现①。经济主体把握危机或转型节点的时机并实现跨越发展，就可以称之为"弯道超车"。因此，"弯道超车"理论是创新经济、经济增长、制度经济学、区域经济学等理论的融合体，基于后发优势、强调技术创新和突出时机选择，本质上属于发展经济理论。

国家战略科技力量建设是国家意志和人民诉求的重要体现，在关键领域，必须抓住重要时机，有效实施"弯道超车"。但必须强调两点：一是把握好超车的时机或关键节点；二是要充分发挥举国体制优势。因此，不管是在传统举国体制还是在新型举国体制下，为了缩小与发达国家的差距并实现赶超，政府会明确地将要素及公共资源导向国家战略科技力量建设领域，主要是通过免税、补贴、整体赠款、基础设施和特殊法规来实现，这属于"集中力量办大事"的政策调控需求②。

## 二 "弯道超车"的基础

当今世界正经历"百年未有之大变局"，面临金融危机，贸易保护主义等阻碍，但这对于中国来说机遇与挑战并存，这正是"弯道超车"的最佳时机。根据"弯道超车"理论，危机期就是发展的"弯道"，这一时期既是产业结构调整的窗口期、生产要素重组的关键期、经济分化的凸显期，也是实施后发赶超、科学跨越，实现后来居上的重要机遇期；从危机管理层面看，实施"弯道超车"也是巧妙应对危机，实行跨越发展的一种首选战略。2017年，习近平总书记在党的十九大报告中亦提出我国要在2035年跻身世界创新型国家前列的目标③。因此，要实现经济社会高质量发展并迈进全球创新型国家前列，在此时此刻加速和发力，实施"弯道超车"无疑是最好的抉择。要抓住"弯道超车"的时机，必须先了解当前创新型国家建设进程。

根据对中国科学技术发展战略研究院历年发布的国家创新指数报告分析发现，参详的40个国家可以划分为"三个集团"：第一集团为"创新型

---

① 蒋键、陈搏：《珠三角发展创新型经济的理论探索及启示：基于"弯道超车"的理论视角》，《当代经济管理》2013年第6期。

② 尚虎平、刘俊腾：《国家级新区带动欠发达地区"弯道超车"研究》，《科学学研究》2021年第12期。

③ 习近平：《决胜全面建成小康社会 夺取新时代中国特色社会主义伟大胜利——在中国共产党第十九次全国代表大会上的报告》，人民出版社，2017，第28页。

国家"，其国家创新指数排名前 15 位，以欧美发达经济体为主；第二集团国家的创新指数排名第 16~30 位，包括部分发达国家和少数新兴经济体；第三集团国家的创新指数排名在 30 位以后，多为发展中国家①。《国家创新指数报告 2020》从创新资源、知识创造、企业创新、创新绩效和创新环境 5 个维度构建了一套评价体系，使用权威的国际组织和国家官方统计调查数据，全面反映主要国家科技创新投入、产出和支撑经济社会发展的能力。2020 年评价结果显示，在 40 个参评国家中，中国科技创新能力快速提升，2020 年国家创新指数综合排名世界第 14 位，比上年提升 1 位，是唯一进入前 15 位的发展中国家，属于创新型国家"第一集团"。《国家创新指数报告 2020》的评价结果表明，全球创新型国家第一集团包括美洲 1 席，即美国；亚洲 5 席，分别为日本、韩国、以色列、中国和新加坡；欧洲 9 席，分别为瑞士、瑞典、丹麦、德国、荷兰、英国、芬兰、法国、爱尔兰②。美国凭借其优质的创新资源和显著的创新绩效，在全球创新格局中稳居领头羊地位。

中国在 2006 年全国科技大会上宣布：要在 2020 年建设成创新型国家，使科技发展成为经济社会发展的有力支撑，经济增长的科技进步贡献率要从 39% 提高到 60% 以上，全社会研发投入强度（R&D/GDP）从 1.35% 提高到 2.50%③。对照这个目标，2020 年，中国的全球国家创新指数排名第 14 位，虽然已经进入创新型国家"第一集团"，但与习近平总书记在党的十九大报告中提出的在 2035 年跻身世界创新型国家前列的目标还有一定距离④。按照"第一集团" 15 个国家的设计，中国要在 2035 年跻身创新型国家前列，这个"前列"可以理解为不仅要进入"第一集团"，而且要进入前 5 位。

另外，根据 2020 年 9 月 2 日世界知识产权组织与康奈尔大学、欧洲工商管理学院等在日内瓦联合发布的主题为"谁为创新出资？"的《2020 年全球创新指数》报告，中国以 53.28 的全球创新指数得分，在全球参与排

---

① 龙建辉、梁育民：《广东省自主创新能力的跃迁路径研究》，《科技管理研究》2018 年第 6 期。
② 中国科学技术发展战略研究院：《国家创新指数报告 2020》，科学技术文献出版社，2021。
③ 陈劲编著《协同创新》，浙江大学出版社，2012，第 5 页。
④ 成全、董佳、陈雅兰：《创新型国家战略背景下的原始性创新政策评价》，《科学学研究》2021 年第 12 期。

名的 131 个经济体中位列第 14 名，与 2019 年位次持平，是唯一进入全球创新指数前 30 名的中等收入经济体①。这个结果也充分表明中国已经属于创新型国家。

### 三 重要关头的国家战略科技力量

在国际经济和科技发展史上，"弯道超车"有过许多成功的先例：第二次世界大战后的日本，经济一度濒临崩溃，但在 1950～1990 年的 40 年中，日本成功实施"弯道超车"，以每年平均 10% 左右的经济发展速度而重获新生；此外，韩国、新加坡等国家也是通过"弯道超车"实现跨越的。从国际经验来看，实现"弯道超车"，政府的作用非常关键。例如，在关键节点，政府可以在新基建投资以及产业创新、技术创新、制度创新等方面提供所需要的环境，建立和优化内生比较优势②。

国家战略科技力量体现了国家意志和人民愿望的基本属性，是中国实现"弯道超车"的重要工具，必须以中国特色社会主义建设过程中的重要转折点作为其"关键节点"。纵观中华人民共和国成立以来的历史，具备这个属性和特质的关键节点只有新中国成立初期、和平演变下的东欧剧变和苏联解体以及新时代的世界百年未有之大变局。

第一，中华人民共和国成立初期。中华人民共和国的成立，使近代以来帝国主义列强侵略压迫中国、欺凌奴役中国人民的苦难历史彻底结束。中国人民真正成为新国家新社会的主人，从此可以集中力量从事经济、政治、文化、社会等方面的建设，创造幸福美好的生活③。然而，新中国成立初期，仍然存在很多国内外不稳定的因素④，因此，这个时期的国家战略科技力量以"稳定优先"为目标，主要发展国防科技，完成中央部署的相关计划，研制出了一批具有国际影响力和令中国人民扬眉吐气的硬核科技成果。例如，1964 年 10 月 16 日，中国第一颗原子弹爆炸成功，中国成为世界上第五个拥有核武装的国家；1967 年 6 月 17 日，中国第一颗氢弹

---

① 《2020 年全球创新指数》，https://www.wipo.int/edocs/pubdocs/zh/wipo_pub_gii_2020.pdf。
② 蒋键、陈搏：《珠三角发展创新型经济的理论探索及启示：基于"弯道超车"的理论视角》，《当代经济管理》2013 年第 6 期。
③ 姜辉、龚云：《论中华人民共和国成立的伟大历史意义》，《光明日报》2019 年 5 月 29 日。
④ 详见第二章第二节相关内容。

爆炸成功，中国成为世界上第四个掌握氢弹技术的国家；1970 年 4 月 24 日，中国发射首颗地球人造卫星"东方红一号"；1970 年 12 月，中国自主研制的第一艘核潜艇成功下水，中国成为世界上第五个拥有核潜艇的国家；等等。

第二，和平演变下的东欧剧变、苏联解体。1989～1991 年是世界社会主义阵营极不平凡的时期，在帝国主义"和平演变"影响下，发生了影响社会主义阵营稳定的东欧剧变，即 1989 年前后，东欧部分社会主义国家共产党和工人党在短时间内纷纷丧失政权，社会制度随之发生根本性变化。东欧剧变以 1991 年 12 月 25 日苏联解体告终，这标志着冷战结束。这些政治事件直接动摇了东欧社会主义国家的发展根基，中国在这个时期也受到"和平演变"的一定影响，但是中国坚持走好自己的路，做好自己的事。1988 年邓小平同志提出"科学技术是第一生产力"的重要论断，1992 年邓小平同志在南方谈话中提出要搞中国社会主义市场经济；1992 年 10 月，党的十四大正式提出建设社会主义市场经济体制的目标。在东欧社会主义遭遇剧变的特殊时期，中国积极探索在社会主义市场经济条件下建设国家战略科技力量的途径和模式，并取得意义非凡的成果。例如，1988 年 10 月 16 日，中国第一座高能加速器——北京正负电子对撞机首次对撞成功，这是中国继原子弹、氢弹爆炸成功，人造卫星上天之后，在高科技领域取得的又一重大突破性成就；1991 年 12 月 15 日，中国自己设计建造的第一座核电站——秦山核电站并网发电，结束了中国大陆无核电的历史。

第三，新时代的世界百年未有之大变局。中国经济总量在 2010 年超过日本，成为仅次于美国的经济大国，随着经济总量规模的不断扩大，中国经济增速逐步放缓并进入新常态。然而，伴随这个新常态的还有修昔底德陷阱和中等收入陷阱，特别是中美贸易摩擦和新冠疫情使中国的技术短板更为突出，芯片、半导体等"卡脖子"技术让中国一些产业的发展遭遇较大困难，产业链、供应链遭遇断链风险。这些因素的叠加使中国的发展环境陷入易变性、不确定性、复杂性和模糊性之中，在新发展理念下推动中国经济转型升级和实现高质量发展成为实现"跨越"的根本出路。党的十八大之后，以习近平同志为核心的党中央，审时度势，以战略眼光准确判断国内外环境和发展形势，充分发挥新型举国体制优势，统筹"有为政府"和"有效市场"，抢抓世界"百年未有之大变局"机遇，强化国家战略科技力量，在部分领域成功实现"弯道超车"。例如，2015 年 12 月 21

日,"神威太湖之光"超级计算机落户无锡,成为全球运行速度最快的超级计算机,这是首台全部使用国产处理器构建的超级计算机;2016 年 9 月,具有自主知识产权、世界最大单口径、最灵敏的射电望远镜 FAST 落成启用,被誉为"中国天眼",成为射电望远镜领域的领先者;2017 年 5 月 3 日,世界首台光量子计算机在中国诞生;等等。

综上所述,强化国家战略科技力量是中国实现弯道超车、加快走向世界科技强国的关键所在。

# 后 记

本研究报告是广东省社会科学院 2021 年度重点课题的研究成果，历时一年半由集体完成。作为社科人，我们有幸工作在全国第一经济大省——广东省，扎根这片热土，既能关注"省之重者"，又能胸怀"国之大者"。科技自立自强是国家发展的战略支撑，而发挥新型举国体制优势、强化国家战略科技力量是加快实现高水平科技自立自强的核心抓手。1949 年以来，国家一直积极探索科技自立自强的中国道路。党的十八大后，各地方如广东积极探索关键核心技术攻关新型举国体制的"广东路径"并初见成效：广东区域创新综合能力连续 6 年位列全国第一，粤港澳大湾区成为国家重点打造的国际科技创新中心之一。丰富的创新实践和长期的学术研究积累，为我们开展课题研究增添了底气和志气。

课题组由广东省社会科学院企业研究所所长李源研究员担任组长，研究团队由企业研究所的 7 位学者和 1 名在站博士后组成。课题组组长提出总体研究思路，设计研究框架，各章节的执笔人提出所负责章节的写作提纲，经课题组全体成员多次讨论，最终确定详细写作提纲。在写作过程中，课题组组长与各章节执笔人保持密切沟通，确保全书的逻辑自洽、体例一致。系列研究报告依照研究主题分理论逻辑（第一章）、历史逻辑（第二章、第三章）、实践逻辑（第四章、第五章、第六章）和政策逻辑（第七章）进行谋篇布局。绪论部分以关键词科技自立自强、国家战略科技力量、新型举国体制三者的内在逻辑关系为主线进行解题，并对全书研究内容做系统概述。结语部分概括总结本研究报告的价值贡献，并对未来进行展望。研究报告具体分工为：绪论部分执笔人李源、郭跃文，第一章执笔人陈志明、陈斐然，第二章执笔人龙建辉、王阳，第三章执笔人刘城、王阳，第四章执笔人刘城、陈斐然，第五章执笔人张优怀，第六章执笔人赵少瑜、何花，第七章执笔人龙建辉、刘城、陈志明、何花，结语执笔人陈志明、龙建辉。各研究报告结集后，全书由李源统稿。

课题组在深刻学习领会习近平总书记关于科技创新系列重要论述以及系统梳理国内外相关研究文献的基础上，带着问题对华南地区的部分战略科技力量进行深入调研，得到相关方面领导的鼎力支持。衷心感谢中国科学院广州生物医药与健康研究院党委副书记侯红明研究员促成并亲自主持座谈会，他以扎实的科技管理理论和丰富的科技管理经验解答了课题组的诸多困惑。衷心感谢中国科学院高能物理研究所散裂中子源科学中心刘志勇先生、杜蓉女士促成课题组对大科学装置散裂中子源的调研，衷心感谢中国科学院高能物理研究所东莞研究部金大鹏副主任亲自主持座谈会，并分享他对如何强化国家战略科技力量非常有见地的看法。衷心感谢广州国家实验室对课题组调研的精心安排。衷心感谢广东省科学院科研管理部董军主任、资源利用与稀土开发研究所郑艳伟书记促成对广东省科学院及其佛山产业技术研究院的调研，衷心感谢广东省科学院党委副书记颜国荣研究员分享他对地方战略科技力量建设经过长期深入思考、极富启发性的见解。衷心感谢广东省科技厅陈楚祥处长、张燕副处长促成了课题组对省厅的调研，衷心感谢黄江康处长对广东省实验室体系建设情况非常清晰、深入的讲解和答疑。衷心感谢华南理工大学公共管理学院王福涛教授毫无保留地传授相关课题研究经验。衷心感谢华南理工大学发光材料与器件国家重点实验室副主任陈焰女士为课题组详细介绍国家重点实验室重组情况。他们的支持是课题组的强大动力。

本选题属于科技创新研究领域的前沿。课题组各成员以高度的使命感和责任感，践行科学精神，既立足"自立自强"，又"开门研究"，注重搭建外部研究网络，协同攻坚。在课题研究推进过程中，正值新冠疫情延宕反复之时，一些工作线上线下交替开展。大家从逻辑架构到文字打磨，精益求精，几易其稿，锤炼出团队精神。在研究过程中，广东省社会科学院党组书记郭跃文审定全书。向晓梅副院长多次提出宝贵指导意见；科研处负责出版事宜，周鑫处长提供诸多帮助；高怡冰、严若谷研究员因工作调动离开课题组后仍关心研究进度。衷心感谢他们的付出。社会科学文献出版社的编辑以令人钦佩的专业素养确保了本书的高质量。

实现高水平科技自立自强是一项庞大的系统工程，需要理论支撑和制度创新。本书将理论构建与实践总结相结合，从新型举国体制强化国家战略科技力量的视角来剖析、阐释科技自立自强的中国道路。在研究过程中，我们发现仍有很多深层次的理论问题需要进一步研究，很多实践中的问题需要进一步探索。我们将继续研究，扎根于岭南热土，扎根于中国大地，面向世界、面向未来，为推进中国式现代化、建设科技强国贡献绵薄之力。

郭跃文　李　源　谨记

2023 年 5 月

图书在版编目（CIP）数据

科技自立自强的中国道路：新型举国体制下强化国家战略科技力量／李源等著. -- 北京：社会科学文献出版社，2023.10

ISBN 978 - 7 - 5228 - 2243 - 3

Ⅰ.①科… Ⅱ.①李… Ⅲ.①科技发展 - 研究 - 中国 Ⅳ.①G322

中国国家版本馆 CIP 数据核字（2023）第 144713 号

## 科技自立自强的中国道路
### ——新型举国体制下强化国家战略科技力量

著　　者／李　源　郭跃文　等

出 版 人／冀祥德
组稿编辑／宋月华
责任编辑／韩莹莹
文稿编辑／周浩杰
责任印制／王京美

出　　版／社会科学文献出版社·人文分社（010）59367215
　　　　　　地址：北京市北三环中路甲 29 号院华龙大厦　邮编：100029
　　　　　　网址：www. ssap. com. cn
发　　行／社会科学文献出版社（010）59367028
印　　装／北京联兴盛业印刷股份有限公司

规　　格／开　本：787mm × 1092mm　1/16
　　　　　　印　张：21　字　数：356 千字
版　　次／2023 年 10 月第 1 版　2023 年 10 月第 1 次印刷
书　　号／ISBN 978 - 7 - 5228 - 2243 - 3
定　　价／258.00 元

读者服务电话：4008918866